徹底攻略

JN016017

ITパスポート
教科書＋模擬問題

間久保 恭子 著

令和**6**年度
（2024年度）

インプレス

インプレス情報処理シリーズ購入者限定特典!!

本書の特典は下記サイトにアクセスすることでご利用いただけます。

https://book.impress.co.jp/books/1123101129 ▶▶▶

特典❶：模擬試験問題 もう1回！

本書紙面内とは別に，模擬試験問題（100問）をダウンロードできます。
また，解答用紙も用意しています。

特典❷：本書の電子版（PDF形式ファイル）

スマホやタブレットに入れて持ち運べる，本書の全文電子版を無料でダウンロードできます。

特典❸：スマホで学べる「単語帳アプリ」＆「過去問アプリ」

出題頻度が高い語句がいつでもどこでも暗記できる単語帳アプリと，平成28年度からの公開問題（過去問）がスマホで解ける「過去問アプリ」を無料でご利用いただけます。

※画面の指示に従って操作してください。
※特典のご利用には，無料の読者会員システム「CLUB Impress」への登録が必要となります。
※本特典のご利用は，書籍をご購入いただいた方に限ります。
※ダウンロード期間は，いずれも本書発売より1年間です。

インプレスの書籍ホームページ

書籍の新刊や正誤表など最新情報を随時更新しております。

https://book.impress.co.jp/

はじめに

　ITパスポート試験は，国家試験である情報処理技術者試験の中で，ITを利用するすべての人を対象とした試験です。IT化が進んだ現代社会において，ビジネスの現場ではITと経営全般に関する総合的知識が必要とされています。このような時代背景から，「誰もが共通に備えておくべきITに関する基礎的な知識」を測る客観的な評価尺度として，ITパスポート試験は創設されました。

　ITパスポート試験の出題範囲は，ITやプロジェクトマネジメントの知識だけでなく，経営戦略，マーケティング，財務，法務といった経営全般に関する知識など，多岐にわたります。ITパスポートの取得を通じて，現代社会に求められる，業務で効果的にITを利活用する「IT力」を身に付けることができます。しかし，そのための学習は容易ではありません。

　本書は，ITパスポート試験の合格に必要な内容を1冊にまとめたものです。公式のシラバスの項目・用語を網羅し，効果的に合格レベルの知識を習得できるようになっています。過去問題で出題されたことがある，シラバスに記載がない用語もできるだけ取り入れています。幅広い出題範囲を効率よく学べるように，学習内容を把握しやすい章に分かれているのも特徴です。「どの分野の何を学習しているか」が確認しやすく，シラバスに沿った流れで進めることも，ピンポイントで注力したい分野から取り組んでいただくこともできます。

　また，付録として，実際の試験と同じ100問の模擬試験も2回分用意しているので，ぜひ挑戦してみてください。2022年に高等学校の「情報Ⅰ」に基づいた内容が追加されましたが，2024年4月の試験からはシラバスVer.6.2が適用され，出題範囲が広がります。そして，10月からは，さらに項目・用語が増えたシラバスVer.6.3が適用されます。本書は，こうした新しい出題範囲や追加された項目・用語に完全対応しています。

　本書により，読者の皆様がITパスポート試験に合格されることを心より願っています。

　最後に，本書の発刊に当たり，多大なるご尽力をいただきましたインプレスの皆様，edit KaOの阿部様に感謝いたします。皆様の支えで，本書を完成させることができました。本当にありがとうございました。

2024年2月

間久保 恭子

CONTENTS

目次

テクノロジ系

第11章 基礎理論

第12章 アルゴリズムとプログラミング

第13章 ハードウェアとコンピュータシステム

！ 試験の概要と合格のポイント

● IT パスポート試験とは

　現代社会において，グローバル化やクラウドなど，ビジネスの現場でもIT（情報技術）は浸透し，情報システムの管理部門に限らず，それを利用する側の社員1人ひとりにもIT力が求められています。IT パスポート試験（iパス）とは，**ITを利活用するすべての人が備えておくべき，基礎的な能力を有していることを証明する国家試験**です。情報処理技術者試験の1つですが，**技術系や事務系を問わず，すべての人を対象**としています。また，IT に関することだけでなく，企業活動や経営など，ビジネスで必要な知識も出題されます。社会人の方はもちろん，これから社会人になる学生の方にも，ぜひ挑戦してもらいたい試験です。IT パスポート試験には，次のようなメリットがあります。

メリット1　社会で活躍するための総合的知識を取得できる

　IT パスポート試験で出題されるのは，コンピュータシステムやネットワーク，セキュリティなど，ITに関する知識だけではありません。ビジネスに関する知識として，企業活動や経営戦略，マーケティング，会計や法務，プロジェクトマネジメントなども求められます。試験のための学習を通じて，これらの幅広い知識をバランスよく取得することができます。

メリット2　就職・進学などに役立てることができる

　IT パスポート試験は，個人がもつIT力や知識を証明できる国家試験です。就職などの面接や履歴書で，自己アピールに役立てることができます。また，企業・団体などでは社員教育や人材育成，新卒採用活動（エントリーシート）などに活用されています。大学や高校でもシラバスに準拠した授業の実施や単位認定など，IT パスポートの取得を奨励するところが数多くあります。

メリット3　組織のIT力を向上し，コンプライアンスを強化できる

　企業内でのIT パスポート試験への取組みは，社員1人ひとりのIT力を伸ばします。その結果，組織全体のIT力が向上し，様々な効果が期待できます。たとえば，情報セキュリティや情報モラルに関する知識を身に付け，意識を高めることで，コンピュータウイルスへの感染や情報漏えいなどを未然に防げます。組織全体のリスク軽減を図り，コンプライアンスの強化に貢献します。

ITパスポート試験の概要

ITパスポート試験の概要や出題範囲は，以下のとおりです。

●試験概要

試験時間	120分
出題数	100問
出題形式	四肢択一式（小問形式）
合格基準	総合評価点，分野別評価点の両方の基準を満たすこと ・総合評価点 　600点以上／1,000点（総合評価の満点） ・分野別評価点 　ストラテジ系，マネジメント系，テクノロジ系の各分野で300点以上／1,000点（分野別評価の満点）
試験方法	CBT（Computer Based Testing）方式で随時開催 受験者はコンピュータに表示された試験問題に対して，マウスやキーボードを用いて解答する

※総合評価は92問，分野別評価はストラテジ系32問，マネジメント系18問，テクノロジ系42問で行います。残りの8問は今後出題する問題を評価するために使われます。

※採点方式は，IRT（Item Response Theory：項目応答理論）に基づいて解答結果から評価点を算出します。

※身体の不自由等により，CBT方式で受験できない方のために，春（4月），秋（10月）の年2回，筆記による方式の試験も実施されています。

●出題範囲

ストラテジ系 （経営全般）	財務，法務，経営戦略，マーケティングなど，企業活動や経営全般に関する基本的な考え方や特徴など	35問程度
マネジメント系 （IT管理）	システム開発やプロジェクトマネジメントなど，IT管理に関する基本的な考え方や特徴など	20問程度
テクノロジ系 （IT技術）	コンピュータシステム，ネットワーク，セキュリティなど，IT技術に関する基本的な考え方や特徴など	45問程度

　出題範囲は，技術動向や環境変化等を踏まえ，内容の追加や変更等が行われています。本書は，2024年の試験で適用される試験範囲に対応しています。詳細については，14ページからの「■新しい出題範囲（シラバス）への対策」を参照してください。

出題傾向

ストラテジ系，マネジメント系，テクノロジ系の3分野から幅広い知識が問われます。最近の過去問題（公開問題）における，出題の割合は次のとおりです。

分野	分類	令和5年 （2023年）	令和4年 （2022年）	令和3年 （2021年）
ストラテジ系	企業と法務	18	18	12
	経営戦略	11	10	13
	システム戦略	6	7	10
マネジメント系	開発技術	5	4	5
	プロジェクトマネジメント	5	5	7
	サービスマネジメント	10	10	8
テクノロジ系	基礎理論	8	9	3
	コンピュータシステム	8	8	9
	技術要素	29	29	33

●ストラテジ系

3つの分類のうち，**出題数が多いのは「企業と法務」と「経営戦略」**です。つまり，企業活動，経営戦略，会計や法務など，ビジネスの現場で求められる知識がよく出題されています。学生の方は馴染みがなくて苦手に感じるかもしれませんが，将来的に役立つ知識でもあるので，しっかり学習しておきましょう。

●マネジメント系

3つの分類のうち，**「プロジェクトマネジメント」と「サービスマネジメント」がよく出題**されているので，この2つの分野を優先して取り組むとよいでしょう。「開発技術」では，アジャイルに関することをしっかり学習しておきましょう。

●テクノロジ系

3つの分類のうち，**最も出題数が多いのは「技術要素」**です。常に30問前後が出題され，そのうち約半数がセキュリティに関する問題です。データベースやネットワークの問題もよく出題されています。テクノロジ系では，第一に「技術要素」の「セキュリティ」，次に「データベース」「ネットワーク」をしっかり学習しましょう。

令和4年（2022年）から「基礎理論」の出題が増えて，AIの技術やアルゴリズムの知識が問われています。「コンピュータシステム」も10問程度出題されているので，これらの基礎的な知識の取得は必要です。利用者向けの試験であり，高度な知識までは問われません。

● 合格のポイント

100問中70問以上の正解を目指す

ITパスポート試験に合格するには，総合評価点で600点以上が必要です。出題されるのは100問ですが，実際に採点に使われるのは92問です。**採点も1問10点ではなく，問題ごとの点数が均一ではありません。**合格ラインを高めに設定し，100問中70問以上，正解することを目指しましょう。

各分野の合格ラインをクリアする

ITパスポート試験では，ストラテジ系，マネジメント系，テクノロジ系のそれぞれで300点以上を取る必要があります（各分野とも，分野別評価の満点は1,000点）。総合評価点を超えていても，分野別評価点に達していない分野があった場合は合格になりません。そのため，すべての分野で一定の得点が取れるようにしておくことが重要です。分野別評価点の**合格ラインの問題数は，ストラテジ系は12問，マネジメント系は8問，テクノロジ系は15問を目標**にするとよいでしょう。

CBT方式への対策をする

ITパスポート試験は，パソコンを使ったCBT方式で実施されます。モニタ上で問題を読み，解答を選ぶのも，次の問題に進むのもマウス操作で行います。紙の試験では重要な箇所に下線を引いたり，選択肢に○や×などの印を付けたりすることができますが，CBT方式で行えません。そのため，少し解きにくく感じるかもしれません。CBT方式を疑似体験できるソフトウェアが無料で提供されているので，試験までに体験しておくことをおすすめします。また，試験ではメモ用紙が配布されるので，計算メモなどに利用しましょう（この用紙は試験後に回収されます）。

ITパスポート試験は基本的な知識を問う試験であり，すべて小問形式の四肢択一で出題されます。出題範囲は多岐にわたりますが，合格ライン突破に必要な知識は，本書での学習で十分に取得できるので安心してください。前ページの「■出題傾向」や18ページの「■合格のための勉強方法」で紹介している内容も，学習の参考にしてください。

シラバスVer.6.0では，高等学校の「情報Ⅰ」に基づいた内容が追加され，構成や項目に大きな変更がありました。そして，2024年4月の試験からシラバスVer.6.2，同年10月からはシラバスVer.6.3が適用されます。本書は，こうした新しい出題範囲に対応しています。14ページからの「■新しい出題範囲（シラバス）への対策」を参考にして，新しい出題範囲への対策を行ってください。

新しい出題範囲（シラバス）への対策

ITパスポート試験では、出題範囲（シラバス）について、技術動向や環境変化等を踏まえ、適宜、内容の追加や変更等が行われています。近年では、シラバスVer.4.0（2019年4月）、シラバスVer.4.1（2020年10月）、シラバスVer.5.0（2021年4月）、シラバスVer.6.0（2022年4月）、シラバスVer.6.1（2023年11月）と変わりました。（ ）の年月は試験に適用された時期で、2024年4月からはシラバスVer.6.2、同年10月にはシラバスVer.6.3になります。シラバスが改訂されるたび、新しい項目・用語が追加されているため、新しい出題範囲への対策が必要となります。特にシラバスVer.4.0で追加されたAIやビッグデータ、IoTなどの新しい技術に関する出題は、以降のシラバスでさらに強化されています。

ここでは、新しい出題範囲への対策として、シラバスVer.6.0〜6.3で見直された内容の説明と、おすすめの対策方法を紹介しています。シラバスで、どのような見直しがあったのかを知ることで、効果的な試験対策が可能となります。それを踏まえて、16ページの「●新しい出題範囲（シラバス）への対策方法」を読んで、学習に役立ててください。

※シラバスは、ITパスポート試験を実施するIPA（独立行政法人 情報処理推進機構）が公開・提供している、試験において必要となる知識・技能の幅と深さを体系的に整理、明確化した資料です。学習の目標とその具体的な内容が記載されており、合格を目指すため、どのような事項や用語を学習すればよいかを示す学習指針として活用することができます。下記のITパスポート試験のWebページから、ダウンロードできます。

https://www3.jitec.ipa.go.jp/JitesCbt/html/about/range.html
［ホーム］→［iパスとは］→［試験内容・出題範囲］

●シラバスVer.6.0 〜 Ver.6.2について

シラバスVer.6.0は、高等学校の必修科目「情報I」に基づいて改訂され、多くの内容が追加されました。ストラテジ系では「2. 業務分析・データ利活用」に20以上の用語が追加され、「14. ビジネスシステム」には「行政分野におけるシステム」という新しい項目が立てられました。テクノロジ系は「37. アルゴリズムとプログラミング」や「50. 情報デザイン」という項目が新設され、関連する項目や用語が整理、追加されました。そして、擬似言語を使用したプログラム問題が出題されるようになりました。大幅な変更が行われたので、次ページの見直しの内容を一読しておきましょう。

シラバスVer.6.1は、「システム監査基準」と「システム管理基準」について表記の変更を行ったもので、試験で問う知識・技能の範囲そのものに変更はありません。

2024年4月の試験から適用される**シラバスVer.6.2では，生成AIに関する項目・用語が追加**されました。

IPAから発表された，シラバスVer.6.0の見直しの内容は次のとおりです。

> このような状況を踏まえ，高等学校学習指導要領「情報Ⅰ」に基づいて，ｉパスの出題範囲，シラバス等の見直しを実施し，プログラミング的思考力等の出題を追加することとしました。具体的な見直しの内容は以下のとおりです。
>
> (1) 「期待する技術水準」
>   高等学校の共通必履修科目「情報Ⅰ」に基づいた内容 (プログラミング的思考力，情報デザイン，データ利活用 等) を追加しました。
> (2) 「出題範囲」及び「シラバス」
>   高等学校の共通必履修科目「情報Ⅰ」に基づいた内容 (プログラミング的思考力，情報デザイン，データ利活用 等) に関連する項目・用語例を追加しました。なお，情報モラル (情報倫理) については，前回の改訂 (「ITパスポート試験 シラバス」Ver.5.0) で先行して追加しています。
> (3) 出題内容
>   プログラミング的思考力を問う擬似言語を用いた出題を追加します。また，情報デザイン，データ利活用のための技術，考え方を問う出題を強化します。なお，試験時間，出題数，採点方式及び合格基準に変更はありません。擬似言語を用いた出題については，擬似言語の記述形式及びサンプル問題も公開しました。

※IPAのWebサイト「ITパスポート試験における出題範囲・シラバスの一部改訂について (高等学校情報科「情報Ⅰ」への対応など)」より抜粋

●シラバスVer.6.3について　＝2024年10月以降に受験する方は必読＝

2023年12月にシラバスVer.6.3が発表されました。近年の技術動向・環境変化などを踏まえた改訂で，2024年10月の試験から適用されます。

シラバスVer.6.3は，シラバスVer.6.2の内容を継承しながら，約100の新しい用語が追加されています。そのため，**受験が2024年10月以降の場合，シラバスVer.6.3への対策が必要**となります。本書では，シラバスVer.6.3の対策ができるように，新しく追加された重要な用語について，「シラバスVer.6.3の対策講座」(511ページ〜) にまとめて掲載しています。本文 (1章〜18章) の側注にも，シラバスVer.6.3に関する情報を記載していますので，こちらも参照してください。

なお，追加された用語の中には，すでに試験で出題されているものがあり，これらは本文で掲載しています。また，本文で関連する解説があり，まとめて学習した方がよいものについても，本文に掲載しました。

●新しい出題範囲（シラバス）への対策方法

　シラバスVer.4.0から最新のシラバスVer.6.3まで，項目や用語が数多く追加されています。次の対策を参考に，効率よく学習に取り組んでください。

対策 その1　新しい用語を覚える！

　本書では，シラバスVer.6.0 〜 Ver.6.3で追加された主な用語に V6 のアイコンを付けています。また，よく出題される重要な用語には，CHECK のアイコンを付けています。これらのアイコンが付いている用語はしっかり確認して暗記しましょう。特に，AI，ビッグデータ，IoT，アジャイルなどの新しい技術や手法は，重点的に取り組みましょう。

対策 その2　新しい技術をおさえる！

　シラバスVer.4.0以降，近年の新しい技術であるAI，ビッグデータ，IoTや，それに伴う製品・サービスなどに関する項目・用語が幅広く追加されています。これらの項目や用語は，IPAから出題割合を高めていくというアナウンスがあり，実際に出題割合が高まっている傾向があります。今後も高い割合での出題が予測されるため，しっかりした対策が必要です。まず，これらに関する過去問題は必ず解いておきましょう。

IPAから発表されたシラバスVer.4.0の見直しの内容

> 〔追加する主な項目・用語例〕
> ○新しい技術や手法
> 　AI（ニューラルネットワーク，ディープラーニング，機械学習ほか），フィンテック(FinTech)，仮想通貨，ドローン，コネクテッドカー，RPA (Robotic Process Automation)，シェアリングエコノミー，データサイエンス，アジャイル（XP（エクストリームプログラミング），ペアプログラミングほか），DevOps，チャットボット，IoTデバイス（センサー，アクチュエーターほか），5G，IoTネットワーク(LPWA (Low Power Wide Area)，エッジコンピューティングほか) など
>
> ○情報セキュリティ分野
> 　サイバーセキュリティ経営ガイドライン，不正のトライアングル，DLP (Data Loss Prevention)，ブロックチェーン，多要素認証，IoTセキュリティガイドラインなど

※IPAのWebサイト「プレス発表　第4次産業革命に対応したITパスポート試験の改訂 (iパス4.0) 〜全ての社会人に必要な第4次産業革命に関連した新技術等の出題を強化〜」より引用

　また，新しい技術に関する知識・情報は多岐にわたり，シラバスに記載されていない用語も出題される可能性があります。日頃からニュースやブログの記事などで関連する情報を収集し，幅広い知識を身に付けるようにしましょう。

なお，本書では，新しい技術に関する内容は，シラバスに沿って下記のページで説明しています。しっかり目を通して確認しておきましょう。

対策 その3　情報セキュリティ分野を攻略する！

　もともと情報セキュリティに関する出題比率は高くなっており，重点的に学習する必要があります。本書では，情報セキュリティの内容について，ストラテジ系は「3-1-2 セキュリティ関連法規」(83ページ)，テクノロジ系は「第18章　情報セキュリティ」(453ページ～)で説明しています。これらの項目は，内容全体にしっかりと取り組んでください。とくに，第18章については CHECK のアイコンがある用語はもちろん，サイバー攻撃の手法や技術的セキュリティ対策（WAF，IDS・IPS，セキュアブートなど），情報システムマネジメントも，まんべんなく学習しましょう。

対策 その4　数理・データサイエンスをチェックする！

　シラバスVer.5.0とVer.6.0では，数理やデータサイエンスに関する項目や用語が数多く追加されました。本書において，ストラテジ系では「2-1　業務分析」(52ページ)，「2-2-1　データ利活用」(67ページ)，「2-2-2　統計情報の活用」(70ページ)などで説明しています。また，「2-2-3　データサイエンス・ビッグデータ分析」(72ページ)はデータサイエンティストやビッグデータ，データの活用方法に関することを説明しているので，重点的に確認しておきましょう。

　テクノロジ系では，数値を扱う内容を「11-1-3　確率と統計」(272ページ)，「11-1-4 数値計算，数値解析，数式処理，グラフ理論」(276ページ)で説明していますが，数学は苦手という人は後回しにしてもかまいません。その分，新しい技術や情報セキュリティに時間をかけて，得点アップを図りましょう。

合格のための勉強方法

ポイント1　3つの分野をバランスよく学習する

　ITパスポート試験に合格するには，ストラテジ系，マネジメント系，テクノロジ系をバランスよく学習することが重要です。たとえば，出題数が一番多いテクノロジ系から学習を始めてもかまいません。学習する順番よりも，12ページの「■出題傾向」を参考にして，重要ポイントをしっかり学習するようにしましょう。ストラテジ系からスタートしたけれど，受験日までにテクノロジ系が最後まで終わらなかった，ということがないようにしてください。なお，ストラテジ系「6-2 システム企画」(180ページ)とマネジメント系「7-1 システム開発技術」(190ページ)は，いずれもシステム開発の流れに沿った内容のため，この順番でまとめて学習することをおすすめします。

ポイント2　学習するときに「どの分野の何を学習するか」を確認する

　学習するときに，まず，「どの分野の何を学習するか」を確認するようにしましょう。ITパスポート試験は，出題範囲が広く，学習内容が多岐にわたっています。そのため，何について学習しているのかを把握できていないと，「用語は知っているけど，よくわからない」といった混乱が起きてしまうことがあります。歴史の学習に例えると，「織田信長は知っているけど，どの時代で活躍した人物かはわからない」という感じです。学習したことを体系的に整理して覚えられるように，目次や見出しを確認してから内容を学習するようにしましょう。

ポイント3　演習問題や模擬問題に挑戦する

　本文の学習を終えたら，節末の演習問題や巻末の模擬問題に挑戦してみましょう。解けなかった問題は，もう一度，該当する内容を解説している本文に戻って，読み直してください。また，正解した問題も解説を読むようにしましょう。間違いの選択肢について，どうして間違いなのかという理解を深めることも，知識を広げる役に立ちます。さらに，過去の試験問題を解くこともおすすめします。その際には，試験や試験範囲(シラバス)の改訂などがあるため，最近のものから解くようにしてください。過去問題はIPAのホームページからダウンロードして入手するか，『かんたん合格 ITパスポート 過去問題集』(インプレス刊)などの書籍を利用してください。

CBT疑似体験ソフトウェアの使い方

　ITパスポート試験はパソコンを使って実施されます。1人につき1台のパソコンが与えられ、モニタに表示された問題を読んで、マウスを使って解答を選択していきます。

　会場には、備品としてメモ用紙、シャープペンシルが用意されています。必要に応じて利用しましょう。

　IPAでは、**実際の過去問題を使った、CBT方式の試験を疑似体験できるソフトウェアを無料で提供**しており（下図を参照）、ITパスポート試験の公式ホームページからダウンロードできます。ダウンロード方法や動作環境については、IPAのWebページでご確認ください。

---

https://www3.jitec.ipa.go.jp/JitesCbt/html/guidance/trial_examapp.html
［ホーム］→［受験案内］→［CBT疑似体験ソフトウェア］

　疑似体験ソフトウェアでは、本試験と同じ形式で過去の問題（平成24年度春期以降の公開問題）を解くことができます。必ず試しておきましょう。

●CBT方式の試験画面

（出典元：IPA　独立行政法人　情報処理推進機構）

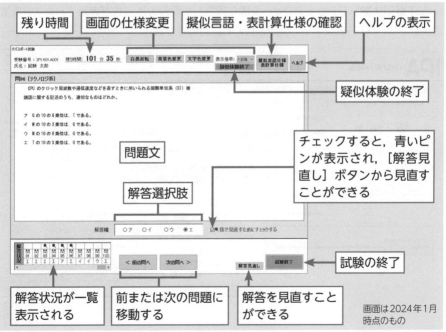

残り時間　画面の仕様変更　擬似言語・表計算仕様の確認　ヘルプの表示

疑似体験の終了

チェックすると、青いピンが表示され、［解答見直し］ボタンから見直すことができる

問題文

解答選択肢

解答状況が一覧表示される

前または次の問題に移動する

解答を見直すことができる

試験の終了

画面は2024年1月時点のもの

※「表示倍率」の操作に慣れておくことをおすすめします。

　自信のない問題でも「後で見直すためにチェックする」にチェックを付けて，いずれかの選択肢を選んでおくことをおすすめします。試験時間内であれば，「解答見直し」ボタンから，下の画面を表示できます。「見直し対象」の青のピンが表示されている問題をダブルクリックすると，該当する問題が表示され，選び直すことができます。

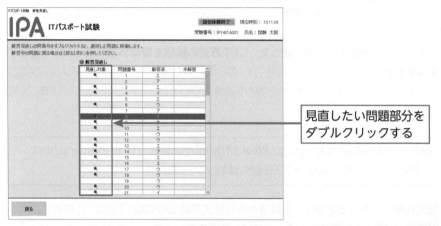

見直したい問題部分を
ダブルクリックする

●試験終了後，すぐに評価点がわかる

　CBT疑似体験ソフトウェアでは，実際に回答した問題の正答数が表示されます。実際の試験では，IRT方式によって採点が行われ，評価点が表示されます。

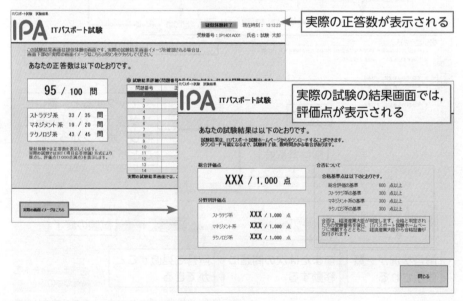

実際の正答数が表示される

実際の試験の結果画面では，
評価点が表示される

◯ 本書のフォローアップ

　本書の訂正情報につきましては，インプレスのサイトをご参照ください。内容に関するご質問は，「お問い合わせフォーム」よりお問い合わせください。

●お問い合わせと訂正ページ
https://book.impress.co.jp/books/1123101129
上記ページの「お問い合わせフォーム」ボタンから，お問い合わせフォーム画面
に進んでください。

　試験の内容や合格への対策方法を確認したら，いよいよ学習をスタートしましょう。
合格に向けて，効率よく，楽しく学習を進めてください。

●ITパスポート試験のお問い合わせ
・ITパスポート試験コールセンター
TEL：03-6631-0608　メール：call-center@cbt.jitec.ipa.go.jp
※問い合わせ時間：午前8時〜午後7時（コールセンター休業日を除く）
・ITパスポート試験の公式サイト
https://www3.jitec.ipa.go.jp/JitesCbt/index.html
・試験実施者
独立行政法人 情報処理推進機構（略称：IPA）

本書の構成

　本書は，解説を読みながら問題を解くことで，知識が定着するように構成されています。また，側注には，過去問題で出題された内容や理解を助ける情報を豊富に盛り込んでいますので，ぜひ活用してください。

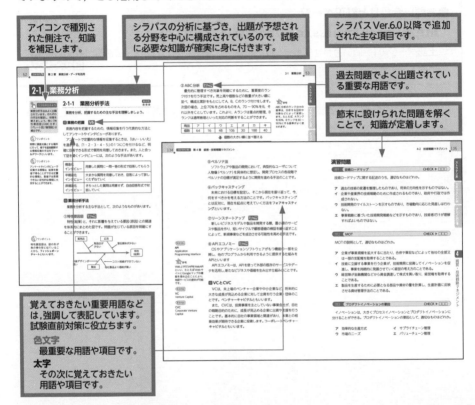

> アイコンで種別された側注で，知識を補足します。

> シラバスの分析に基づき，出題が予想される分野を中心に構成されているので，試験に必要な知識が確実に身に付きます。

> シラバスVer.6.0以降で追加された主な項目です。

> 過去問題でよく出題されている重要な用語です。

> 節末に設けられた問題を解くことで，知識が定着します。

> 覚えておきたい重要用語などは，強調して表記しています。試験直前対策に役立ちます。
> **色文字** 最重要な用語や項目です。
> **太字** その次に覚えておきたい用語や項目です。

本書で使用している側注のアイコン

☆参考	用語	スペル
理解を助ける情報を紹介	本文に登場した用語を詳しく解説	用語の正式名称を紹介
ワンポイント	試験対策	ココを押さえよう
得点アップにつながる用語や関連する情報などを紹介	試験で頻出な用語や覚えておきたい情報	具体的な学習ポイントや取り組み方，試験の情報を紹介

第1章 企業活動

本章の学習ポイント

- 経営理念，CSR（企業の社会的責任），グリーンIT，PDCAサイクル，BCP（事業継続計画）など，経営資源・経営管理に関する重要な用語を覚える
- HRM（人的資源管理）の考え方や手法，主な教育訓練を理解する
- 事業部制組織やマトリックス組織など，主な組織の形態と特徴を理解する
- 第4次産業革命，Society5.0，データ駆動型社会，デジタルトランスフォーメーション（DX）など，社会におけるIT利活用に関する重要な用語を覚える
- 固定費と変動費，損益分岐点，財務諸表など，会計と財務に関する基本的な用語の意味と考え方を理解する

シラバスにおける本章の位置付け

	大分類1：企業と法務	本章の学習
ストラテジ系	大分類2：経営戦略	**中分類1：企業活動**
	大分類3：システム戦略	
マネジメント系	大分類4：開発技術	
	大分類5：プロジェクトマネジメント	
	大分類6：サービスマネジメント	
テクノロジ系	大分類7：基礎理論	
	大分類8：コンピュータシステム	
	大分類9：技術要素	

1-1 経営・組織論

ココを押さえよう

企業活動について重要な用語を説明しています。幅広く出題されているので、しっかり確認しておきましょう。

ワンポイント

企業の経営活動におけるステークホルダ(利害関係者)は、顧客や従業員、株主、取引先、地域社会などです。

ワンポイント

経営ビジョンや経営戦略は、経営理念に基づくものです。

なお、経営戦略については「4-1　経営戦略マネジメント」を参照してください。

試験対策

シラバスVer.6.3では、企業経営などについて用語が追加されています(512ページ参照)。

スペル

CSR
Corporate Social Responsibility

スペル

SRI
Socially Responsible Investment

1-1-1　企業活動の基礎知識 頻出度 ★★☆

企業活動や経営管理に関する基本的な考え方や活動について理解しましょう。

■ 企業活動

企業は、営利を目的として経済活動を行う組織体です。企業それぞれの目標や方針に基づいて、生産や販売、サービスなどの活動を行い、得た利益を関係者(**ステークホルダ**)に還元します。また、利益追求だけでなく、企業活動の一環として、社会貢献のための活動も行います。

■ 経営理念と経営ビジョン

経営理念は、企業経営における普遍的な信念や価値観、企業の存在意義などを表したものです。企業が活動する際に指針となる基本的な考え方であり、明文化して社内外に示します。

また、企業が望む、将来のあるべき姿を具体化したものを**経営ビジョン**といいます。経営理念を実現するために経営ビジョンを明らかにし、経営戦略を策定、実行していきます。

■ 企業の社会的責任(CSR)

企業の社会的責任は**CSR**ともいい、企業は利益だけを追求するのではなく、地域への社会貢献やボランティア活動、地球環境の保護活動など、社会に貢献する責任も負っているという考え方です。ワークライフバランスやメンタルヘルスなど、従業員に対する取組みも求められます。

■ 社会的責任投資

企業への投資において、従来の財務情報だけでなく、企業として社会的責任を果たしているか、ということも考慮して行う投資のことです。**SRI**ともいいます。

株式会社と株主総会

株式会社は，株式を発行することによって出資者からお金を調達し，それを資金として営業活動を行う企業のことです。出資者は，その会社の株主となります。

そして，株式会社の株主によって構成される，その会社の最高意思決定機関を**株主総会**といいます。株主は，株主総会で「取締役の選任・解任」や「定款の変更」など，会社の基本的な方針や会社運営の重要事項を決定します。このとき，事案に対して賛成・反対の投票を行いますが，1人につき1票ではなく，株主がもっている株式の数に応じて議決権が決まります。つまり，株式を多く所有している株主ほど，会社に対して強い影響力をもちます。

株式会社には，次のような機関もあります。

機関	説明
取締役	会社として重要な業務執行の意思決定を担う役員のこと。取締役で構成される機関を取締役会という
監査役	取締役などの職務執行が適切に行われているかどうかを監督する役員のこと。監査役で構成される機関を監査役会という

●決算

一定期間の収入・支出を計算し，利益と損失を算出することです。収支をまとめた決算書（貸借対照表や損益計算書など）を作成し，財政状態を明確にします。

●ディスクロージャー

企業が，投資家や株主，債権者などに対して，企業の経営状況や財務内容などの情報を公開することです。**情報開示**ともいいます。

参考
会社の形態には，株式会社以外にも，合同会社，合資会社，合名会社があります。

参考
株主総会に出席できない場合は，ハガキで投票することもできます。インターネットを使った投票も行われています。

用語
定款（ていかん）：会社の組織，活動，運営について，根本的な事項を定めた規則です。事業内容，商号，本店所在地，役員の数などを記載します。

ワンポイント
会社の設立や運営などのルールについて規定した法律を**会社法**といいます。株主総会や取締役の設置は，会社法で定められています。

用語
監査：ある対象や活動などについて，監督し検査することです。会計監査や業務監査など，いろいろな監査があります。監査については，「第10章 システム監査」も参照してください。

参考
ディスクロージャーは，証券取引法や商法などの法制度に基づくものと，企業がIR活動として自主的に行うものがあります。

ストラテジ系　マネジメント系　テクノロジ系

1 企業活動

■ 経営資源

　経営資源は、企業を経営するために必要な要素のことです。一般に「ヒト（人）」「モノ（物）」「カネ（金）」を三大資源といい、ヒトは人材、モノは製品や設備、カネは資金のことです。最近では、第4の資源として「情報」を加えます。

■ 経営管理

　経営管理は、経営目標の達成に向けて、経営資源を最適に配分し、効果的な活用を図るための活動です。円滑に継続して管理するため、**PDCAサイクル**がよく用いられます。PDCAサイクルは、**Plan**（計画）→**Do**（実行）→**Check**（評価）→**Act**（処置・改善）を繰り返し、業務改善を図る手法です。PDCAサイクルによって、経営管理を改善し、向上させていきます。また、健全性や透明性を確保した経営を行うため、コーポレートガバナンスの強化を図ります。

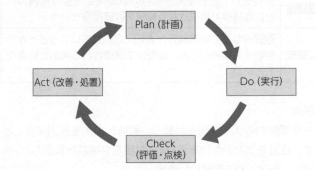

■ OODAループ

　OODAループは、「Observe（観察）」→「Orient（状況判断）」→「Decide（意思決定）」→「Act（行動）」という4つの手順によって、意思決定を行う手法です。迅速な意思決定が可能で、状況に合わせて柔軟な対応がしやすいという特徴があります。

■ BCPとBCM

BCPは，災害や事故などの不測の事態が発生しても，重要な事業を継続できるようにするための計画のことです。**事業継続計画**ともいいます。事業が中断しないように，もし，中断しても早期に復旧させるための手段や方法などを策定します。

たとえば，大規模災害による本社建物の全壊を想定した場合，本社機能を代替する支社を規定し，限られた状況で対応すべき重要な業務に絞り，その業務の実施手順を整備します。

また，BCPを策定し，その運用や見直しなどを継続的に行う活動を**BCM**や**事業継続管理**といいます。

■ SDGs

SDGsは，2015年9月の国連サミットで採択された，2030年までに持続可能でよりよい世界を目指す国際目標です。**持続可能な開発目標**ともいいます。貧困,飢餓,保健,教育,エネルギーなど，17のゴールから構成され，「地球上の誰一人として取り残さない(leave no one behind)」ことを理念としています。

■ グリーンIT

グリーンITは，パソコンやサーバ，ネットワークなどの情報通信機器の省エネや資源の有効利用だけでなく，それらの機器を利用することによって，社会の省エネを推進し，環境を保護していくという考え方です。

■ カーボンフットプリント V6

カーボンフットプリントは，商品・サービスのライフサイクル(原材料調達，生産，流通・販売，使用・維持管理，廃棄・リサイクル)で排出された温室効果ガスの総量をCO_2量に換算し，商品などに表示することです。

スペル
BCP
Business Continuity Plan

スペル
BCM
Business Continuity Management

ワンポイント
将来，起こり得るリスクに対処するための危機管理において，リスクを特定し，その分析や評価を行うことを**リスクアセスメント**といいます。
JIS Q 31000では，リスクアセスメントを「リスク特定,リスク分析及びリスク評価を網羅するプロセス全体を指す」と定義しています。

スペル
SDGs
Sustainable Development Goals

参考
グリーンITの取組みとして，テレビ会議による出張の削減，ペーパレス化による紙資源の節約などがあります。

1-1-2　ヒューマンリソース マネジメント

頻出度 ★★☆

　企業におけるヒューマンリソースマネジメント（人的資源管理）の基本的な考え方や活動について理解しましょう。

■ HRM

　HRMは，人材を経営資源として捉え，それを有効活用するための人事管理の手法です。経営目標を達成することを目的として，戦略的に人材の採用，配置，育成，管理などを行います。**人的資源管理**や**ヒューマンリソースマネジメント**ともいいます。

■ 人的資源管理に関する考え方や手法

　人的資源管理に関する基本的な考え方や手法として，次のようなものがあります。

① HRテック（HR Tech）

　AI（人工知能）やIoT，ビッグデータ解析，クラウドコンピューティングなどのIT技術を活用し，人事に関する業務（人材育成，採用活動，人事評価など）の効率化や改善を図る手法や，サービスの総称です。

　「HumanResources（ヒューマンリソース）」と「Technology（テクノロジ）」を組み合わせた造語で，IT技術によって，企業の人事機能の向上や働き方改革を実現することなどを目的にしています。

② ダイバーシティマネジメント

　多様な属性（性別や年齢，人種など），多様な能力や価値観などをもった人材を活用することによって，組織全体の活性化，価値創造力の向上を図る手法です。

　ダイバーシティは「多様性」という意味で，性別，年齢，人種など，人間の多様性を指すときに用いられます。

ストラテジ系　マネジメント系　テクノロジ系

1 企業活動

③ワークエンゲージメント

仕事に関連するポジティブで充実した心理状態のことです。「仕事から活力を得ていきいきとしている」(活力),「仕事に誇りとやりがいを感じている」(熱意),「仕事に熱心に取り組んでいる」(没頭)の3つが揃った状態とされています。

④ワークライフバランス

仕事と生活の調和を示す用語です。内閣府発表のワークライフバランス憲章では,「国民1人ひとりがやりがいや充実感を感じながら働き,仕事上の責任を果たすとともに,家庭や地域生活などにおいても,子育て期,中高年期といった人生の各段階に応じて多様な生き方が選択・実現できる社会」と定義されています。

⑤タレントマネジメント

社員1人ひとりがもつタレント(知識やスキル,経験など)を集約して管理し,戦略的な人材開発や人材配置を行う取組みのことです。社員の能力を最大限に活用し,業務の効率化や生産性の向上などを図ります。人材の確保・定着にも役立てられています。

スペル

タレントマネジメント
Talent Management

⑥MBO (目標管理制度)

社員またはグループごとに具体的な目標を設定し,この目標達成の度合いにより評価する管理手法です。**目標管理制度**ともいいます。社員自らが目標を設定して管理し,目標達成に向けて取り組みます。

スペル

MBO
Management by
Objectives
and self-control

⑦コンピテンシー

職務などにおいて,高い成果を上げている人(ハイパフォーマー)に共通して見られる行動特性のことです。コンピテンシーに基づく特性や能力は,人事評価や採用面接,人材育成などにおいて,人物を評価するときの基準や指針に活用されています。

参考
英単語の「competency」には「能力」や「適格性」などの意味があります。

⑧その他の人材の管理・手法

その他の人材の管理・手法に関する用語として，次のようなものがあります。

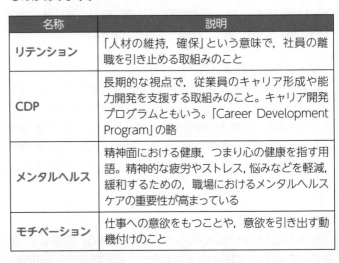

名称	説明
リテンション	「人材の維持，確保」という意味で，社員の離職を引き止める取組みのこと
CDP	長期的な視点で，従業員のキャリア形成や能力開発を支援する取組みのこと。キャリア開発プログラムともいう。「Career Development Program」の略
メンタルヘルス	精神面における健康，つまり心の健康を指す用語。精神的な疲労やストレス，悩みなどを軽減，緩和するための，職場におけるメンタルヘルスケアの重要性が高まっている
モチベーション	仕事への意欲をもつことや，意欲を引き出す動機付けのこと

■ 人材の教育訓練

人材の教育訓練として，次のようなものがあります。

①ロールプレイング

現実に起きる場面を想定し，複数の人がそれぞれの役割を演じて，実務を疑似体験する研修方法です。たとえば，電話対応，店頭での販売員の接客，営業員のセールス活動など，業務について実践的な訓練を行います。

②OJT

実際の業務を通じて，仕事に必要な知識や技術を習得させる教育訓練のことです。職場で仕事に従事しながら，その職場の先輩や上司が，後輩や部下を指導する形で実施されます。

③Off-JT

集合研修や社外セミナー，通信教育など，職場や業務を離れて行う教育訓練のことです。OJTが職場内で実施されるのに対して，Off-JTは職場外で行われる訓練です。

⭐ 参考

人材の流出を防ぐ対策として，金銭的な報酬，社内コミュニケーションの活性化，能力開発・教育制度の制定，キャリアプランの提示などがあります。

🔵 ワンポイント

目標達成に向かって，メンバや組織を導く能力のことを**リーダシップ**といいます。なお，シラバスVer.6.3では，リーダーシップの在り方について用語が追加されています（513ページ参照）。

📝 スペル

OJT
On the Job Training

🔵 ワンポイント

OJTの実施には，計画的，継続的，意図的に行うことが重要とされます。

📝 スペル

Off-JT
Off the Job Training

⭐ 参考

OJTは職場内訓練，Off-JTは職場外訓練ともいいます。

④e-ラーニング

パソコンやインターネットなどによる，動画や音声，ネット通信などの情報技術を利用した学習方法です。自分の好きな時間に学習することができ，自分のペースや理解度に応じて進めることもできます。

⑤アダプティブラーニング ✍CHECK

学習者1人ひとりの理解度や進捗に合わせて，学習内容や学習レベルを調整して提供する教育手法です。**適応学習**ともいいます。

■ テレワーク V6

テレワークは，情報通信技術を活用した，場所や時間にとらわれない柔軟な働き方のことです。主な形態として，自宅を就業場所とする「在宅勤務」，サテライトオフィスなどを就業場所とする「施設利用型勤務」，施設に依存しない「モバイルワーク」があります。

テレワークの導入，実施は，従業員のワークライフバランスの向上，遠隔地の優秀な人材の雇用，非常時の事業継続性の確保など，様々なメリットがあり，働き方を改革するための施策として期待されています。

●ワーケーション V6

Work（仕事）とVacation（休暇）を組み合わせた造語で，観光地やリゾート地，帰省先などで休暇をとりながら，テレワークを利用して仕事をする働き方のことです。

■ DE&I（Diversity, Equity & Inclusion） V6

DE&IはDiversity（多様性），Equity（公平性），Inclusion（包括性）の用語を合わせたもので，「**ダイバーシティ，エクイティ&インクルージョン**」といいます。多様な人々の誰もが公平な機会を得られ，能力を発揮できる環境を実現するという考え。

🔍 **ワンポイント**

相手と対話し，話に耳を傾け（傾聴），質問を投げ掛けるなどして，その人の自主性を引き出す人材育成の方法を**コーチング**といいます。

🔍 **ワンポイント**

先輩社員などの年長者が組織内の若手と交流し，対話や助言によって，その人の自発的な成長を支援する人材育成の方法を**メンタリング**といいます。指導者のことはメンターといいます。

🔎 **用語**

サテライトオフィス：企業・組織の本拠から離れた所に設置された仕事場のことです。本社・本拠地を中心と見たとき，衛星（satellite：サテライト）のように存在するオフィスという意味から名付けられました。

🔎 **用語**

モバイルワーク：移動中の電車・バスなどの車内，駅，カフェ，顧客先などを就業場所とする働き方のことです。

⭐ **参考**

ワーケーションは余暇を楽しみながら行うもので，単に通常とは違う場所で休暇日にまで働くことではありません。

ストラテジ系　マネジメント系　テクノロジ系　1 企業活動

ココを押さえよう

組織の形態について，種類や特徴が問われるので，どの組織なのかを判別できるようにしておくことが大切です。特に「事業部制組織」「職能別組織」「マトリックス組織」は要チェックです。「CEO」「CIO」などの責任者の役職もよく出題されています。

ワンポイント

事業部制組織では，事業部ごとに権限と目標が与えられ，各事業部が独立して事業を行い，利益責任をもちます。

1-1-3　経営組織

頻出度 ★★☆

代表的な組織構造の種類とその特徴や，責任者の役職について理解しましょう。

■ 組織の形態

企業には，様々な形態の組織があります。主な組織の形態は，次のとおりです。

①事業部制組織　CHECK

製品や地域などの単位で，事業部を分けた構成の組織です。各事業部が，それぞれ業務の遂行に必要な職能をもつことで，自己完結的に経営活動を展開することができます。

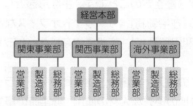

ワンポイント

職能別組織は，職務の内容によって**ライン部門**と**スタッフ部門**に分けることができます。

・**ライン部門**：
　売上にかかわる部門。営業，製造など

・**スタッフ部門**：
　ライン部門を支援する部門。人事，経理，総務など

②職能別組織　CHECK

営業や開発，総務など，職能別に構成された組織です。部門ごとに専門性を活かして，仕事の効率化を図ることができます。

ワンポイント

カンパニ制組織や事業部制組織では，部門ごとに独立採算制がとられます。

③カンパニ制組織

事業部制組織の各部門が，あたかも独立した会社のように事業を運営する組織です。事業部制組織よりも，多くの権限が与えられます。

④マトリックス組織 [CHECK]

事業部，職能，地域，プロジェクトなど，複数の組織を組み合わせて，縦と横の構造をもつように構成する組織です。

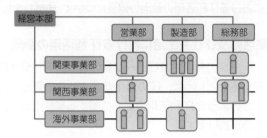

⑤その他の組織形態

名称	説明
社内ベンチャ組織	社内で新規事業（ベンチャ事業）を起業するための組織。企業の資金や人材などの経営資源を活用して，独立的に運営を行う
ネットワーク組織	組織の構成員が自律性を有し，互いが対等な関係で連携している組織。企業や部門の壁を越えて，編成されることもある

■ 責任者の役職

企業経営にかかわる責任者の役職として，次のようなものがあります。

名称	説明
CEO	最高経営責任者。企業の代表者として，経営全体に責任をもつ。Chief Executive Officer の略
CIO	最高情報責任者。情報システムの最高責任者として，情報システム戦略の策定・実行に責任をもつ。Chief Information Officer の略
CFO	最高財務責任者。財務部門の最高責任者として，資金調達や運用などの財務に関して責任をもつ。Chief Financial Officer の略
COO	最高執行責任者。CEO が定めた経営方針や経営戦略に基づいた，日常の業務の執行に責任をもつ。Chief Operating Officer の略

ワンポイント

左のマトリックス組織の図は，事業部と職能を組み合わせたものです。このようにしてマトリックス組織では，複数の上司から指揮命令を受けます。そのため，指揮命令が複雑になり，混乱が生じる可能性があります。

ワンポイント

ある目的を達成するために，必要な人材を集めて構成する組織を**プロジェクト組織**といいます。目的を達成すると，組織は解散します。

ワンポイント

左の表のような企業活動における業務・機能の責任者の総称を **CxO（Chief x Officer）** といいます。「C」は Chief（組織の責任者），「O」は Officer（執行役）のことで，「x」は業務・役割の名称を示す文字が入ります。

試験対策

責任者の役職と責任をもつ対象を覚えておきましょう。ここで紹介した役職は，すべて過去問題で出題されています。

ストラテジ系 マネジメント系 テクノロジ系

1 企業活動

1-1-4　社会におけるIT利活用の動向

頻出度 ★★★

社会におけるIT利活用の動向の概要について、理解しましょう。

■ 企業活動及び社会生活におけるIT利活用の動向

近年、データの多様性及びデータ量の増加、データ分析の高度化、AIの進化といった、ITの進化が促す社会の変化が起きています。このようなIT利活用の動向に関する用語として、次のようなものがあります。

①第4次産業革命 CHECK

第4次産業革命は、IoTやAI（人工知能）などの技術の活用によって、産業や社会構造などに起きている歴史的な変革のことです。インダストリー4.0（Industry 4.0）ともいわれ、水力や蒸気機関による工場の機械化が行われた第1次産業革命、電力や石油を活用した大量生産が始まった第2次産業革命、IT技術を活用した第3次産業革命に続く、産業革命と位置付けられています。

②Society5.0 CHECK

内閣府の科学技術基本計画において、我が国が目指すべき未来社会の姿として提唱された用語です。「サイバー空間（仮想空間）とフィジカル空間（現実空間）を高度に融合させたシステムにより、経済発展と社会的課題の解決を両立する、人間中心の社会（Society）」とされています。IoTやAIなどの技術によって、必要なときに必要なものやサービスが人々に過不足なく提供され、誰もが快適に生活できる超スマート社会の実現を目指しています。

③データ駆動型社会 CHECK

現実世界とサイバー空間との相互連携を図るサイバーフィジカルシステムが、社会のあらゆる領域に実装され、大きな社会的価値を生み出していく社会のことです。人の経験や勘ではなく、データを起点としたものの見方による意思決定が可能になります。

試験対策

過去問題では「インダストリー4.0」という表記でも出題されています。どちらの表記も覚えておきましょう。

参考

インダストリー4.0の中心に、工場の製造設備を最適化するスマートファクトリーがあります（157ページ参照）。

参考

Societyは「ソサエティー」と読みます。

ワンポイント

これまで人類が営んできた社会の変化・発展は、次の4段階に分けられます。
・狩猟社会＝Society1.0
・農耕社会＝Society2.0
・工業社会＝Society3.0
・情報社会＝Society4.0
これらに続く新しい社会であることから、「Society5.0」といいます。

参考

サイバーフィジカルシステム（CPS）については、140ページも参照してください。

④デジタルトランスフォーメーション (DX) [CHECK]

　新しいIT技術を活用することによって，新しい製品やサービス，ビジネスモデルなどを創出し，企業やビジネスが一段と進化，変革することです。**DX**ともいいます。

⑤スーパーシティ法 [CHECK]

　AIやビッグデータなどを効果的に活用し，暮らしを支える様々な最先端のサービスを実装した未来都市を**スーパーシティ**といいます。**スーパーシティ法**は，スーパーシティの実現に向けて，**国家戦略特区法**の一部を改正したものです。

⑥官民データ活用推進基本法 V6

　官民データの適正かつ効果的な活用を推進するための基本理念，国や地方公共団体及び事業者の責務，法制上の措置などを定めた法律です。

　本法の基本的施策には，「行政手続に係るオンライン利用の原則化・民間事業者等の手続に係るオンライン利用の促進」「国・地方公共団体・事業者による自ら保有する官民データの活用の推進」「地理的な制約，年齢その他の要因に基づく情報通信技術の利用機会又は活用に係る格差の是正」などがあり，オープンデータを普及する取組みを官民あげて推進しています。

⑦デジタル社会形成基本法 V6

　社会の形成に関して，基本理念，施策の策定に係る基本方針，国や地方公共団体及び事業者の責務，デジタル庁の設置，重点計画の作成について定めた法律です。

　本法においてデジタル社会とは，「インターネットその他の高度情報通信ネットワークを通じて自由かつ安全に多様な情報又は知識を世界的規模で入手し，共有し，又は発信するとともに，先端的な技術をはじめとする情報通信技術を用いて電磁的記録として記録された多様かつ大量の情報を適正かつ効果的に活用することにより，あらゆる分野における創造的かつ活力ある発展が可能となる社会」と定義されています。

スペル

デジタルトランスフォーメーション
Digital Transformation

試験対策

シラバスVer.6.3では，「GX（グリーントランスフォーメーション）」という用語が追加されています（513ページ参照）。

用語

国家戦略特区法：国が定めた国家戦略特別区域において，規制改革等の施策を総合的かつ集中的に推進するために必要な事項を定めた法律です。国家戦略特区では，大胆な規制・制度の緩和や税制面の優遇が行われます。「国家戦略特別区域法」の略です。

用語

官民データ：国や地方公共団体，独立行政法人，事業者などにより，事務において管理，利用，提供される電磁的記録のことです。

ワンポイント

デジタル社会形成基本法によって，それまでITに関する国としての基本理念などを定めていた「IT基本法（高度情報通信ネットワーク社会形成基本法）」は廃止になりました。

演習問題

問1　CSRの説明　　　　　　　　　　　　　　　　　CHECK ▶ ☐☐☐

CSRの説明として，最も適切なものはどれか。

ア 企業が他社の経営の仕方や業務プロセスを分析し，優れた点を学び，取り入れようとする手法

イ 企業活動において経済的成長だけでなく，環境や社会からの要請に対し，責任を果たすことが，企業価値の向上につながるという考え方

ウ 企業の経営者がもつ権力が正しく行使されるように経営者を牽制する制度

エ 他社がまねのできない自社ならではの価値を提供する技術やスキルなど，企業の中核となる能力

問2　BCPを作成する目的　　　　　　　　　　　　　　CHECK ▶ ☐☐☐

大規模な自然災害を想定したBCPを作成する目的として，最も適切なものはどれか。

ア 経営資源が縮減された状況における重要事業の継続

イ 建物や設備などの資産の保全

ウ 被災地における連絡手段の確保

エ 労働災害の原因となるリスクの発生確率とその影響の低減

問3　人事関連業務にITを活用する手法　　　　　　　CHECK ▶ ☐☐☐

企業の人事機能の向上や，働き方改革を実現することなどを目的として，人事評価や人材採用などの人事関連業務に，AIやIoTといったITを活用する手法を表す用語として，最も適切なものはどれか。

ア e-ラーニング　　　　　　　　　**イ** FinTech

ウ HRTech　　　　　　　　　　　　**エ** コンピテンシ

問4 OJT   CHECK ▶ ☐☐☐

OJTに該当する事例として，適切なものはどれか。

ア 新任管理職のマネジメント能力向上のために，勉強会を行った。

イ 転入者の庶務手続の理解を深めるために，具体的事例を用いて説明した。

ウ 販売情報システムに関する営業担当者の理解を深めるために，説明会を実施した。

エ 部下の企画立案能力向上のために，チームの販売計画の立案を命じた。

問5 事業部制組織   CHECK ▶ ☐☐☐

事業部制組織を説明したものはどれか。

ア 構成員が，自己の専門とする職能部門と特定の事業を遂行する部門の両方に所属する組織である。

イ 購買・生産・販売・財務などの仕事の性質によって，部門を編成した組織である。

ウ 特定の課題のもとに各部門から専門家を集めて編成し，期間と目標を定めて活動する一時的かつ柔軟な組織である。

エ 利益責任と業務遂行に必要な職能を，製品別，顧客別又は地域別にもつことによって，自己完結的な経営活動が展開できる組織である。

問6 インダストリー4.0   CHECK ▶ ☐☐☐

インダストリー4.0から顕著になった取組に関する記述として，最も適切なものはどれか。

ア 顧客ごとに異なる個別仕様の製品の，多様なITによるコスト低減と短納期での提供

イ 蒸気機関という動力を獲得したことによる，軽工業における，手作業による製品の生産から，工場制機械工業による生産への移行

ウ 製造工程のコンピュータ制御に基づく自動化による，大量生産品の更なる低コストでの製造

エ 動力の電力や石油への移行とともに，統計的手法を使った科学的生産管理による，同一規格の製品のベルトコンベア方式での大量生産

解答と解説

CSR（Corporate Social Responsibility）は，企業は利益だけを追求するのではなく，社会に対する貢献や地球環境の保護など，社会に貢献する責任も負っているという考え方です。選択肢の中で，イの「企業活動において経済的成長だけでなく，環境や社会からの要請に対して，責任を果たすこと」という考えは，CSRの説明として適しています。よって，正解はイです。

ア　ベンチマーキングの説明です。
ウ　コーポレートガバナンスの説明です。
エ　コアコンピタンスの説明です。

BCP（Business Continuity Plan）は，災害や事故などが発生した場合でも，重要な事業を継続し，もし事業が中断しても早期に復旧できるように策定しておく計画のことです。事業継続計画ともいいます。選択肢の中で，アの「経営資源が縮減された状況における重要事業の継続」は，BCPを作成する目的に適しています。よって，正解はアです。

人事に関する業務（人事評価，採用活動，人材育成など）に，AIやビッグデータ解析などの高度なIT技術を活用する手法をHRTechといいます。人事・人材（Human Resources）と技術（Technology）を組み合わせた造語です。よって，正解はウです。

ア　e-ラーニングは，コンピュータやインターネットなどのIT技術を利用して行われる学習方法です。
イ　FinTechは，金融（Finance）と技術（Technology）を組み合わせた造語で，IT技術を活用した革新的な金融サービスのことです。たとえば，AIによる投資予測やモバイル決済，オンライン送金などがあります。
エ　コンピテンシ（competency）は「能力」や「適格性」などの意味で，高い成果を上げる人の行動特性のことです。

問4　(平成26年春期　ITパスポート試験　問25)
《解答》エ

　OJT（On the Job Training）は実際の業務を通じて，仕事に必要な知識や技術を習得させる教育訓練のことです。選択肢の中では，エの「チームの販売計画の立案」だけがOJTに該当します。よって，正解はエです。

問5　(平成25年春期　ITパスポート試験　問22)
《解答》エ

　事業部制組織は，地域や製品，市場などの単位で事業部を分けた組織形態で，事業部単位で独立して事業を行います。よって，正解はエです。
ア　マトリックス組織の説明です。
イ　職能別組織の説明です。
ウ　プロジェクト組織の説明です。

問6　(令和4年度　ITパスポート試験　問18)
《解答》ア

　インダストリー4.0は第4次産業革命のことです。IoTやAI（人工知能）などを活用したITの技術革新のことで，代表的な取組みとしてスマートファクトリーがあります。スマートファクトリーでは，IoTやAIなどを製造設備に導入することによって，従来のような大量生産だけでなく，個別仕様の製品の短期間での製造を実現しています。これより，アが第4次産業革命の取組みとして適切です。また，イは第1次産業革命，ウは第3次産業革命，エは第2次産業革命に関する記述です。よって，正解はアです。

1-2 会計・財務

ココを押さえよう

売上，利益，費用（固定費と変動費）の関係を理解しておくことが大切です。計算問題も出題されます。
特に「損益計算書」は頻出なので，利益の種類と求め方を覚えておきましょう。

⭐ **参考**

売上は**売上高**ともいいます。損益計算書などの決算書に記載するときは売上高と記載します。

1-2-1　会計・財務の基礎知識
頻出度 ★★★

企業活動や経営管理に関する，会計や財務の基本的な考えについて理解しましょう。

■ 売上と利益の関係

企業は，商品やサービスを提供して代金を得ます。ここで得た代金のことを**売上**といいます。売上を得るまでにかかった金額を**費用**といい，売上から費用を引いたものが**利益**になります。

> 利益 ＝ 売上 － 費用

利益は，企業の儲けとなる金額です。しかし，売上よりも費用の方が大きかった場合は儲けはなく，**損失**になります。

■ 固定費と変動費 🖊CHECK

売上を得るための費用は，固定費と変動費に分けられます。

①固定費

販売量や生産量にかかわらず，一定してかかる費用のことです。家賃や機械のリース料などが該当します。

✏ **試験対策**

利益に関する計算問題で，製品1個当たりの変動費が示されることがあります。このとき，全体の変動費は「製品1個当たりの変動費×製品個数」を計算して求めます。
たとえば，製品1個当たりの変動費が3万円で，この製品を20個生産・販売する場合，変動費は3万×20個＝60万円になります。

②変動費

販売量や生産量によって，変わる費用のことです。材料費や販売手数料などが該当し，商品が売れれば売れるほど，変動費も増加します。

> 費用 ＝ 固定費 ＋ 変動費

ストラテジ系 マネジメント系 テクノロジ系 1 企業活動

損益分岐点 CHECK

損益分岐点とは，売上と費用が同じ金額で，利益と損失ともに「0」になる点のことです。固定費があるため，初期段階では損失になりますが，売上が増加して損益分岐点を超えると利益が出ます。この金額を**損益分岐点売上高**といいます。

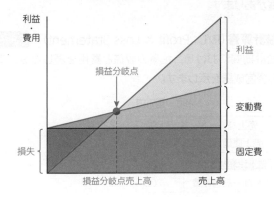

損益分岐点売上高は，次の計算式で求めることができます。

> 変動費率 = 変動費 ÷ 売上高
> 損益分岐点売上高 = 固定費 ÷ （ 1 － 変動費率 ）

たとえば，売上高が400万円，固定費が150万円，変動費200万円である場合，次のように計算します。

変動費率 = 200万÷400万 = 0.5
損益分岐点売上高 = 150万÷(1－0.5) = 300万

よって，損益分岐点売上高は300万円になります。

●損益分岐点比率

売上高に対する損益分岐点売上高の割合で，企業の収益性や安全性を示す指標です。「損益分岐点売上高÷売上高×100」で求め，数値が小さいほど，売上高が減っても赤字になりにくいといえます。

🔍 **ワンポイント**

売上高に対する変動費の割合のことを**変動費率**といいます。変動費率が高いほど，売上高が増えると，総費用も高くなります。

📖 **試験対策**

損益分岐点に関する問題はよく出題されています。特に損益分岐点売上高の計算式は覚えておきましょう。

財務諸表

財務諸表とは，企業の経営成績や財務状態をまとめた資料のことです。企業は財務諸表を作成し，株主や取引先など，利害関係者に公開します。財務諸表は複数の資料で構成され，代表的なものとして，損益計算書，貸借対照表，キャッシュフロー計算書があります。

①損益計算書 (P/L : Profit & Loss Statement)

一会計期間における，企業の収益と費用を表したものです。企業の経営成績を示します。

単位 百万円

売上高	3,000
売上原価	2,000
売上総利益	1,000
販売費及び一般管理費	700
営業利益	300
営業外収益	40
営業外費用	140
経常利益	200
特別利益	0
特別損失	50
税引前当期純利益	150
法人税等	70
当期純利益	80

損益計算書の利益は，次の計算式で求めます。

利益	計算式
売上総利益	売上高 − 売上原価
営業利益	売上総利益 − 販売費及び一般管理費
経常利益	営業利益 + 営業外収益 − 営業外費用
税引前当期純利益	経常利益 + 特別利益 − 特別損失
当期純利益	税引前当期純利益 − 法人税・住民税及び事業税

②貸借対照表 (B/S：Balance Sheet)

ある一定時点における，企業の資産，負債，純資産を表したものです。企業の財政状態を示します。表の左側に「資産」，右側に「負債」と「純資産」を記載し，「資産合計」と「負債及び純資産合計」は必ず等しくなります。

貸借対照表
令和○年○月○日 （単位：百万円）

資産の部		負債及び純資産の部		
勘定科目	金額	勘定科目	金額	
流動資産	3,210	流動負債	2,743	
現金及び預金	2,240	支払手形・買掛金	1,420	
受取手形・売掛金	675	短期借入金	722	
有価証券	192	未払費用	539	
棚卸資産	87	その他	62	負債
その他	16	固定負債	1,745	
固定資産	6,696	社債	850	
有形固定資産	5,365	長期借入金	800	
建物・構築物	1,755	退職金引当金	80	
機械及び装置	846	その他	15	
土地	2,414	負債合計	4,488	
その他	350	資本金	3,000	純資産
無形固定資産	73	法定準備金	1,200	
投資等	1,258	剰余金	1,218	
投資有価証券	308	（うち当期利益）	(1,072)	
子会社株式及び出資金	950	純資産合計	5,418	
資産合計	9,906	負債及び純資産合計	9,906	

③キャッシュフロー計算書 (C/F：Cash Flow Statement)

一会計期間における現金収支の状況を表したものです。営業活動，投資活動，財務活動に分けて，現金及び現金同等物の増減を記載します。

区分	記載内容
営業活動	企業の本業にかかわるお金の増減を記載する。商品販売による収入，商品の仕入れによる支出，人件費の支払，税金の支払など
投資活動	設備投資や資金運用にかかわるお金の増減を記載する。工場建設や機械購入，有価証券の取得・売却など
財務活動	資金調達や借入金返済にかかわるお金の増減を記載する。社債の発行や償還，株式の発行，自己株式の取得，株主への配当金支払など

用語

資産：企業が保有する現金や預金，土地，建物，設備などです。

負債：支払や返済すべき債務。銀行からの借入金などです。

純資産：資産から負債を引いたもの。資本金や資本余剰金などです。

参考

流動資産や流動負債は，1年以内に決済されるものです。また，営業活動のサイクルで生じる資産または負債も，流動資産，流動負債に該当します。

試験対策

キャッシュフローの増加要因または減少要因を選択する問題が出題された場合，その活動をすると現金が増えるか，減るかで判断するとよいでしょう。
たとえば，借入金の増加は，借りたお金が入ってくるので，キャッシュフローの増加要因になります。
反対に，売掛金などの売上債権の増加は，売上が現金で入らないため，キャッシュフローの減少要因になります。

ワンポイント

親会社と子会社を1つの組織体とみなし，企業グループ全体の財務状態や経営状態を示した財務諸表のことを**連結財務諸表**といいます。連結損益計算書や連結貸借対照表などがあります。

ストラテジ系

マネジメント系

テクノロジ系

1 企業活動

■財務分析

財務分析は，財務諸表などの数値を用いて，企業の経営状態を把握，判断することです。

①収益性の分析

企業の収益力に関する指標です。代表的な指標として，次のようなものがあります。

●ROE（Return On Equity）

株主が拠出した自己資本によって，どれだけの利益を生み出したかを表す指標です。数値が大きいほど，収益性が高いといえます。**自己資本利益率**ともいいます。

$$ROE（\%）= 当期純利益 \div 自己資本 \times 100$$

●ROA（Return On Assets）

企業の総資本によって，どれだけの利益を生み出したかを表す指標です。数値が大きいほど，収益性が高いといえます。**総資本利益率**（総資産利益率）ともいいます。

$$ROA（\%）= 当期純利益 \div 総資本 \times 100$$

●ROI（Return On Investment）

事業に投じた資本によって，どれだけの利益を生み出したかを表す指標です。**投下資本利益率**ともいいます。たとえば，情報システム開発など，特定の事業への投資において，どの程度の収益が上がっているのかを把握，評価するときに利用します。

$$ROI（\%）= 事業利益 \div 投下資本 \times 100$$

用語

自己資本：株主からの出資や会社が蓄積したお金など，返済の必要がない資金のことです。自己資本に対して，返済の必要がある資金を**他人資本**といいます。また，自己資本と他人資本を合算した資金の総額を**総資本**といいます。

試験対策

ROEなどを求める計算式が分数で出題されることがあります。次のような分数の計算式にも慣れておきましょう。

$$ROE = \frac{当期純利益}{自己資本} \times 100$$

ワンポイント

現在の株価が，前期実績または今期予想の1株当たり利益の何倍かを表す指標を**PER**（Price Earnings Ratio）といいます。株価が割安か割高かを測る指標で，**株価収益率**ともいいます。

●売上高営業利益率

会社本来の営業活動によって，どれだけの利益を生み出したかを表す指標です。数値が大きいほど，収益性が高いといえます。

$$売上高営業利益率（\%）= 営業利益 ÷ 売上高 × 100$$

②安全性の分析

企業の支払能力など，財務状況の安全性に関する指標です。代表的な指標として，次のようなものがあります。

●自己資本比率

総資本に占める，自己資本の割合を表す指標です。数値が大きいほど，健全な企業といえます。

$$自己資本比率（\%）= 自己資本 ÷ 総資本 × 100$$

●流動比率

流動負債を流動資産で，どのくらいカバーできるかを表す指標です。数値が大きいほど，支払能力が高いといえます。

$$流動比率（\%）= 流動資産 ÷ 流動負債 × 100$$

③効率性の分析

資本をいかに効率的に収益につなげているか，資本の効率的な活用に関する指標です。

●総資本回転率

総資本に対する売上高の割合によって，資本が効率よく運用されているかを表す指標です。数値が大きいほど，回転数が多く，効率性が高いといえます。

$$総資本回転率（\%）= 売上高 ÷ 総資本 × 100$$

ワンポイント

流動比率と同様に支払能力を表す指標に**当座比率**があります。「当座比率（％）＝当座資産÷流動負債×100」で求め，値が大きいほど，負債を返済する当座資産（現金や貯金など）があります。

■ 在庫の評価

　商品を仕入れて販売する場合，在庫として保有している商品を**棚卸資産**として管理します。**在庫の評価**とは棚卸資産の金額を算出することで，求めた金額は**棚卸評価額**といいます。棚卸評価額は「仕入価格×数量」で計算されますが，仕入価格は変動するものもあるため，複数の棚卸資産の評価方法があります。代表的な評価方法として，次の3種類の方法を説明します。

①先入先出法

　先に仕入れた商品を，先に販売したと考えます。たとえば，下表の場合，4/1と4/3の在庫のうち，4/1の前月繰越分から販売されたと考えて，棚卸評価額を算出します。

日付	取引内容	単価	数量	金額
4/1	前月繰越	10	40	400
4/3	購入	8	60	480
4/7	払出		10	

棚卸評価額：$10 \times (40 - 10) + 8 \times 60 = 780$

②後入先出法

　後に仕入れた商品を，先に販売したと考えます。たとえば，下表の場合，4/1と4/3の在庫のうち，4/3の購入分から販売されたと考えて，棚卸評価額を算出します。

日付	取引内容	単価	数量	金額
4/1	前月繰越	10	40	400
4/3	購入	8	60	480
4/7	払出		10	

棚卸評価額：$10 \times 40 + 8 \times (60 - 10) = 800$

③移動平均法

　商品を仕入れるたびに，平均単価を求めます。たとえば，下表の場合，平均単価は8.8になり，この平均単価を用いて棚卸評価額を算出します。

$$平均単価 = (在庫残高 + 仕入金額) \div (在庫個数 + 仕入個数)$$
$$= (400 + 480) \div (40 + 60)$$
$$= 8.8$$

日付	取引内容	単価	数量	金額
4/1	前月繰越	10	40	400
4/3	購入	8	60	480
4/7	払出		**10**	

棚卸評価額：$8.8 \times (40 + 60 - 10) = 792$

 参考

ここでの棚卸評価額は，単価を8.8円として，4/1と4/3の在庫の数量から，4/7に販売された10個を引いた在庫数について計算しています。

◻ 売上原価

　損益計算書に記載する**売上原価**は，今期の仕入れなどにかかった費用だけでなく，前期から引き継いだ在庫や，今期に売れ残った在庫についても含める必要があります。これを計算式で表すと，次のようになります。

> 売上原価 ＝ 期首の棚卸高 ＋ 期中の仕入高 － 期末の棚卸高

　期首の棚卸高は前期から引き継いだ在庫の評価額，**期末の棚卸高**は今期に売れ残った在庫の評価額です。**期中の仕入高**は，今期の仕入れにかかった費用のことです。

📝 **試験対策**

期首や期末の棚卸高を使った計算問題が出題されています。売上原価の計算式を覚えておきましょう。

📝 **試験対策**

計算問題で「売上高」と「売上総利益」が提示され，これらから売上原価を求める場合があります。その場合は，「売上高ー売上総利益＝売上原価」を計算します。

参考

建物や車など，長期にわたって使うものが減価償却の対象となります。減価償却では，このような資産の価値は徐々に減少する，という考えに基づいて，毎年，この減少分の額を費用として計上します。

減価償却

　企業の会計処理では，事業でかかった費用を経費として計上します。**減価償却**とは，固定資産の取得にかかった費用を，耐用年数で分けて計上する会計処理のことです。減価償却費を求める計算方法には，定額法と定率法の2通りがあります。

①定額法

　毎年，同額を減価償却していく方法です。

$$減価償却費 ＝ 取得価額×定額法の償却率$$

参考

定率法において，計算した償却額が償却保証額に満たなくなった年分以後は，毎年同額になります。償却保証額とは，取得価額に耐用年数で定められた保証率を乗算して求めた金額です。

②定率法

　未償却残高に，償却率をかけて算出した金額を減価償却していく方法です。償却費の額は初めの年ほど多く，年とともに減少します。

$$減価償却費 ＝ 未償却残高×定率法の償却率$$

※未償却残高は，取得価格から，前年度までの減価償却した金額を引いた額です。

身近な税 V6

　身近な税として，次のようなものがあります。

試験対策

シラバスVer.6.3では，「適格請求書等保存方式（インボイス制度）」という用語が追加されています（514ページ参照）。

●法人税

　企業などの法人が得た所得に対して課される税金のことです。法人は決算を終えたあと，所得に応じた法人税を納めます。

●消費税

　商品・製品の販売やサービスの提供などの取引において課される税金のことです。商品などを購入する消費者が負担し，事業者が納付します。

演習問題

問1　固定費の計算　　　　　　　　　　　　　CHECK ▶ ☐☐☐

ある商品を5,000個販売したところ，売上が5,000万円，利益が300万円となった。商品1個当たりの変動費が7,000円であるとき，固定費は何万円か。

ア 1,200　　　**イ** 1,500　　　**ウ** 3,500　　　**エ** 4,000

問2　ROE　　　　　　　　　　　　　　　　　CHECK ▶ ☐☐☐

ROE（Return On Equity）を説明したものはどれか。

ア 株主だけでなく，債権者も含めた資金提供者の立場から，企業が所有している資産全体の収益性を表す指標

イ 株主の立場から，企業が，どれだけ資本コストを上回る利益を生み出したかを表す指標

ウ 現在の株価が，前期実績又は今期予想の1株当たり利益の何倍かを表す指標

エ 自己資本に対して，どれだけの利益を生み出したかを表す指標

問3　経常利益の計算　　　　　　　　　　　　CHECK ▶ ☐☐☐

次の損益計算資料から求められる経常利益は何百万円か。

単位　百万円

項目	金額
売上高	2,000
売上原価	1,500
販売費及び一般管理費	300
営業外収益	30
営業外費用	20
特別利益	15
特別損失	25
法人税，住民税及び事業税	80

ア 120　　　　**イ** 190　　　　**ウ** 200　　　　**エ** 210

ストラテジ系　マネジメント系　テクノロジ系

1 企業活動

解答と解説

問1　　　　　　　　　　　　　　　　　（平成29年春期　ITパスポート試験　問31）
《解答》ア

　商品を生産，販売して得る利益は，「利益＝売上高－固定費－変動費」という計算式で求めることができます。変動費は「商品1個当たりの変動費×販売個数」という計算式で求められるので，7,000円×5,000個＝3,500万円です。

　利益300万円，売上高5,000万円，変動費3,500万円を，次のように計算式に当てはめて計算すると固定費は1,200万円になります。よって，正解はアです。

　　300万円 ＝ 5,000万円－固定費－3,500万円　　　固定費＝1,200万円

問2　　　　　　　　　　　　　　　　　（平成25年秋期　ITパスポート試験　問3）
《解答》エ

　ROEは，株主が拠出した自己資本によって，どれだけの利益を生み出したかを表す指標です。自己資本利益率ともいい，「当期純利益÷自己資本×100」で求めます。よって，正解はエです。
ア　ROA（Return on Assets：総資本利益率）の説明です。
イ　ROI（Return on Investment：投下資本利益率）の説明です。
ウ　PER（Price Earnings Ratio：株価収益率）の説明です。

問3　　　　　　　　　　　　　　　　　（平成28年春期　ITパスポート試験　問20）
《解答》エ

　経常利益を求めるには，まず，売上総利益と営業利益を求める必要があります。次のように，順に計算していくと経常利益は210（百万円）になります。よって，正解はエです。
　売上総利益 ＝ 売上高－売上原価 ＝ 2,000－1,500＝500
　　営業利益 ＝ 売上総利益－販売費及び一般管理費 ＝ 500－300＝200
　　経常利益 ＝ 営業利益＋営業外収益－営業外費用 ＝ 200＋30－20＝210

第2章 業務分析・データ利活用

本章の学習ポイント

- パレート図，ABC分析，特性要因図など，代表的な業務分析手法を理解する
- 棒グラフ，折れ線グラフ，散布図，レーダーチャート，ヒストグラムなど，業務で利活用する代表的な図表・グラフの種類や特徴について理解する
- データ分析について，データの種類，データの前処理，統計に関する重要な用語（母集団，標本抽出，仮説検定など）を理解する
- データサイエンスやビッグデータ分析に関する重要な用語を覚える
- 業務における意思決定や問題解決に用いる手法を理解する

シラバスにおける本章の位置付け

	大分類1：企業と法務	
ストラテジ系	大分類2：経営戦略	→ 本章の学習 **中分類1：企業活動**
	大分類3：システム戦略	
マネジメント系	大分類4：開発技術	
	大分類5：プロジェクトマネジメント	
	大分類6：サービスマネジメント	
テクノロジ系	大分類7：基礎理論	
	大分類8：コンピュータシステム	
	大分類9：技術要素	

2-1 業務分析

2-1-1 業務分析手法

業務を分析，把握するための主な手法を理解しましょう。

ココを押さえよう

業務分析手法はよく出題されています。それぞれの手法を確認し，特徴を覚えましょう。特に「特性要因図」「ABC分析」「パレート図」「管理図」は頻出です。

■業務の把握 V6

業務内容を把握するための，情報収集を行う代表的な方法としてアンケートやインタビューがあります。

アンケートで定量的な情報を収集するときは，「はい・いいえ」を選択する，「1・2・3・4・5」の1つに○を付けるなど，明確に回答できる形式で質問を用意しておきます。また，人と会って話を聞くインタビューには，次のような手法があります。

ワンポイント

実際に調査対象とする場所に行って，様子を直接観察する情報収集の手法をフィールドワークといいます。

ワンポイント

アンケートやインタビューで収集する情報は，結果を数値で得ることができる定量的な情報と，数値では表現できない定性的な情報に大別することができます。

構造化インタビュー	用意した質問に一問一答の形式で回答してもらう
半構造化インタビュー	大まかな質問を用意しておき，回答によって詳しくたずねていく
非構造化インタビュー	きちっとした質問は用意せず，自由回答形式で対話していく

■業務分析手法

業務を分析する主な手法として，次のようなものがあります。

①特性要因図 CHECK

特性（結果）と，それに影響を与えている要因（原因）との関連を体系的にまとめた図です。問題が生じている原因を明確にすることができます。

ワンポイント

特性要因図は，図の形が魚の骨の形に似ていることから，フィッシュボーンチャートともいいます。

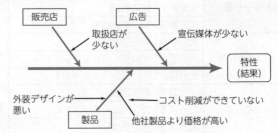

②ABC分析

　優先的に管理すべき対象を明確にするために，重要度のラン
ク付けを行う手法です。売上高や個数などの数量が大きい順に
並べ，構成比累計をもとにしてA，B，Cのランク付けをします。
次図の場合，上位70％を占めるものをA，70〜90％をB，そ
れ以外をCとしています。これより，Aランクは重点的管理，B
ランクは通常管理といった対応の判断をすることができます。

商品	ア	イ	ウ	エ	オ	カ	キ
個数	64	16	48	106	30	188	40

⬇ 個数の大きい順に並べ替える

商品	カ	エ	ア	ウ	キ	オ	イ
個数	188	106	64	48	40	30	16
構成比	38.2%	21.5%	13.0%	9.8%	8.1%	6.1%	3.3%
構成比累計	38.2%	59.7%	72.7%	82.5%	90.6%	96.7%	100.0%

　Aランク　　　　　　　Bランク　　　　Cランク
（全体の70％を占める商品）（70〜90％までを占める商品）（残りの商品）

参考
ABC分析のランク分けの基準は，分析する目的や対象などによって変更します。たとえば，Aランクを80％，Bランクを80〜90％にする基準がよく使われます。

③パレート図

　数値の大きい順に並べた棒グラフと，棒グラフの数値の累積
比率を表した折れ線グラフを組み合わせた図です。重要な項目
を把握することができ，ABC分析をグラフ化するときに使用し
ます。

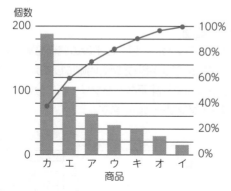

参考
左のパレート図は，②のABC分析の結果をグラフで表したものです。

ワンポイント
パレート図のように，異なる種類のグラフを組み合わせて作成したものを複合グラフといいます。

④アローダイアグラム

作業の順序関係と所要日数を表した図です。業務やプロジェクトの日程管理に利用し，**PERT図**ともいいます。

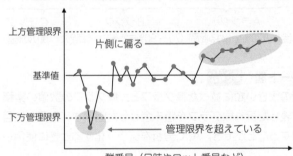

⑤管理図

異常なデータを発見するために，時系列のデータを折れ線グラフで結んだ図です。基準値を中心として，上方管理限界と下方管理限界を設定します。折れ線がいずれかの管理限界を超えたり，管理限界内に収まっていても一定方向にデータが偏っていたりするときは，問題が起きている可能性があります。

⑥系統図　V6

目的を達成するために，目的と手段の関係を順に展開していくことによって，最適な手段・方策を明確にしていく図です。また，下の図のように問題や課題などをツリー状に分解し，考えていく手法を**ロジックツリー**といいます。

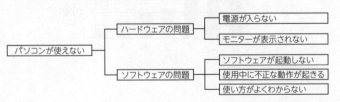

2-1-2 問題解決と意思決定 頻出度 ★★☆

問題解決を図る手法や，問題を解決するための効率的な意思決定について理解しましょう。

■ 問題解決手法

問題を解決するための代表的な手法として，次のようなものがあります。

①ブレーンストーミング

複数人で意見を出し合い，新しいアイディアを生み出す技法です。ブレーンストーミングを行うときには，次のルールがあります。

批判禁止	他の人の意見を批判したり，良し悪しを批評したりしない
質より量	できるだけ多くの意見を出し合う。意見の質を考慮する必要はない
自由奔放	自由に発言する。テーマから外れた意見でもかまわない
結合・便乗	他の人の意見を流用して発言してもよい

②親和図法

収集した情報を相互の関連によってグループ化し，解決すべき問題点を明確にする方法です。

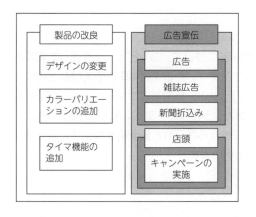

ワンポイント

発言する代わりに，紙に意見を書いていく手法を**ブレーンライティング**といいます。6人程度のグループで用紙を回して，1人が3個ずつアイディアや意見を用紙に書き込んでいく発想法です。基本的なルールはブレーンストーミングと同様で，前の人の書込みから，さらにアイディアや意見を広げていきます。

ワンポイント

問題解決や整理分析の手法には，PDPC法もあります。最終的な目的が定まっているとき，事前に予想される問題について対応策を検討し，最善策を定める方法です。「Process Decision Program Chart」の略です。

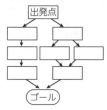

ココを押さえよう
それぞれの用語を確認しておきましょう。特によく出題されているのは「ブレーンストーミング」です。

用語
連関図法：

③連関図法

　問題の「原因と結果」，または「目的と手段」の関係を整理することにより，因果関係を明らかにする方法です。

■ 意思決定

　問題解決を効率的に行う意思決定の手法として，次のようなものがあります。

①モデル化　V6

　事物や現象の本質的な形状や法則性を抽象化し，より単純化して表したものを**モデル**といい，**モデル化**とは物事や現象のモデルを作ることです。モデルには，実物を縮尺した模型，建築の図面，金利を計算する数式など，様々なものがあります。モデルを特性によって分類した場合，時間的な要素を含むものは**動的モデル**，含まないものは**静的モデル**になります。

　さらに，動的モデルは，方程式などで表せる規則的な現象である**確定モデル**と，サイコロやクジ引きのような規則的ではない現象である**確率モデル**に分類できます。

ワンポイント

モデルを使って，いろいろな試行をシミュレーションすることにより，問題解決や意思決定などに役立てることができます。

②シミュレーション

ワンポイント

意思決定でデータ利活用のための技術として，予測，グルーピング，パターン発見，**最適化**があります。

　ある現象や行動などについて，コンピュータを使って実験的に予測，分析することです。たとえば，季節や天候などの変化による販売予測を行うなど，経営計画やマーケティング活動などに役立てます。また，シミュレーションをより現実的なものにするために，実データから得られた観測値を推定値に統合することを**データ同化**といいます。

③デシジョンツリー

　何段階かのある条件に対する結果を，枝分かれしたツリー状の図で表したものです。1つの条件に対して，YesとNoの場合の処理をそれぞれ記述します。**決定木**ともいわれます。

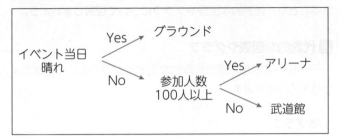

在庫管理

　店舗や倉庫に保管している商品や部品などを**在庫**といいます。在庫管理では，在庫切れを起こさないように，適正な時期に必要な数量を発注することが重要です。主な発注方式として，次のようなものがあります。

発注方式	説明
定量発注方式	在庫量があらかじめ決めた数量（発注点）まで減ったら，一定の数量を発注する方式。発注業務が簡易だが，需要変動が大きいと在庫切れのおそれがある。単価が安い品目の管理に適している
定期発注方式	一定の間隔で，その都度，最適な数量を予測して発注する方式。細かい管理が可能で，在庫切れのおそれが少ない。単価が高い品目の管理に適している

（右段）

ストラテジ系　マネジメント系　テクノロジ系

2 業務分析・データ利活用

🔵 ワンポイント

在庫管理などと同じように，効率的な管理が必要なものに**与信管理**があります。
企業が行う取引には，商品を販売してから一定期間後に販売代金を取引先から回収する方法があり，回収していない状態の代金のことを売掛金といいます。
与信管理は，取引先の信用度を様々な角度から評価して，取引先に対する売掛金の限度額である与信枠を設定し，売掛金を確実に回収できるように管理します。

✏️ 試験対策

定量発注方式と定期発注方式について，基本的な考え方を理解しておきましょう。用語の意味だけでなく，事例に基づいて解答する問題も出題されています。

ココを押さえよう

図表やグラフについて、それぞれの特徴を理解しておくことが大切です。よく出題されている「散布図」「レーダーチャート」「ヒストグラム」は十分に確認しましょう。

ワンポイント

グラフ作成で大切なことは、データが何を表しているのか、他の人が一瞬でわかるようにすることです。そのためには、伝える目的にあったグラフを選ぶことが重要です。

2-1-3 図表やグラフによる データ可視化

頻出度 ★★☆

　図表やグラフを利用すると、データをわかりやすく可視化できることや、代表的な図表やグラフについて理解しましょう。

■ 代表的な図表やグラフ

　データの可視化に使う代表的な図表やグラフとして、次のようなものがあります。

①棒グラフ

　データの大きさを、長方形の棒の長さで表したグラフです。データの大小や推移を見るとき、よく使用します。

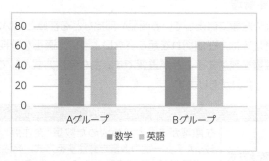

②折れ線グラフ

　データの点を直線で結んだグラフです。データの推移や傾向を見るとき、よく使用します。

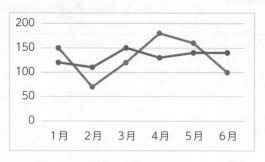

③二軸グラフ

　縦軸を２つもつグラフで，数値の大きさや単位が異なるデータを1つのグラフで表すことができます。たとえば，下図はグループ数と人数を１つのグラフで表しています。

⭐参考

53ページの「■業務分析手法」で紹介しているパレート図は，二軸グラフです。

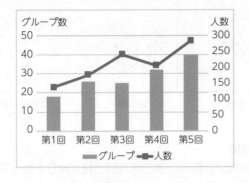

●不適切なグラフ表現 🔍CHECK

　グラフの表現の仕方によって，グラフから受ける印象が大きく異なる場合があります。たとえば，次の2つのグラフは同じデータから作成していますが，軸の目盛りが異なるため，右のグラフの方が大きく変化しているように見えます。グラフを見るときは，このような表現にだまされないように注意します。

🔍ワンポイント

数値データをグラフ化した際，情報を伝える上で，必要ではない要素や装飾のことを**チャートジャンク**といいます。わかりやすいグラフにするためには，チャートジャンクは避けるようにします。

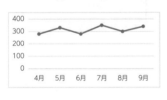

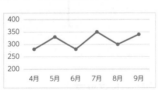

　自分がグラフを作成するときも，不適切な表現にならないよう気を付けましょう。特に立体的なグラフは，実際のデータとは異なる印象を与える場合があります。たとえば，次の円グラフの場合，35％の要素よりも，手前にある30％の方が大きく見えます。

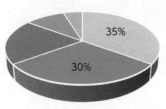

縦書き:
ストラテジ系　マネジメント系　テクノロジ系

2　業務分析・データ利活用

④散布図

2種類の項目を縦軸と横軸に割り当て，点でデータを表したグラフです。点の分布によって，2つの項目の間に相関関係があるかどうかを調べることができます。

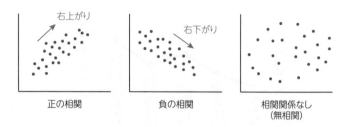

正の相関　　　負の相関　　　相関関係なし（無相関）

⑤箱ひげ図

データの散らばりを，長方形（箱）と線（ひげ）を使って表したグラフです。データの中央値に加えて，最大値や最小値などをまとめて表すことができます。

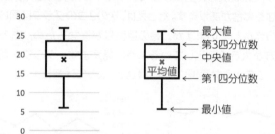

⑥ヒートマップ

数値データの大きさを，色や濃淡で表現したグラフです。データ全体の傾向を，ひと目で把握することができます。

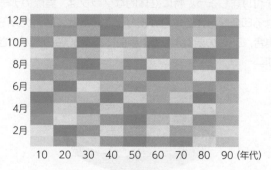

⑦レーダーチャート CHECK

放射状に伸びた数値軸上の値を，線で結んだ多角形のグラフ
です。項目間のバランスを表現するのに適しています。

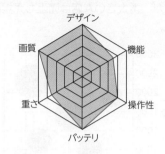

⑧ヒストグラム CHECK

収集したデータをいくつかの区間に分け，各区間のデータの
度数を棒グラフで表したものです。データの分布の形やデータ
の中心の位置，ばらつきなどを把握することができます。たと
えば，次の図の場合，グラフの中心にデータが集まっているこ
とから，データのばらつきは小さいことがわかります。

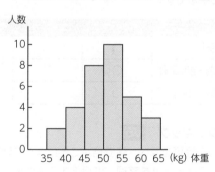

⭐参考

下表のように，データをい
くつかの区間に分けて，そ
れぞれの階級に属するデー
タの個数をまとめたものを
度数分布表といいます。ヒ
ストグラムは，度数分布表
を左図のように棒グラフで
表したものです。

体重 (kg)	人数
35 〜 40	2
40 〜 45	4
45 〜 50	8
50 〜 55	10
55 〜 60	5
60 〜 65	3

⑨バブルチャート

3種類の項目を，縦軸と横軸とバブルの大きさで表したグラフです。たとえば，次の図は店舗の利益をバブルの大きさで表しており，利益が一番大きいA店は売上も売場面積も大きいことがわかります。

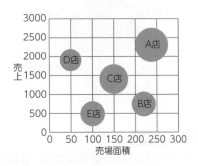

⑩マトリックス図　V6

検討する要素を行と列に配置した表を作成し，交点の位置に関係の度合いや結果などを記入することによって，対応関係を明確にする手法です。

	効果の高さ	スピード	費用の少なさ
価格の見直し	○	△	△
積極的な広告・宣伝活動	○	○	×
新しい市場の開拓	○	×	×

⑪コンセプトマップ　V6

関連のある言葉を並べ，線で結ぶことによって関連性を表した図です。アイディアを整理，可視化する手法で，連想した言葉や内容から，さらに連想されることを加えていきます。

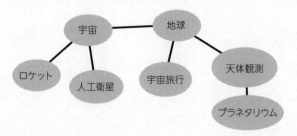

参考
コンセプトマップは概念の関係を示すことから，「概念地図」ともいいます。

ワンポイント
中央にメインテーマを配置し，そこから関連する情報やアイディアなどを線で結んで表した図を**マインドマップ**といいます。

⑫モザイク図 V6

棒の高さと幅を使って，クロス集計表の構成の割合を表す手法です。棒の高さはすべて同じですが，幅は数値の大きさに合わせて変わります。

	小	中	大	特大
紅茶	100	60	35	5
コーヒー	125	140	15	20
合計	225	200	50	25

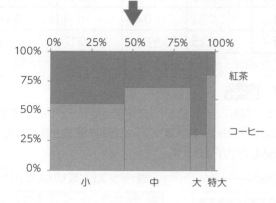

●クロス集計表

次の図のように行と列で構成された集計表のことです。行と列に項目を並べ，その交わる位置に対応する数値を記入します。**分割表**ともいいます。

	1月	2月	3月
国内	40	35	62
海外	28	20	37

参考

合計や平均，標準偏差などの集計結果を記入したものを「クロス集計表」，データの個数を記入したものを「分割表」と分ける場合もあります。

ストラテジ系

マネジメント系

テクノロジ系

2 業務分析・データ利活用

■ 相関係数行列

相関係数行列（相関行列）は，すべての項目について，2つずつを組み合わせて相関係数を求め，それを行列の形式で表したものです。たとえば，下の表において，国語と数学の相関係数は0.42になります。対角線は，同じ項目についての相関係数なので「1」になります。

	国語	数学	英語	美術
国語	1	0.42	0.73	0.25
数学	0.42	1	0.46	− 0.14
英語	0.73	0.46	1	0.17
美術	0.25	− 0.14	0.17	1

■ CSV

CSVは，項目ごとに，値を「,」で区切ったデータのことです。CSV形式のデータは，表計算ソフトに行列の形式を維持したまま，取り込むことができます。

■ 共起キーワード V6

あるキーワードが含まれる文章の中で，このキーワードと一緒に特定の単語が頻繁に出現することを共起といい，出現した単語を**共起キーワード**といいます。たとえば，「学校」というキーワードの場合，「教育」「先生」「生徒」などが共起キーワードになり得ます。

演習問題

問1　パレート図　　　　　　　　　　　　CHECK ▶ □□□

パレート図の説明として，適切なものはどれか。

ア　作業を矢線で，作業の始点／終点を丸印で示して，それらを順次左から右へとつなぎ，作業の開始から終了までの流れを表現した図

イ　二次元データの値を縦軸と横軸の座標値としてプロットした図

ウ　分類項目別に分けたデータを件数の多い順に並べた棒グラフで示し，重ねて総件数に対する比率の累積和を折れ線グラフで示した図

エ　放射状に伸びた数値軸上の値を線で結んだ多角形の図

問2　ブレーンストーミング　　　　　　　　CHECK ▶ □□□

問題解決の手法の一つであるブレーンストーミングのルールとして，適切なものはどれか。

ア　各自がアイディアを練り，質が高いと思うものだけを選別して発言する。

イ　他人が出したアイディアを遠慮なく批判する。

ウ　他人の出したアイディアに改良を加えた発言は慎む。

エ　突飛なアイディアを含め，自由奔放な発言を歓迎する。

問3　三つの要素を一つの図表で可視化するときに用いる図表　CHECK ▶ □□□

ファミリーレストランチェーンAでは，店舗の運営戦略を検討するために，店舗ごとの座席数，客単価及び売上高の三つの要素の関係を分析することにした。各店舗の三つの要素を，一つの図表で全店舗分可視化するときに用いる図表として，最も適切なものはどれか。

ア　ガントチャート　　　　**イ**　バブルチャート

ウ　マインドマップ　　　　**エ**　ロードマップ

解答と解説

問1 (平成23年秋期 ITパスポート試験 問14)
《解答》ウ

　パレート図は，数値の大きい順に項目を並べた棒グラフと，棒グラフの数値の累計比率を示す折れ線グラフを組み合わせた図です。重点管理する項目を把握するときに使用します。よって，正解は**ウ**です。

ア　アローダイアグラムの説明です。

イ　散布図の説明です。

エ　レーダーチャートの説明です。

問2 (平成22年春期 ITパスポート試験 問3)
《解答》エ

　ブレーンストーミングは，複数人で意見を出し合い，新しいアイディアを生み出す技法です。「批判禁止」「質より量」「自由奔放」「結合・便乗」という4つのルールがあります。これらのルールに適しているのは，**エ**の「突飛なアイディアを含め，自由奔放な発言を歓迎する」です。よって，正解は**エ**です。

ア　質より量なので，質が高いものだけを選別しません。

イ　他人が出したアイディアを批判することは禁止です。

ウ　他人の出したアイディアに便乗し，改良したアイディアも出していきます。

問3 (令和5年 ITパスポート試験 問27)
《解答》イ

　複数の店舗について，座席数，客単価，売上高の要素を1つのグラフで表現し，3つの要素の関係を分析するのに利用できる図表はバブルチャートです。グラフの縦軸，横軸，バブルの大きさから，1つのグラフで3つの要素を表現できます。よって，正解は**イ**です。

ア　ガントチャートは，プロジェクト管理で使用される，時間を横軸にして作業の所要時間を横棒で表した図です。

ウ　マインドマップは，中央にメインテーマを配置し，そこから関連する情報やアイディアなどを線で結んで描いた図です。

エ　ロードマップは，目標を達成するまでの道筋を時系列で表した図や表です。たとえば，技術開発の道筋を示したものを技術ロードマップといいます。

2-2 データ利活用

2-2-1 データ利活用

頻出度 ★★☆

データ分析に用いるデータの種類や，データを利活用するための前処理について理解しましょう。

■ 社会で活用されているデータ

社会では，多種多様なデータが収集，活用されています。たとえば，次のようなものがあります。

データ	内容
調査データ	特定の目的のために，意図をもって集められたデータ。政府統計やアンケート調査などがある
実験データ	実験や観察などで得られたデータ。研究の正当性や妥当性などの裏付け，製品開発などに利用される
人の行動ログデータ	購買やWeb閲覧，移動など，人の様々な行動を記録したデータ。マーケティングや商品開発などに使用される
機械の稼働ログデータ	機械の稼働状況において記録されたデータ。制御やモニタリングなどに使用される
GISデータ	地理的な位置に紐付けられた図形や属性，座標などの情報が保存されているデータ。GIS（地理情報システム）で使用される

■ データの種類

データを分析するとき，代表的なデータの種類として，次のようなものがあります。

①量的データと質的データ

量的データ	数値の大きさに意味をもつデータ (例) 身長，気温，人数
質的データ	分類や種類を区別するためだけのデータ (例) 性別，職業，血液型

ココを押さえよう

シラバスVer.5.0（2021年4月）から追加された項目です。まだ過去問題での出題は少ないのですが，AI・データサイエンスにかかわる内容なので，どんな用語であるのかがわかるようにしておきましょう。

 用語

政府統計：政府が作成した，いろいろな統計の総称です。人口，経済，教育，医療など，幅広い分野にわたり，「e-Stat」(https://www.e-stat.go.jp/) というWebサイトから誰でも利用することができます。詳細はWebサイトの「利用規約」などを確認してください。

 ワンポイント

天体観測や気象観測など，探査機や気象レーダーを活用して集めたデータを**観測データ**といいます。

 ワンポイント

GISデータの代表的なものに**シェープファイル**があります。拡張子が「shp」「dbf」「shx」の3つのファイルで構成され，図形や属性などの情報が保存されています。

ストラテジ系　マネジメント系　テクノロジ系

2 業務分析・データ利活用

参考

1次データの収集方法には，次のような方法があります。
・質問法：面接や電話などで，知りたい情報をたずねる
・観察法：調査対象の行動や反応を観察して情報を集める
・実験法：実験によって特定の因果関係を調べる

🔍 ワンポイント

一部が構造化され，ある程度の規則性があるデータを**半構造化データ**といい，XML や JSON などがあります。

🔍 ワンポイント

テキストや音声，画像などのデータに対して，関連する情報（タグやメタデータ）を付与することを**アノテーション**といいます。

②1次データと2次データ

1次データ	自ら集めたデータ。特定の目的に従って，新規に収集される
2次データ	官公庁や他社などが保有している既存のデータ。たとえば，政府統計や気象情報などがある

③構造化データと非構造化データ

構造化データ	表計算ソフトのデータのように，行と列の構造で管理できるデータ。CSV，関係データベースでそのまま扱えるデータなど
非構造化データ	文書や画像，音声，動画など，構造化して扱うのが困難なデータ

④メタデータ

データの作成者や作成日時，タイトルなど，データに付随している情報のことです。データの定義情報といわれます。

⑤クロスセクションデータ　V6

ある時点における場所やグループ別などに，複数の項目を記録したデータのことです。横断面データともいいます。また，時間の経過に沿って記録したデータを**時系列データ**といいます。

	2017年	2018年	2019年	2020年	
人口					←時系列データ
世帯数					
平均年齢					

↑
クロスセクションデータ

■ データの前処理

　データを集めたら，分析を行う前に，データを整える処理を行います。代表的な処理として，次のようなものがあります。

①データのサンプリング

　データ全体の中から，実際の調査対象となるデータを抽出することです。抽出したデータを**サンプル**や**標本**といいます。

②データの名寄せ

　データの中に，同一のデータが分散して存在することがあります。このような分散しているデータを1つにまとめ，データの重複を排除する作業のことです。

③データの外れ値・異常値・欠損値の処理

　外れ値は，他の値から極端に離れている値のことです。また，データの中には，入力ミスなどによる異常値も含まれていることがあります。このような値があるかどうかを検出し，問題があれば取り除きます。欠損値についても，適切な値を補完するなどの対応を行います。

④データの季節調整

　たとえば，年末年始やゴールデンウィークなどで休日の多い月は，工場の稼働日数が少なく，生産が下がります。このような季節的な要因により，決まった傾向でデータが変動することを**季節変動**といいます。正確な動向を把握するために，データから季節変動を取り除くことを**季節調整**といいます。

⑤自然言語処理

　人が日常で使っている言語をコンピュータに処理させる技術です。機械翻訳，文書要約，対話システム，チャットボットなどの様々な分野で活用されています。

　自然言語処理におけるデータの前処理では，まず，テキストデータから，HTMLタグなどの不要なものを除去します。日本語の場合は文章を品詞ごとに単語分割し，表記揺れの統一などを行います。

参考
データのサンプリングは**標本抽出**ともいいます。

ワンポイント
データの前処理では，「株式会社」や「(株)」といった表記揺れの統一も行います。

用語
欠損値：本来，記録されているべきなのに，何らかの原因により欠落している値のことです。

ワンポイント
データの名寄せや外れ値などの処理を行い，データを整理することを**データクレンジング**といいます。

ワンポイント
系列データの変化を滑らかにするため，一定区間ごとの平均値を，区間をずらしながら求めることを**移動平均**といいます。たとえば，区間が3か月の場合，1〜3月の平均，2〜4月の平均というように求めていきます。

参考
単語分割は，「私」「は」「公園」「に」「行っ」「た」のように分解します。

⑥画像処理

　画像データの色や形などを加工したり，特徴を抽出したりする技術です。

　画像データの前処理では，画像データへのアノテーションや，色の調整，リサイズ，トリミング，反転，グレースケール変換などを行います。

ココを押さえよう

シラバスVer.5.0（2021年4月）から追加された項目です。データ分析では統計の知識が活用されています。出題されたときに用語の意味がわかるように，統計の基礎知識として習得しておきましょう。

2-2-2　統計情報の活用

頻出度 ★★☆

　データ分析において統計で使う，基本的な用語について理解しましょう。

■ 母集団と標本抽出

　統計とは，対象とする集団や現象を調査し，傾向や性質を数量的に明らかにすることです。**母集団**は，調査対象となるものの全体のことです。たとえば，日本に住む大学生の毎月の携帯料金を調べる場合，「日本に住む大学生全員」が母集団になります。しかし，全員の大学生を調べるのは現実的ではないため，一部の大学生を選んで調査します。このように母集団から一部を選ぶことを**標本抽出**，選んだ一部分のことを**標本**といいます。抽出した標本を調査することによって，母集団の性質を推測します。

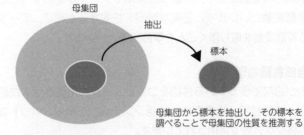

母集団から標本を抽出し，その標本を調べることで母集団の性質を推測する

ワンポイント

全数調査で実施される代表的なものとして，国勢調査があります。ある学校の生徒の平均身長や定期試験なども調査可能です。

用語

標本誤差：調査対象の一部を選ぶことで起こる，真の値と調査結果との差のことです。

●全数調査と標本調査

　対象全体（母集団）を調べる調査を**全数調査**，標本を選んで調べる調査を**標本調査**といいます。全数調査は集団全体を調べるので，**標本誤差**が含まれません。

標本の抽出方法

標本の抽出方法として，次のようなものがあります。

抽出方法	内容
単純無作為抽出	母集団の中から無作為に，必要な数の調査対象を抽出する
層別抽出	母集団を，性別や年代，業種などの属性でいくつかのグループに分け，各グループの中から必要な数の標本を無作為抽出する
多段抽出	母集団をいくつかのグループに分け，そこから無作為抽出でいくつかのグループを選ぶ。さらに，その中からグループを選ぶ操作を繰り返し，最終的なグループから標本を無作為抽出する

仮説検定

仮説検定とは，母集団に関する仮説を，標本のデータから正しいかどうかを検証することです。

まず，仮説として，導きたい結論である**対立仮説**と，導きたい結論とは反対の**帰無仮説**を立てます。そして，帰無仮説が起こりやすいかどうかを，標本のデータから確率を求めて評価します。

その結果，帰無仮説は非常に小さな確率でしか起こらないと考えたとき，帰無仮説を棄却し，対立仮説を採択します。

●有意水準

帰無仮説の確率を評価するとき，判断基準とする数値のことです。通常，5%または1%で定めておきます。有意水準以下になるとき，帰無仮説は正しくないと考えます。

🔵 **ワンポイント**

無作為抽出では，乱数表などを使って，ランダムに抽出を行います。それに対して，「典型的」や「代表的」であるものを抽出する方法を**有意抽出法**といいます。

⭐ **参考**

ある事象が成立することを，その反対の仮定が誤りであることから導く証明方法を背理法といいます。仮説検定には，背理法の考えが用いられています。

🔵 **ワンポイント**

帰無仮説の評価において，実際は帰無仮説が正しいのに棄却してしまう誤りを**第1種の誤り**といいます。また，対立仮説が正しく，帰無仮説が誤りなのに棄却されない誤りを**第2種の誤り**といいます。

🔵 **ワンポイント**

有意水準より大きくなる場合，帰無仮説が正しいというよりも，帰無仮説を棄却する証拠にはならない，という判断になります。

参考

統計分野において，データのばらつきの程度を示す指標を**精度**といい，たとえば集めたデータのばらつきが小さいと精度が高いといいます。また，推定する値(期待値)からの，偶然に生じたものではない誤差を**偏り**といいます。

■ 統計におけるバイアス V6

バイアスは「偏り」や「傾向」などを意味する用語です。統計において，次のようなバイアスがあります。

①統計的バイアス

母集団から標本を抽出する際，抽出や測定の方法などによって発生するバイアスのことを**統計的バイアス**といいます。

たとえば，社員の運動習慣について，出社している社員だけから回答を得て，リモート勤務の社員を除いた場合，全社員の特性は反映されません。こうした抽出による偏りを**選択バイアス**といいます。また，運動時間を上乗せして回答するなど，正確ではない情報を伝える**情報バイアス**があります。

②認知バイアス

経験や先入観，思い込みなどによって，合理性や一貫性に欠けた判断をしてしまうことです。

2-2-3 データサイエンス・ビッグデータ分析

頻出度
★★★

データサイエンスやビッグデータ，ビジネスでのデータ活用について**理解**しましょう。

 ココを押さえよう

重要な用語が多い項目です。特に「データウェアハウス」「データマイニング」「テキストマイニング」は頻出なので，しっかり覚えておきましょう。

ワンポイント

データサイエンスには，大きく分けて「課題抽出と定式化」→「データの取得・管理・加工」→「分析の実装」→「結果の共有・課題解決」の4つのステージがあり，このサイクルを繰り返します。

■ データサイエンス CHECK

ビッグデータなどの大量のデータを解析し，何らかの意味のある情報や法則などを見出そうとすることや，それに関する研究を**データサイエンス**といいます。データの中から新たな価値を創造し，その活用を図ります。

●データサイエンティスト CHECK

データサイエンスにかかわる研究者や，データサイエンスの技術を企業活動などに活用する専門家のことです。ビッグデータの活用の拡大につれて，データを解析し，新たなサービスや価値につなげるデータサイエンティストの需要が高まっています。

■ ビッグデータ

　情報化社会では，日々，多種多様なデータが生まれています。特にIoTの普及によって，あらゆる機器やセンサーからデータが取得されるようになりました。**ビッグデータ**とは，このような膨大なデータを指すものです。SNSで発信される口コミや，コンビニの購入履歴などもビッグデータに含まれます。データ量が多いだけでなく，テキストや画像，動画など，データの種類も様々です。ビッグデータを解析することにより，業務の最適化，製品の改善，顧客満足度の向上などを図ることができます。そのため，マーケティングや経営戦略などに活用する取組みが活発化しています。

●ビッグデータの分類

　ビッグデータの大きな分類として，次のようなものがあります。

種類	内容
オープンデータ	誰でも自由に入手し，利用できるデータの総称。主に政府や自治体，企業などで公開している統計資料や文献資料，科学的研究資料など
パーソナルデータ	個人の属性情報，行動・状態・購買履歴，ウェアラブル機器から収集された情報など，個人に関するデータ全般。個人情報保護法で定められている匿名加工情報も含まれる
M2Mデータ	M2M (Machine to Machine) のつながりにおいて収集されたデータ。たとえば，工場などの生産現場で機器から収集されるデータ，様々なものに設置されている各種センサーが取得するデータなど
知のデジタル化	企業の暗黙知 (ノウハウ) をデジタル化，構造化したデータ。農業やインフラ管理，ビジネスなどに至る産業や企業が持ち得るもので，パーソナルデータ以外と捉える

参考
ビッグデータは「Volume（量）」「Variety（多様性）」「Velocity（速度）」の3つのVの特徴をもつといわれます。

参考
情報銀行を介してパーソナルデータを流通させる，新たな仕組みが整備されつつあります。

参考
M2Mについては，170ページを参照してください。

ワンポイント
M2Mデータと知のデジタル化の2つは，情報の生成・利用の観点から，産業データとして位置付けられます。

■ データの活用技術・手法

蓄積したデータを用いて，業務改善や問題解決などに活用する技術や手法として，次のようなものがあります。

①データウェアハウス

業務で発生した様々な情報を時系列で並べた，データの集まりです。部門ごとに散在していた，過去から現在までの全社のデータを統合して管理し，経営戦略の立案に役立てます。

②データマイニング

蓄積されたデータの中から規則性や関係性などを見つけ出す手法です。たとえば「商品Aを買った人は，商品Bも同時に買う傾向がある」ということがわかれば，商品Aの近くに商品Bを置くことで売上の増加が期待できます。このようにデータマイニングで得た情報は，経営判断や業務遂行などに活用します。

③テキストマイニング

文章や言葉などの文字列のデータについて，出現頻度や特徴・傾向などを分析し，有用な情報を抽出する手法やシステムのことです。

④BI

蓄積された業務にかかわるあらゆる情報を，経営者や社員が自ら分析し，その結果を経営や事業推進の意思決定に役立てることです。ビジネスインテリジェンスともいいます。

⑤主成分分析

複数のパラメータ(変数)があるデータから，そのデータの傾向・特徴を表す主成分を抽出する手法です。データのばらつきの在り方から複数の変数を統合し，合成変数(主成分)を作り出します。

⑥クラスター分析

様々な性質が混在しているデータを類似度によって分類し，その特性を分析する手法の総称です。

参考
データウェアハウスは，直訳すると「データの倉庫」という意味です。蓄積したデータは企業経営の意思決定を支援するのに用いられ，この意思決定を支援するシステムや仕組みをデータウェアハウスということもあります。

ワンポイント
テキストマイニングは，コールセンターの問合せ内容や，SNSの口コミなどの分析に活用されています。

スペル
BI
Business Intelligence

ワンポイント
BIのための情報システムやソフトウェアをBIツールといい，データ分析やレポートの作成などの機能を備えています。

演習問題

問1 データを解析して新たな価値などを生み出す役割の人材   CHECK ▶ ☐☐☐

　統計学や機械学習などの手法を用いて人量のデータを解析して，新たなサービスや価値を生み出すためのヒントやアイディアを抽出する役割が重要となっている。その役割を担う人材として，最も適切なものはどれか。

　ア　ITストラテジスト
　イ　システムアーキテクト
　ウ　システムアナリスト
　エ　データサイエンティスト

問2 データマイニングの事例   CHECK ▶ ☐☐☐

データマイニングの事例として，適切なものはどれか。

　ア　ある商品と一緒に買われることの多い商品を調べた。
　イ　ある商品の過去3年間の月間平均売上高を調べた。
　ウ　ある製造番号の商品を売った販売店を調べた。
　エ　売上高が最大の商品と利益が最大の商品を調べた。

問3 経営者などの意思決定を支援するもの   CHECK ▶ ☐☐☐

　蓄積されている会計，販売，購買，顧客などの様々なデータを，迅速かつ効果的に検索，分析する機能をもち，経営者などの意思決定を支援することを目的としたものはどれか。

　ア　BIツール
　イ　POSシステム
　ウ　電子ファイリングシステム
　エ　ワークフローシステム

解答と解説

　大量のビッグデータを解析し，新たなサービスや価値を生み出そうとする研究をデータサイエンスといい，データサイエンスの研究者をデータサイエンティストといいます。よって，正解は**エ**です。

ア　ITストラテジストは，経営戦略に基づいて，情報技術を活用した事業戦略やビジネスモデルなどを策定，推進する人材です。

イ　システムアーキテクトは，システム開発の上流工程を主導する立場で業務に適した情報システムの設計や開発を主導する人材です。

ウ　システムアナリストは，情報戦略の立案やシステム化計画の策定を行うとともに，計画立案者の立場から情報システム開発プロジェクトを支援し，その結果を評価する人材です。

　データマイニングは，AIや統計を活用して大量のデータを分析し，規則性や関係性を導き出す手法です。たとえば，「商品Aを買った人は，商品Bも同時に買う傾向がある」ということがわかれば，商品Aの近くに商品Bを置くことで売上の増加が期待できます。このようにデータマイニングによって，役立つ知見や考え方の発見，活用が可能となります。よって，正解は**ア**です。

　蓄積されている会計，販売などのデータを分析し，その結果を経営などの意思決定に役立てることをBI（Business Intelligence）といい，BIのためのシステムやソフトウェアをBIツールといいます。よって，正解は**ア**です。

イ　POSシステムは，スーパーやコンビニのレジで顧客が商品の支払いをしたとき，リアルタイムで販売情報を収集し，在庫管理や販売戦略に活用するシステムのことです。

ウ　電子ファイリングシステムは，組織内にある書類や画像，図面などのデータを整理・保管し，一元管理するシステムのことです。

エ　ワークフローシステムは，申請書やりん議書などを電子化し，回覧，承認，決裁などの一連の手続をネットワーク上で行うシステムです。

第3章 法務

本章の学習ポイント

- 著作権法で何が守られ，どのような行為が違法になるかを理解する。特許法，実用新案法，意匠法，商標法，不正競争防止法の基本を理解する
- 不正アクセス禁止法，個人情報保護法などの情報セキュリティに関連する各種法律の概要を理解する
- 労働派遣法，PL法，独占禁止法など，労働や取引に関する主な法規の種類と概要を理解する
- コンプライアンス，コーポレートガバナンスなど，情報倫理について理解する
- 代表的な標準化団体と規格を覚える

シラバスにおける本章の位置付け

ストラテジ系	大分類1：企業と法務	→ 本章の学習 中分類2：法務
	大分類2：経営戦略	
	大分類3：システム戦略	
マネジメント系	大分類4：開発技術	
	大分類5：プロジェクトマネジメント	
	大分類6：サービスマネジメント	
テクノロジ系	大分類7：基礎理論	
	大分類8：コンピュータシステム	
	大分類9：技術要素	

3-1 | 法務

3-1-1　知的財産権　頻出度 ★★★

　知的財産権の種類や，関連する法律とその内容などについて，理解しましょう。

■ 知的財産権

　知的財産権は，知的な創作活動で生み出された著作物や発明，考案，意匠などを，創作した人の財産として保護する権利です。知的財産権には次のような種類があり，各権利はそれぞれの法律で保護されています。

- ・**著作権**(著作権法)
- ・**特許権**(特許法)
- ・**実用新案権**(実用新案法)
- ・**意匠権**(意匠法)
- ・**商標権**(商標法)
- ・**営業秘密**(不正競争防止法)
- ・**回路配置利用権**(半導体集積回路の回路配置に関する法律)
- ・**育成者権**(種苗法)
- ・**商号**(会社法，商法)
- ・**商品表示・商品形態**(不正競争防止法)
- ・**地理的表示**(地理的表示法など)

 ワンポイント

回路配置利用権は，半導体集積回路における回路素子とこれらを結ぶ導線について，回路配置の仕方(レイアウト)を保護する権利のことです。

■ 著作権

著作権は，小説や絵画，音楽などの著作物を，その著作者が独占的に使用できるという権利です。**著作権法**は著作権を保護するための法律で，著作権に関するルールが規定されています。

●著作権の保護期間

著作権は，著作物が創作された段階で発生します。原則的な著作権の保護期間は，個人の場合は著作者の死後70年，団体名義や映画などは公表後70年です。

●著作権の保護対象

著作権法では，思想や感情を創作的に表現したものを著作物として保護の対象としています。コンピュータに関するもので，著作物として保護の対象になるものと対象にならないものは，次のとおりです。

保護の対象になるもの	保護の対象にならないもの
・ソフトウェア ・プログラム ・データベース ・マニュアル (取扱説明書)	・プログラム言語 ・規約 (インタフェースやプロトコル) ・解法 (アルゴリズム)

●著作権の侵害

著作物を著作権者の許諾を得ないで，無断で使用した場合，著作権侵害となります。たとえば，次のような行為は著作権侵害に当たります。

- テレビで放送されたドラマを録画して，動画共有サイトにアップロードする
- 違法にアップロードされたコンテンツと知りながら，ダウンロードする行為
- インターネットからダウンロードしたHTMLのソースを流用して，別のWebページを作成する
- 雑誌のイラストをスキャナで取り込んで，Webページ上の自社広告に活用する
- 自社製品の記事が掲載された雑誌のコピーを，顧客に配布する

参考

著作権には，大きく分けると次の2つがあります。

著作財産権：著作物の利用方法に関する権利です。一般的に「著作権」といえば，著作財産権を指し，複製権や上映権，展示権などがあります。

著作者人格権：著作者が自分の著作物についてもつ，名誉や功績といった人格的なことを保護するための権利です。著作者のみに属する権利で，相続や譲渡はできません。公表権，氏名表示権，同一性保持権があります。

ワンポイント

下記は，著作権がありません。
・憲法や法令 (地方公共団体の条例や規則も含む)
・国や地方公共団体，独立行政法人が発する告示，訓令，通達など
・裁判所の判決，決定，命令など
・上記3つの翻訳物や編集物で，国や地方公共団体，独立行政法人の作成物

ワンポイント

次のような場合，著作物を複製することは著作権侵害になりません。
・私的利用の範囲内
・適正な引用と認められる範囲内
・教育機関における，授業用教材などでの必要限度内
・国や地方公共団体の統計資料や法令など

ワンポイント

演奏家や放送事業者など，著作物の流通や伝達に重要な役割を果たす者に与えられる権利のことを**著作隣接権**といいます。たとえば，歌手や演奏家は，自分の実演を録音・録画する権利をもちます。

■ 産業財産権

産業財産権は、特許権、実用新案権、意匠権、商標権の4つのことです。新しい技術やアイディア、デザイン、ネーミングなどの創作物について、その創作者に独占権を与えることで、模倣を防止し、研究開発の奨励や商取引の信用など、産業の発展を図ることを目的としています。4つの権利とも、**特許庁**に出願し、登録されることによって、独占的な使用が認められます。

①特許権

技術的に高度な発明やアイディアに対する権利です。**特許法**で保護され、存続期間は出願日から20年です（一部、出願から25年）。

特許権は、出願後、審査を経て登録されます。また、同じようなものが生み出された場合、最初の出願者にだけ認められます。

②実用新案権

物の形状や構造、または、その組合わせにかかわる考案に対する権利です。**実用新案法**で保護され、存続期間は出願日から10年です。

③意匠権

商品の形状や模様、色彩などのデザインに対する権利です。**意匠法**で保護され、存続期間は出願日から25年です。

表示画面の画像（携帯端末に表示するアイコン、コンテンツ選択操作用画像など）、建築物の外観、内装のデザインなども、意匠権の保護対象です。

④商標権

商品に付けた商標（商品名や商品マーク）に対する権利です。**商標法**で保護され、存続期間は登録日から10年です。ただし、繰り返し出願することで、延長することができます。

ストラテジ系　マネジメント系　テクノロジ系

■不正競争防止法 CHECK

　不正競争防止法は，不正競争を防止し，事業者間の公正な競争の促進を目的とした法律です。事業活動に有用な技術や営業上の情報を**営業秘密**として保護します。

不正競争に当たる主な行為

- ・損害を与える目的で，他社のサービス名と類似したドメイン名を取得して使用する行為
- ・商品の原産地，品質，製造方法などについて，誤認させるような表示をする行為
- ・競争相手の営業上の信用を害する虚偽の事実を告知，流布する行為
- ・ビデオDVDなどの，コピーガードを解除する装置やプログラムを販売する行為
- ・窃取，詐欺，強迫など，不正の手段により，営業秘密を取得する行為

■ソフトウェアライセンス

　有償で提供されているOSやアプリケーションソフトを使用するには，**使用許諾契約（ライセンス契約）** を結ぶ必要があります。契約内容は，たとえば「契約に基づいて複数のパソコンにインストールできる」「バックアップ用の複製を許可する」など，ソフトウェアによって異なります。使用許諾を得ずにソフトウェアを使うことや，使用許諾の台数を超えるコンピュータにソフトウェアをインストールすることは著作権侵害に当たります。

　ライセンス契約には，ソフトウェアパッケージの透明なフィルムの包装（シュリンクラップ）を開封することで使用許諾契約に同意したとみなす**シュリンクラップ契約**や，複数のコンピュータをもつ企業や学校などに向けて，まとめて使用許諾を与える**ボリュームライセンス契約**や**サイトライセンス契約**があります。

ワンポイント

不正競争防止法の営業秘密とは，次の3つの要件をすべて満たしているものです。
- ・秘密として管理されていること（**秘密管理性**）
- ・有用な技術上または営業上の情報であること（**有用性**）
- ・公然と知られていないこと（**非公知性**）

ワンポイント

IoTやビッグデータ，AIなどの進展に伴い，企業の競争力の源泉としてデータの価値が増しています。そこで，不正競争防止法では，取引などを通じて第三者に提供する情報においても，利活用が期待されるデータを**限定提供データ**として保護し，不正に取得，使用，開示することを禁じています。

3 法務

ワンポイント

サーバに接続するクライアントについて，機能やサービスの使用を認める権利を **CAL（Client Access License）** といいます。

用語

ボリュームライセンス契約：企業や組織などに向けて，ソフトウェアをインストールできるPCの台数をあらかじめ取り決め，ソフトウェアの使用を認める契約です。

サイトライセンス契約：企業や学校などの施設内にある複数のコンピュータについて，一括してソフトウェアの使用を認める契約です。

●パブリックドメインソフトウェア

　著作権が放棄され，無料で利用することができるソフトウェアのことです。著作者に断ることなく，コピーや改変を自由に行うことができます。

●フリーソフトウェアとシェアウェア

　フリーソフトウェアは無料で配布され，ライセンスに従って，内容の変更やコピーが自由にできるソフトウェアです。また，シェアウェアは，一定期間，無料で試用でき，期間後も継続して使用する場合は料金を払うソフトウェアです。どちらも著作権は著作者にあります。

●アクティベーション

　ソフトウェアのライセンスをもっていることを証明するための手続のことです。不正利用防止を目的としており，一般的な方法として，ソフトウェアのメーカから与えられたコードを，インターネット経由でメーカに伝えることによって行われます。

●サブスクリプション

　ソフトウェアを購入するのではなく，ソフトウェアを利用する期間に応じて料金を支払う方式のことです。英単語の「subscription」には，新聞や雑誌の「予約購読」や「定期購読」といった意味があります。

■ その他の権利

　明文化された法律はありませんが，判例によって認められた権利として，次のようなものがあります。

●肖像権

　自分の顔や姿を，本人の承諾なしで，他人に撮影や公表，利用されない権利です。

●パブリシティ権

　著名人の肖像や氏名を宣伝広告に使って経済的利益があるような場合，その利益や価値を本人が独占できる権利です。

3-1-2 セキュリティ関連法規

頻出度 ★★★

セキュリティ関連法規について，その概要を理解しましょう。

■ サイバーセキュリティ基本法

サイバーセキュリティ基本法は，我が国のサイバーセキュリティに関する施策への基本理念を定め，国や地方公共団体の責務を明らかにし，サイバーセキュリティ戦略の策定，その他サイバーセキュリティの施策の基本となる事項を定めた法律です。

重要社会基盤事業者 (重要インフラ事業者)，サイバー関連事業者，教育研究機関に対して自主的かつ積極的にサイバーセキュリティの確保に努めることを求め，国民にもサイバーセキュリティの重要性について関心と理解を深め，その確保に必要な注意を払うよう努めることが規定されています。また，本法に基づき，内閣に「サイバーセキュリティ戦略本部」，内閣官房には「内閣サイバーセキュリティセンター (NISC)」が設置されました。

■ 不正アクセス禁止法

不正アクセス禁止法は，「ネットワークを通じて不正にコンピュータにアクセスする行為」「不正アクセスを助長する行為」を禁止し，罰則を定めた法律です。次のような行為が，処罰の対象になります。

- ・他人のID・パスワードなどを無断で使って，コンピュータを不正に利用するなりすまし行為
- ・アクセス制御されているコンピュータに，セキュリティホールを突いて侵入する行為
- ・不正アクセスを行うため，他人のID・パスワードなどを不正に取得する行為
- ・不正に取得された他人のIDやパスワードを保管する行為
- ・業務などの正当な理由による場合を除いて，他人のID・パスワードなどを第三者に提供する行為
- ・ID・パスワードなどの入力を不正に要求する行為 (フィッシング行為を禁止するための規定)

 スペル

NISC
National center of Incident readiness and Strategy for Cybersecurity

🕐 ワンポイント

サイバーセキュリティ基本法において，サイバーセキュリティの対象として規定されている情報は，「電磁的方式によって，記録，発信，伝送，受信される情報」に限られます。

🕐 ワンポイント

不正アクセス禁止法では，システム管理者に次の防護措置を実施することを求めています。

- ・IDやパスワードといった識別符号の適正な管理に努める
- ・常にアクセス制御機能の有効性を検証し，必要があると認めるときは速やかにアクセス制御機能の高度化，その他不正アクセス行為から防御するため必要な措置を講ずるよう努める

📝 試験対策

不正アクセス禁止法において，どのような行為が処罰の対象になるかを，判断できるようにしておきましょう。

ストラテジ系 マネジメント系 テクノロジ系

3 法務

■ 個人情報保護法

個人情報保護法は，個人情報取扱事業者が個人情報を適切に扱うための義務などを定めた法律です。本法において**個人情報**とは，氏名，生年月日，住所など，特定の個人を識別することができる情報のことです。画像や音声，メールアドレスなども，個人が特定できれば個人情報に含まれます。

●個人情報取扱事業者

個人情報をデータベース化して事業活動に利用している事業者のことです。個人情報を取り扱うすべての事業者，たとえば自治会や同窓会などの非営利組織も該当します。ただし，国の機関，地方公共団体，独立行政法人，地方独立行政法人（国立大学など）は除かれます。

個人情報取扱事業者には，個人情報保護法により様々な義務が課され，主として次のようなものがあります。

・個人情報を取り扱うに当たって，利用目的をできる限り特定しなければならない

・あらかじめ本人の同意を得ないで，利用目的の達成に必要な範囲を超えて個人情報を取り扱ってはならない

・偽りや強制など，不正な手段によって個人情報を取得してはならない

・個人情報を取得する場合には，利用目的を通知・公表しなければならない。なお，本人から，直接，書面などで個人情報を取得する場合，その利用目的を明示しなければならない

・個人情報の漏えいや盗難などを防止し，個人情報の安全管理のために，必要かつ適切な措置を講じなければならない

・個人情報の安全管理が図られるように，従業者や委託先の監督を行わなければならない

・例外を除いて，本人の同意を得ないで，第三者に個人情報を提供してはならない

・本人から個人データの訂正や削除を求められた場合，訂正や削除に応じなければならない。また，本人からの求めがあった場合には，その開示を行わなければならない

●個人情報保護委員会

　個人情報の有用性に配慮しつつ，個人情報の適正な取扱いの確保を図ることを任務とする機関です。個人情報保護法及びマイナンバー法に基づき，個人情報保護に関する基本方針の策定・推進，広報・啓発活動などを行っています。個人情報取扱事業者に対して，必要な指導・助言や報告徴収・立入検査を行い，法令違反があった場合には勧告・命令等を行うことがあります。

●要配慮個人情報

　本人に対する不当な差別や偏見などの不利益が生じるおそれがあるため，特に慎重な取り扱いが求められる情報のことです。具体的には，次のような情報が該当します。

- ・人種（単純な国籍や「外国人」という情報だけでは人種には含まない。肌の色も含まない）
- ・信条
- ・社会的身分（単なる職業的地位や学歴は含まない）
- ・病歴，健康診断等の検査の結果
- ・身体障害，知的障害，精神障害などの障害があること
- ・医師等による保健指導，診療，調剤が行われたこと
- ・犯罪の経歴，犯罪により害を被った事実
- ・本人を被疑者又は被告人として刑事事件に関する手続が行われたこと
- ・遺伝子（ゲノム）情報

●匿名加工情報

　特定の個人を識別できないように個人情報を加工し，もとの情報に復元できないようにした情報のことです。匿名加工情報の活用は，大量の個人データを集めて分析し，新たな製品・サービスの開発に寄与することが期待されています。

　匿名加工情報を作成する基準は，個人情報保護委員会規則で定められ，加工情報を作成した後はホームページなどで匿名加工情報に含まれる個人に関する情報の項目を公表しなければなりません。第三者に匿名加工情報を提供する際も，情報の項目や提供の方法を公表する義務があります。

マイナンバー法

マイナンバーは、日本に住民票を有するすべての人（外国人も含む）に割り当てられる12桁の番号のことで、税や年金、雇用保険などの行政手続において、個人の情報を確認するために使われます。この仕組みを**マイナンバー制度**といい、**マイナンバー法**はマイナンバー制度を定めた法律です。

特定電子メール法

特定電子メール法は、広告宣伝の電子メールなど、一方的に送り付けられる迷惑メールを規制する法律です。営利目的で送信する電子メールに、送信者の身元の明示、受信拒否のための連絡先の明記、受信者の事前同意（オプトイン方式）などを義務付けており、処分・罰則の規定も定められています。正式な名称を「特定電子メールの送信の適正化等に関する法律」といい、「迷惑メール防止法」と呼ばれることもあります。

不正指令電磁的記録に関する罪

不正指令電磁的記録に関する罪は刑法にある条項で、コンピュータウイルスを作成、提供、供用、取得、保管することを罰するものです。一般では**ウイルス作成罪**と呼ばれています。正当な理由なく、他人のコンピュータにおいて実行させる目的で、コンピュータウイルスを作成、提供などした場合に成立します。

パーソナルデータの保護に関する国際的な動向

欧州経済領域（EEA）において個人情報は、**一般データ保護規則（GDPR）**という法律によって保護されています。

本法には個人データの処理と移転に関する規則が定められており、EEA域内のすべての組織が対象となります。EEA域内に子会社や支店などをおく日本の企業も対象に含まれ、子会社などの拠点がなくても、EEA域内にいる個人の情報データを扱う場合は適用対象となる可能性があります。また、**忘れられる権利（消去権）**が定められています（514ページ参照）。

ストラテジ系 マネジメント系 テクノロジ系

■ 情報システムに関するガイドライン

情報システムに関するガイドラインとして，次のようなものがあります。

基準	説明
システム管理基準	経営戦略と情報システム戦略に基づいて，効果的な情報システム投資，リスク低減のためのコントロールを適切に行うための実践規範
コンピュータウイルス対策基準	コンピュータウイルスに対する予防，発見，駆除，復旧等について実効性の高い対策をとりまとめたもの
コンピュータ不正アクセス対策基準	コンピュータ不正アクセスによる被害の予防，発見，復旧，拡大及び再発防止について，企業などの組織や個人が実行すべき対策をまとめたもの
情報セキュリティ管理基準	組織が効果的な情報セキュリティマネジメント体制を構築し，適切な管理策を整備・運用するための実践規範
情報セキュリティ監査基準	情報セキュリティ監査業務の品質を確保し，有効かつ効率的に監査を実施することを目的とした監査人の行為規範
情報システム安全対策基準	情報システムの機密性，保全性及び可用性を確保することを目的として，情報システムの利用者が実施する対策項目をまとめたもの
サイバーセキュリティ経営ガイドライン	大企業や中小企業（小規模事業者を除く）がITを利活用していく中で，これらの経営者が認識すべきサイバーセキュリティに関する原則や，経営者のリーダシップによって取り組むべき項目をまとめたもの
中小企業の情報セキュリティ対策ガイドライン	中小企業の経営者やIT担当者が情報セキュリティ対策の必要性を理解し，重要な情報を安全に管理するための具体的な手順などを示したもの
サイバー・フィジカル・セキュリティ対策フレームワーク	経済産業省が策定・公開した文書で，Society5.0におけるセキュリティ対策の全体像を整理し，産業界が自らの対策に活用できるセキュリティ対策例をまとめたもの

 試験対策

「システム管理基準」と「システム監査基準」を間違えないように注意しましょう。システム監査基準は，情報システムのシステム監査に関するものです。システム監査については，「10-1-2 システム監査」を参照してください。

3 法務

試験対策

シラバス Ver.6.3では，情報システムに関するガイドラインや基準はテクノロジ系「情報セキュリティ管理」に移動されています。

3-1-3　労働関連・取引関連法規

頻出度 ★★

労働条件や取引に関する条件を整備するために，様々な法律があります。その代表的なものについて理解しましょう。

■ 労働基準法

労働基準法は，労働者の賃金や就業時間，休憩など，労働条件に関する最低基準を定めた法律です。労働時間や休憩，休日については，次のような定めがあります。

> ・1日8時間，1週間40時間を超えて労働させてはならない
> ・1日の労働時間が8時間を超える場合，1時間以上の休憩を与える
> ・毎週1日の休日か，4週間を通じて4日以上の休日を与える
> ・時間外労働させる場合，あらかじめ使用者と労働者の間で労使協定を結び，所轄の労働基準監督署長に届け出る

●フレックスタイム制

一定期間における総労働時間数をあらかじめ定めておき，日々の始業・終業時刻は各社員が自分で設定できる制度です。

一般的なフレックスタイム制では，1日の労働時間帯を，必ず勤務すべき時間帯（**コアタイム**）と，出社・退社してもよい時間帯（**フレキシブルタイム**）とに分けます。実労働時間の把握や過重労働による健康障害を防ぐため，上司による労働時間の管理が必要です。

■ 労働契約法

労働契約法は，労働契約の成立，変更，継続・終了，有期労働契約など，労働契約についての基本的なルールを規定した法律です。就業形態が多様化し，労働者の労働条件が個別に決定，変更されるようになり，個々の労働者と事業主との間の労働関係に関するトラブルが増加しました。こうした背景から，労働者の保護と労働関係の安定を確保するために制定され，労働契約に関する民事的なルールが明確化されています。

ココを押さえよう

「労働者派遣法」「NDA」は必修です。取引関連法規も様々な法律が出題されているので概要を理解しておきましょう。

ワンポイント

業務遂行の手段や方法，時間配分などを労働者の裁量にゆだね，実際の労働時間ではなく，あらかじめ定めた時間働いたものとみなす制度を**裁量労働制**といいます。

ワンポイント

時間外労働協定は，労働基準法第36条に定めがあることから，**36（サブロク）協定**とも呼ばれています。

参考

コアタイムは必ず設けなければならないものではなく，すべてをフレキシブルタイムとすることもできます。

ワンポイント

あらかじめ定めた総労働時間数を超えて労働した場合，通常の勤務と同様，残業時間として扱います。

参考

労働契約法では，有期労働契約が5年を超えた場合，労働者の申込みにより，期間の定めのない労働契約（無期労働契約）に転換できるというルールが定められています。

試験対策

シラバスVer.6.3では，労働関連法規の用語が追加されています（514ページ参照）。

■ 労働者派遣法 [CHECK]

労働者派遣は，派遣会社が雇用する労働者をほかの会社に派遣し，派遣先のために労働に従事させることです。派遣会社，派遣先企業，派遣労働者の間には，次のような関係があります。

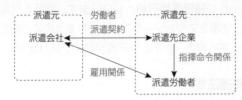

労働者派遣法は，労働者派遣事業の適正な運用を確保し，派遣労働者を保護するための法律です。派遣事業に関する規則や派遣労働者の就業規則などが定められています。注意すべき重要なルールとして，次のようなことがあります。

- 労働者派遣契約の締結に際し，「事前面接」「履歴書の提出要請」「若年者に限ること」など，派遣労働者を特定することを目的とする行為は禁止されている（紹介予定派遣を除く）
- 受け入れた派遣労働者を，さらに別会社に派遣することは禁止されている（**二重派遣の禁止**）
- 同一の組織単位で就業できる派遣期間は，最長3年
- 実際は請負契約であるのに，労働者派遣を装って，注文者の指揮命令で労働者に業務を行わせることは禁止されている（**偽装請負**）

■ 請負契約

請負契約は，請負業者が仕事を完成することを約束して，注文者がその仕事の結果に対して報酬を支払う契約です。請負業者が雇用した請負労働者は，請負業者の指揮命令を受け，注文者と請負労働者の間に指揮命令関係はありません。

注文者が指揮命令することは「偽装請負」になる

試験対策

派遣先企業と派遣労働者との関係は「指揮命令関係」であることを覚えておきましょう。

ワンポイント

派遣労働者が派遣先企業の指示の下にプログラムを開発したとき，特に取決めのない場合，プログラムの著作権は派遣先企業に帰属します。

用語

紹介予定派遣：一定の派遣期間を経て，直接雇用に移行することを念頭に行われる派遣。

ワンポイント

請け負った業務を，さらに別の業者に頼むことを**再委託**といいます。請負契約では，受託者は原則として再委託することができ，委託者が再委託を制限するためには，その旨を契約で定めておく必要があります。

★参考
守秘義務契約は，企業と従業員との間で結ぶこともあります。

■ 守秘義務契約 🔍CHECK

守秘義務契約は，職務上，一般に公開されていない秘密の情報に触れる場合があるとき，知り得た情報を外部に漏らさないことを約束する契約のことです。**NDA**（Non-Disclosure Agreement）や**秘密保持契約**ともいいます。他社と共同事業を行ったり，仕事をアウトソーシングしたりする際に，自社の秘密情報を開示する場合，相手と守秘義務契約を結びます。

■ 取引関連法規

取引に関する法律として，次のようなものがあります。

①下請法

下請取引の公正化及び下請事業者の利益保護を図るための法律です。下請事業者が親事業者（委託元企業）から不当な扱いを受けることを防ぐため，親事業者に対して義務や禁止事項を定めています。主な義務・禁止事項は，次のとおりです。

⑥ワンポイント
下請代金の支払期日は，発注した物品を受領した日から60日以内の日付とする必要があります。

- ・下請代金の支払期日を定める義務
- ・受領拒否，下請代金の支払遅延・減額，返品，買いたたき，金銭・労務の提供要請，不当なやり直しを禁止する
- ・親事業者が指定する物品などを，強制的に購入・利用させることを禁止する
- ・下請事業者に有償で原材料を支給した際，下請代金の支払期日よりも先に，原材料の代金の回収を禁止する

⑥ワンポイント
PL法において，製造物の欠陥とは，製造物に関するいろいろな事情を総合的に考慮して，「製造物が通常有すべき安全性を欠いていること」をいいます。

②PL法

製造物の消費者が，製造物の欠陥によって生命・身体・財産に危害や損害を被った場合，製造業者などが損害賠償責任を負うことについて定めた法律です。**製造物責任法**ともいいます。

消費者を保護するための法律で，被害者が損害賠償を受けるためには，「製造物に欠陥が存在していたこと」「損害が発生したこと」「損害が製造物の欠陥により生じたこと」の3つの要件を満たす必要があります。

③特定商取引法

訪問販売や通信販売など，トラブルを生じやすい取引について，事業者が守るべき規則を定めた法律です。消費者による契約の解除（**クーリングオフ**）や取り消しなども認めています。

④資金決済法

前払式支払手段，銀行業以外による資金移動業，暗号資産の交換などについて規定した法律です。

本法において**前払式支払手段**とは，利用者から前払いされた対価をもとに発行され，これによって商品やサービスの提供を受けられるもののことです。代表的なものとして，商品券，プリペイドカード，ICカード，QRコード決済（払い戻しができないもの）などがあり，利用者保護の仕組みから，これらは本法の適用対象となります。ただし，次のようなものは，前払いであっても適用除外とされています。

> ・商品券などで使用期間が発行の日から6か月以内のもの
> ・乗車券，乗船券，航空券，市区町村が発行する商品券
> ・映画，音楽，スポーツなどの会場や遊園地，動物園，美術館などの入場券

⑤金融商品取引法

株式や金融先物など，投資性のある金融商品の取引について規定した法律で，国民経済の健全な発展と投資者の保護を目的として制定されました。「投資性の強い金融商品に対する横断的な投資者保護法制（投資サービス法制）の構築」「開示制度の拡充」「取引所の自主規制機能の強化」「不公正取引等への厳正な対応」という大きな4つの柱から構成されています。

⑥リサイクル法

資源の有効利用や廃棄物の発生抑制を目的として，使用済み製品の分別回収や再利用について定めた法律です。リサイクルされる対象には，自動車，家電製品，パソコン，建設資材などがあり，具体的なリサイクルの仕組みは，自動車リサイクル法や家電リサイクル法など，資源ごとに各法律で規定されています。

用語

クーリングオフ：消費者の利益を守るため，契約後，一定期間内であれば無条件で契約を解除することができる制度です。クーリングオフできる取引には，訪問販売や電話勧誘販売，通信販売などがあります。

参考

SuicaやICOCAなどのICカード乗車券は，電子マネーも兼ねていることから，資金決済法の適用対象とされています。

ワンポイント

金融商品取引法では，上場企業に「四半期報告書」や「内部統制報告」などの提出を義務付けています。

ワンポイント

廃棄物の排出の抑制や処理について定めた法律を**廃棄物処理法**といいます。廃棄物の適正な分別，保管，収集，運搬，再生，処分等に関するルールや罰則が規定されています。

ストラテジ系

マネジメント系

テクノロジ系

3
法務

⑦独占禁止法

　正式名称を「私的独占の禁止及び公正取引の確保に関する法律」といい，私的独占の禁止，不当な取引制限（カルテルや入札談合），不公正な取引方法の禁止などを定めた法律です。公正かつ自由な競争を促進し，事業者が自主的な判断で自由に活動できるようにすることを目的としています。

　独占禁止法に違反した場合，公正取引委員会が違反行為をした者に対して，その違反行為を除くための排除措置命令を出します。課徴金の納付や，刑事罰が科される場合もあります。

⑧民法

　売買や貸借，婚姻，相続など，社会生活における基本的な取引や関係について定めた法律です。契約の基礎，売買契約の成立や効力，履行・不履行なども規定しています。

⑨景品表示法

　消費者の利益を守るため，不当な表示の禁止や，景品類の制限・禁止を定めた法律です。消費者に誤認される表示を規制し，たとえば，宣伝依頼のあった商品を好意的に評価する記事を，広告であることを表示せずに，一般の記事として掲載することは，景品表示法が禁じる不当表示に該当します。また，過大な景品類の提供を防ぐために，景品や懸賞の最高額を制限しています。

■特定デジタルプラットフォームの透明性及び公正性の向上に関する法律

　特定デジタルプラットフォームの透明性及び公正性の向上に関する法律は，デジタルプラットフォームにおける取引の透明性と公正性の向上を図るために，商品等の売上額の総額や利用者の数などが，政令で定める規模以上であるものを**特定デジタルプラットフォーム**として定め，特定デジタルプラットフォーム提供者への情報開示や手続・体制整備などを規律したものです。独占禁止法違反のおそれがあると認められる事案を把握した場合の，公正取引委員会への措置要求も定めています。

3-1-4　その他の法律・情報倫理 頻出度 ★★★

企業などの活動における規範を明らかにするためのコンプライアンスやコーポレートガバナンスなどの取組み，関連する法律や考え方などを理解しましょう。

■ コンプライアンス

コンプライアンスは，「**法令遵守**」という意味です。企業が経営活動を行う上で，法令はもちろん，企業倫理や社会的規範，社内規則など，あらゆるルールを守ることを指しています。顧客や株主，社会との信頼関係を高め，健全かつ公正な事業活動を行うために，法令や社会的規範などを遵守した**コンプライアンス経営**が求められています。

■ コーポレートガバナンス

コーポレートガバナンスは，「**企業統治**」と訳され，経営管理が適切に行われているかどうかを監視し，企業活動の健全性を維持する枠組みのことです。経営者の独断や組織的な違法行為などを防止し，重要事項に対する透明性の確保，利害関係者の役割と権利の保護など，健全な企業活動を行うことを目的としています。

コーポレートガバナンスを強化する取組みとして，たとえば外部取締役の登用があります。独立性の高い人物が取締役になることで，経営の監視・監督を強化できます。

■ 内部統制報告制度

内部統制報告制度は，上場企業が財務報告の適正性を確保できる体制について評価した**内部統制報告書**を，有価証券報告書と併せて金融庁に提出することを定めた制度です。健全な資本市場の維持や投資家の保護を目的として，適切な情報開示のために整備されたものです。

ストラテジ系　マネジメント系　テクノロジ系

3
法務

ココを押さえよう
「コンプライアンス」「コーポレートガバナンス」「情報倫理」「ELSI」は必修です。他の法律等も概要を理解しておきましょう。

スペル
コンプライアンス
Compliance

ワンポイント
コンプライアンスを推進する取組みとして，行動規範の制定，遵守すべき法律・ルールの教育，内部通報窓口の設置などがあります。

スペル
コーポレートガバナンス
Corporate Governance

ワンポイント
コーポレートガバナンスの統制を評価する対象として，取締役会の実効性があります。

公益通報者保護法

公益通報者保護法は，公益のために事業者の法令違反行為を通報した労働者が，解雇，降格，減給などの不利益な取扱いをされないように保護する法律です。

通報者が「公益通報者」として保護されるために，次のような事項があります。

- 通報者が，労働者，退職者，役員である
  ※退職者は退職や派遣労働終了から1年以内の者に限ります。役員は法人の取締役，執行役，監査役などです。
- 通報内容が労務提供先についてである
- 通報対象事実（通報の対象となる法令違反）が生じ，又はまさに生じようとしている
  ※「通報対象事実」とは，対象となる法律（及びこれに基づく命令）に違反する犯罪行為，過料対象行為，最終的に刑罰もしくは過料につながる行為のことです。
- 通報の目的が，「不正の利益を得る」「他人に損害を加える」といった不正の目的でない
- 通報先が，事業者内部，権限を有する行政機関，その他の事業者外部（報道機関，消費者団体など）のいずれかである

情報公開法

情報公開法は，行政機関が保有している行政文書について，開示を請求する権利とその手続などを定めた法律です。開示請求の対象となる行政文書は，行政機関の職員が組織的に使うものとして保有している文書，図画，電子データです。すべての行政機関を対象として，個人や法人，未成年，外国人を問わず，誰でも開示請求をすることができます。

■ プロバイダ責任制限法

プロバイダ責任制限法は，インターネットでのSNSや掲示板への誹謗中傷の書込みなど，個人の権利侵害の事案が発生したとき，プロバイダやサーバの管理・運営者等が負う損害賠償責任の範囲や，発信者情報の開示を請求する権利などを定めた法律です。

●発信者情報開示請求

本法に基づいて，権利侵害があったと主張する者は，プロバイダなどに権利侵害情報の開示請求を行えます。開示請求を受けたプロバイダは，書込みをした発信者に開示するかどうかの意見を聞き，対応を決定します。その結果，プロバイダが開示に応じないときは，裁判手続をとります。

なお，改正法によって，「発信者情報開示命令事件に関する裁判手続（発信者情報開示命令）」が創設されました（2022年10月施行）。上記のような裁判外での請求は行わず，最初から裁判手続をとり，また，発信者情報の開示を1つの手続で行うことが可能となっています。

🕕 ワンポイント

プロバイダなどに対して，権利侵害情報の削除や公開の停止などを依頼することを**送信防止措置依頼**といいます。

⭐ 参考

改正前は，発信者の特定のため，一般的に2段階の裁判手続を経る必要があり，時間やコストがかかっていました。
なお，創設された発信者情報開示命令においても，発信者への意見照会は行われます。

3 法務

■ 情報倫理

　情報倫理とは，ITやインターネットが普及した情報化社会において，必要とされる行動規範のことです。日々の業務や生活の中で，個人情報やプライバシーの保護，著作権の侵害など，様々な注意すべきことがあります。特にSNSでの情報拡散による，ネット炎上，フェイクニュース，ヘイトスピーチは社会問題化しています。無用なトラブルから身を守るためにも，法令やガイドラインを遵守するだけでなく，モラルやマナーを踏まえた行動が求められます。

●ソーシャルメディアポリシー

　企業・団体が，ソーシャルメディアの利用について，ルールや禁止事項などを定めたものです。役員や従業員にソーシャルメディアを使用する際のルールや心得を示すために制定し，組織外の人々にも理解できるようにすることを目的としています。**ソーシャルメディアガイドライン**ともいいます。

●ネチケット (ネットマナー)

　インターネットを利用するときに，守るべきマナーやルールのことです。

●ファクトチェック

　情報やニュースなどの真実性や正確性を検証することや，その検証結果を発表する活動のことです。

●エコーチェンバー V6

　SNSで自分と似た興味関心をもつユーザーとつながることで，自分と同意見の情報だけが増幅して行き交っている状況のことです。「そうだね」と同意し合っているうちに，全般的なことが見えなくなり，誤った情報さえ正しいと思い込んでしまう危険性があるといわれます。

用語

フェイクニュース：主にSNSを中心に拡散される，虚偽の情報のことです。

ヘイトスピーチ：特定の人物や集団に対する，差別的な言動や憎悪をむき出しにした表現のことです。

用語

ソーシャルメディア：SNSやブログ，電子掲示板など，利用者同士のつながりを促進することで，インターネットを介して利用者が発信する情報を多数の利用者に幅広く伝播させる仕組みのことです。

参考

ネチケットは，「ネットワーク」と「エチケット」を組み合わせた造語です。

●フィルターバブル V6

利用者の個人情報や検索履歴などによって，利用者にとって興味関心がありそうな情報ばかりが表示され，それ以外の情報に接する機会が失われている状況のことです。泡（バブル）に包まれて，見たい情報しか見えなくなることから，価値観や思考が狭まったり偏ったりする危険性があるといわれます。

●デジタルタトゥー V6

SNSやブログなどから公開された情報（文字や画像，動画など）が，一度拡散してしまうと完全に消すことが困難で，インターネット上に残り続けてしまうことです。

☆参考

デジタルタトゥーは，「Digital」（デジタル）と「Tattoo」（刺青，タトゥー）を組み合わせた造語です。

●チェーンメール

迷惑メールの一種で，メールの受信者が複数の相手に同一内容のメールの送信や転送を行い，受信者が増加し続けるメールのことです。

■ 倫理的・法的・社会的な課題 (ELSI)

新しい研究や技術は，人や社会に良いことだけでなく，思わぬ影響を及ぼすことがあります。たとえば，人間の遺伝情報（ヒトゲノム）の研究は，病気の予防や診断・治療などに役立てられますが，遺伝情報による差別やプライバシー侵害などが危惧されています。このような課題や問題のことを**倫理的・法的・社会的な課題 (ELSI)** といいます。

スペル

ELSI
Ethical, Legal and Social Issues

3-1-5 標準化関連

製品の互換性などを確保するために，標準化が行われていることや，代表的な標準化団体や規格について理解しましょう。

標準化

たとえば，電化製品のコンセントの形が，メーカごとに異なっていたら不便です。**標準化**とは，製品やサービスについて，一定の規則や仕様を定めることです。利便性や効率性を高め，正確な情報の伝達や相互理解の促進を図るために，様々な分野で標準化が進められています。

標準化団体

代表的な標準化団体には，次のようなものがあります。

名称	説明
ISO	幅広い分野にわたって（電気及び電子分野，電気通信分野を除く），標準化を行う国際的な団体。策定した規格は「ISO 9000」のように，「ISO」に続く番号で表される。国際標準化機構ともいう。「International Organization for Standardization」の略
IEC	電気及び電子技術分野において，標準化を行う国際的な団体。一部の分野はISOと共同で策定し，これらの規格には「ISO/IEC 27000」のように，「ISO/IEC」に続く番号で表される。国際電気標準会議ともいう。「International Electrotechnical Commission」の略
IEEE	電気及び電子工学分野に関する世界最大規模の学会であり，電気・電子工学における標準化を行う。よく知られている規格として，IEEE 802.3（イーサネット型LAN），IEEE 802.11（無線LAN）がある。米国電気電子学会ともいう。「The Institute of Electrical and Electronics Engineers」の略
W3C	Webで使われる技術の標準化を行う国際的な団体。HTML，XML，CSSなどの仕様を策定している。「World Wide Web Consortium」の略
CEN	ヨーロッパにおける，電気と通信を除く技術分野に関する規格の策定を行っている団体。欧州標準化委員会ともいう。仏語の「Comité Européen de Normalisation」の略

ココを押さえよう

標準化の考え方を理解しておくことが大切です。主な団体や規格も覚えましょう。

ワンポイント

事実上の世界標準である規格や製品のことを**デファクトスタンダード**といいます。多数の人が利用することで標準とみなされるようになったものです。
それに対して，国際機関や標準化団体によって公式に制定されたものを**デジュレスタンダード**といいます。

ワンポイント

主に先端技術分野において，複数の企業・団体が集まり，自主的に定めた標準規格を**フォーラム標準**といいます。

ワンポイント

電気通信分野の標準化を行う国際的な団体として**ITU**があります。国際電気通信連合ともいい，ITU は「International Telecommunication Union」の略です。

参考

IEEEは「アイトリプルイー」と読みます。

ワンポイント

インターネットで使用されるドメイン名やIPアドレス，プロトコルなどは，**ICANN**という国際的な非営利法人が管理しています。
ICANN は，「Internet Corporation for Assigned Names and Numbers」の略です。「アイキャン」と読みます。

◾ JIS

　JISとは，日本の工業分野において，いろいろな製品の標準を定めた国家規格です。**日本産業規格**ともいいます。規格の分野は，土木や建築，コンピュータなど，多岐にわたります。日本の工業製品の標準化を図ることを目的として，規格に適合した製品にはJISマークを付けることができます。

● JIS Q 15001

　個人情報を適切に管理するための，個人情報保護マネジメントシステムの「要求事項」の規格です。プライバシーマーク制度で事業者を認定するときの基準として用いられます（478ページ参照）。

● JIS Q 38500　V6

　ITガバナンスに関する規格です。経営陣に対して，組織内で効果的，効率的及び受け入れ可能なIT利用に関する原則を規定しています。

◾ 国際規格　CHECK

　代表的な国際規格には，次のようなものがあります。

名称	説明
ISO 9000 シリーズ	品質マネジメントシステムに関する国際規格。国内向けはJIS Q 9000。主な規格にISO 9001（JIS Q 9001）がある
ISO 14000 シリーズ	環境マネジメントシステムに関する国際規格。国内向けはJIS Q 14000。主な規格にISO 14001（JIS Q 14001）がある
ISO/IEC 20000 シリーズ	ITサービスマネジメントシステムに関する国際規格。国内向けはJIS Q 20000。主な規格にISO/IEC 20000-1（JIS Q 20000-1）やISO/IEC 20000-2（JIS Q20000-2）がある
ISO/IEC 27000 シリーズ	情報セキュリティマネジメントシステムに関する国際規格。国内向けはJIS Q 27000。主な規格にISO/IEC 27001（JIS Q 27001）がある

スペル

JIS
Japanese Industrial Standards

参考

JISマーク（見本）

試験対策

シラバスVer.6.3では，ISOやJISの規格が追加されています（514ページ参照）。

参考

ISOとJISとの関係は，国際規格のISOを日本語に翻訳して，国内向けに適合させたものをJISとして発行しています。

試験対策

ここで紹介している国際規格は，よく出題されています。たとえば，「14000系は環境マネジメント」というように，規格を示す番号と規格の内容を覚えておきましょう。
9000系　品質
14000系　環境
20000系　ITサービス
27000系　情報セキュリティ

ワンポイント

組織の社会的責任に関する国際規格として，**ISO 26000（社会的責任に関する手引）**があります。認証目的や，規制及び契約のために使用するものではなく，取組みの手引きとして活用するガイダンス規格になっています。

ストラテジ系

マネジメント系

テクノロジ系

3
法務

■ バーコード

バーコードとは，一定のルールに従って，情報を帯状などの記号で表したものです。商取引や流通などで，商品を識別するコードとして広く利用されています。

① JANコード

帯状の縞模様で数値を表した一次元バーコードです。一般に流通される商品に流通コードとして印字され，POSシステムや在庫管理などで利用されています。

JANコードには13桁タイプと8桁タイプの2種類があり，どちらも国コード，メーカコード，商品アイテムコード，チェックディジットを示す数値で構成されています。メーカコードは，どこのメーカが造っているかを区別するもので，公的機関に申請して取得します。商品アイテムコードは，各メーカが自社の商品に割り当てます。

② QRコード

縦と横の両方向で，情報を表現した二次元バーコードです。主な特徴として，次のようなものがあります。

・数字以外の，漢字やひらがな，カナ，英数字なども扱える
・バーコードの数十倍から数百倍の情報量を扱える
・360度全方向から読み取りができる
・誤り検出やデータ補正機能を備えている

■ ISBNコード

ISBNコードとは，図書を特定するために世界標準として使用されている国際標準図書番号のことです。書籍の裏表紙などに印刷されている「ISBN」で始まる番号で，世界中で刊行されている図書を識別することができます。

演習問題

問1 著作権法の保護対象　　　　　　　　　　CHECK ▶ □□□

著作権法の保護の対象となるものはどれか。

ア　形状や色が斬新な机のデザイン
イ　自然法則を利用した技術的に新しい仕組み
ウ　新発売した商品の名称
エ　風景を撮影した写真

問2 不正アクセス禁止法で規制されている行為　　　CHECK ▶ □□□

不正アクセス禁止法で規制されている行為だけを全て挙げたものはどれか。

a　Webサイトの利用者IDとパスワードを，本人に無断で第三者に提供した。
b　ウイルスが感染しているファイルを，誤って電子メールに添付して送信した。
c　営業秘密の情報が添付されている電子メールを，誤って第三者に送信した。
d　著作権を侵害している違法なサイトを閲覧した。

ア　a　　　　　イ　a, b　　　　ウ　a, b, c　　　エ　a, d

問3 労働者派遣法上の違法行為　　　　　　　CHECK ▶ □□□

B社はA社の業務を請け負っている。この業務に関するB社の行為のうち，労働者派遣法に照らして，違法行為となるものだけを全て挙げたものはどれか。

①A社から請け負った業務を，B社の指揮命令の下で，C社からの派遣労働者に行わせる。
②A社から請け負った業務を，再委託先のD社で確実に行うために，C社からの派遣労働者にD社からの納品物をチェックさせる。
③A社から請け負った業務を，再委託先のD社で確実に行うために，C社からの派遣労働者をD社に派遣する。

ア　①, ②　　　　イ　①, ②, ③　　ウ　②, ③　　　エ　③

問4 個人情報に該当しない事例 CHECK ▶ □□□

個人情報に該当しないものはどれか。

ア 50音別電話帳に記載されている氏名，住所，電話番号
イ 自社の従業員の氏名，住所が記載された住所録
ウ 社員コードだけで構成され，他の情報と容易に照合できない社員リスト
エ 防犯カメラに記録された，個人が識別できる映像

問5 プロバイダ責任制限法 CHECK ▶ □□□

プロバイダが提供したサービスにおいて発生した事例a～cのうち，プロバイダ責任制限法によって，プロバイダの対応責任の対象となり得るものだけを全て挙げたものはどれか。

a 氏名などの個人情報が電子掲示板に掲載されて，個人の権利が侵害された。
b 受信した電子メールの添付ファイルによってマルウェアに感染させられた。
c 無断で利用者IDとパスワードを使われて，ショッピングサイトにアクセスされた。

ア a イ a, b, c ウ a, c エ c

問6 コンプライアンスの事例 CHECK ▶ □□□

コンプライアンスの取組み強化活動の事例として，最も適切なものはどれか。

ア 従業員の社会貢献活動を支援するプログラムを拡充した。
イ 遵守すべき法律やルールについて従業員に教育を行った。
ウ 迅速な事業展開のために，他社の事業を買収した。
エ 利益が得られにくい事業から撤退した。

ストラテジ系　マネジメント系　テクノロジ系

3 法務

| 問7 | コーポレートガバナンスの説明 | CHECK ▶ □□□ |

コーポレートガバナンスの説明として，最も適切なものはどれか。

ア 競合他社では提供ができない価値を顧客にもたらす，企業の中核的な力

イ 経営者の規律や重要事項に対する透明性の確保，利害関係者の役割と権利の保護など，企業活動の健全性を維持する枠組み

ウ 事業の成功に向けて，持続的な競争優位性の確立に向けた事業領域の設定や経営資源の投入への基本的な枠組み

エ 社会や利害関係者に公表した，企業の存在価値や社会的意義など，経営における普遍的な信念や価値観

| 問8 | 環境マネジメントシステムの国際規格 | CHECK ▶ □□□ |

ISOが定めた環境マネジメントシステムの国際規格はどれか。

ア ISO 9000

イ ISO 14000

ウ ISO/IEC 20000

エ ISO/IEC 27000

| 問9 | JANコードを採用するメリット | CHECK ▶ □□□ |

POSシステムやSCMシステムにJANコードを採用するメリットとして，適切なものはどれか。

ア ICタグでの利用を前提に作成されたコードなので，ICタグの性能を生かしたシステムを構築することができる。

イ 画像を表現することが可能なので，商品画像と連動したシステムへの対応が可能となる。

ウ 企業間でのコードの重複がなく，コードの一意性が担保されているので，自社のシステムで多くの企業の商品を取り扱うことが容易である。

エ 商品を表すコードの長さを企業が任意に設定できるので，新商品の発売や既存商品の改廃への対応が容易である。

解答と解説

《解答》エ

　著作権法は，知的な創作活動で生み出された音楽や小説，映画，ソフトウェアなどの著作物を保護の対象としています。選択肢の中では，エの「風景を撮影した写真」が著作物に該当し，保護の対象になります。よって，正解はエです。
　なお，アは意匠法，イは特許法，ウは商標法の保護の対象です。

《解答》ア

　不正アクセス禁止法は，「ネットワークを通じて不正にコンピュータにアクセスする行為」や「不正アクセスを助長する行為」を禁止し，罰則を定めた法律です。a～dの行為を確認すると，aは正当な理由なく，利用者に無断でID・パスワードを第三者に提供しているので不正アクセス行為に該当します。b，c，dについては，いずれも上記の不正アクセス禁止法で禁止している行為に該当しません。よって，正解はアです。

《解答》エ

　労働者派遣法とは，労働者派遣事業の適正な運用を確保し，派遣労働者を保護するための法律です。①～③について，労働者派遣法に照らして違法行為かどうかを判定すると，次のようになります（○が付いているのが，違法行為となるものです）。
×①　C社からB社に派遣された派遣労働者に，B社の指揮命令の下で業務を行わせることは違法行為ではありません。
×②　C社からB社に派遣された派遣労働者に，B社において納品物をチェックさせることは，B社の指揮命令の下で行っているので違法行為ではありません。
○③　C社からB社に派遣された派遣労働者を，さらにD社に派遣することは二重派遣に該当し，違法行為になります。
　違法となるのは，③だけです。よって，正解はエです。

ストラテジ系　マネジメント系　テクノロジ系

3
法務

問4
《解答》ウ

　個人情報保護法における個人情報とは，「生存する個人に関する情報であって，その情報に含まれる氏名，生年月日，その他の記述などにより，特定の個人を識別することができるもの」をいいます。選択肢のア，イは，個人を特定できる氏名などの記載があるので，個人情報に該当します。エの防犯カメラの映像も，個人が特定できるものであれば個人情報に当たります。ウの社員コードだけで構成された社員リストは，このリストだけでは個人を特定できないので，個人情報には当たりません。よって，正解はウです。

問5
《解答》ア

　プロバイダ責任制限法は，インターネット上で個人の権利侵害などの事案について，プロバイダなどが負う損害賠償責任の範囲や，発信者情報の開示を請求する権利を定めた法律です。a～cについて，プロバイダの対応責任の対象となり得るかを判定すると次のようになります。

- 〇a　電子掲示板に個人情報が掲載されて，個人の権利が侵害されたことは，プロバイダの対応責任の対象になります。
- ×b　マルウェアへの感染は，プロバイダの対応責任の対象ではありません。
- ×c　無断で利用者IDやパスワードを使い，ショッピングサイトにアクセスすることは，不正アクセス禁止法に違反する行為です。

プロバイダの対応責任の対象となり得るものはaだけです。よって，正解はアです。

問6
《解答》イ

　コンプライアンス（Compliance）は「法令遵守」という意味です。企業経営においては，企業倫理に基づき，ルール，マニュアル，チェック体制などを整備し，法令や社会的規範を遵守した企業活動のことをいいます。コンプライアンスの取組みの事例として，選択肢の中ではイの「遵守すべき法律やルールについて従業員に教育を行った」が適切です。よって，正解はイです。

- ア　CSR（Corporate Social Responsibility）の活動の事例です。
- ウ　M&Aの事例です。
- エ　利益が得られにくい事業からの撤退は，コンプライアンスと関係のない事例です。

問7 (平成28年秋期 ITパスポート試験 問16)

《解答》イ

コーポレートガバナンス (Corporate Governance) とは「企業統治」と訳され，経営管理が適切に行われているかを監視し，企業活動の健全性を維持する仕組みのことです。経営者の独断や組織的な違法行為などを防止し，健全な企業活動を行うことを目的としています。よって，正解は**イ**です。

ア コアコンピタンスに関する説明です。

ウ 企業戦略 (全社戦略) に関する説明です。

エ 経営理念に関する説明です。

問8 (平成29年秋期 ITパスポート試験 問10)

《解答》イ

ISOが定めた環境マネジメントシステムに関する一連の国際規格が，ISO 14000シリーズです。国内向けは「JIS Q 14000」になります。よって，正解は**イ**です。

ア ISO 9000は，品質マネジメントシステムの国際規格です。

ウ ISO/IEC 20000は，ITサービスマネジメントシステムの国際規格です。

エ ISO/IEC 27000は，情報セキュリティマネジメントシステムの国際規格です。

問9 (平成29年春期 ITパスポート試験 問33)

《解答》ウ

JANコードはバーコードとして商品に付けられているコードで，国コード，メーカコード，商品アイテムコード，チェックディジットを示す数値で構成されています。メーカコードは，どこのメーカが造っているかを区別するもので，公的機関に申請して取得します。商品アイテムコードは，各メーカが自社の商品に割り当てます。メーカコードと商品アイテムコードを使うと，企業間でのコードの重複がなく，商品を識別することができ，自社のシステムで多くの企業の商品を取り扱うことができます。よって，正解は**ウ**です。

ア JANコードは，ICタグでの利用のために作成されたものではありません。

イ JANコードでは，画像を表現することはできません。

エ コードの長さ (桁数) は決まっており，任意に設定することはできません。

第4章 経営・技術戦略マネジメント

本章の学習ポイント

- ● SWOT分析やPPMなど，経営戦略のための代表的な手法を理解する
- ● コアコンピタンス，競争地位別戦略，ブルーオーシャン戦略，アライアンス，M&Aなど，経営戦略に関する代表的な用語を覚える
- ● 代表的なマーケティング手法の種類と特徴，Webマーケティングで行われている広告や販売促進について理解する
- ● CRM，SCM，ERPなど，経営管理システムに関する代表的な用語を覚える
- ● BSC，MOT（技術経営），イノベーション，ハッカソンなど，ビジネス戦略や技術開発戦略の代表的な用語を覚える

シラバスにおける本章の位置付け

ストラテジ系	大分類1：企業と法務	
	大分類2：経営戦略	→ 本章の学習 **中分類3：経営戦略マネジメント** **中分類4：技術戦略マネジメント**
	大分類3：システム戦略	
マネジメント系	大分類4：開発技術	
	大分類5：プロジェクトマネジメント	
	大分類6：サービスマネジメント	
テクノロジ系	大分類7：基礎理論	
	大分類8：コンピュータシステム	
	大分類9：技術要素	

4-1 経営戦略マネジメント

4-1-1 経営情報分析手法

頻出度 ★★★

経営戦略のための代表的な分析手法や，経営戦略に関する用語について理解しましょう。

■経営戦略

経営戦略とは，経営理念や経営ビジョンで示した目標を具体化するための方策です。持続的な競争優位性の確立に向けて，中長期的な視点から，経営資源の配分，既存事業からの撤退，新規事業への参入などの戦略を策定します。

■SWOT分析

SWOT分析は，企業の内部環境と外部環境を，「強み」「弱み」「機会」「脅威」の4つの視点から分析する手法です。自社の現状と経営環境を把握することによって，事業の成長戦略の策定に役立てます。

●内部環境：

自社がもつ人材力や営業力，技術力など，他社より勝っている要素を「強み」，劣っている要素を「弱み」に分類します。

●外部環境：

政治や経済，社会情勢，市場の動きなど，企業自身では変えられないもので，自社に有利になる要素を「機会」，不利になる要素を「脅威」に分類します。

ココを押さえよう
いずれも重要な用語ばかりです。特に「SWOT分析」「PPM」はよく出題されています。分析で出てくる用語なども問われるので，しっかり確認して覚えましょう。

参考
経営理念や経営ビジョンについては，「1-1-1 企業活動の基礎知識」を参照してください。

用語
競争優位：競合他社に対して築く，競争上の優位な位置付けのことです。

参考
SWOT分析の「SWOT」は，強み(Strength)，弱み(Weakness)，機会(Opportunity)，脅威(Threat)の頭文字を表しています。

試験対策
SWOT分析はよく出題されています。特に内部環境は「強み」と「弱み」，外部環境は「機会」と「脅威」の視点から分析することを覚えておきましょう。

PPM

PPMは，市場における製品や事業の位置付けを，市場成長率と市場占有率を軸にしたマトリックス図を用いて分析する手法です。4つの領域（「花形」「金のなる木」「問題児」「負け犬」）のどこに位置しているかによって，これらの製品や事業に資金をどのくらい出すかなど，経営資源の効果的な配分に役立てます。

```
           高
           ↑
           市  花形     問題児
           場
           成
           長
           率  金のなる木  負け犬
           ↓
           低
     高 ← 市場占有率 → 低
```

領域	内容
花形	市場成長率，市場占有率ともに高い領域 市場の成長に伴って，資金がかかる
金のなる木	市場成長率は低いが，市場占有率は高い領域 あまり資金がかからず，安定した利益がある
問題児	市場成長率は高いが，市場占有率は低い領域 「花形」に成長させるには，多くの資金がかかる。もしくは，撤退するかを判断する
負け犬	市場成長率，市場占有率ともに低い領域 将来性が低く，撤退または売却を検討する

3C分析

3C分析は，「顧客」「競合」「自社」の3つの視点で現状を分析し，経営目標を達成するのに重要な要素を見つけ出す手法です。

視点	内容
顧客 (Customer)	顧客の特性やニーズ，購買に至るプロセス，市場の変化などを分析する
競合 (Competitor)	競争相手となる競合他社や，競合の状況（競合他社の戦略，強み・弱み，経営資源など）を分析する
自社 (Company)	自社の状況（自社の戦略，強み・弱み，経営資源など）を分析する

ストラテジ系　マネジメント系　テクノロジ系

4 経営・技術戦略マネジメント

参考

VRIO分析は、3C分析の「自社」を分析するときに用いられます。

ワンポイント

VRIO分析で分析対象となる経営資源は、人材や技術、製造、営業、広報など、様々なものが当てはまります。これらの経営資源を洗い出し、「V」→「R」→「I」→「O」の順番で1つずつ分析していきます。

■ VRIO分析 CHECK

　VRIO分析は、企業が持つ経営資源を「**経済的価値 (Value)**」「**希少性 (Rarity)**」「**模倣可能性 (Imitability)**」「**組織 (Organization)**」という4つの視点から評価し、自社の競争優位性を分析する手法です。

視点	内容
経済的価値 (V)	その経営資源を持っていることで、外部環境における機会 (好機) や脅威に上手く適応できるかを分析する
希少性 (R)	その経営資源を、他の企業も所持しているか、活用しているかを分析する
模倣可能性 (I)	その経営資源を、他の企業が容易に獲得できるかを分析する
組織 (O)	その経営資源を活用するための、組織的な方針や仕組みが整っているかを分析する

■ 特許ポートフォリオ

　特許ポートフォリオは、企業・組織などが保有や出願している複数の特許を整理、分類してまとめたものです。「出願者が保有・管理する特許網」といわれ、事業への貢献や特許間のシナジー、今後適用がされる分野などを分析し、経営戦略の策定や競争力の評価などに役立てます。

参考

「シナジー」は、複数の事柄が相互に作用し合って、効果や機能を高めることです。

4-1-2 経営戦略に関する用語 頻出度 ★★★

経営戦略に関する用語として，次のようなものがあります。

■ コアコンピタンス

コアコンピタンスは，他社にはまねができない，企業独自の
ノウハウや技術のことです。競争優位の源泉となる，企業の核（コ
ア）となる力といえます。この強みを最大限に活かし，経営資源
を投入して競争力を高めることを，**コアコンピタンス経営**とい
います。

■ 競争地位別戦略

同じ業界における企業地位をリーダ，チャレンジャ，ニッチャ，
フォロワの4つに区分し，それぞれに適した戦略を取ることを
競争地位別戦略といいます。

分類	戦略
リーダ	市場シェアが一番大きい企業。市場規模を拡大させるべく，利用者拡大や使用頻度増加のために投資し，シェアの維持や拡大に努める
チャレンジャ	リーダに次ぐ大きさの市場シェアをもつ，市場シェアが2，3位の企業。リーダの企業がまだ強化していない地域や分野を攻略するなど，リーダ企業との差別化を図った戦略を展開する
ニッチャ	シェアは低いが，独自性により，特定の市場に特化している企業。上位企業が参入しにくい特定の市場に焦点を絞り，その市場における優位性を確保・維持する
フォロワ	ほかの3つの分類に該当しない企業。リーダ企業の製品を参考にして，製品開発などのコスト削減を図り，低価格で勝負する。シェアよりも安定的な利益確保を優先する

ココを押さえよう

経営戦略に関する用語は，幅広く出題されています。すべての用語について，名称と概要が一致するように覚えましょう。企業の統合に関するもの（「アライアンス」「ファブレス」など）は要チェックです。

スペル
コアコンピタンス
Core Competence

試験対策
たとえば，「チャレンジャの戦略の特徴として，最も適切なものはどれか」といった出題がされています。4つの分類と戦略を覚えておきましょう。

ストラテジ系　マネジメント系　テクノロジ系

4 経営・技術戦略マネジメント

同質化戦略

　同質化戦略は，競合他社が新しい製品を出したとき，模倣した製品を出すことにより，新しい製品という効果を失わせようとする戦略です。一般的にリーダ企業がとる戦略で，他社が行った差別化戦略の無効化を図ります。

ニッチ戦略

　ニッチ戦略は，競争相手が少ない「すきま」となっている市場で，商品やサービスを提供することで，効率的に収益を上げる戦略です。

ブルーオーシャン戦略

　ライバルが多く，競争が激しい市場をレッドオーシャン（血みどろの争いをする場）といいます。それに対して，新しい価値を提供することによって，他社との競争がない，新たな市場を開拓することを**ブルーオーシャン戦略**といいます。

企業の統合と提携

　企業の経営戦略として，企業間での統合や連携が行われます。その代表的な形態や関連する用語として，次のようなものがあります。

①アライアンス

　複数の企業が，互いの利益のために連携することです。技術提携，生産や販売の委託，合弁会社（**ジョイントベンチャ**）の設立など，様々な形態があります。他社と組織的に統合することなく，自社にない経営資源を他社から得ることができます。

②M&A

　企業同士の合併や買収のことです。**合併**は複数の企業が1つになること，**買収**はある企業がほかの企業の全部または一部を買い取ることです。M&Aにより，自社に不足している技術やノウハウなどを他社から獲得することで，迅速な事業展開が可能になります。

③MBO 🔍CHECK

経営陣や幹部社員が，親会社などから株式や営業資産を買い取って，経営権を取得することです。M&Aの手段の1つで，**経営陣による自社買収**ともいいます。

④TOB

ある株式会社の株式について，買付け価格と買付け期間などを公表し，不特定多数の株主から株式を買い集めることです。M&Aの手段の1つで，経営権の取得や資本参加を目的としています。**株式公開買付け**ともいいます。

⑤垂直統合

業務の流れ（資材の調達，生産，流通，販売など）において，アライアンスやM&Aで上流や下流の工程を担う会社を統合し，事業領域を拡大することです。業務を一元管理することにより，無駄を省き，コスト削減を図ることができます。

⑥ファブレス 🔍CHECK

自社で工場をもたずに，製造はすべて提携した外部先の企業に委託している企業のことです。工場をもたないために初期投資が少なくて済み，製品の企画・設計などに専念することができます。

⑦フランチャイズチェーン

本部が契約した加盟店に対して，営業権や商標の使用権，出店や運営のノウハウを提供し，その見返りとして加盟店からロイヤルティ（対価）を徴収するという小売形態のことです。

■IPO

IPOは，未上場企業が初めて証券取引所に上場し，企業の関係者だけが所有していた未公開の株式を，新たに公開して売り出すことです。上場した企業は，不特定多数の投資家からの資金調達が可能となります。

スペル
MBO
Management Buyout

ワンポイント
買収先企業の資産を担保にした借入れによって，企業を買収することをLBOといいます。「Leveraged Buyout」の略です。

スペル
TOB
Take-Over Bid

ワンポイント
1つの事業や製品の生産を，複数の企業で分業することを**水平分業**といいます。

ワンポイント
提携先企業のブランド名や商標で販売される製品を製造することをOEMといいます。また，製造を行う企業のことです。「Original Equipment Manufacturer」の略です。

スペル
IPO
Initial Public Offering

■ アウトソーシング

アウトソーシングとは，業務の全部または一部を外部に委託することです。

スペル

BPO
Business Process
Outsourcing

① BPO

自社の業務処理の一部を外部の事業者に委託するアウトソーシングのことです。たとえば，総務や人事，経理などの業務を委託します。このような業務を外部に任せることで，企業は主要業務に注力することができます。**ビジネスプロセスアウトソーシング**ともいいます。

ワンポイント

コンピュータやインターネット技術に関する業務を外部委託することをITアウトソーシングといいます。

② オフショアアウトソーシング

「オフショア (offshore)」は「海外の」という意味で，海外の企業に委託するアウトソーシングのことです。人材の確保やコスト削減などを目的に行われます。たとえば，賃金が安い国にアウトソーシングすることで，人件費を抑えることができます。

ワンポイント

製品の累積生産量が増加するに従って，作業者の経験が積まれることにより，製品の単位当たりの生産コストが減少するという考え方を**経験曲線**といいます。

■ 事業コストを低減する方策

事業コストを低減する方策として，**規模の経済**や**範囲の経済**があります。

規模の経済	事業規模や製品の生産量を拡大することで固定費や管理費などを分散し，コストの減少を図る
範囲の経済	企業の資源を共有して複数の事業・製品を展開することにより，コストの減少を図る

コモディティ化

コモディティ化は，競合する商品間から，機能や品質などの差別化する特性が失われ，価格や量，買いやすさを基準にして，商品が選択されるようになることです。結果的に，低価格競争が起こり，利益を上げにくくなります。

ベンチマーキング

経営においてベンチマーキングは，競合他社や優良企業のベストプラクティス（成功事例）との比較・分析を行い，自社の経営や業務の改善に活かすことです。

カニバリゼーション

カニバリゼーションは，自社の商品同士が競合して，売上やシェアなどを奪い合う現象のことです。英単語の「cannibalization」の意味から，「共食い」とよく表現されます。

ロジスティクス

ロジスティクスは，原材料の調達から生産，販売などの広い範囲を考慮に入れた上での，物流の最適化を目指す考え方のことです。ロジスティクスの導入により，適切な在庫管理，物流コストの削減，営業部門の負担軽減などが期待されます。

ESG投資

ESG投資は，企業への投資において，従来の財務情報だけでなく，環境（Environment），社会（Social），ガバナンス（Governance）の要素も考慮して投資を行うことです。

スペル
ロジスティクス
logistics

参考
ロジスティクスは，もともとは兵站（へいたん）と訳される軍隊用語で，後方において部隊が必要とする物資を調達・補給する活動のことです。

4 経営・技術戦略マネジメント

ストラテジ系　マネジメント系　テクノロジ系

ココを押さえよう

マーケティングについて,どういう考え方や手法があるのか,名称と概要を覚えましょう。「マーケティングミックス」「UX」は頻出の用語です。マーケティングの分析手法もよく出題されています。

4-1-3 マーケティングの 基礎・手法

頻出度 ★★☆

マーケティングに関する基本的な考え方や手法を理解しましょう。

■ マーケティング

マーケティングは,市場の動向を把握し,販売促進に活用することです。商品やサービスを売るための仕組み作りであり,その活動には,広告宣伝だけでなく,消費者のニーズの把握,魅力的な商品開発,流通経路の確保なども含まれます。

試験対策

マーケティングミックスに関する問題はよく出題されます。特に4Pの4つの要素を覚えておきましょう。

■ マーケティングミックス CHECK

マーケティングミックスは,市場でのマーケティング活動において,最も効果が得られるように複数のマーケティング要素を組み合わせる手法です。売り手側の視点で見る「4P」と,買い手側の視点で見る「4C」があります。どちらも4つの要素で構成され,4Pと4Cの要素は下図のように対応しています。

4P (売り手側の視点)		4C (買い手側の視点)
製品 (Product)	⟷	顧客にとっての価値 (Customer Value)
価格 (Price)	⟷	顧客にとってのコスト (Cost)
流通 (Place)	⟷	利便性 (Convenience)
販売促進 (Promotion)	⟷	コミュニケーション (Communication)

参考

英単語の「experience」には,経験や体験といった意味があります。

■ UX CHECK

UXは「User Experience」の略で,製品,システム,サービスなどの利用場面を想定したり,実際に利用したりすることによって得られる人の感じ方や反応のことです。使いやすさだけでなく,満足感や心地よさなどの感情も含まれます。

試験対策

シラバスVer.6.3では,「CX」という用語が追加されています(515ページ参照)。

■プロダクトライフサイクル

　プロダクトライフサイクルは，製品を市場に投入し，やがて売れなくなって撤退するまでの流れを表したものです。導入期，成長期，成熟期，衰退期の４つの期間に分け，製品がどの期間であるかによって，各期間に対応した販売戦略を策定します。

導入期	製品を市場に投入する時期。宣伝活動をして製品の認知度を高める
成長期	製品が認知され，需要が増えて売上が伸びる時期。競合製品が増えてくるので，製品の差別化を行う
成熟期	市場に製品が行き渡り，売上が頭打ちになる時期。市場シェアが高ければ，その市場を維持するための対策を行う
衰退期	製品の需要が減り，売上が減少する時期。市場からの撤退や今後について検討する

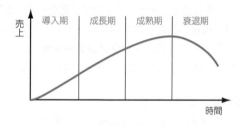

■オピニオンリーダ

　マーケティングにおいて**オピニオンリーダ**は，新しい商品やサービスを比較的早い時期に購入し，後続する消費者層に影響を与える人のことです。商品の浸透に大きな影響があることから，オピニオンリーダの存在が重要視されています。

■オムニチャネル

　オムニチャネルは，顧客との接点を，店頭販売やオンラインストア，テレビショッピング，カタログ販売など，チャネルを問わずに連携して統合しようとすることです。

ストラテジ系　マネジメント系　テクノロジ系

4
経営・技術戦略マネジメント

🌐ワンポイント

新商品を購入する消費者を，次の5つに分類して捉えることを**イノベータ理論**といいます。

・**イノベータ**：
　冒険心をもち，自ら率先して，最も早く新商品を購入する。

・**アーリーアダプタ**：
　比較的早期に，自ら価値を判断して新商品を購入し，後続する消費者に影響を与える。

・**アーリーマジョリティ**：
　比較的慎重で，早期購入者に相談するなどした後，追従して新商品を購入する。

・**レイトマジョリティ**：
　多くの人が利用しているのを確認してから購入する。

・**ラガード**：
　最も保守的で，商品が定着するまで購入しない。

⭐参考
オピニオンリーダは，イノベータ理論のアーリーアダプタに該当します。

■ マーケティング手法

代表的なマーケティング手法として，次のようなものがあります。

①ワントゥワンマーケティング

市場全体を対象とするのではなく，1人ひとりのニーズを把握し，それを充足する製品やサービスを提供しようとするマーケティング手法です。

②マスマーケティング

対象を特定せずに，市場全体へ画一的に商品を宣伝・販売していくマーケティング手法です。単一の製品について，大量生産，大量流通，テレビや新聞などによる大量広告を行います。

③ターゲットマーケティング

年齢や性別，地域などで市場を細分化し，その中からターゲットとする市場を絞り込み，マーケティング活動を行うことです。その市場の特性に適合した，効果的なマーケティングを実施します。市場を細分化することを**セグメンテーション**，ターゲットとする市場を絞り込むことを**ターゲティング**といいます。

④ダイレクトマーケティング

流通業者を介さずに，顧客と直接的な形で係わり，販売を促進するマーケティング手法です。代表的な手法として，テレマーケティング，ネットショッピング，通信販売などがあります。

⑤クロスメディアマーケティング

テレビや雑誌，Webサイトなど，様々なメディアを組み合わせるマーケティング手法です。複数のメディアを連携させることで，マーケティング効果の向上を図ります。

⑥インバウンドマーケティング

SNSやブログ，動画などで商品やサービスに関する情報を発信し，これらのユーザーから顧客を取り込もうとするマーケティング手法です。

⑦マーチャンダイジング

　店舗において，購入者のニーズに合致する形態で商品やサービスを提供するために行う一連の活動のことです。

■ プッシュ戦略とプル戦略

　プッシュ戦略は，流通業者や販売店などに，自社の商品を積極的に販売してもらうよう仕向ける戦略です。店舗への販売員の派遣，景品や資金の供与などを行います。

　プル戦略は，広告やCMなどで顧客の購買意欲に働きかけ，顧客から商品に近づき購入してもらう戦略です。

■ ブランド戦略

　ブランド戦略は，企業や製品について信頼や知名度を高めることで，ブランドとしてのイメージや魅力を販売に活かす戦略です。

■ 価格設定手法

　代表的な価格設定の手法として，次のようなものがあります。

手法	内容
スキミングプライシング	製品を発売する際，早期に投資を回収するために，製品投入の初期段階に高めの価格を設定する手法
ペネトレーションプライシング	新製品を発売する際，市場シェアを獲得するために，製品投入の初期段階に低めの価格を設定する手法
ダイナミックプライシング	需要状況に応じて，製品の価格を変動させる手法

ワンポイント

商品・サービスを販売する際，それらに関連するものを薦めて，同時に複数の商品・サービスを購入してもらう販売手法のことを**クロスセリング**といいます。顧客単価を増やすことで，売上の向上を図ります。
また，顧客が検討しているものより，価格やランクが高いものを販売することを**アップセリング**といいます。

ワンポイント

店内で顧客に商品の購買を促す販売促進活動を**インストアプロモーション**といいます。たとえば，イベントや実演販売，展示陳列などがあります。

ストラテジ系

マネジメント系

テクノロジ系

4 経営・技術戦略マネジメント

■ マーケティングの分析手法

　代表的なマーケティングの分析手法として，次のようなものがあります。

①RFM分析 🏷CHECK

　最終購買日(Recency)，**累計購買回数**(Frequency)，**累計購買金額**(Monetary)の3つの指標から，顧客の購買行動を分析します。それぞれの指標を数値化して表すことで，顧客をランク付けしたりグループ化したりして，ダイレクトメールを送付する顧客の選別などに役立てます。

⭐参考

RFM分析の「最終購買日」は，買い物をした直近の日付のことです。

②アンゾフの成長マトリクス 🏷CHECK

　「市場」と「製品」を，それぞれ「既存」と「新規」に分けて，その組合せから成長戦略を分析，検討します。

⭐参考

アンゾフの成長マトリクスは，経営学者のH.イゴール・アンゾフによって提唱されたものです。

📘試験対策

右の図で，「市場浸透」などがどこに位置付けられているかを覚えておきましょう。

		製品	
		既存	新規
市場	既存	市場浸透	製品開発
	新規	市場開拓	多角化

③ポジショニング分析

　自社と他社の製品を比較，分析することによって，自社商品の位置付けを明確にします。自社と他社との違いを知ることで他社との差別化を図り，自社製品の優位性を訴求するのに役立てます。

🔍ワンポイント

自社と他社の商品の位置付けをグラフ化したものを**ポジショニングマップ**といいます。

📘試験対策

過去問題で**ポジショニング**という用語も出題されています。自社製品と競合他社製品を比較する際に，差別化するポイントを明確にすることを表す用語として，覚えておきましょう。

④バスケット分析

　顧客の購買行動を分析する手法で，スーパーやコンビニなどの買い物で，販売記録から一緒によく買われている商品が何かを分析します。

4-1-4　Webマーケティング

頻出度 ★★★

ストラテジ系

マネジメント系

テクノロジ系

インターネットやWebサイトを使った広告や販売促進などについて理解しましょう。

ココを押さえよう

ここでは，マーケティングの中でインターネットに関する用語を説明しています。「SEO」は頻出の用語なので，必ず覚えましょう。「A/Bテスト」も要チェックです。

◼ Webマーケティング

Webマーケティングは，インターネットを利用して行われるマーケティング活動の総称です。バナー広告やアフィリエイト，SNSなどで販売促進を行ったり，SEO対策やリスティング広告でWebサイトのアクセスを増やしたりなど，様々な手法があります。

◼ インターネット広告

インターネット広告は，Webサイトや電子メールを使った広告活動のことです。代表的な広告方法として，次のようなものがあります。

広告方法	説明
リスティング広告	キーワード検索した際，検索結果のページに検索したキーワードに連動して表示される広告のこと。「検索連動型広告」ともいう
バナー広告	Webページの一部に表示される画像広告のこと。広告用の画像にはリンクが設定されていて，閲覧者がクリックすると，広告主の用意したWebページが表示される
オプトインメール広告	あらかじめ受信者から承諾を得て，受信者の興味がある分野についてメール広告を送ること

ワンポイント

受信者の承諾を得ず，一方的に広告メールを送り付ける方法を**オプトアウトメール広告**といいます。オプトアウトメール広告は，特定電子メール法によって禁止されています。

◼ SEO

SEOは，利用者が検索エンジンでキーワード検索したとき，管理するWebサイトが検索結果で上位に表示されるよう，Webページ内に適切なキーワードを盛り込んだり，HTMLやリンクの内容を工夫したりする手法のことです。**検索エンジン最適化**ともいいます。

スペル

SEO
Search Engine
Optimization

4

経営・技術戦略マネジメント

ワンポイント

期間や数量を限定して，割引または特典クーポン付きの商品やサービスを販売するマーケティング手法のことを**フラッシュマーケティング**といいます。

■ レコメンデーション 〔CHECK〕

　レコメンデーションは，利用者のWebページの閲覧履歴や商品の購入履歴を分析し，関心のありそうな情報を表示して，別の商品の購入を促すマーケティング手法です。

■ アフィリエイト

　アフィリエイトは，サイト運営者が自分のブログなどに企業の広告やWebサイトへのリンクを掲載し，その広告からリンク先のサイトを訪問したり，商品を購入したりした実績に応じて，サイト運営者に報酬が支払われる仕組みのことです。

■ デジタルサイネージ

　デジタルサイネージは，デジタル技術を用いた電子看板のことです。ビル壁面の大型スクリーン広告や，施設の電子案内掲示板など，幅広く利用されています。表示する内容を時間帯で自動的に切り替えたり，ネットワーク経由で操作したりすることもできます。

ワンポイント

A/Bテストの結果を分析する際，仮説検定が用いられます。たとえば，Aの広告の方が顧客の購買意欲を高めたのか，それともA，Bの広告には差がないのか，といった判定を行います。

■ A/Bテスト 〔CHECK〕

　A/Bテストは，複数の案から最適なものを選ぶとき，実際に試行し，その効果を調べる手法です。インターネットの広告やWebサイトのデザインなどでよく用いられます。たとえば，2つのバナーを用意し，クリック数が多いのはどちらかを測定します。

4-1-5 ビジネス戦略と目標・評価 頻出度 ★★★

ビジネス戦略の立案に関して，目標設定や評価を行うための，基本的な情報分析の手法や用語を理解しましょう。

■ BSC（バランススコアカード） CHECK

BSCとは，「財務」「顧客」「業務プロセス」「学習と成長」の4つの視点から，企業の業績を評価，分析する手法です。**バランススコアカード**ともいいます。

財務	売上高や収益性，経常利益など，財務目標に関することを評価する
顧客	顧客満足度や顧客定着率，製品イメージなど，顧客や製品・サービスに関することを評価する
業務プロセス	経費削減，在庫の品切れ率，顧客満足度や財務目標の達成など，業務内容に関することを評価する
学習と成長	従業員の資格保有率や満足度，やる気など，人材や組織に関することを評価する

■ CSF（重要成功要因） CHECK

CSFとは，経営戦略の目標や目的の達成に重大な影響を与える要因のことです。**重要成功要因**とも呼ばれ，KGIを実現するための重要な要因です。たとえば，KGIで「物流コストの10%削減」という目標を設定し，それを達成するためにCSFで「在庫の削減」「誤出荷の削減」といった要因を抽出します。そして，何を実現できればよいかをCSFの分析をもとに明らかにし，KPIを決めていきます。たとえば，KPIには「在庫日数7日以内」「誤出荷率3%以内」と設定します。

■ バリューエンジニアリング CHECK

バリューエンジニアリングとは，製品やサービスの「価値」を「機能」と「コスト」の関係で分析し，機能や品質の向上及びコスト削減などによって，その価値を高める手法です。「Value Engineering」の略で，VEともいいます。

ストラテジ系　マネジメント系　テクノロジ系

ココを押さえよう
いずれも重要な用語です。確実に覚えましょう。「KGI」と「KPI」も要チェックです。

スペル
BSC
Balanced Scorecard

試験対策
過去問題でBSCはよく出題されています。「バランススコアカード」という表記で出題されることもあるので，どちらの表記も覚えておきましょう。

試験対策
シラバス Ver.6.3では，ビジネス戦略立案のための目標設定手法が追加されています（515ページ参照）。

4 経営・技術戦略マネジメント

スペル
CSF
Critical Success Factors

用語
KGI：経営目標を具体的な数値で示した指標のことです。**重要目標達成指標**ともいいます。「Key Goal Indicator」の略です。
KPI：販売個数や来店客数など，経営目標を達成するための活動の数値目標です。実行状況を計るために設定する指標で，**重要業績評価指標**ともいいます。「Key Performance Indicator」の略です。

ワンポイント
製品やサービスのもつ機能をコストで割った「**価値＝機能÷コスト**」という計算式で，価値を把握します。

ココを押さえよう

「CRM」「SFA」「SCM」「ナレッジマネジメント」「バリューチェーンマネジメント」「ERP」は出題頻度が非常に高い用語です。これらは確実に覚えましょう。

スペル
CRM
Customer Relationship Management

4-1-6　経営管理システム

頻出度
★★★

効果的な経営管理を行うための代表的な手法や，それを実現するシステムなどについて理解しましょう。

■ CRM

CRMは，営業部門やサポート部門などで顧客情報を共有し，顧客との関係を深めることにより，収益の拡大を図る手法です。CRMシステムのことを指すこともあります。個々の顧客に関する情報や対応履歴などを管理することで，きめ細かい顧客対応を行い，顧客満足度を高めることができます。**顧客関係管理**ともいいます。

スペル
SFA
Sales Force Automation

ワンポイント

電話やFAXなどの通信と，情報システムを統合する技術のことをCTIといいます。たとえば，電話で問合せがあったときに，その顧客情報をコンピュータに表示させることができます。「Computer Telephony Integration」の略です。

■ SFA

SFAは，IT技術を使って，営業活動を支援するシステムのことです。顧客情報や商談内容などの営業情報を共有し，営業部門の組織力強化や営業活動の効率化など，営業力の向上を図ります。

スペル
SCM
Supply Chain Management

■ SCM

SCMは，資材の調達から生産，物流，販売に至る一連の流れを統合的に管理し，業務プロセス全体の最適化を目指す手法です。SCMシステムのことを指すこともあります。関係する部門や外部業者と情報を共有し，コスト削減や業務の効率化を図ります。**サプライチェーンマネジメント**や**供給連鎖管理**ともいいます。

スペル
ナレッジマネジメント
Knowledge Management

試験対策

シラバスVer.6.3では，ナレッジマネジメントに関する「SECI」という用語が追加されています（516ページ参照）。

■ ナレッジマネジメント

ナレッジマネジメントは，企業内に分散している知識やノウハウなどを企業全体で共有し，有効活用することで，企業の競争力を強化する手法です。また，それを支援するシステムを指すこともあります。**KM**や**知識管理**ともいいます。

■ バリューチェーンマネジメント

バリューチェーンマネジメントは，生産や物流，販売などの企業内における一連の業務の流れを「価値の連鎖（バリューチェーン）」と捉え，どこで製品やサービスの付加価値が生み出されているか，どこに自社と他社との強み・弱みがあるかを分析し，価値の最大化や業務の効率化を図る手法です。また，それを支援するシステムを指すこともあります。

■ ERP

ERPは，経理や人事，生産，販売などの基幹業務と関連する情報を一元管理し，経営資源を最適に配分することによって，経営の効率化を図る手法です。また，それを支援するシステム（**統合基幹業務システム**）を指すこともあります。ERPは，**企業資源計画**ともいいます。

■ TOC

TOCは，目標達成へのプロセスにおいて，制約となっている要因を解消，改善することで，プロセス全体のパフォーマンスを大きく向上させるという考え方や手法です。**制約理論**または**制約条件の理論**ともいわれます。

■ シックスシグマ

シックスシグマは，企業活動で起こるミスやエラーなどを抑え，業務品質の改善を図る手法です。「6σ」は統計学の用語で，「欠陥の発生確率が100万分の3または4」という意味です。このような高い精度を目標として，業務品質の改善を進めます。

■ TQC

TQCは，企業全体で品質管理に取り組むことです。製造部門だけでなく，販売やサービスなど，全部門の人が参加して品質の向上を目指します。また，TQCを活用し，業務や経営全体の品質向上を図る取組みを**TQM**といいます。TQCは**全社的品質管理**，TQMは**総合的品質管理**ともいいます。

スペル
バリューチェーンマネジメント
Value Chain Management

スペル
ERP
Enterprise Resource Planning

参考
ERPを実現するためのソフトウェアを**ERPパッケージ**といいます。

スペル
TOC
Theory Of Constraints

ワンポイント
プロセスの中で弱点の部分を**ボトルネック**といいます。ボトルネックはもともと「ビンの首」という意味で，流れをせき止めるように，全体に影響を与える制約や障害のことです。

参考
「σ」（シグマ）は標準偏差を意味する統計用語で，平均からのばらつきの度合いを表す指標です。

スペル
TQC
Total Quality Control

スペル
TQM
Total Quality Management

ストラテジ系 マネジメント系 テクノロジ系

4 経営・技術戦略マネジメント

演習問題

問1 PPMの目的 CHECK ▶ □□□

PPM（Product Portfolio Management）の目的として，適切なものはどれか。

ア 事業を"強み"，"弱み"，"機会"，"脅威"の四つの視点から分析し，事業の成長戦略を策定する。

イ 自社の独自技術やノウハウを活用した中核事業の育成によって，他社との差別化を図る。

ウ 市場に投入した製品が"導入期"，"成長期"，"成熟期"，"衰退期"のどの段階にあるかを判断し，適切な販売促進戦略を策定する。

エ 複数の製品や事業を市場シェアと市場成長率の視点から判断して，最適な経営資源の配分を行う。

問2 アライアンスの効果 CHECK ▶ □□□

企業戦略におけるアライアンスの効果として適切なものはどれか。

ア 異文化をもった相手企業が合併や買収によって加わることで，混乱や摩擦が生じることがあるが，有形・無形の経営資源を得ることができる。

イ 外部の専門業者にその企業にとって中核でない業務を委託することによって，企業本来の業務に人員をシフトすることができる。

ウ 技術提携，生産や販売の委託，合弁会社の設立などによって，複数の企業が互いの独自性を維持しながら連携を強化することができる。

エ グループ企業の株式を保有することによって，本社機能に特化した会社形態として経営を行うことができる。

問3 業務処理を外部の事業者に任せる経営手法 CHECK ▶ □□□

自社の業務処理の一部を外部の事業者に任せる経営手法はどれか。

ア BPO　　**イ** BTO　　**ウ** MBO　　**エ** OJT

問4　4Pの要素　　CHECK ▶ □□□

企業は，売上高の拡大や市場占有率の拡大などのマーケティング目標を達成するために，4Pと呼ばれる四つの要素を組み合わせて最適化を図る。四つの要素の組合せとして適切なものはどれか。

ア 価格 (price)，製品 (product)，販売促進 (promotion)，利益 (profit)

イ 価格 (price)，製品 (product)，販売促進 (promotion)，流通 (place)

ウ 価格 (price)，製品 (product)，利益 (profit)，流通 (place)

エ 製品 (product)，販売促進 (promotion)，利益 (profit)，流通 (place)

問5　BSC　　CHECK ▶ □□□

BSC（Balanced Scorecard）の説明として，適切なものはどれか。

ア 顧客に提供する製品やサービスの価値が，どの活動によって生み出されているかを分析する。

イ 財務に加え，顧客，内部ビジネスプロセス，学習と成長の四つの視点に基づいて戦略策定や業績評価を行う。

ウ 帳簿の貸方と借方が，常にバランスした金額になるように記帳する。

エ 取引先の信用度を財務指標などによって，スコアリングして評価する。

問6　SCMシステム　　CHECK ▶ □□□

SCMシステムの説明として，適切なものはどれか。

ア 企業内の個人がもつ営業に関する知識やノウハウを収集し，共有することによって効率的，効果的な営業活動を支援するシステム

イ 経理や人事，生産，販売などの基幹業務と関連する情報を一元管理し経営資源を最適配分することによって，効率的な経営の実現を支援するシステム

ウ 原材料の調達から生産，販売に関する情報を，企業内や企業間で共有・管理することで，ビジネスプロセスの全体最適を目指すための支援システム

エ 個々の顧客に関する情報や対応履歴などを管理することによって，きめ細かい顧客対応を実施し，顧客満足度の向上を支援するシステム

解答と解説

問1 (平成29年春期 ITパスポート試験 問34)
《解答》エ

PPMは市場における製品や事業の位置付けを，市場成長率と市場占有率を軸にしたマトリックス図を用いて分析し，経営資源の効果的な配分を検討する手法です。よって，正解はエです。

ア SWOT分析の目的です。
イ コアコンピタンスに関する記述です。
ウ プロダクトライフサイクルに関する記述です。

問2 (平成24年春期 ITパスポート試験 問17)
《解答》ウ

アライアンスは，複数の企業が互いの利益のために連携することです。アライアンスを結ぶ目的には，他社と組織的に統合することなく，自社にない経営資源を他社から補完したり，投資リスクを軽減したりすることがあります。よって，正解はウです。

ア M&Aに関する記述です。
イ アウトソーシングに関する記述です。
エ 持株会社に関する記述です。

問3 (平成26年秋期 ITパスポート試験 問22)
《解答》ア

自社の業務処理の一部を外部の事業者に委託することをBPO（Business Process Outsourcing）といいます。よって，正解はアです。たとえば総務や人事，経理などの業務を委託します。

イ BTO（Build to Order）は，顧客の注文を受けてから製品を製造する受注生産方式です。顧客は自分の好みどおりにカスタマイズして注文することができ，メーカは余分な在庫を抱えるリスクが減ります。
ウ 経営戦略においてMBO（Management Buyout）は経営陣が中心となって，親会社や株主などから自社の株式を買い取り，経営権を取得することです。
エ OJT（On the Job Training）は実際の業務を通じて，仕事に必要な知識や技術を習得させる教育訓練のことです。

問4　（平成25年春期　ITパスポート試験　問10）
《解答》イ

　市場でのマーケティング活動において，最も効果が得られるように複数のマーケティング要素を組み合わせる手法をマーケティングミックスといいます。「4P」は売り手側の視点から，製品（Product），価格（Price），流通（Place），販売促進（Promotion）の4つの要素を組み合わせたもので，「何を」「いくらで」「どこで」「どのように」というマーケティング戦略を立てます。よって，正解はイです。

問5　（平成29年秋期　ITパスポート試験　問14）
《解答》イ

　BSC（Balanced Scorecard）は，「財務」「顧客」「業務（内部ビジネス）プロセス」「学習と成長」の4つの視点から，企業の業績を評価，分析する手法です。バランススコアカードともいいます。よって，正解はイです。
ア　バリューチェーン分析の説明です。
ウ　複式簿記の説明です。すべての取引を借方と貸方に分けて，同じ金額で記入します。
エ　スコアリングシートの説明です。

問6　（平成27年秋期　ITパスポート試験　問6）
《解答》ウ

　SCM（Supply Chain Management）は，資材の調達から生産，流通，販売に至る一連の流れを統合的に管理し，業務プロセス全体の最適化を図る経営手法です。企業内だけでなく，関係する外部業者とも情報を共有し，コスト削減や業務の効率化を図ります。よって，正解はウです。
ア　ナレッジマネジメント（Knowledge Management）やSFA（Sales Force Automation）に関する説明です。
イ　ERP（Enterprise Resource Planning）に関する説明です。
エ　CRM（Customer Relationship Management）に関する説明です。

4-2 技術戦略マネジメント

4-2-1 技術開発戦略の立案・技術開発計画

頻出度
★★☆

技術動向予測などに基づいて，技術開発が推進されていくことを理解しましょう。

ココを押さえよう

新しい用語が，シラバスVer.4.0，シラバスVer.5.0と続けて，たくさん追加されました。過去問題での出題の有無にかかわらず，すべての用語を確認しておきましょう。「MOT」「ハッカソン」は頻出されているので，必ず覚えましょう。

技術開発戦略は，経営戦略や事業戦略との連携が重要です。

イノベーションは，132ページを参照してください。

■ 技術開発戦略

技術開発戦略とは，将来的に市場での競争優位に立つことを目的として，中長期的な観点で自社の技術力を強化するための戦略です。技術開発への投資とともにイノベーションを促進し，技術と市場ニーズとを結び付けて，事業を成功へと導く戦略を策定します。

■ 技術開発戦略の策定

技術開発戦略を策定する手順は，次のとおりです。技術動向や製品動向を調査・分析し，自社が保有する技術を評価して，必要に応じて技術提携なども視野に入れた戦略を立案します。

```
┌─────────────────────────────┐
│ 経営戦略に関連する社内外の技術の抽出 │
└─────────────────────────────┘
              ↓
┌─────────────────────────────┐
│      技術と環境の変化の予測       │
└─────────────────────────────┘
              ↓
┌─────────────────────────────┐
│  競争優位の構築に役立つ技術の見極め  │
└─────────────────────────────┘
              ↓
┌─────────────────────────────┐
│   自社技術力の評価と強化分野の選定   │
└─────────────────────────────┘
              ↓
┌─────────────────────────────┐
│ 開発の優先順位決定と開発ロードマップの作成 │
└─────────────────────────────┘
```

また，技術戦略に基づいて技術の扱い方が立案された後，**ロードマップ**に基づいて，具体的な技術開発が進められます。技術開発戦略において作成されるロードマップは，横軸に時間，縦軸に市場，商品，技術などを示した図です。研究開発への取組みによる要素技術や，求められる機能などの進展の道筋を時間軸上に表したもので，**技術ロードマップ**とも呼ばれます。

ワンポイント
ロードマップは，技術者や研究者だけでなく，経営者や事業部門の人なども理解できる内容にする必要があります。

ワンポイント
技術水準や技術の成熟度を軸にしたマトリックスに，市場における自社の技術の位置付けを示したものを**技術ポートフォリオ**といいます。技術開発戦略の策定で，分析を行うときに用います。

Webページにおける検索技術と分析機能の展望

	現在	1年後	2年後	3年後	4年後	5年後
検索技術	連想検索主体			セマンティック検索の利用		
分析機能	テキスト中心の分析		Webページ内の文字列に付与された意味情報による分析			

出典：IPA（ITパスポート試験 平成29年秋期 問18）

◾ MOT

MOTは，技術に立脚する企業・組織が，技術開発や技術革新（イノベーション）を自社のビジネスに結び付けて，事業を持続的に発展させていく経営の考え方のことです。**技術経営**ともいいます。

スペル
MOT
Management Of Technology

ワンポイント
経済産業省による資料（「技術経営のすすめ MOT」）では，MOTは「技術に立脚する事業を行う企業・組織が，持続的発展のために，技術がもつ可能性を見極めて事業に結び付け，経済的価値を創出していくマネジメント」と定義されています。

◾ デルファイ法

デルファイ法は，技術開発戦略の立案に必要となる，将来の技術動向の予測などに用いられる技法です。複数の専門家からの意見収集，得られた意見の統計的集約，集約された意見のフィードバックを繰り返して意見を収束させていきます。

参考
技術予測手法は，将来の技術動向などを予測し，その技術の必要性や発展などを予測する手法です。

◾ 特許戦略

特許戦略は，事業展開に応じた特許を出願し，特許権を得て活用することで，企業利益に貢献する戦略です。特許戦略の1つに，複数の企業がそれぞれ保有する特許を互いに利用できるようにするクロスライセンスがあります。

■ イノベーション

イノベーションは，今までにない技術や考え方から新たな価値を生み出し，社会的に大きな変化を起こすことです。経済分野では，「技術革新」「経営革新」「画期的なビジネスモデル」などの意味で用いられます。製品やサービスのプロセス（製造工程，作業過程など）を変革する**プロセスイノベーション**と，これまで存在しなかった革新的な新製品や新サービスを開発する**プロダクトイノベーション**にしばしば大別されます。

ワンポイント

オープンイノベーションの事例として，産学連携，大企業とベンチャー企業との共同研究開発などがあります。

●オープンイノベーション

自社内の人員や設備などの資源だけではなく，外部（他企業や大学など）と連携することで，いろいろな技術やアイディア，サービス，知識などを結合させ，新たなビジネスモデルや製品，サービスの創造を図ることです。

■ 魔の川／死の谷／ダーウィンの海

技術経営において乗り越えなければならない障害を指す用語です。研究開発から事業化を進めるに当たり，次の3つの障壁があるといわれています。

試験対策

3つの障壁が，どのプロセスの間にあるかを覚えておきましょう。

研究
↓ … 魔の川
開発
↓ … 死の谷
事業化
↓ … ダーウィンの海
産業化

魔の川	基礎研究と，製品化に向けた開発との間にある障壁。研究が製品に結び付かず，開発段階への進行を阻む
死の谷	開発と事業化との間にある障壁。製品を開発できても，採算が取れない，競争力がないなどの理由から事業化を阻む
ダーウィンの海	事業化と産業化との間にある障壁。事業を成功させるためには，市場で製品の競争優位性を獲得し，顧客の受容が必要である

参考

ハッカソン（hackathon）は「ハック（hack）」と「マラソン（marathon）」を合わせた造語です。

■ ハッカソン

ハッカソンとは，IT技術者やシステム開発者などが集まって，数時間から数日の一定期間，特定のテーマについてアイディアを出し合い，プログラムの開発などの共同作業を行うことです。企業内の研修や，参加者を集めたイベントとして実施されます。

■ 技術開発戦略・技術開発計画に関する用語

技術開発戦略・技術開発計画に関する用語として，次のようなものがあります。

①キャズム

キャズム (chasm) は「割れ目」や「隔たり」という意味で，革新的な技術や製品が市場に浸透していく過程で，越えるのが困難な深い溝 (**キャズム**) があるという理論です。この溝を越えることが，市場開拓において重要とされています。

> **ワンポイント**
>
> キャズムは，イノベータ理論 (117ページ) におけるアーリーアダプタとアーリーマジョリティの間にあるとされています。

②イノベーションのジレンマ 📖CHECK

業界トップの企業が，革新的な技術の追求よりも，従来どおりに顧客のニーズに応じた製品やサービスの提供などに注力した結果，格下の企業に取って代わられる，という考えや現象のことです。

> **ワンポイント**
>
> イノベーションのジレンマには，従来からある価値を向上させる「持続的イノベーション」と，従来の価値を破壊して全く新しい価値を生み出す「破壊的イノベーション」という考えがあります。

③デザイン思考

ビジネスの問題や課題に対して，デザイナーがデザインを行うときの考え方や手法で解決策を見出す方法論です。ユーザー中心のアプローチで問題解決に取り組み，たとえば，ユーザーの視点で考える，本当の目的や課題を把握する，たくさんアイディアを出す，試作品を作る，検証・改善を行う，というプロセスを実施します。

④ビジネスモデルキャンバス

ビジネスモデルを考える際，事業を次の9つの要素に分類し，1つの図で表したものです。

パートナー	主要活動	価値提案	顧客との関係	顧客セグメント
	リソース		チャネル	
コスト構造		収益の流れ		

⑤ペルソナ法

ソフトウェアや製品の開発において，典型的なユーザーについて人物像（ペルソナ）を具体的に想定し，開発プロセスの各段階でペルソナの目標が満足するように開発を進める手法のことです。

⑥バックキャスティング

未来における目標を設定し，そこから現在を振り返って，今，何をすべきかを考える方法のことです。バックキャスティングとは反対に，現在を起点に考えていく方法を**フォアキャスティング**といいます。

⑦リーンスタートアップ

新しいビジネスモデルや製品を開発する際，最小限のサービスや製品を作り，短いサイクルで顧客価値の検証を繰り返すことによって，新規事業などを成功させる可能性を高める手法です。

⑧APIエコノミー

OSやアプリケーションソフトウェアがもつ機能の一部を公開し，他のプログラムから利用できるように提供する仕組みを**API**といいます

APIエコノミーは，APIを使って外部の既存のサービスやデータを活用し，新たなビジネスや価値を生み出す仕組みのことです。

■VCとCVC

VCは，未上場のベンチャー企業や中小企業など，将来的に大きな成長が見込める企業に対して出資を行う企業・団体のことです。**ベンチャーキャピタル**ともいいます。

また，**CVC**は，投資事業を主としていない事業会社が，自社の戦略目的のために，成長が見込める企業に出資や支援を行うことです。基本的に自社の事業領域と関連があり，本業との相乗効果が期待できる企業に投資します。**コーポレートベンチャーキャピタル**ともいいます。

スペル
API
Application
Programming Interface

参考
Web上で行うAPIをWebAPIといい，たとえばWebサイトにGoogleマップの機能を埋め込むことにより，地図サービスの提供が可能です。

スペル
VC
Venture Capital

スペル
CVC
Corporate Venture
Capital

ストラテジ系 マネジメント系 テクノロジ系

4 経営・技術戦略マネジメント

演習問題

問1　技術ロードマップ　　　　　　　　　　CHECK ▶ ☐☐☐

技術ロードマップに関する記述のうち，適切なものはどれか。

ア 過去の技術の変遷を整理したものであり，将来の方向性を示すものではない。

イ 企業や産業界の技術戦略のために作成されるものであり，政府や行政では作成されない。

ウ 技術開発のマイルストーンを示すものであり，市場動向に応じた見直しは行わない。

エ 事業戦略に基づいた技術開発戦略などを示すものであり，技術者だけが理解すればよいものではない。

問2　MOT　　　　　　　　　　　　　　　CHECK ▶ ☐☐☐

MOTの説明として，適切なものはどれか。

ア 企業が事業規模を拡大するに当たり，合併や買収などによって他社の全部又は一部の支配権を取得することである。

イ 技術に立脚する事業を行う企業が，技術開発に投資してイノベーションを促進し，事業を持続的に発展させていく経営の考え方のことである。

ウ 経営陣が金融機関などから資金調達して株式を買い取り，経営権を取得することである。

エ 製品を生産するために必要となる部品や資材の量を計算し，生産計画に反映させる資材管理手法のことである。

問3　プロダクトイノベーションの要因　　　　CHECK ▶ ☐☐☐

イノベーションは，大きくプロセスイノベーションとプロダクトイノベーションに分けることができる。プロダクトイノベーションの要因として，適切なものはどれか。

ア 効率的な生産方式　　　　　**イ** サプライチェーン管理
ウ 市場のニーズ　　　　　　　**エ** バリューチェーン管理

解答と解説

問1

(平成23年特別 ITパスポート試験 問12)
《解答》エ

　技術ロードマップは，横軸に時間，縦軸に市場や商品，技術などを示し，研究開発への取組みによる要素技術や求められる機能などの進展の道筋を時間軸上に表した図です。ロードマップの内容は，技術者だけでなく，経営陣などの事業関係者と共有します。よって，正解はエです。
ア　技術ロードマップには将来への方向性を示します。
イ　政府や行政，各種業界団体などでも，技術ロードマップは作成されます。
ウ　技術ロードマップは，市場動向など，取り巻く環境によって見直しを行います。

問2

(平成22年秋期 ITパスポート試験 問27)
《解答》イ

　MOT（Management Of Technology）とは，技術を理解している者が企業経営について学び，技術革新をビジネスに結び付けようとする考え方です。よって，正解はイです。
ア　M&Aの説明です。
ウ　MBO（Management Buyout）の説明です。
エ　MRP（Materials Requirements Planning）の説明です。

問3

(平成27年春期 ITパスポート試験 問23)
《解答》ウ

　イノベーションとは「技術革新」や「経営革新」という意味で，製品に関するプロダクトイノベーションと，生産・流通過程に関するプロセスイノベーションに分類されます。プロダクトイノベーションとして，市場にとって新しい商品開発やサービスの導入があり，この場合のプロダクトイノベーションの要因は市場のニーズです。よって，正解はウです。
ア　生産方式は，プロセスイノベーションの要因です。
イ　サプライチェーンは，資材の調達から製造，物流，販売に至る一連の流れを統合的に管理する手法です。
エ　バリューチェーンは，企業が製品やサービスを提供する事業活動において，どこでどれだけの価値が生み出されているかを分析する手法です。

第5章 ビジネスインダストリ

本章の学習ポイント

- POSシステム，トレーサビリティ，スマートグリッド，デジタルツインなど，各種ビジネス分野における代表的なシステムを理解する
- 「人間中心のAI社会原則」や「AI利活用ガイドライン」など，AIの利活用に関する原則や指針，活用領域などについて理解する
- エンジニアリングシステムの概要を理解し，リーン生産方式などの主な生産方式を覚える
- 電子商取引の特徴や分類，具体的な利用方法について理解する
- IoTやIoTを利用したシステムについて理解する

シラバスにおける本章の位置付け

ストラテジ系	大分類1：企業と法務	
	大分類2：経営戦略	➡ 本章の学習 中分類5：ビジネスインダストリ
	大分類3：システム戦略	
マネジメント系	大分類4：開発技術	
	大分類5：プロジェクトマネジメント	
	大分類6：サービスマネジメント	
テクノロジ系	大分類7：基礎理論	
	大分類8：コンピュータシステム	
	大分類9：技術要素	

5-1 ビジネスシステム・エンジニアリングシステム

5-1-1 ビジネスシステム

頻出度 ★★

ビジネスの現場で使用されている代表的なシステムについて，種類や特徴を理解しましょう。

■代表的なビジネス分野におけるシステム

代表的なビジネス分野におけるシステムとして，次のようなものがあります。

①POSシステム

スーパーやコンビニのレジで顧客が商品の支払いをしたとき，バーコードなどで商品情報を読み取り，販売情報を収集します。販売動向をリアルタイムで把握することができ，在庫の補充や売れ筋商品の分析などに利用します。POSは，「Point Of Sale」の略で，**販売時点情報管理システム**ともいいます。

②ICカード

ICチップ（半導体集積回路）を埋め込んだカードのことです。従来の磁気カードに比べて，格段に大量の情報を記録することができます。さらに，データの暗号化により，カード偽造が困難で安全性が高いという特徴があります。キャッシュカードやクレジットカード，身分証明書などに利用されています。

③ICタグ

ICチップと無線通信用アンテナを埋め込んだタグ（荷札）のことです。ICチップ内の情報を電波で読み書きすることができ，人や物品を識別，管理するのに利用されます。たとえば，物流での配送管理，オフィスへの入退室管理，トレーサビリティシステムなど，様々な場面で使われています。

ココを押さえよう

「RFID」「スマートグリッド」「デジタルツイン」「サイバーフィジカルシステム」は重要な用語です。他の用語も幅広く出題されているので，確認しておきましょう。

ワンポイント

スーパーなどで顧客自身が商品の清算を行うレジのことを**セルフレジ**といいます。顧客が商品バーコードの読取りから支払いまでを行う完全セルフレジ（フルセルフレジ）と，店員が商品バーコードの読取りを行い，支払いは設置された機器などで顧客が行うセミセルフレジがあります。

用語

キャッシュカード：預金の引出しや入金など，銀行口座の利用に使うカードです。

クレジットカード：商品を購入するとき，代金決済に使うカードです。代金は後払いで，後日，銀行口座から引き落とされます。

ワンポイント

商品購入の代金決済する際，代金が金融機関の預貯金口座から即時に引き落とされるカードを**デビットカード**といいます。

ワンポイント

ICタグは，**電子タグ**や**無線タグ**，**RFタグ**などとも呼ばれます。

④RFID

荷物や商品などに付けられたICタグの情報を，無線通信で読み書きする技術のことです。RFIDの技術は，乗車カード（SuicaやPASMO，ICOCAなど）や**電子マネー**などの非接触型カードにも利用されています。

⑤トレーサビリティ

肉や野菜などの生産・流通に関する履歴情報を記録し，後から追跡できるようにすることです。これを実現するシステムを**トレーサビリティシステム**といいます。

⑥GPS

人工衛星からの電波を受信して，地球上で自分がどこにいるか，位置情報を測定するシステムです。3つ以上の人工衛星が発信している電波を受信して，電波の発信時刻と受信時刻の差などから位置情報を得ています。**全地球測位システム**ともいい，カーナビゲーションシステムやスマートフォン，IoT機器など，様々な端末に搭載されています。

⑦GIS

地図情報に，山や川，道路，施設などの情報を重ね合わせて表示することができる情報システムです。**地理情報システム**ともいいます。都市計画や防災，マーケティングなど，様々な用途に利用されています。

⑧ITS　V6

情報通信技術を活用して「人」「自動車」「道路」の情報を結び付け，交通事故や渋滞，環境対策などの問題解決を図るためのシステムの総称です。**高度道路交通システム**ともいいます。

ナビゲーションシステムの高度化，有料道路等の自動料金収受システムの確立，安全運転の支援，交通管理の最適化，道路管理の効率化，公共交通の支援，商用車の効率化などを図ることにより，道路交通の安全性，輸送効率，快適性の飛躍的向上の実現や，交通の円滑化を通して環境保全に寄与することを目指すものです。

スペル

RFID
Radio Frequency Identification

用語

電子マネー：あらかじめ入金しておき，商品購入やサービス利用時に提示することによって，代金決済ができるカードです。繰り返し金額を補充（チャージ）して，カードを利用することができます。

ワンポイント

トレーサビリティの確保に，取引記録を「ブロック」として記録するブロックチェーンの技術が活用されています。

スペル

GPS
Global Positioning System

スペル

GIS
Geographic Information System

スペル

ITS
Intelligent Transport Systems

ストラテジ系　マネジメント系　テクノロジ系

5

ビジネスインダストリ

⑨ETCシステム

有料道路の料金精算を自動化するシステムです。ETC車載器にETCカードを差し込んでおくと，料金所の通過時に無線通信が行われ，停車せずにゲートを通過できます。

⑩CDN

動画やプログラムなどのファイルサイズが大きいデジタルコンテンツを，インターネット上の複数のサーバに分散して配置することで，高速かつ安定して配信するための技術やサービスのことです。

■スマートグリッド

スマートグリッドは，電力の需要と供給を制御できるようにした，次世代送電網のことです。専用の機器やソフトウェアを設置することで，電力会社は供給先ごとに電力消費量を把握することができ，無駄な発電をなくせます。

このような通信と情報処理技術によって，発電と電力消費を総合的に制御し，再生可能エネルギーの活用，安定的な電力供給，最適な需給調整を図ります。

■デジタルツイン

デジタルツインは，サイバー空間に現実と同等の世界を構築し，現実では実施できないようなシミュレーションを行うことです。IoTなどで取得したデータを送信することにより，現実世界と同じ環境を作ります。サイバー空間では高度かつ多様なことをシミュレーションすることができ，その結果を現実の世界にフィードバックさせて活用を図ります。

■サイバーフィジカルシステム（CPS）

サイバーフィジカルシステムは，現実世界でセンサーなどから様々なデータを収集し，そのデータをサイバー空間で分析，知識化を行い，得た結果を現実世界にフィードバックして最適化を図るという仕組みのことです。「Cyber Physical System」の頭文字をとって，CPSともいいます。

行政分野におけるシステム

行政分野における代表的なシステムとして，次のようなものがあります。

①電子入札

入札の一連の行為を，パソコンとインターネットを利用して行うことです。入札実施団体と入札参加者をインターネットで結び，案件情報の入手から落札決定の通知までの業務がすべて電子的に実施されます。

②住民基本台帳ネットワークシステム **V6**

各市町村が管理する住民基本台帳をネットワークで結び，氏名や生年月日などの本人確認情報を，全国どこの市区町村でも共通で確認できるシステムです。**住基ネット**ともいいます。

③マイナポータル

政府が運営するマイナンバーに対応したオンラインサービスです。マイナンバーカードを使ってログインすることで，PCやスマートフォンなどから行政手続を行ったり，行政機関からのお知らせを確認したりなど，様々なサービスを利用できます。

●マイナンバーカード **V6**

マイナンバー制度に基づき，個人の申請により交付される，マイナンバーが記載されたICカードのことです。マイナンバーの確認と，公的な身分証明書としても利用できます。

また，ICチップには電子証明書などの機能を搭載しており，この電子証明書で本人認証を行うことで，住民票の写しや課税証明書などをコンビニエンスストアで取得できます。e-Taxなどの行政機関に対する電子申請の際にも使用できます。

④Jアラート **V6**

地震や津波，気象警報などの緊急情報を，人工衛星や地上回線を通じて全国の都道府県や市町村などに送信し，市町村の同報系防災行政無線を自動起動するなどして，住民に情報を瞬時に伝えるシステムのことです。**全国瞬時警報システム**ともいいます。

試験対策

シラバスVer.6.3では，行政分野のシステムについて用語が追加されています（517ページ参照）。

用語

入札：売買や請負契約などにおいて，契約する相手を決める方法です。希望者から受注条件や金額を示してもらい，最も有利な条件を出した者に決定します。

ワンポイント

電子入札の参加者は，あらかじめ認証局で電子証明書を取得しておく必要があります。

参考

マイナンバーやマイナンバー法については，86ページを参照してください。

5

ビジネスインダストリ

ストラテジ系　マネジメント系　テクノロジ系

用語

e-Tax：国税庁が運営する，申告・申請・納税に関するオンラインサービス。正式名称は「国税電子申告・納税システム」。

■ 代表的なビジネスシステムのソフトウェアパッケージ

代表的なビジネスシステムのソフトウェアパッケージとして，次のようなものがあります。

種類	内容
ERPパッケージ	生産や販売，会計，人事など，業務で発生するデータを統合的に管理し，ERPを実現するためのソフトウェアパッケージ
業務別ソフトウェアパッケージ	会計や営業支援，販売管理など，企業の業務で使用されるソフトウェアパッケージ。たとえば，会計ソフトウェアや販売管理ソフトウェアなどの種類がある
業種別ソフトウェアパッケージ	金融や医療，製造，運輸など，それぞれの業種向けに開発されたソフトウェアパッケージ
DTPソフトウェア	書籍や雑誌，マンガなどの印刷物を制作するためのソフトウェア

5-1-2　エンジニアリングシステム
頻出度 ★★★

　エンジニアリング分野における，代表的なコンピュータシステムやその特徴を理解しましょう。

■ エンジニアリングシステム

　エンジニアリングシステムとは，工学分野で活用されている生産工程を自動化するシステムや，機械や建築などの設計・開発を支援するシステムなどのことです。代表的なシステムや関連する用語として，次のようなものがあります。

①FA（ファクトリーオートメーション）

　生産工程の自動化を図るシステムです。設計段階から組立，検査，出荷，在庫管理などの工程において合理化を図るために，生産管理システム，生産計画を支援するツールなどを取り入れ，装置制御から工場管理まで効率的な自動化を実現します。**ファクトリーオートメーション**ともいいます。

②FMS

　1つの生産設備や生産ラインで，多品種少量の生産に柔軟に対応できる自動生産システムのことです。**フレキシブル生産システム**ともいいます。

③MRP

　生産・在庫管理における手法です。生産計画をもとにして，製造に必要となる部品や資材の量を算出し，在庫数や納期などの情報も織り込み，最適な発注量や発注時期を決定します。**資材所要量計画**ともいいます。

④コンカレントエンジニアリング

　製品開発において，製品の企画，設計，生産などの各工程をできるだけ並行して進めることによって，製品開発にかかる全体の期間を短縮する手法です。

ココを押さえよう

頻出されている重要な用語が多いです。「MRP」「コンカレントエンジニアリング」「JIT」「リーン生産方式」は必ず覚えましょう。ワンポイントにある「かんばん方式」も要チェックです。

スペル
FA
Factory Automation

スペル
FMS
Flexible Manufacturing System

スペル
MRP
Material Requirements Planning

ワンポイント

工程の開始から終了までにかかる所要時間のことを**リードタイム**といいます。たとえば，在庫管理で商品などを手配する場合は「発注してから納品されるまでの期間」を指します。

ストラテジ系　マネジメント系　テクノロジ系

5　ビジネスインダストリ

主な生産方式

主な生産方式として，次のようなものがあります。

①JIT

「必要な物を，必要なときに，必要な量だけ」生産するという生産方式のことです。**ジャストインタイム**ともいいます。工程における無駄を省き，在庫をできるだけ少なくすることで生産の効率化を図ります。

②リーン生産方式

製造工程の無駄を徹底的に排除し，効率的な生産を実現する生産方式です。JITやかんばん方式の生産活動を取り込んだもので，「リーン(lean)」には「ぜい肉のない」という意味があります。

③その他の生産方式

名称	説明
セル生産方式	1つの製品について，1人または数人のチームで組み立ての全工程を行う生産方式
ライン生産方式	ベルトコンベアなどで流れてくる製品に，複数人がそれぞれ担当の部品の取付けや加工などの作業を行う生産方式
受注生産方式	顧客からの注文を受けてから，生産を開始する生産方式
見込み生産方式	生産開始時の計画に基づき，見込み数量を生産する生産方式

コンピュータ支援システム

設計や開発などを支援するコンピュータシステムとして，次のようなものがあります。

名称	説明
CAD	工業製品や建築物などの設計を支援するシステム。設計図の作成に使用する。「Computer Aided Design」の略
CAM	製品の製造を支援するシステム。CADで作成したデータを取り込み，工作機械を自動制御する。「Computer Aided Manufacturing」の略

スペル

JIT
Just In Time

ワンポイント

JITを実現する代表的な手法に**かんばん方式**があります。「かんばん」は部品名や数量，入荷日時などを書いたもので，これを工程間で回すことによって生産を管理します。後工程(部品を使用する側)は「いつ，どれだけ，どの部品を使った」という情報を伝え，これに基づいて前工程(部品を供給する側)は必要な量だけの部品を生産します。

ワンポイント

受注生産方式は**BTO**ともいいます。「Build to Order」の略で，主にパソコンの製造・販売で使われています。顧客は自分の好みでカスタマイズして注文することができ，メーカは余分な在庫を抱えるリスクを抑えられます。

ワンポイント

センサーなどを活用して，様々なものを検出，計測する技術の総称を**センシング技術**といいます。

ワンポイント

設計から製造，出荷に至る一連の工程を総合的に管理するシステムを**CIM**といいます。「Computer Integrated Manufacturing」の略で，**コンピュータ統合生産**ともいいます。

5-1-3　e-ビジネス

 頻出度 ★★☆

　電子商取引の特徴や分類，具体的な利用方法などについて理解しましょう。

■電子商取引

　電子商取引は，インターネットなどのネットワークを介して，契約や決済などを行う取引のことです。店舗を構える必要がないため，家賃や人件費などにかかる費用を削減することができます。また，少ない初期投資で事業を始めることができるという特徴もあります。**EC**や**eコマース**ともいいます。

■ロングテール

　インターネットのオンラインショップでは，実店舗のような売場面積や陳列棚などの制約がないため，売れ筋以外の商品も数多く取り扱うことができます。**ロングテール**は，販売数が少ない商品でも品数を豊富に取り揃えることで，多くの利益を得るという考え方です。

■フリーミアム

　フリーミアムは，基本的なサービスや製品は無料で提供し，高度な機能や特別な機能については料金を課金するビジネスモデルのことです。食料品や化粧品などでは，無料のサンプル提供に実費がかかり，供給量が限定されます。これに対して，インターネットを介して使うサービスや製品は，無料提供にかかる費用も少なく，広く提供できます。このような利点を活かし，フリーミアムは，インターネットに関係した製品やサービスで多く用いられています。

 ココを押さえよう

　電子商取引の増加に伴い，重要性が高まっています。それぞれの用語を確認しておきましょう。「フィンテック」「暗号資産」「電子商取引の留意点」は確実に理解しておきましょう。

ワンポイント

店舗をもたずに，商品を販売する販売形態のことを**無店舗販売**といいます。通信販売や訪問販売，自動販売機による販売などがあります。

 スペル

EC
Electronic Commerce

ワンポイント

販売数が多い順に商品を並べると，あまり売れない商品が右に長く伸びるグラフになります。この形が長い尻尾 (tail) のように見えることから「ロングテール」と呼ばれます。

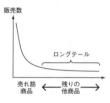
販売数

ロングテール

売れ筋　←　残りの
商品　　　他商品

 参考

フリーミアムは「free（無料）」と「premium（割増）」を合わせた造語です。

■ 電子商取引の分類・種類

電子商取引の代表的な分類・種類として、次のようなものがあります。

① O2O

WebサイトやSNSなどのオンラインのツールを用いて、実際の店舗での集客や販売促進につなげる施策のことです。実際の店舗から、インターネット上の仮想店舗に誘導する活動もあります。

② EDI

企業間において、商取引の情報の書式や通信手順を統一し、電子的に情報交換を行う仕組みです。EDIで取引する情報として、見積書や請求書などがあります。**電子データ交換**ともいいます。

③ EFT

銀行券や小切手などの紙を使った手段ではなく、電子データで送金や決済などを行うことです。**電子資金移動**ともいいます。

④ キャッシュレス決済

現金ではなく、クレジットカードや電子マネーなどを使って、支払いや受取りを行う決済方法のことです。

⑤ クラウドファンディング

「〜をしたい」といったアイディアや夢などを提示し、インターネットなどを通じて不特定多数の人々から資金調達を行うことです。クラウドファンディングの形態には、出資金に応じて特典があるものや、見返りなく寄付するものなどがあります。

試験対策
シラバス Ver.6.3では、電子商取引の分類・種類などについて用語が追加されています（518ページ参照）。

スペル
O2O
Online to Offline

スペル
EDI
Electronic Data Interchange

試験対策
EDIは過去問題でよく出題されています。確実に覚えておきましょう。

スペル
EFT
Electronic Fund Transfer

ワンポイント
支払い時にスマートフォンなどでQRコードを読取り、決済する方法をQRコード決済といいます。

ストラテジ系／マネジメント系／テクノロジ系

■ フィンテック (FinTech)

フィンテック (FinTech) は「Finance (金融)」と「Technology (技術)」を組み合わせた造語で，モバイル決済やオンライン送金，暗号資産 (仮想通貨) など，IT技術を活用した金融サービスのことです。また，これに関連する事業や，事業を行う企業などを指すこともあります。

📖 試験対策

過去問題では「FinTech」の表記で出題されています。どちらの表記も確実に覚えておきましょう。

■ 電子商取引の利用

代表的な電子商取引として，次のようなものがあります。

名称	説明
eマーケットプレース	売り手企業と買い手企業が参加して商品の取引を行う，インターネット上の取引所のこと
オンラインモール	インターネット上の商店街のこと。1つのWebサイトの中に，複数の電子商店が軒を連ねて，いろいろな商品を販売している
電子オークション	インターネット上で行うオークションのこと。Webサイト上に商品を出品し，購入額を提示して落札者を決める
インターネットバンキング	インターネットを通して，残高照会や振込，振替など，銀行のサービスを利用できるシステムのこと
インターネットトレーディング	インターネットを通して，株式や為替などの取引ができるシステムのこと

🔵 ワンポイント

通常のオークションとは逆に，買い手が購入条件を提示し，最も安い価格を付けた売り手が商品を販売できる取引のことを**逆オークション**といいます。

5 ビジネスインダストリ

■ エスクローサービス

エスクローサービスは，ネットオークションなどの電子商取引で，売り手と買い手の間を信頼できる第三者が仲介し，取引の安全性を保証する仕組みのことです。

■ クラウドソーシング

クラウドソーシングは，企業などが，委託したい業務内容をWebサイトで不特定多数の人に告知して募集し，適任と判断した人々に当該業務を発注することです。

参考
金融商品取引法の法改正により，法令上の仮想通貨の呼称が「**暗号資産**」に変更されました。

参考
右の①～③は金融庁のパンフレット「平成29年4月から，「仮想通貨」に関する新しい制度が開始されます。」から引用しています。

■ 暗号資産

　暗号資産は，インターネットを通じて物品やサービスの対価に使えるデジタルな通貨のことです。いわゆる**仮想通貨**のことで，有名なものとしてはビットコインがあります。紙幣や硬貨といった形が存在せず，改正資金決済法では，次の①～③の性質をもつ財産的価値をいいます。

①不特定の者に対して，代金の支払い等に使用でき，かつ，法定通貨（日本円や米国ドル等）と相互に交換できる

②電子的に記録され，移転できる

③法定通貨又は法定通貨建ての資産（プリペイドカード等）ではない

● スマートコントラクト

　ブロックチェーンの技術を活用した，契約の履行を自動化する仕組みです。

■ 電子商取引の留意点

　電子商取引では，氏名や住所，メールアドレス，クレジットカードや口座番号などの個人情報をやり取りするため，これらの情報が漏えいする可能性があります。会員用のログインパスワードの変更やコンピュータウイルス対策を行うなど，セキュリティに注意した対応が必要です。

● アカウントアグリゲーション

　複数の金融機関の取引口座情報を，1つの画面に一括して表示する，個人向けWebサービスのことです。あらかじめ複数のアカウント情報を登録しておく必要があります。

スペル

eKYC
electronic Know Your Customer

● eKYC

　銀行口座の開設やクレジットカードの発行などで必要な本人確認を，スマートフォンなどを使ってオンライン上だけで完結する方法や技術のことです。

■ AML・CFTソリューション

　AML・CFTソリューションは，マネーロンダリングやテロ資金供与を防止するためのシステムやサービスのことです。「AML (Anti-Money Laundering)」はマネーロンダリング，「CFT (Countering the Financing of Terrorism)」はテロ資金供与対策という意味です。

試験対策

AML (Anti-Money Laundering) という用語も出題されています。覚えておきましょう。

演習問題

問1 RFIDを活用したシステム CHECK ▶ □□□

RFIDを活用することによって可能となるシステムはどれか。

ア 遠隔地からネットワークを介し，患者の画像や音声データを送受信して医療活動を行う。

イ キャッシュカードを使い，銀行のATMから現金の預け入れや払い出しを行う。

ウ 店頭での販売時に，商品に貼付されたバーコードから商品情報を読み取り，販売情報管理や発注処理を行う。

エ 配送荷物に電子タグを装着し，荷物の輸送履歴に関する情報の確認を行う。

問2 コンカレントエンジニアリングの目的 CHECK ▶ □□□

コンカレントエンジニアリングの目的として，適切なものはどれか。

ア 開発期間の短縮

イ 開発した技術の標準化

ウ 自社の技術的な強みを生かした製品開発

エ 生産工程の歩留り率向上

問3 FinTechの事例 CHECK ▶ □□□

FinTechの事例として，最も適切なものはどれか。

ア 銀行において，災害や大規模障害が発生した場合に勘定系システムが停止することがないように，障害発生時には即時にバックアップシステムに切り替える。

イ クレジットカード会社において，消費者がクレジットカードの暗証番号を規定回数連続で間違えて入力した場合に，クレジットカードを利用できなくなるようにする。

ウ 証券会社において，顧客がPCの画面上で株式売買を行うときに，顧客に合った投資信託を提案したり自動で資産運用を行ったりする，ロボアドバイザのサービスを提供する。

エ 損害保険会社において，事故の内容や回数に基づいた等級を設定しておき，インターネット自動車保険の契約者ごとに，1年間の事故履歴に応じて等級を上下させるとともに，保険料を変更する。

解答と解説

問1　　　　　　　　　　　　（平成27年秋期　ITパスポート試験　問13）
《解答》エ

　RFID（Radio Frequency Identification）は，荷物や商品などに付けられたICタグの情報を，無線通信で読み書きする技術のことです。物流での配送管理やトレーサビリティシステムなどで使われています。よって，正解はエです。
ア，イ　ネットワークを介したり，キャッシュカードを利用したりするシステムは，RFIDによるものではありません。
ウ　バーコードから商品情報を読み取るのは，POS（Point Of Sale）システムに関する記述です。

問2　　　　　　　　　　　　（平成24年秋期　ITパスポート試験　問28）
《解答》ア

　コンカレントエンジニアリング（Concurrent Engineering）は，設計から製造までのいろいろな工程をできるだけ並行して進めることにより，開発期間の短縮を図る手法です。よって，正解はアです。
　なお，歩留り率とは，生産した製品のうち，欠陥無しで製造・出荷できた製品の割合のことです。たとえば，不良品が多く発生した場合，歩留り率は低くなります。歩留まりは「ぶどまり」と読みます。

問3　　　　　　　　　　　　（令和3年春期　ITパスポート試験　問13）
《解答》ウ

　FinTechは，IT技術を活用した革新的な金融サービスのことです。選択肢の中で，金融分野でIT技術を使ったサービスを提供しているのは，ウだけです。ロボアドバイザにはAI（人工知能）が活用されており，顧客に合った投資信託を提案したり，自動で資産運用を行ったりなどします。よって，正解はウです。
ア　銀行におけるシステム障害対策の事例です。
イ　クレジットカード取引におけるセキュリティ対策の事例です。
エ　自動車保険における等級制度の事例です。

5-2 AIの利活用とIoTシステム

5-2-1 AI（人工知能）の利活用

頻出度 ★★★

AIの利活用に関する原則や指針などについて理解しましょう。

■AI（人工知能）

AI（人工知能）は，人間のように学習，認識・理解，予測・推論などの知的活動を行うコンピュータシステムや，その技術のことです。

■AI利活用の原則・指針

AIをより良い形で社会に実装して活用するため，次のような原則や指針などがあります。

原則や指針	内容
人間中心の AI社会原則	政府が策定した文書で，社会がAIを受け入れ適正に利用するため，社会（特に国などの立法・行政機関）が留意すべき基本理念，ビジョン（Society5.0実現に必要な社会変革「AI-Readyな社会」），AI社会原則，AI開発利用原則がまとめられている
信頼できる AIのための 倫理ガイドライン	欧州連合（EU）が発表した，AIに関する倫理ガイドライン。信頼できるAIのためには合法的，倫理的，頑健であるべきとし，尊重すべき倫理原則や要求事項などがまとめられている
人工知能学会 倫理指針	人工知能学会倫理委員会が策定・発表した文書で，人工知能研究者の倫理的な価値判断の基礎となる倫理指針が定められている

■AI利活用ガイドライン V6

AI利活用ガイドラインは，総務省が公表した文書で，AIの利用者（AIを利用してサービスを提供する者を含む）が留意すべき10項目のAI利活用原則（右ページ参照）や，その原則を実現するための具体的方策について取りまとめたものです。

ココを押さえよう

AIに関する重要な項目です。全体を通して，しっかり取り組みましょう。特に「人間中心のAI社会原則」「生成AI」は要チェックです。

スペル
AI
Artificial Intelligence

試験対策
AIの技術的なことについては，テクノロジ系の出題区分になります（286ページ参照）。

参考
「人間中心のAI社会原則」には，次の3つの基本理念や，AI社会原則が記載されています。
基本理念
・人間の尊厳が尊重される社会
・多様な背景をもつ人々が多様な幸せを追求できる社会
・持続性ある社会
AI社会原則
・人間中心の原則
・教育・リテラシーの原則
・プライバシー確保の原則
・セキュリティ確保の原則
・公正競争確保の原則
・公平性，説明責任，および透明性（FAT）の原則
・イノベーションの原則

原則	説明
適正利用の原則	利用者は，人間とAIシステムとの間及び利用者間における適切な役割分担のもと，適正な範囲及び方法でAIシステム又はAIサービスを利用するよう努める
適正学習の原則	利用者及びデータ提供者は，AIシステムの学習等に用いるデータの質に留意する
連携の原則	AIサービスプロバイダ，ビジネス利用者及びデータ提供者は，AIシステム又はAIサービス相互間の連携に留意する。また，利用者は，AIシステムがネットワーク化することによってリスクが惹起・増幅される可能性があることに留意する
安全の原則	利用者は，AIシステム又はAIサービスの利活用により，アクチュエーター等を通じて，利用者及び第三者の生命・身体・財産に危害を及ぼすことがないよう配慮する
セキュリティの原則	利用者及びデータ提供者は，AIシステム又はAIサービスのセキュリティに留意する
プライバシーの原則	利用者及びデータ提供者は，AIシステム又はAIサービスの利活用において，他者又は自己のプライバシーが侵害されないよう配慮する
尊厳・自律の原則	利用者は，AIシステム又はAIサービスの利活用において，人間の尊厳と個人の自律を尊重する
公平性の原則	AIサービスプロバイダ，ビジネス利用者及びデータ提供者は，AIシステム又はAIサービスの判断にバイアスが含まれる可能性があることに留意し，また，AIシステム又はAIサービスの判断によって個人及び集団が不当に差別されないよう配慮する
透明性の原則	AIサービスプロバイダ及びビジネス利用者は，AIシステム又はAIサービスの入出力等の検証可能性及び判断結果の説明可能性に留意する
アカウンタビリティの原則	利用者は，ステークホルダに対しアカウンタビリティを果たすよう努める

出典：総務省「AI利活用ガイドライン〜 AI利活用のためのプラクティカルリファレンス〜」
https://www.soumu.go.jp/main_content/000637097.pdf

AIの活用領域及び活用目的

AIは，様々な領域（生産，消費，文化活動）で利活用されています。たとえば，研究開発，調達，製造，物流，販売，マーケティング，サービス，金融，インフラ，公共，ヘルスケアなど，多岐にわたります。AIに関する研究開発や利活用は，今後，さらに発展すると考えられています。

 ワンポイント

AIの利活用目的には，仮説検証，知識発見，原因究明，計画策定，判断支援，活動代替などがあります。

●特化型AIと汎用型AI

現在のAIの多くは，**特化型AI**と呼ばれる，自動運転，画像認識，将棋の対局など，特定の用途に特化したものです。対して，**汎用型AI**は特定の用途に限定せず，人間のように様々なことに対処できるAIのことです。

参考

汎用型AIは実現には長い時間がかかる，または，実現不可能と考えられています。

●AIアシスタント

AIを活用し，生活や行動をサポートしてくれる技術やサービスのことです。代表的なものに，**スマートスピーカー**や**チャットボット**などがあります。

生成AI V6

生成AIは，与えられた作業指示や質問などに応答し，画像や文章，音楽，映像，プログラムなどの多様なコンテンツを生成するAIのことです。あらかじめ学習したデータをもとに，まったく新しいコンテンツを自動で作り出します。

生成AIには，テキスト生成AI，画像生成AI，音楽生成AI，動画生成AIなどの種類があります。そして，文章の添削・要約，アイディアの提案，科学論文の執筆，プログラミング，画像生成など，いろいろな分野で活用されています。

参考

生成AIの代表的なものとして，OpenAI社が開発した「ChatGPT」があります。質問を入力すると，それに対する回答を生成して戻します。なお，回答内容の正確性は保証されておらず，誤った情報が含まれている場合があります。

ワンポイント

事象の発生に規則性がない性質のことを**ランダム性**といいます。生成AIはランダム性の仕組みをもち，同じ指示であっても異なるものが作成され，同じものが生成されることはほぼありません。

●マルチモーダルAI

複数の種類の情報（画像やテキスト，音声など）を，同時に組み合わせて処理することができるAIのことです。

■AIを利活用する上での留意事項

　AIは非常に有用なツールですが，万能というわけではありません。AIを利活用する上で留意すべき事項として，次のようなことがあります。

・AIが学習するデータやプロセスにバイアスがあり，バイアスが含まれた結果になってしまう
・学習のデータやプロセスが適切であっても，現状に不平等・差別があり，それを肯定する結果となってしまう
・AIに起因する事故が発生したとき，責任を負うのは誰か（AIサービスの責任論）
・AIを設計する際，どのような判断基準をもたせるかについて，**トロッコ問題**のような倫理的な課題がある

●アルゴリズムのバイアス

　機械学習において偏っているデータを学習に使ったため，学習結果にバイアス（偏り）が生じてしまうことです。

●トロッコ問題

　「暴走したトロッコが，そのまま進むと5人が犠牲になる。レバーを引くと進路が変わって5人は助かるが，別の1人が犠牲になる」という状況で，レバーを引くかどうかを選択する，倫理学における思考実験です。

ワンポイント

バイアスは「偏り」や「傾向」を意味する用語です。AIに関するバイアスとして，AI利用者の関与によるバイアスやアルゴリズムのバイアスなどがあります。

5　ビジネスインダストリ

■AIの利活用の留意事項に関する用語

AIを利活用する上での留意事項に関する用語として，次のようなものがあります。

①説明可能なAI（XAI：Explainable AI）　V6

AIが出した結果について，AIがどのように結果に達したのかを，人が理解できる方法で過程や結果を説明できるようにする技術の総称です。XAIともいいます。

スペル

HITL
human in the loop

②ヒューマンインザループ（HITL）　V6

自動化・自律化が進んだシステムに人間が介在し，課題解決を目指す考え方です。HITLともいいます。機械学習にもHITLが取り入れられており，たとえば人間が監視して差別発言や著作権侵害などがあった場合，問題を修正するためのフィードバックを行います。

③ハルシネーション　V6

学習データの誤りや不足などによって，生成AIが事実とは異なる情報や無関係な情報を，もっともらしい情報として生成する事象のことです。

④ディープフェイク　V6

ディープラーニングと偽物（フェイク）を組み合わせた造語で，動画や音声，画像を部分的に合成・変換する技術です。ディープフェイクの悪用が社会問題となっており，作成された偽物をディープフェイクと呼ぶことが広がっています。

⑤AIサービスのオプトアウトポリシー　V6

製品やサービスを通じた個人データの提供を，本人の求めに応じて停止することをオプトアウトといいます。AIサービスのオプトアウトポリシーは，AIサービスにおける個人データの取扱い（オプトアウト）について定めたものです。

5-2-2 IoT システム・組込みシステム

頻出度 ★★★

IoTやIoTを利用したシステム, 及び組込みシステムについて, 基本的な特徴や具体例を理解しましょう。

■ IoT

IoTは, 自動車や家電製品, 工場の機械, センサーなど, 様々なモノをインターネットに接続して利用することや, それを実現する技術のことです。「モノのインターネット」とも呼ばれます。センサーを搭載した機器や制御装置などがインターネットにつながり, それらがネットワークを通じて情報をやり取りすることで, 離れた場所から自動制御や遠隔操作, 監視などを行うことができます。

■ IoTを利用したシステム

IoTは様々なシステムで利用され, たとえば, **ドローン**, **自動運転**, **ワイヤレス給電**, **ロボット**, **クラウドサービス**などで用いられています。産業分野においても, 製造, 医療, 建設, 農業など, 多種多様な業務でIoTは活用されています。

●スマートファクトリー

IoTなどを用いて, 工場内の機器や設備をつないでいる工場のことです。製造機械にはセンサーが搭載されており, 品質や稼働状態などのデータを可視化して把握し, それらを分析することで最適化を図ります。

●マシンビジョン

工場や倉庫などで, カメラから画像を取り込み, それをコンピュータが処理することによって, 検査や計測, 個数の読取りなどを行うシステムのことです。産業ロボットの動作指示にも用いられており, スマートファクトリーで工場の自動化を図る主要な技術です。

ココを押さえよう

IoTに関する重要な項目です。「スマートファクトリー」「マシンビジョン」などのシステムの種類と特徴を覚えましょう。「組込みシステム」についても理解しておく必要があります。

スペル

IoT
Internet of Things

■ 試験対策

IoTは出題が強化される分野です。IoTシステムを構成するIoTデバイス (337ページ) や, IoTネットワーク (429ページ) についても確認しておきましょう。

用語

ワイヤレス給電:ケーブルや金属端子を使わずに, 電力を伝送する仕組みのことです。スマートフォンなどの充電などに用いられています。

スペル

マシンビジョン
Machine Vision

☆ 参考

マシンビジョンは, 人の目に代わる「機械の目」として, 主に産業分野で用いられています。

ストラテジ系 マネジメント系 テクノロジ系

5 ビジネスインダストリ

●スマートシティ

　IoTやAIなどの先端技術を活用し，少子高齢化や温暖化，エネルギー不足などの課題解決を図る街づくりのことです。都市・地域の機能やサービスを効率化，高度化することにより，地域の課題解決や活性化することが試みられています。

●コネクテッドカー

　インターネットに接続してサーバとリアルタイムで連携する機能を備えた自動車のことです。各種センサーが搭載されており，車両の状態や道路の状況などの様々なデータを収集してサーバに送信します。また，サーバから運転に関する情報を受け取って，走行支援や危険予知などに役立てます。

●スマート農業　V6

　ロボット，AI（人工知能），IoTなどの先端技術を活用する農業のことです。スマート農業の効果として，次のようなものがあります。

> ・**作業の自動化**
> 　ロボットトラクタ，スマホで操作する水田の水管理システムなどの活用により，作業を自動化して人手を省くことが可能になる
>
> ・**情報共有の簡易化**
> 　位置情報と連動した経営管理アプリの活用により，作業の記録をデジタル化・自動化し，熟練者でなくても生産活動の主体になれる
>
> ・**データの活用**
> 　ドローン・衛星によるセンシングデータや気象データのAI解析により，農作物の生育や病虫害を予測し，高度な農業経営が可能になる

出典：農林水産省「スマート農業」
　　　「1. スマート農業とは」-「スマート農業について」（一部改変）
　　　https://www.maff.go.jp/j/kanbo/smart/

●ARグラス・MRグラス・スマートグラス

ARグラスはAR（拡張現実），**MRグラス**はMR（複合現実）が体感できる眼鏡型のウェアラブル端末です。実際にある壁や床などをカメラやセンサーで認識し，仮想の映像や情報を重ね合わせて表示します。

スマートグラスも眼鏡型のウェアラブル端末で，視界の一部にテキスト情報などを表示しますが，実際にあるものを認識する機能は備えていません。

●HEMS

家庭で使う電気やガスなどのエネルギーを把握し，効率的に運用するためのシステムです。たとえば，複数の家電製品をネットワークにつなぎ，電力の可視化及び電力消費の最適制御を行います。

■ CASE

CASEは，自動車の次世代技術やサービスを示す，「Connected（コネクテッド）」，「Autonomous（自動運転）」，「Shared & Service（シェアリング／サービス）」，「Electric（電動化）」の頭文字をとった造語です。

■ MaaS

MaaSとは，ICT（情報通信技術）の活用により，様々な交通手段による移動（モビリティ）を1つのサービスとして捉える，新しい「移動」の概念のことです。複数の交通手段をシームレスにつなぎ，たとえば，電車やバス，飛行機など乗り継いで移動する際，スマートフォンなどから検索，予約，支払いを一度に行えるようにしてユーザーの利便性を高めるという考え方です。

ワンポイント

頭に装着して，VR（仮想現実）を体験できるゴーグルを**VRゴーグル**といいます。

ワンポイント

AI（人工知能）が搭載された，音声で操作できるスピーカーのことを**スマートスピーカー**といいます。話しかけると，音楽を再生したり，知りたい情報を教えてくれたりします。

スペル

HEMS
Home Energy Management System

参考

HEMSは「ヘムス」と読みます。

スペル

CASE
Connected, Autonomous, Shared & Services, Electric

参考

CASEは「ケース」と読みます。

スペル

MaaS
Mobility as a Service

参考

MaaSは「マース」と読みます。

ストラテジ系　マネジメント系　テクノロジ系

5 ビジネスインダストリ

■ 組込みシステム

　組込みシステムは，特定の機能を実現するために，家電製品や産業機械などに組み込まれるコンピュータシステムのことです。組込みシステムは，テレビや炊飯器，自動車，産業用ロボットなど，様々な機器に内蔵されており，たとえば，エアコンには温度制御システムが組み込まれています。組込みシステムの主な特徴は，次のとおりです。

・組込みシステムは，専用のハードウェアとソフトウェアから構成される
・組込みシステムを採用することで，製品の改良に当たって，システムのソフトウェアの変更だけで，一定範囲の機能の追加が可能となる
・組込みシステムには，**リアルタイム性**が求められる
・誤動作が重大な事態の発生につながるため，組込みシステムには高い信頼性や安全性が求められる

■ 民生機器と産業機器

　民生機器は一般家庭で用いられる機器，**産業機器**は産業の場で用いられる機器です。これらの多くの機器で，組込みシステムが活用されています。代表的な機器として，次表のようなものがあります。

民生機器	電子レンジ，冷蔵庫，洗濯機，乾燥機，ビデオ，デジタルカメラ，オーディオ機器，プリンタ，コピー，FAX，携帯電話機など
産業機器	産業用ロボット，自動販売機，ATM，エレベータ，医療機器(レントゲン，CTスキャナ，心電計など)，ロケット，人工衛星など

■ ロボティクス

　ロボティクスは，ロボットの設計，製作，運用に関する研究(ロボット工学)や，ロボットに関連した事業や取組みのことです。
　ロボティクスの技術は，労働力不足への対応策として，製造業や農業，介護・医療など，幅広い分野で注目されています。

演習問題

問1　人間中心のAI社会原則　　　　　　　　　　CHECK ▶ □□□

　政府が定める"人間中心のAI社会原則"では，三つの価値を理念として尊重し，その実現を追求する社会を構築していくべきとしている。実現を追求していくべき社会の姿だけを全て挙げたものはどれか。

a　持続性ある社会
b　多様な背景を持つ人々が多様な幸せを追求できる社会
c　人間があらゆる労働から解放される社会
d　人間の尊厳が尊重される社会

ア a, b, c　　**イ** a, b, d　　**ウ** a, c, d　　**エ** b, c, d

問2　人工知能の活用事例　　　　　　　　　　　CHECK ▶ □□□

　人工知能の活用事例として，最も適切なものはどれか。

ア　運転手が関与せずに，自動車の加速，操縦，制動の全てをシステムが行う。
イ　オフィスの自席にいながら，会議室やトイレの空き状況がリアルタイムに分かる。
ウ　銀行のような中央管理者を置かなくても，分散型の合意形成技術によって，取引の承認を行う。
エ　自宅のPCから事前に入力し，窓口に行かなくても自動で振替や振込を行う。

問3　IoT　　　　　　　　　　　　　　　　　　CHECK ▶ □□□

　IoTに関する記述として，最も適切なものはどれか。

ア　人工知能における学習の仕組み
イ　センサーを搭載した機器や制御装置などが直接インターネットにつながり，それらがネットワークを通じて様々な情報をやり取りする仕組み
ウ　ソフトウェアの機能の一部を，ほかのプログラムで利用できるように公開する関数や手続の集まり
エ　ソフトウェアのロボットを利用して，定型的な仕事を効率化するツール

解答と解説

問1 (令和4年 ITパスポート試験 問21)
《解答》イ

　"人間中心のAI社会原則"は政府が策定した文書で，社会がAIを受け入れ，適正に利用するため，社会(特に国などの立法・行政機関)が留意すべき基本原則をまとめたものです。基本理念として，「人間の尊厳が尊重される社会(Dignity)」「多様な背景を持つ人々が多様な幸せを追求できる社会(Diversity &Inclusion)」「持続性ある社会(Sustainability)」という3つの価値を掲げています。a～dを確認すると，a，b，dの社会が，"人間中心のAI社会原則"の基本理念で構築していくべき社会と一致しています。よって，正解はイです。

問2 (令和元年秋期 ITパスポート試験 問22)
《解答》ア

　人工知能は，人間のように学習，認識・理解，予測・推論などを行うコンピュータシステムや，その技術のことです。AI (Artificial Intelligence) とも呼ばれます。あらゆる分野で人工知能を活用した革新的な製品・サービスが作り出されており，代表的なものに自動車の自動走行システムがあります。よって，正解はアです。
イ　IoT (Internet of Things)の活用事例です。
ウ　ブロックチェーンの活用事例です。
エ　インターネットバンキングの活用事例です。

問3 (令和元年秋期 ITパスポート試験 問13)
《解答》イ

　IoT (Internet of Things)は自動車や家電製品などの様々な「モノ」をインターネットに接続し，ネットワークを通じて情報をやり取りすることで，自動制御や遠隔操作などを行う技術のことです。よって，正解はイです。
ア　機械学習に関する記述です。
ウ　API (Application Programming Interface)に関する記述です。
エ　RPA (Robotic Process Automation)に関する記述です。

第6章 システム戦略

本章の学習ポイント

- 情報システム戦略の目的や考え方などを理解する
- DFD, E-R図, BPRなど, 業務プロセスを把握, 分析する手法を理解する
- 業務改善や業務効率化を図るための, ITを活用した様々な方法について理解する
- ソリューションの形態や, ホスティングサービス, ハウジングサービス, クラウドサービス (SaaS, PaaS, IaaS) などの重要用語を覚える
- 情報システムを構築するときのシステム化計画や要件定義(業務要件, 機能要件, 非機能要件)や, 調達の流れを理解する

シラバスにおける本章の位置付け

ストラテジ系	大分類1:企業と法務	
	大分類2:経営戦略	
	大分類3:システム戦略	→ 本章の学習 **中分類6:システム戦略** **中分類7:システム企画**
マネジメント系	大分類4:開発技術	
	大分類5:プロジェクトマネジメント	
	大分類6:サービスマネジメント	
テクノロジ系	大分類7:基礎理論	
	大分類8:コンピュータシステム	
	大分類9:技術要素	

6-1 | システム戦略

6-1-1　情報システム戦略

頻出度
★★☆

　情報システム戦略の意義と目的，戦略目標の考え方について理解しましょう。

ココを押さえよう

情報システム戦略について，よく出題されています。情報システム戦略の意義や考え方を理解しておきましょう。下記の「試験対策」も確認してください。「EA」も要チェックです。

■ 情報システム戦略 CHECK

　情報システム戦略とは，経営戦略の実現に役立てるために，業務活動に最適な情報システムを構築するための戦略のことです。中長期的な観点から立案し，経営戦略に基づいた情報システムのあるべき姿を明確にして，情報システム全体の最適化方針を決定します。適正な情報システムが導入されることにより，業務の効率化やコストの削減などを実現できます。

参考

業務のIT化を図るに当たって，ただ情報システムを導入すればよいということではありません。経営に情報システムを役立てるには，業務の現状を正しく把握した上で，経営戦略に沿った目的や機能を持つ情報システムを導入することが重要です。

●情報システム戦略の策定

　情報システム戦略は経営戦略に沿って策定し，次のような方針や計画を検討，立案します。

試験対策

情報システム戦略の立案で考慮が必要な事項として，次のことを覚えておきましょう。
・経営戦略との整合性を図る
・ITガバナンスの方針を明示する
・CIOが情報システム戦略の責任者である

方針・計画	内容
全体最適化方針	組織全体として，業務とシステムが進むべき方向を示す
全体最適化計画	全体最適化方針に基づき，各部署で作られたルールや情報システムを統合化し，効率性や有効性を向上させるための計画を立てる
情報化投資計画	システム化に必要な投資を適切に配分するための計画を立てる

ワンポイント

情報システム戦略の立案や整備・運用のための実践規範として，経済産業省が策定した**システム管理基準**があります。

■ エンタープライズサーチ CHECK

　エンタープライズサーチは，企業内のデータベースやファイルサーバ，Webサイトなどに散在している情報を，横断的に検索できるシステムのことです。エンタープライズ検索や企業内検索ともいいます。

スペル

エンタープライズサーチ
Enterprise Search

■ EA（エンタープライズアーキテクチャ）

EAは，現状の業務と情報システムの全体像を可視化し，目標とする将来のあるべき姿を設定して，全体最適化を行うためのフレームワーク（構造や枠組み）です。その手法や活動を指すこともあり，**エンタープライズアーキテクチャ**ともいいます。

たとえば，ビジネス，データ，アプリケーション，技術の4つの階層において，まず現状を把握し，目標とする理想像を設定します。次に現状と理想との隔たりを明確にし，目標とする理想像に向けた改善活動を移行計画として定義します。

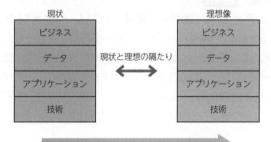

目標とする理想像に向けた改善活動の移行計画を定義する

■ SoR と SoE

SoRやSoEは，企業で使用される情報システムを役割や目的で分類したものです。

SoRは，日本語にすると「記録のためのシステム」といわれ，データを正確に記録，処理することを重視したシステムを指します。たとえば，会計システム，受発注管理システム，人事管理システムなどです。一般的に基幹システムの多くが該当し，信頼性や安定性が求められます。

対して，**SoE**は「つながるためのシステム」といわれ，企業と顧客，組織の人と人，ユーザーと商品など，人や物事の間を結ぶシステムを指します。たとえば，CRM, SNS, フリマアプリ，ネットショップなどです。環境の変化やニーズに柔軟・迅速に対応するため，柔軟性や俊敏性が求められます。

スペル
EA
Enterprise Architecture

参考
「Enterprise」には企業や事業，「architecture」には建物や構造，構成などの意味があります。

ワンポイント
EAで用いられる，現状と目標とするべき姿を比較して課題を明確にする分析手法を**ギャップ分析**といいます。

スペル
SoR
Systems of Record

スペル
SoE
Systems of Engagement

参考
「Engagement」は「つながり」や「絆」という意味があります。

ストラテジ系　マネジメント系　テクノロジ系

6
システム戦略

6-1-2　業務プロセス

頻出度
★★★

　情報システム戦略を進めるに当たり、まず、現状の業務プロセス(業務の処理手順)を把握、分析します。その際に利用する代表的なモデリング手法や分析手法について理解しましょう。

■ モデリング手法

　代表的なモデリング手法として、次のようなものがあります。

① E-R図

　エンティティ(Entity：**実体**)と**リレーションシップ**(Relationship：**関連**)によって、データの関係を図式化したものです。エンティティは業務で扱う物事(社員, 商品, 注文など)、リレーションシップはエンティティ間を結ぶ関係のことです。エンティティは四角形、リレーションシップは直線または矢印で表し、リレーションシップの種類には次の3種類があります。

● **1対1　1つの実体に対して、1つの実体が関係する**
　(例) 1つの商品に、1つの商品番号が付けられる

● **1対多　1つの実体に対して、複数の実体が関係する**
　(例) 1つの商品区分に、複数の商品が登録される

● **多対多　複数の実体に対して、複数の実体が関係する**
　(例) 複数の店員が、複数の顧客を担当する

　E-Rの表記方法には、いくつかの種類があり、次図のように関連名を記入することがあります。

②DFD

データの流れに着目し，データの処理と流れを図式化したものです。次図のように，4つの記号で表します。

ストラテジ系

マネジメント系

テクノロジ系

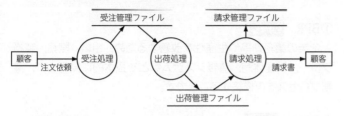

DFDで使う記号

記号	名称	意味
→	データフロー	データの流れ
◯	プロセス	データに対して行われる処理
──	ファイル（データストア）	データの保管場所
▭	データ源泉／データ吸収	データが発生するところと，データが出て行くところ。どちらもシステム外部にある

③BPMN

業務フローを図式化する手法です。開発者だけでなく，関係者全員にわかりやすく表現することができ，国際規格(ISO/IEC 19510)によって標準化されています。たとえば，次の図では，市民課での申請から受付までの業務の流れをグラフィカルな記号を使って，図式化しています。

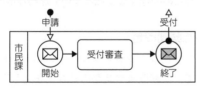

DFD
Data Flow Diagram

BPMN
Business Process Modeling Notation

BPMNは，「ビジネスプロセスモデリング表記」ともいいます。

参考
BPMNはOMG（Object Management Group）という団体によって保守・維持されています。

6

システム戦略

■業務プロセスの分析

業務プロセスの分析に関する代表的な手法として、次のようなものがあります。

スペル

BPR
Business Process
Reengineering

①BPR

企業の業務効率や生産性を改善するため、組織、職務、業務フロー、管理体制、情報システムなどを抜本的に見直して、業務プロセスを再構築することです。

スペル

BPM
Business Process
Management

②BPM

業務プロセスの効率的、効果的な手順を考え、その実行状況を監視して問題点を発見し、改善するサイクルを継続的に繰り返す手法です。

試験対策

BPRとBPMは過去問題でよく出題されています。BPRは「抜本的」に見直す、BPMは「継続的」に改善するということを覚えておきましょう。

③ワークフロー

業務における一連の処理手続のことです。ワークフローを見直すことにより、無駄な工程を省くなどして、業務効率を向上できます。申請書などを電子化して回覧し、決裁するまでの一連の処理をネットワーク上で行うシステムのことを**ワークフローシステム**といいます。

ココを押さえよう

業務のIT利活用で重要な用語が多いです。それぞれの用語をしっかり覚えましょう。特に「RPA」は必修です。
「ライフログ」「情報銀行」「PDS」も要チェックです。これらは、シラバスVer.5.0（2021年4月）から追加された新しい用語です。

6-1-3　業務改善とITの有効活用

モデリングや分析によって業務プロセスの問題点が明らかになったら、改善策を検討します。ITを活用した、業務改善や業務の効率化を図るための様々な手法について理解しましょう。

■ITを活用した業務改善

日常の業務にコンピュータやネットワークなどのITを効果的に活用することで、業務改善や業務の効率化を図ることができます。たとえば、次ページのような方法があります。

- ・製品化されたソフトウェアパッケージの導入
- ・グループウェアやオフィスツールの導入
- ・独自の情報システムの開発・導入
- ・ネットワークの構築
- ・事務作業を自動化できるAIやRPAの導入
- ・コールセンターへのチャットボットの導入
- ・テレワークの取組み

■ システム化による業務の効率化

業務の効率化を図るツールや手法として，次のようなものがあります。

①RPA

これまで人が行っていた定型的なパソコン操作での事務作業を，認知技術（ルールエンジン，AI，機械学習など）を活用したソフトウェア型のロボットに代替させて，業務の自動化や効率化を図ることです。RPAを適用できる業務としては，帳簿入力や伝票作成，顧客データの管理などがあります。

②グループウェア

情報交換やデータの共有など，組織での共同作業を支援するソフトウェアです。代表的な機能として，電子掲示板や電子メール，スケジュール管理，会議室予約，ワークフロー管理などがあります。

③BYOD

企業などで従業員が，私物の情報端末（パソコンやスマートフォンなど）を職場に持ち込み，職場のネットワークに接続するなどして，業務で使用することです。

BYODの導入は，従業員に端末を支給せずに済むため，コスト削減を図れるというメリットがあります。しかし，その反面，コンピュータウイルスへの感染や情報漏えいといったセキュリティリスクなどのデメリットがあります。

ワンポイント

業務をシステム化する際には，それに先立って，現状の業務プロセスや業務内容を把握して問題点を洗い出し，どのように改善するかを検討することが重要です。

スペル

RPA
Robotic Process Automation

試験対策

RPAは過去問題でよく出題されています。「人間が行っていた定型的な事務作業」を代替するということを覚えておきましょう。

スペル

BYOD
Bring Your Own Device

ストラテジ系　マネジメント系　テクノロジ系

6
システム戦略

スペル

M2M
Machine to Machine

参考

M2MはIoTとよく似た技術ですが、IoTがインターネットにつながって情報の収集や共有などを行うのに対して、M2Mでの情報のやり取りはシステム内だけです。
なお、M2Mの情報をIoTで収集するといった、IoTとM2Mを融合させた仕組みや考えも出現しています。

参考

コミュニケーションに用いるツールには、電子掲示板やブログ、SNSなどもあります。これらについては「17-3-2 インターネットサービス」の「■その他のサービス」(445ページ)を参照してください。

参考

電子メールの詳細については、「17-3-2 インターネットサービス」の「■電子メール」(442ページ)を参照してください。

参考

シェアリングエコノミーには、サービスの提供者の空き時間に、買い物代行や語学レッスンなどの役務を提供するものがあります。

④M2M

機械同士が、直接、ネットワークで情報をやり取りし、自律的に処理や制御を行う仕組みのことです。人手をかけることなく、機器の制御・処理を自動で実行します。

工場内における工作機械の制御、エレベータの遠隔監視、電力・ガスメータの自動検針、空調設備の自動調整など、様々な分野で活用されています。

■ コミュニケーションのためのシステム利用

業務の効率化を進め、コミュニケーションを円滑に図るためのツールとして、次のようなものがあります。

電子メール	ネットワークを介して、メッセージのやり取りを行う。メッセージに文書ファイルや画像ファイルなどを添付して送ることもできる
Web会議	インターネットを通じて、離れた場所にいる人と会議を行う。PCやスマートフォンなどを使って、画面越しに複数の人と会話したり、資料データを共有したりすることができる
チャット	ネットワークを介して、あたかも会話をするように、リアルタイムで文字によるやり取りを行う

■ シェアリングエコノミー CHECK

シェアリングエコノミーは、使っていない物や場所などを他の人々と共有し、交換して利用する仕組みのことです。仲介するサービスを指すこともあります。

たとえば、個人や企業が所有している、使っていない自動車や住居、衣服などを他者に貸与します。インターネットによって貸したい側と借りたい側とのマッチングが容易になったことで、取引が増えています。

■ライフログ

ライフログは，人の生活での行動や様子をデジタルデータとして記録する技術や，その記録のことです。総務省のワーキンググループでは「利用者のネット内外の活動記録（行動履歴）が，パソコンや携帯端末等を通じて取得・蓄積された情報」と定義し，次の3つの項目が示されています。

- ・閲覧履歴（ウェブのアクセス記録，検索語句，訪問先URLや滞在頻度・時間，視聴履歴等）
- ・電子商取引による購買・決済履歴
- ・位置情報（携帯端末のGPS機能により把握されたもの，街頭カメラ映像を解析したもの等）

■情報銀行，PDS，データ取引市場

行動履歴や購買履歴など，個人データを流通，活用する取組みが進んでいます。このような新たなデータ流通の仕組みに関する用語として，次のようなものがあります。

①情報銀行

個人から個人データを預かって，PDSなどのシステムで管理する事業や事業者のことです。個人の意思に基づいた上で，個人に代わって，他の事業者への個人データの提供も行います。

②PDS（パーソナルデータストア）

行動履歴や購買履歴などの個人データを，個人自身が蓄積・管理するためのシステムのことです。個人が自らのデータを安全に蓄積・管理・活用することができます。企業などの第三者に提供する機能も備えています。

③データ取引市場

データ提供者とデータ提供先を仲介する市場や，その市場を運営する事業者のことです。

参考
広い意味でライフログには，SNSへの投稿，通話履歴，歩数や心拍数といった健康情報など，パーソナルデータや個人情報も含みます。

スペル
PDS
Personal Data Store

参考
内閣官房IT総合戦略室の「AI・IoT時代におけるデータ活用ワーキンググループ」では，次のように定義されています。

- ・**情報銀行**：個人とのデータ活用に関する契約等に基づき，PDS等のシステムを活用して個人のデータを管理するとともに，個人の指示又は予め指定した条件に基づき個人に代わり妥当性を判断の上，データを第三者（他の事業者）に提供する事業。

- ・**PDS**：他者保有データの集約を含め，個人が自らの意思で自らのデータを蓄積・管理するための仕組み（システム）であって，第三者への提供に係る制御機能（移管を含む）を有するもの。

- ・**データ取引市場**：データ保有者と当該データの活用を希望する者を仲介し，売買等による取引を可能とする仕組み（市場）。

6-1-4　ソリューションビジネス

頻出度
★★★

　ソリューションの考え方や、代表的なソリューションの提供方法、活用方法などを理解しましょう。

■ ソリューション

　IT分野における**ソリューション**は、業務上の問題や課題を、IT技術を活用して解決を図ることです。また、顧客に対して、このような問題解決の支援を行うことを**ソリューションサービス**といいます。

■ ソリューションの形態

　業務のシステム化におけるソリューションでは、自社開発、ソフトウェアパッケージの導入、他社のサービスの利用など、様々な方法があります。このようなソリューションの代表的な形態として、次のようなものがあります。

①ホスティングサービス CHECK

　インターネット経由で、利用者にサーバの機能を間貸しするサービスです。利用者は、自分でサーバや通信機器などを用意したり、サーバを管理したりする必要がありません。

②ハウジングサービス CHECK

　耐震設備や回線設備が整っている施設の一定の区画を、サーバや通信機器の設置場所として貸し出すサービスです。利用者は、自分たちでサーバなどの機器を用意し、借りた場所に搬入して設置します。

③SI

　情報システムの企画から構築、運用、保守までに必要な作業を一貫して行うサービスや事業のことです。**システムインテグレーション**ともいいます。

📝 **試験対策**

過去問題でホスティングサービスやハウジングサービスなどはよく出題されています。サービスの名称と特徴を判別できるように、SIやクラウドコンピューティングも含めて、しっかり確認しておきましょう。

🔍 **ワンポイント**

ホスティングサービスやハウジングサービスなどは、ITアウトソーシングの一種です。アウトソーシングについては、114ページを参照してください。

🔤 **スペル**

SI
System Integration

④SOA 🖐CHECK

　既存のソフトウェアやその一部の機能を部品化し，それらを組み合わせて，新しいシステムを構築する設計手法のことです。また，部品化した機能を「サービス」という単位で扱い，サービスを組み合わせてシステム全体を構築します。**サービス指向アーキテクチャ**ともいいます。

■ クラウドコンピューティング 🖐CHECK

　クラウドコンピューティングは，インターネットなどのネットワークを経由して，ハードウェアやソフトウェア，データなどを利用する形態のことです。たとえば，クラウドコンピューティングによって，インターネット上の特定の場所にデータを保存したり，保存したデータをほかの人と共有したりすることができます。
　クラウドコンピューティングはソリューションにも活用され，クラウドコンピューティングで提供する**クラウドサービス**には次のようなものがあります。

SaaS （サース）	アプリケーション（ソフトウェア）を提供する。 「Software as a Service」の略
PaaS （パース）	OSやミドルウェアなどの基盤（プラットフォーム）を提供する。 「Platform as a Service」の略
IaaS （アイアース）	ハードウェアやネットワークなどのインフラ機能を提供する（OSを含む場合もある）。 「Infrastructure as a Service」の略

　これらのサービスは，IaaS, PaaS, SaaSの順に，提供するサービスが増えていきます。

```
SaaS ← インフラ機能, 基盤, ソフトウェア
 ↑
PaaS ← インフラ機能, 基盤
 ↑
IaaS ← インフラ機能
```

スペル
SOA
Service Oriented
Architecture

☆ **参考**
クラウドコンピューティングのクラウド（cloud）は，「雲」という意味です。

🔵 **ワンポイント**
インターネットを通じてソフトウェアを提供するサービスには，**ASP**（Application Service Provider）と呼ぶものもあります。

🔵 **ワンポイント**
個人用のデスクトップ環境を，ネットワーク越しに提供するサービスのことを**DaaS**といいます。「Desktop as a Service」の略で，「ダース」と読みます。

🔵 **ワンポイント**
クラウドサービスに対して，自社でハードウェアなどの設備を保有して運用することを**オンプレミス**といいます。

6 システム戦略

 試験対策
シラバスVer.6.3では，クラウドサービスの形態などについて用語が追加されています（519ページ参照）。

ワンポイント

新しい技術などを導入する価値があるかどうかを検証することを**PoV**（Proof of Value）や**価値実証**といいます。

ココを押さえよう

「ITリテラシー」「デジタルディバイド」がよく出題されています。他の用語も確認，理解しておきましょう。

参考

ITリテラシーのリテラシー（literacy）は，識字（文字の読み書きができること）という意味です。

試験対策

シラバスVer.6.3（2024年10月から適用）では，ITリテラシーが「デジタルリテラシー」に変更されています。

■ PoC（概念実証） ✅CHECK

　PoCとは，新しい概念や理論，アイディア，技術などについて，本当に実現できるかどうかを検証することです。**概念実証**ともいいます。AIやRPAなどの新しい技術を導入するときは，PoCで実現性を検証します。

6-1-5　システム活用促進・評価 頻出度★★

　情報システムの活用を促進するため，情報技術の普及啓発や，情報システムの利用実態に関する活動を理解しましょう。

■ ITリテラシー ✅CHECK

　ITリテラシー（情報リテラシー）とは，パソコンやインターネットなどの情報技術を利用して，情報を活用することのできる能力のことです。たとえば，表計算ソフトでデータを整理・分析したり，インターネットで業務に必要な情報を集めたりできる能力です。

■ 普及啓発

　情報システムを活用するためには，利用者の情報技術に関する普及啓発が必要です。情報システムを導入した際，システムの機能や操作への理解が十分でないと，業務効率が低下するおそれがあります。情報システムを円滑に利用できるように，講習会やe-ラーニングなどの教育を実施したり，業務マニュアルを用意したりします。

●ゲーミフィケーション

ワンポイント

ゲーミフィケーションを導入する目的は，従業員や顧客の興味や関心を高め，目標を達成できるように動機付けることです。

　遊びや競争といった人が熱中して楽しめるゲーム的な要素を，ゲーム以外の様々なことに取り入れることです。従業員教育や人材開発，顧客との関係構築など，企業活動にも活用されています。

●デジタルディバイド ✅CHECK

　ITを利用できる環境や能力の違いによって，待遇や収入など，経済的や社会的な格差が生じることです。

■ 情報システム利用実態の評価・検証

　情報システムを事業活動・業務遂行に役立てるためには，情報システムの利用実態を評価，検証することが重要です。たとえば，業務内容や業務フローが変更され，システム利用に影響が出てしまう場合があります。情報システムが有効に利用されているかどうかを，投資対効果分析や利用者満足度調査などによって評価し，改善の方向性や目標を明確にします。

■ レガシーシステム

　レガシーシステムは，新しい技術が適用しにくい，時代遅れとなった古いコンピュータシステムのことです。老朽化,肥大化,複雑化，ブラックボックス化したシステムのため，思うようなデータ連携ができない，維持管理にコストがかかるなどの問題があります。

● 情報システムの廃棄

　機能，性能，運用性，拡張性，コストなどの観点から，評価・検証を行って，情報システムやソフトウェアが寿命に達していると判断した場合には，情報システムを廃棄し，新たな情報システムの導入を検討します。

用語

費用対効果分析：使った費用に対して，どのくらいの効果が得られたかを分析することです。

ワンポイント

設備や建物などを維持・管理するために必要となる費用のことを**メンテナンスコスト**といいます。

参考

経済産業省が発表した「DXレポート」には，レガシーシステムが存在することによるリスク・課題として「IT人材資源の浪費」「DX（デジタルトランスフォーメーション）の足かせ」「継承が困難」を挙げています。

ワンポイント

システムの構想段階から廃止に至るまでの一連のプロセスを**システムライフサイクル**といいます。

6

システム戦略

ストラテジ系　マネジメント系　テクノロジ系

演習問題

問1　DFD　　　　　　　　　　　　　　　CHECK ▶ □□□

図のDFDで示された業務Aに関する，次の記述中のaに入れる字句として，適切なものはどれか。ここで，データストアBの具体的な名称は記載していない。

業務Aでは，出荷の指示を行うとともに，　 a 　などを行う。

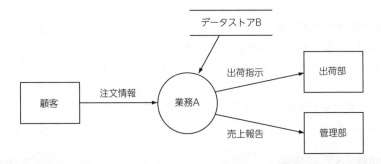

ア　購買関連のデータストアから，注文のあった製品の注文情報を得て，発注先に対する発注量の算出

イ　顧客関連のデータストアから，注文のあった製品の売上情報を得て，今後の注文時期と量の予測

ウ　製品関連のデータストアから，注文のあった製品の価格情報を得て，顧客の注文ごとの売上の集計

エ　部品関連のデータストアから，注文のあった製品の構成部品情報を得て，必要部品の所要量の算出

問2　BPMに基づいた業務改善　　　　　　　　CHECK ▶ □□□

BPM（Business Process Management）の考えに基づいた業務改善に関する説明として，最も適切なものはどれか。

ア　企業内のデータを統合し，これを用いて業務上の意思決定の支援を図る。

イ　業務と経営資源を統合的に管理し，経営資源の活用方法の改善を図る。

ウ　業務の実行結果などから業務プロセス自体を見直し，継続的な改善を図る。

エ　業務プロセスの分業化を進め，作業効率の向上を図る。

問3 SOAのメリット CHECK ▶ ☐☐☐

SOA (Service Oriented Architecture) とは，サービスの組合せでシステムを構築する考え方である。SOAを採用するメリットとして，適切なものはどれか。

ア システムの処理スピードが向上する。
イ システムのセキュリティが強化される。
ウ システム利用者への教育が不要となる。
エ 柔軟性のあるシステム開発が可能となる。

問4 情報システム開発の委託サービス CHECK ▶ ☐☐☐

情報システムの構築に当たり，要件定義から開発作業までを外部に委託し，開発したシステムの運用は自社で行いたい。委託の際に利用するサービスとして，適切なものはどれか。

ア SaaS (Software as a Service)
イ システムインテグレーションサービス
ウ ハウジングサービス
エ ホスティングサービス

問5 事務作業をソフトウェアのロボットに代替させること CHECK ▶ ☐☐☐

人間が行っていた定型的な事務作業を，ソフトウェアのロボットに代替させることによって，自動化や効率化を図る手段を表す用語として，最も適切なものはどれか。

ア ROA イ RPA ウ SFA エ SOA

解答と解説

問1　（平成27年秋期　ITパスポート試験　問8）
《解答》ウ

　DFD（データフローダイアグラム）は，データの流れに着目し，データの処理と流れを図式化したものです。業務Aでは，「注文情報」を得て，「出荷指示」と「売上報告」を行っています。「業務Aでは，出荷の指示を行うとともに，　a　などを行う」ことより，　a　には売上報告に関することが入ることがわかります。選択肢を確認すると，売上に関する処理はウだけです。よって，正解はウです。

問2　（平成28年春期　ITパスポート試験　問13）
《解答》ウ

　BPM（Business Process Management）は，業務の流れをプロセスごとに分析・整理して問題点を洗い出し，継続的な改善を図る手法です。選択肢の中で「継続的な改善」であるのはウだけです。よって，正解はウです。
ア　データウェアハウスに関する説明です。
イ　ERP（Enterprise Resource Planning）に関する説明です。
エ　BPMは，分業化に基づき作業効率の向上を図る手法ではありません。

問3　（平成26年春期　ITパスポート試験　問3）
《解答》エ

　サービス指向アーキテクチャ（SOA）では，既存のソフトウェアやその一部の機能を部品化し，「サービス」という単位で扱います。サービスの組み替えや，新しいサービスの追加を容易に行うことができるので，柔軟性のあるシステム開発が可能です。よって，正解はエです。
ア，イ　SOAの採用により，システムの処理スピードの向上やセキュリティの強化が図られるわけではありません。
ウ　通常の情報システムと同様，システム利用者への教育は必要です。

問4 ································· (平成28年春期　ITパスポート試験　問6)
《解答》イ

　情報システムの企画から構築，運用，保守まで，必要な作業を一貫して行うサービスや事業のことをシステムインテグレーション（SI）といいます。「情報システムの構築に当たり，要件定義から開発作業までを外部に委託」するので，**イ**の「システムインテグレーションサービス」が適切です。よって，正解は**イ**です。

問5 ································· (令和2年秋期　ITパスポート試験　問29)
《解答》イ

　これまで人が行っていた定型的な事務作業を，ソフトウェアで実現されたロボットに代替させることで，業務の自動化や効率化を図ることをRPA（Robotic Process Automation）といいます。よって，正解は**イ**です。

ア　ROA（Return On Assets）は，総資本に対して，どれだけの利益を上げたかを示すものです。「当期純利益÷総資本×100」で算出し，数値が大きいほど，効率的に利益を上げたといえます。

ウ　SFA（Sales Force Automation）は，コンピュータやインターネットなどのIT技術を使って，営業活動を支援するシステムのことです。

エ　SOA（Service Oriented Architecture）は，既存のソフトウェアやその一部の機能を部品化し，それらを組み合わせて新しいシステムを構築する手法です。

6 システム戦略

6-2 システム企画

6-2-1 システム化計画

頻出度
★★☆

システム企画では，情報システム戦略に基づき，業務のシステム化に向けて「システム化計画」「要件定義」「調達計画・実施」を順に実施します。まず，システム化計画について，目的や作業内容を理解しましょう。システム開発の流れに関する「ソフトウェアライフサイクルプロセス」についても説明しています。

■ ソフトウェアライフサイクルプロセス ✅CHECK

ソフトウェアライフサイクルプロセス（SLCP）とは，システム開発における，企画から開発，運用，保守，廃棄に至る一連の流れのことです。企画，要件定義，開発，運用，保守というプロセスに分類した場合，次のような流れになります。

■ システム化計画 ✅CHECK

システム化計画では，システム化する対象の業務を分析し，情報システム戦略に基づいて，システム化構想及びシステム化基本方針の立案を行います。そして，「システム化の対象となる業務」「システム開発の全体スケジュール」「概算コスト」「費用対効果」「リスク分析」など，システム化の全体像を明らかにします。

■ 企画プロセス ✅CHECK

ソフトウェアライフサイクルの企画プロセスでは，システム化構想の立案やシステム化計画の立案を行って，システム化の全体像を明らかにします。

共通フレーム2013には，「企画プロセス全体の目的は，経営・事業の目的，目標を達成するために必要なシステムに関係する要件の集合とシステム化の方針，及び，システムを実現するための実施計画を得ることである。」と記載されています。

①システム化構想の立案 🔖CHECK

経営上のニーズや課題を解決，実現するために，新たな業務の全体像と，それを実現するためのシステム化構想及び推進体制を立案します。実施する主な事項として，次のようなものがあります。

・経営上のニーズ，課題の確認
・事業環境・業務環境，現行業務・システムの調査分析
・対象となる業務の明確化
・業務の新全体像の作成

②システム化計画の立案 🔖CHECK

システム化構想に基づいて，運用や効果などの実現性を考慮したシステム化計画，プロジェクト計画を立案し，利害関係者の合意を得ます。実施する主な事項として，次のようなものがあります。

・システム化計画の基本要件の確認
・対象業務の内容の確認
・**対象業務のシステム課題の定義**
・対象システムの分析
・適用情報技術の調査
・業務モデルの作成
・システム化機能の整理とシステム方式の策定
・付帯機能，付帯設備に対する基本方針の明確化
・サービスレベルと品質に対する基本方針の明確化
・プロジェクトの目標設定
・実現可能性の検討
・**全体開発スケジュールの作成**
・システム選定方針の策定
・**費用とシステム投資効果の予測**
・プロジェクト推進体制の策定
・プロジェクト計画の文書化と承認

🌀ワンポイント

経営事業の目的や目標を達成するために，経営戦略や情報システム戦略に基づいて，システム化構想を立案します。

⭐参考

「システム化構想の立案」や「システム化計画の立案」は，共通フレーム2013で企画プロセスに定められているプロセスです。赤枠内の事項も，共通フレーム2013で実施するタスクとして記載されているものです。

🌀ワンポイント

「対象業務のシステム課題の定義」では，システム化対象業務の問題点を分析し，解決の方向性を明確化するとともに，システムで解決する課題を定義します。

📘試験対策

システム化計画の立案は，よく出題されています。実施する事項として，「対象業務のシステム課題の定義」「全体開発スケジュールの作成」「費用とシステム投資効果の予測」は必ず覚えておきましょう。

ストラテジ系　マネジメント系　テクノロジ系

6 システム戦略

6-2-2　要件定義

頻出度
★★

情報システムを構築するにおいて，システムに求める機能や性能などを要件定義で明確にすることを理解しましょう。

■要件定義 CHECK

要件定義では，経営戦略やシステム戦略，利用者のニーズを考慮して，情報システムに求める機能及び要件を明らかにして定義します。まず，利害関係者のニーズを識別し，「業務の在り方や運用をどのように改善するか」「どのようなシステムが必要であるか」といったシステムへの要求事項を明確にします。そして，それを実現するためのシステム化の範囲，機能・性能，利用方法などを要件に定め，利害関係者間で合意します。このとき定義する要件には，次のようなものがあります。

①業務要件 CHECK

利害関係者から提示されたニーズ及び要望を識別，整理します。それをもとにして新しい業務の在り方や運用をまとめ，業務上実現すべき要件を定義します。

②機能要件 CHECK

業務要件を実現するために，導入する情報システムに必要なシステム機能を明らかにし，機能要件に定義します。

③非機能要件 CHECK

機能要件以外でシステムが備えるべき要件として，情報システムの品質，システムの開発方式・開発環境，開発後の運用や移行，コストなどを定義します。たとえば，「システムの稼働率は99.5％以上である」「ログは3年間保存する」などを定めます。

■要件定義プロセス

業務要件などの要件定義は，ソフトウェアライフサイクルでは**要件定義プロセス**に含まれます。どのようなシステムを構築するかを，機能，性能，利用方法などの観点で，利用者側と開発者側で明確にします。

6-2-3 調達計画・実施

頻出度 ★★★

情報システム開発を外部に委託して調達するときの，基本的な流れを理解しましょう。

■ 調達の実施・流れ

情報システムの調達に当たり，情報システムの発注元企業とベンダ企業間で文書のやり取りを行います。主な文書として，次のようなものがあります。

①RFI（情報提供依頼書）

発注元企業がベンダ企業に対して，情報システムについての開発手段や技術動向などの情報提供を求める文書です。システム化の目的や業務概要などを示すことによって，関連する情報の提供を依頼します。

②RFP（提案依頼書）

発注元企業がベンダ企業に対して，導入を計画している新しい情報システムへの具体的な提案を求める文書です。調達する情報システムの概要や提案依頼事項，調達条件などを明示して，それに対する提案書の提出を依頼します。

③提案書

発注元企業から提示されたRFPに対して，ベンダ企業が作成する文書です。ベンダ企業ではRFPをもとにシステム構成や開発手法などを検討して提案書を作成し，発注元企業に提出します。発注元企業では，発注先ベンダを選定するに当たって，提案書の提案内容を分析・評価します。

④見積書

システムの開発，運用，保守などにかかる費用を示す文書です。ベンダ企業が作成し，発注元企業に提出します。発注元企業では，見積書と提案書を合わせて検討し，発注先のベンダを選定します。

👆 ココを押さえよう

情報システムの調達において，ベンダとやり取りする文書の種類や流れなどを理解しておきましょう。特に「RFI」「RFP」は頻出なので確実に覚えましょう。「グリーン調達」も要チェックです。

☆ 参考

情報システム開発を行う企業のことを「**ベンダ**」や「**ベンダ企業**」「**ITベンダ**」と呼びます。

✎ スペル

RFI
Request For Information

✎ スペル

RFP
Request For Proposal

📝 試験対策

過去問題でRFI（情報提供依頼書）やRFP（提案依頼書）はよく出題されています。どのような目的で文書を作成し，誰に提示するかを理解しておきましょう。

6 システム戦略

🔊 ワンポイント

ベンダ企業など，発注先に見積りを依頼する文書を**RFQ**といいます。「Request For Quotation」の略です。

情報システムの調達でやり取りする主な文書の流れを図にすると，次のようになります。

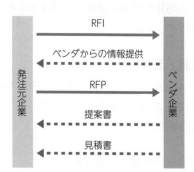

ワンポイント

ベンダ企業にシステム開発を委託した場合，開発したプログラムの著作権はベンダ企業に帰属します。発注元企業の著作権を認めるためには，その旨を契約で定めておく必要があります。

■ グリーン調達 CHECK

グリーン調達は，製品やサービスを購入する際，環境負荷が小さいものを優先して選ぶことや，環境負荷の低減に努める事業者から優先して購入することです。品質や価格の要件を満たすだけでなく，環境に配慮した調達を行います。

■ AI・データの利用に関する契約ガイドライン CHECK

参考

「AI・データの利用に関する契約ガイドライン」は，経済産業省のWebサイトからダウンロードすることができます。
https://www.meti.go.jp/policy/mono_info_service/connected_industries/sharing_and_utilization.html

AI・データの利用に関する契約ガイドラインは経済産業省が策定・公開している文書で，データの利用に関する契約や，AI技術を利用するソフトウェアの開発・利用に関する契約を締結する際の参考となるガイドラインです。契約上の主な課題や論点，契約条項の例，条項を作成するときの考慮要素などが整理されており，データ編とAI編からなります。国内でのビジネスや研究開発の実務において，データ利活用やAI技術開発に関する契約作成の手引きとして参照されています。

演習問題

問1　システム化計画の立案　　CHECK ▶ □□□

システム化計画の立案はソフトウェアライフサイクルのどのプロセスに含まれるか。

ア　運用　　　　イ　開発　　　　ウ　企画　　　　エ　要件定義

問2　要件定義プロセス　　CHECK ▶ □□□

システム開発における要件定義プロセスを説明したものはどれか。

ア　新たに構築する業務，システムの仕様，及びシステム化の範囲と機能を明確にし，それらをシステム取得者側の利害関係者間で合意する。

イ　経営事業の目的，目標を達成するために必要なシステムの要求事項をまとめ，そのシステム化の方針と実現計画を策定する。

ウ　システム要件とソフトウェア要件を定義し，システム方式とソフトウェア方式を設計して，システム及びソフトウェア製品を構築する。

エ　ソフトウェア要件どおりにソフトウェアが実現されていることやシステム要件どおりにシステムが実現されていることをテストする。

問3　機能要件と非機能要件　　CHECK ▶ □□□

　連結会計システムの開発に当たり，機能要件と非機能要件を次の表のように分類した。aに入る要件として，適切なものはどれか。

機能要件	非機能要件
・国際会計基準に則った会計処理が実施できること ・決算処理結果は，経理部長が確認を行うこと ・決算処理の過程を，全て記録に残すこと	・最も処理時間を要するバッチ処理でも，8時間以内に終了すること ・　　　　　a　　　　 ・保存するデータは全て暗号化すること

ア　故障などによる年間停止時間が，合計で10時間以内であること
イ　誤入力した伝票は，訂正用伝票で訂正すること
ウ　法定帳票以外に，役員会用資料作成のためのデータを自動抽出できること
エ　連結対象とする会社は毎年変更できること

問4　RFPの記述事項　　　　　　　　　　　CHECK ▶ □□□

ある業務システムの構築を計画している企業が，SIベンダにRFPを提示することになった。最低限RFPに記述する必要がある事項はどれか。

ア　開発実施スケジュール　　　　**イ**　業務システムで実現すべき機能
ウ　業務システムの実現方式　　　　**エ**　プロジェクト体制

問5　システム開発の委託先の選定　　　　　CHECK ▶ □□□

システム開発における，委託先の選定に関する手順として，適切なものはどれか。

a　RFPの提示　　　　　　　　b　委託契約の締結
c　委託先の決定　　　　　　　d　提案書の評価

ア　a→c→d→b　　　　　　　**イ**　a→d→c→b
ウ　c→a→b→d　　　　　　　**エ**　c→b→a→d

問6　システムの調達　　　　　　　　　　　CHECK ▶ □□□

システムの調達に関して，a，bに該当する記述の適切な組合せはどれか。

A社では新システムの調達に当たり，　a　の入手を目的としてRFIをベンダに提示した。その後，　b　の入手を目的としてRFPをベンダに提示して，調達先の選定を行った。

	a	b
ア	技術動向調査書	提案書
イ	技術動向調査書	秘密保持契約書
ウ	財務諸表	提案書
エ	提案書	技術動向調査書

解答と解説

問1 (平成26年春期 ITパスポート試験 問21)
《解答》ウ

　ソフトウェアライフサイクルの企画プロセスでは，情報システムの構築に当たり，システム化構想の立案やシステム化計画の立案を実行します。システム化計画の立案においては，システム化計画及びプロジェクト計画を具体化し，利害関係者の合意を得ます。よって，正解は**ウ**です。

問2 (平成21年春期 ITパスポート試験 問25)
《解答》ア

　要件定義プロセスでは，構築する業務，情報システムの仕様，システム化の範囲と機能を明確にし，それらをシステム取得者側の利害関係者間で合意します。よって，正解は**ア**です。
イ 企画プロセスの説明です。
ウ，エ 開発プロセスで実施する作業です。

問3 (平成28年春期 ITパスポート試験 問1)
《解答》ア

　機能要件は，業務を実現するためにシステムに求める要件です。対して，非機能要件は，システムの品質や性能などについて，システムが備えるべき要件です。選択肢を確認すると，**ア**の要件はシステムの品質に関することなので非機能要件に該当します。対して，**イ，ウ，エ**は業務に関してシステムに求めることなので機能要件です。よって，正解は**ア**です。

問4　　　　　　　　　　　　　　　（平成29年秋期　ITパスポート試験　問34）
《解答》イ

　RFP（Request For Proposal）を提示されたSIベンダは，RFPの内容に基づいて提案書を作成し，発注元企業に回答します。そのため，RFPには開発するシステムの概要や調達条件などを具体的に記載しておきます。選択肢の中では，ベンダからシステムについて適切な提案を得るため，**イ**の「業務システムで実現すべき機能」は必ずRFPに記載します。**ア**，**ウ**，**エ**は，記載が必須の事項ではありません。よって，正解は**イ**です。

問5　　　　　　　　　　　　　　　（平成26年秋期　ITパスポート試験　問24）
《解答》イ

　システム開発の委託において，「a　RFPの提示」のRFPは委託元が作成し，委託先（ベンダ企業）に提示する文書です。システム化の概要や調達条件などを記載しておき，システムへの具体的な提案を求めます。RFPを提示されたベンダ企業は，RFPの内容に基づいて提案書を作成し，委託元に提出します。そして，委託元は提出された提案書を評価し，その結果で委託先を決定して委託契約を締結します。
　上記の流れでa～dを並べると，「a　RFPの提示」→「d　提案書の評価」→「c　委託先の決定」→「b　委託契約の締結」になります。よって，正解は**イ**です。

問6　　　　　　　　　　　　　　　（平成26年春期　ITパスポート試験　問7）
《解答》ア

　RFI（Request For Information）は，情報システムの調達に当たり，発注元企業がベンダ企業に対して情報システムに関する情報提供を求める文書です。よって，　a　には，選択肢のうちの文書では「技術動向調査書」が適切です。
　また，RFP（Request For Proposal）は，ベンダ企業に対して新システムについての具体的な提案書を求める文書で，　b　には「提案書」が該当します。よって，正解は**ア**です。

第7章 システム開発

本章の学習ポイント

● システム開発のプロセスの基本的な流れを理解する

● システム要件, ソフトウェア要件, システム設計, ソフトウェア設計, 導入・受入れ, 保守について, それぞれの作業内容を理解する

● システム開発で行う主なテストの種類と役割について理解する

● システム開発における見積りの考え方を理解する

● ソフトウェアの開発手法について, オブジェクト指向, DevOps, アジャイル, ウォータフォールモデル, RAD, 共通フレームなどの重要用語を覚える

シラバスにおける本章の位置付け

ストラテジ系	大分類1：企業と法務	
	大分類2：経営戦略	
	大分類3：システム戦略	
マネジメント系	**大分類4：開発技術**	→ 本章の学習
	大分類5：プロジェクトマネジメント	**中分類8：システム開発技術**
	大分類6：サービスマネジメント	**中分類9：ソフトウェア開発管理技術**
テクノロジ系	大分類7：基礎理論	
	大分類8：コンピュータシステム	
	大分類9：技術要素	

7-1 システム開発技術

7-1-1 システム開発のプロセス

ココを押さえよう

「システム要件定義」「ソフトウェア要件定義」「システム設計」「ソフトウェア設計」がよく出題されています。「導入」「受入れ」も要チェックです。

 試験対策

ここで説明するシステム開発はソフトウェアを中心としたものなので,ソフトウェア開発のプロセスとして捉えることもできます。

試験対策

シラバスVer.6.0から,システム開発技術分野において,JIS X 0160:2021ソフトウェアライフサイクルプロセスを踏まえた構成・表記に変更されました。
なお,これまでの共通フレーム2013に準拠した,開発プロセスは次のとおりです。この流れや用語も確認しておきましょう。

システム要件定義
↓
システム方式設計
↓
ソフトウェア要件定義
↓
ソフトウェア方式設計
↓
ソフトウェア詳細設計

 参考

業務要件定義については,182ページを参照してください。

用語

ユーザインタフェース:人間がコンピュータを操作するときに接する部分のことです(386ページ参照)。

システム開発のプロセスについて,その基本的な流れや,各プロセスで実施する作業について理解しましょう。

■ システム開発の基本的な流れ

システム開発の基本的なプロセスの流れは,次のとおりです。

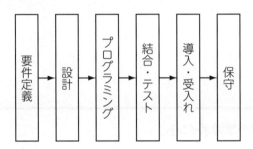

要件定義 → 設計 → プログラミング → 結合・テスト → 導入・受入れ → 保守

①要件定義

システム開発の発注者と開発者の間で,システム及びソフトウェアに要求される機能,性能,内容を明確にして,システム要件とソフトウェア要件を定めます。

●システム要件定義

業務要件に基づいて,システムに必要な機能や性能,システム化目標や対象範囲を定義します。その他にも,事業・組織や利用者の要件,運用・保守の要件,システム構成要件,設計制約と適格性確認の要件,開発環境などを明らかにします。

●ソフトウェア要件定義

システムを構成するソフトウェアについて,求める機能や能力などを定義します。ユーザインタフェース(入力画面,出力画面,帳票の印刷イメージなど)や,関係データベースの表と表の項目などの設計も行います。

②設計

　要件定義をもとに，システムを設計します。設計には，システム設計とソフトウェア設計があります。

●システム設計

　システム要件定義で明らかにしたシステム要件を，ハードウェアで実現するもの，ソフトウェアで実現するもの，利用者が手作業で行うことに振り分けます。これに基づいて，システムの実現に必要なシステム構成 (ハードウェアやネットワークの構成，システムの処理方式など) を決定します。

> **試験対策**
> 共通フレーム2013では，システム方式設計に当たります。

●ソフトウェア設計

　ソフトウェア要件定義に基づいて，システム内部の構造を設計します。ソフトウェアを機能ごとにコンポーネント (部品) に分割し，各コンポーネントの機能や，コンポーネント間での処理の手順や関係などを設計します。

　そして，プログラミングが行えるレベルまで，コンポーネントをモジュール単位に細分化し，各モジュールの処理内容や，モジュール間でのインタフェースなどを設計します。

> **試験対策**
> 共通フレーム2013では，前半の作業がソフトウェア方式設計，後半の作業がソフトウェア詳細設計に当たります。

　なお，要件定義や設計で実施する作業は同じですが，外部設計と内部設計という分け方をする場合もあります。それぞれの特徴や分担する主な作業内容は，次のとおりです。

外部設計	システムの利用者の目に見える部分を設計する ・操作画面や帳票の印刷イメージの設計 ・コード設計 (システムで扱う情報にコードを割り当てる) ・論理データ設計 (データの関連やデータベースの構造などを決める) ・サブシステムへの分割　など
内部設計	外部設計に基づいて，システム内部における処理を設計する ・データの処理方式やチェック方式の決定 ・物理データ設計 (データベースに格納するレコードの長さや属性など，データベースやファイルの詳細な仕様を定める) ・プログラム単位への機能分割・構造化　など

> **参考**
> データベースのレコードについては，「16-1-2 データベース設計」を参照してください。

ストラテジ系

マネジメント系

テクノロジ系

7

システム開発

用語

モジュール：プログラムを機能単位で，できるだけ小さくしたものです。

参考

プログラムを書くことをプログラミングという場合もありますが，ITパスポートのシラバスでは「プログラミング（単体テストの実施までを含む）」としています。

用語

バグ：プログラム内にある誤りや欠陥といった不具合のことです。

参考

システム開発で行うテストの種類や手法などについては，後述の「7-1-2 システム開発のテスト」で説明しています。

ワンポイント

開発が完了したシステムを本番環境に配置する作業のことを導入といいます。導入計画を立案し，実施者や責任者などの実施体制を明確にしておく必要があります。

③プログラミング

システム設計に従って，プログラム言語を用いてプログラムを記述します（コーディング）。プログラムはモジュール単位で作成し，プログラムに誤りがないことを検証するため，単体テストを行います。

単体テストでは，プログラムが設計書どおりに動作するかを検証し，バグが発見された場合はデバッグを行ってバグを取り除きます。また，プログラミングでは，コードレビューも行います。

●デバッグ

プログラムのバグを発見し，修正することです。専用のソフトウェア（デバッガ）を使って行う方法や，紙面上でソースコードに目を通して行う机上デバッグなどがあります。

●コードレビュー

他の人が書いたソースコードを読んで，ソースコードに潜む脆弱性などの不具合や，コードの可読性（読みやすさ）を検査することです。

④結合・テスト

単体テストが終わったプログラムを結合し，ソフトウェアやシステムが要求どおりに動作するかどうかを検証します。また，テストには計画，実施，評価のサイクルがあり，立案したテスト計画に従ってテストを実施し，目標に対する実績を評価します。

⑤導入・受入れ

開発が完了したシステムを，発注者（顧客）に納入します。その際，発注側が主体で受入れテスト（承認テスト）を実施し，システムが要件を満たしていることを確認して，問題がなければシステムの納入が行われます。

また，開発者側は，受入れテストの支援，利用者マニュアルの準備，システムの運用者・利用者への教育訓練などの受入れ支援も行います。

● 妥当性確認テスト

　実環境もしくは同等の環境において、システムが利用者の意図する目的や用途を満たしているかを検証することを**妥当性確認テスト**といいます。受入れテストでは、妥当性確認テストが実施されます。

⑥ 保守

　システムの納入後、システムが正常な状態を保つように監視し、システムやソフトウェアに生じた問題の解消を図ります。また、システムの安定稼働、情報技術の進展、経営戦略の変化に対応するために、プログラムの修正や変更を行います。

ワンポイント

ソフトウェアの受入れ以降、一定期間内に発見された不具合に対して、無償で修正したり、賠償責任を負ったりすることを**瑕疵担保責任**といいます。

ストラテジ系

マネジメント系

テクノロジ系

7

システム開発

ワンポイント

開発部門側とシステムの利用者が参加し，共同で行うレビューのことを**共同レビュー**といいます。

用語

ウォークスルー：レビューの対象物の作成者が，他のメンバに説明する形式でレビューを行います。

インスペクション：レビューを主導する人を「モデレータ」といい，モデレータが議長となってレビューを行い，正式な記録を残します。

ワンポイント

品質管理の基準には，レビューの回数や時間，指摘件数なども含まれます。

参考

JIS X 0129-1の6つの特性には，それぞれ副特性があります。たとえば，信頼性には4つの副特性があり，そのうちの「成熟性」は，「ソフトウェアに潜在する障害の結果として生じる故障を回避するソフトウェア製品の能力」と定義されています。

■ レビュー

　レビューは，工程の状況や，それぞれの工程で作成された要件定義書や成果物（設計書，ソースコードなど）に不備や誤りがないかを確認する作業や会議のことです。問題点の早期発見を目的として行い，各工程の品質を確保するのに有効です。

　代表的なレビューの手法には，開発チームのメンバや関係者が集まって討論を行う**ウォークスルー**や**インスペクション**があります。

■ ソフトウェアの品質特性

　ソフトウェアの品質特性は，ソフトウェアの品質を評価する基準のことです。JIS X 0129-1（ISO/IEC 9126-1）の「品質特性」には，次の6つの特性が定められています。要件定義や設計を行う際，ソフトウェアの品質を評価する基準として，これらを満たすように考慮します。

機能性	必要な機能が提供されている
信頼性	継続して正常に動作し，障害が起こりにくい
使用性	ソフトウェアがわかりやすい，利用しやすい
効率性	資源（メモリや時間など）を有効に使っている
保守性	ソフトウェアを修正，保守しやすい
移植性	ソフトウェアを別の環境に移植しやすい

　なお，JIS X 0129-1の後継規格のJIS X 25010:2013（ISO/IEC 25010:2011）では，品質特性が「機能適合性」「性能効率性」「互換性」「使用性」「信頼性」「セキュリティ」「保守性」「移植性」の8つに拡張されています。機能性は機能適合性，効率性は性能効率性に名称が変更され，新しく互換性とセキュリティが追加されました。

互換性	他の製品やシステムなどでも，機能の実行や情報の交換・使用が行える
セキュリティ	権限に応じてアクセスできるよう，データや情報が保護されている

7-1-2 システム開発のテスト

システム開発では，いろいろなテストを実施します。主なテストの種類や手法を理解しましょう。

■ テストの種類

システム開発では，次のようなテストを実施します。いずれのテストも事前にテスト計画を立て，それに従って行います。

①単体テスト

モジュール単位で行うテストです。内部構造も含めて，プログラムが設計書どおりに動作することを確認します。テスト手法として，主に**ホワイトボックステスト**が使用されます。

②結合テスト

単体テスト済みの複数のモジュールを結合して行うテストです。プログラム間のインタフェースが仕様どおりに作成され，正常に連動することを確認します。

③システムテスト

結合テスト済みのプログラムを組み合わせて，システム全体に行うテストです。次のようなテストを実施し，システムが要求する機能や性能を備えているかを確認します。

テストの種類	説明
機能テスト	システムが必要な機能をすべて満たしているかを検証する
性能テスト	処理速度や応答時間など，システムの性能を検証する
負荷テスト	大量のデータ処理や長時間の稼働など，システムに高い負荷をかけ，システムが耐えられるかを検証する
例外テスト	故意にエラーになることを行い，エラーとして適切に処理されるかを検証する
回帰テスト（リグレッションテスト）	バグの修正や機能の追加などでプログラムを修正したとき，その変更が他の部分に影響していないかを検証する

ストラテジ系

マネジメント系

テクノロジ系

7

システム開発

ココを押さえよう

システム開発のテストは，開発技術の中で出題割合が高いところです。「ホワイトボックステスト」と「ブラックボックステスト」の手法の違いは必ず覚えましょう。
テストの種類も「単体テスト」「結合テスト」「システムテスト」「回帰テスト」は要チェックです。

参考

ホワイトボックステストについては，次ページを参照してください。

ワンポイント

結合テストには，上位のモジュールから順に結合してテストする**トップダウンテスト**や，下位のモジュールから順に結合してテストする**ボトムアップテスト**があります。

ワンポイント

ユーザインタフェースに関して，システムの使いやすさを検証するテストを**操作性テスト**といいます。

④運用テスト CHECK

システム開発の発注側（システムの利用者）が主体となって、実際の業務でシステムを有効に使用できることを確認するテストです。実際の稼働環境（もしくは同等の疑似的な環境）で、業務で使うデータを使って、システムが問題なく動作するかを検証します。

⑤受入れテスト

システムの納品に際して、システム開発の発注側が実施するテストです。システムを受け入れてよいかどうかを判断するため、システムの利用者が実際の運用と同じ条件でシステムを使用し、正常に稼働することを確認します。

■ テストの手法

システム開発のテストの手法には、ホワイトボックステストとブラックボックステストがあります。

①ホワイトボックステスト CHECK

プログラムの内部構造に着目して行うテストです。プログラム内部で、命令や分岐条件が正しく動作するかどうかを検証します。すべての命令と分岐条件を組み合わせて、網羅するようにテストケースを作成します。

用語
テストケース：テストの実施条件や入力するデータ、期待される出力・結果などを組み合わせたもののことです。

ワンポイント
プログラムの中でテストされた部分の割合を**テストカバー率**といいます。数値が高いほど、網羅してテストされています。

（分岐の例）
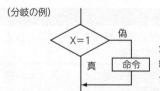
分岐は1つで、真と偽の2方向の経路についてテストケースを作成する

②ブラックボックステスト CHECK

プログラムの内部構造は考慮せず、入力と出力だけに着目して行うテストです。いろいろな入力に対して、仕様書どおりの出力結果が得られるかどうかを検証します。

出力結果について、起こり得るすべての事象を確認できるように、テストケースを作成します。また、入力するテストデータの作成方法として、同値分割や限界値分析があります。

●同値分割

有効同値クラスと無効同値クラスに分け，それぞれから代表する値を選んでテストデータにします。

●限界値分析

同値分割のクラスの境界にある値をテストデータにします。

（例）条件「18歳以上60歳未満」
　　　有効同値クラス：18歳以上59歳以下
　　　無効同値クラス：17歳以下または60歳以上

```
                 境界値              境界値
… 14 15 16 │17 18│19 20 …… 57 58 │59 60│ 61 62 63 …
└──────────┘ └──────────────────┘ └─────────────┘
  無効同値クラス      有効同値クラス        無効同値クラス
```

■ バグ管理図

テスト工程において品質の状況を判断するために用いるグラフを**バグ管理図**といいます。たとえば，次図の場合，縦軸に累積バグ件数，横軸にテスト項目消化件数をとり，両者の関係をグラフで表しています。テストを開始後，しばらくするとバグが多く検出されますが，徐々に減って収束しています。このような信頼度成長曲線の形状に近づくと，品質が安定しつつあり，テストを終えてよいといえます。

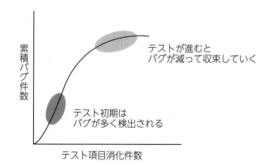

参考

テストを効果的に実施するには，適切なテストデータを用意することが重要です。その際，正しく処理されるデータだけでなく，誤ったデータも準備して，エラーとして処理されることを確認します。

試験対策

過去問題で，プログラムの品質を評価する指標として「バグ摘出数」や「テストカバー率」が出題されています。覚えておきましょう。

ストラテジ系

マネジメント系

テクノロジ系

7 システム開発

7-1-3　ソフトウェアの見積り

頻出度 ★★☆

ソフトウェア開発の見積りの基本的な考え方や，代表的な見積り手法について理解しましょう。

ソフトウェア開発の見積り手法

ソフトウェアの開発にかかる工数や期間は，その開発規模や開発環境などに基づいて見積ります。適正な見積りを出すには，単に工数を数えるのではなく，開発する機能の複雑さや品質などへの考慮も重要になります。

代表的な見積り手法として，次のようなものがあります。

①ファンクションポイント法

システムがもつ機能(入力画面や出力帳票，使用ファイル数など)の数をもとに，システムの規模や工数などを見積もる方法です。機能の数と，機能の複雑さを示す点数(重み付け)を掛け合わせ，求めた数値で見積もります。

②類推見積法

過去に開発したシステムから類似例を探し，その実績や開発するシステムとの相違点などを分析・評価して，システムの規模や工数などを見積もる方法です。一般的に他の見積り方法より費用や時間はかかりませんが，正確さは劣ります。

③積算法

WBSで分解した作業項目をもとにして，個々の作業を詳細に見積もり，これらを積み上げて，システムの規模や工数などを見積もる方法です。標準タスク法ともいいます。

④プログラムステップ法

ソフトウェアのソースコードの行数をもとに工数を見積もる方法です。LOC (Lines Of Code)法ともいいます。

⑤相対見積

ある作業を基準として，その作業の何倍くらいか，という相対的な大きさで見積る方法です。

ココを押さえよう

見積り手法の種類と特徴を確認しておきましょう。たとえば「ファンクションポイント法の説明として，適切なものはどれか」といった出題がされています。よく出題されているのは「ファンクションポイント法」や「類推見積法」です。

試験対策

過去問題で最も出題されているのは，ファンクションポイント法です。ファンクションポイント法といえば，「機能の数をもとに見積もる」と覚えておきましょう。

参考

WBSについては，220ページを参照してください。

ワンポイント

アジャイル開発では，開発の途中で仕様変更が生じることを前提としているため，「○人」「○ケ月」のような絶対的な数値ではなく，相対見積が使用されます。

演習問題

問1　システム開発の工程　　　　　　　　　　　CHECK▶ ☐☐☐

　システム開発を，システム要件定義，外部設計，内部設計，プログラミングの順で進めるとき，画面のレイアウトや帳票の様式を定義する工程として，最も適切なものはどれか。

　ア　システム要件定義　　　　　　イ　外部設計
　ウ　内部設計　　　　　　　　　　エ　プログラミング

問2　要件定義と設計で行う作業　　　　　　　　CHECK▶ ☐☐☐

　図のプロセスでシステム開発を進める場合，システム方式設計に含める作業として，適切なものはどれか。

　ア　システムの機能及び処理能力の決定
　イ　ソフトウェアの最上位レベルの構造とソフトウェアコンポーネントの決定
　ウ　ハードウェアやネットワークの構成の決定
　エ　利用者インタフェースの決定

問3　ソフトウェア保守　　　　　　　　　　　　CHECK▶ ☐☐☐

ソフトウェア保守で行う作業はどれか。

　ア　ソフトウェア受入れテストの結果，発注者が開発者に依頼するプログラム修正
　イ　プログラムの単体テストで発見した機能不足を補うための，追加コードの作成
　ウ　プログラム単体テストで発見したバグの修正
　エ　本番業務で発生したシステム障害に対応するためのプログラム修正

問4　ソフトウェアの品質特性　　　　　　　　　　　CHECK ▶ □□□

　ソフトウェアの品質特性には，信頼性，使用性，効率性，保守性などがある。ソフトウェアの信頼性について記述したものはどれか。

　ア　想定外のデータを入力しても異常な動作が起きないようにする。
　イ　だれにでも使いやすい画面インタフェースにする。
　ウ　入力後3秒以内に検索結果が得られるようにする。
　エ　パラメタを指定するだけで画面や帳票の変更ができるようにする。

問5　テストの種類　　　　　　　　　　　　　　　　CHECK ▶ □□□

　システム開発プロセスを要件定義，外部設計，内部設計，プログラミングに分け，テストの種類を運用テスト，結合テスト，システムテスト，単体テストに分けたとき，図のa～cに入れる字句の適切な組合せはどれか。

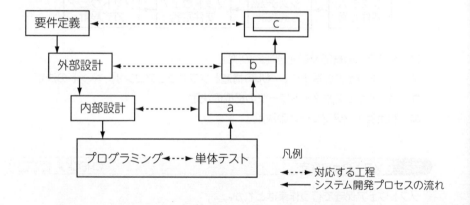

	a	b	c
ア	運用テスト	結合テスト	システムテスト
イ	結合テスト	システムテスト	運用テスト
ウ	システムテスト	運用テスト	結合テスト
エ	システムテスト	結合テスト	運用テスト

ストラテジ系 | マネジメント系 | テクノロジ系

7 システム開発

問6 単体テスト   CHECK ▶ □□□

プログラムの単体テストに関する記述のうち，適切なものはどれか。

ア 作成したプログラムごとのテストは行わず，複数のプログラムを組み合わせ，一括してテストする。

イ テスト仕様は，システム要件を定義する際に作成する。

ウ テストデータは，システムの利用者が作成する。

エ ロジックの網羅性も含めてプログラムをテストする。

問7 システムテスト   CHECK ▶ □□□

システムテストで実施する作業の説明として，適切なものはどれか。

ア 検出されたバグを修正したときには，バグを検出したテストケースだけをやり直す。

イ 正常な値を入力したときのテストを優先し，範囲外の値の入力や必須項目が未入力のときのテストは省略する。

ウ 設計書の仕様に基づくだけでなく，プログラムのコードを理解し，不具合を修正しながらテストする。

エ ソフトウェアの機能的なテストだけでなく，性能などの非機能要件もテストする。

問8 ブラックボックステスト   CHECK ▶ □□□

ソフトウェアのテストで使用するブラックボックステストにおけるテストケースの作り方として，適切なものはどれか。

ア 全ての分岐が少なくとも1回は実行されるようにテストデータを選ぶ。

イ 全ての分岐条件の組合せが実行されるようにテストデータを選ぶ。

ウ 全ての命令が少なくとも1回は実行されるようにテストデータを選ぶ。

エ 正常ケースやエラーケースなど，起こり得る事象を幾つかのグループに分けて，各グループが1回は実行されるようにテストデータを選ぶ。

問9 テスト工程のグラフ CHECK ▶ □□□

テスト工程での品質状況を判断するためには，テスト項目消化件数と累積バグ件数との関係を分析し，評価する必要がある。品質が安定しつつあることを表しているグラフはどれか。

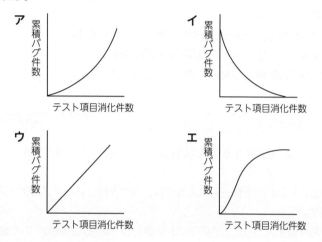

問10 ファンクションポイント法 CHECK ▶ □□□

ファンクションポイント法の説明はどれか。

ア 外部入力や外部出力などの機能の数と難易度を基に開発規模を見積もる。
イ 過去の類似プロジェクトの実績を基に開発規模を見積もる。
ウ ソフトウェアのソースコードの行数を基に工数を見積もる。
エ プロジェクトの作業を最も詳細な作業に分割してそれぞれの工数を見積もる。

解答と解説

問1	(平成25年春期 ITパスポート試験 問49)

《解答》イ

　画面のレイアウトや帳票の様式のような，システムの利用者が目にする部分は外部設計で定義します。よって，正解は**イ**です。
ア　システム要件定義では，システムに要求される機能や性能を明確にします。
ウ　内部設計では，外部設計に基づいて，システム内部における具体的な処理手順を設計します。
エ　プログラミングでは，プログラム言語を記述してプログラムを作成します。

問2	(平成24年秋期 ITパスポート試験 問32)

《解答》ウ

　システム方式設計では，ハードウェアで実現するもの，ソフトウェアで実現するもの，利用者が手作業で行うことに振り分けます。その上で，ハードウェアやネットワークなど，システムの構成を設計します。よって，正解は**ウ**です。
ア　システム要件定義に含まれる作業です。
イ　ソフトウェア方式設計に含まれる作業です。
エ　ソフトウェア要件定義に含まれる作業です。

問3	(平成29年春期 ITパスポート試験 問40)

《解答》エ

　ソフトウェア保守は，納入後のシステムについて，機能改善やバグの改修などに対応するため，プログラムの修正や変更を行うプロセスです。**ア〜ウ**はシステムの納入前に行っているため，ソフトウェア保守には該当しません。**エ**は本番業務の環境で発生したシステム障害への対応なので，ソフトウェア保守での作業になります。よって，正解は**エ**です。

問4　(平成23年特別 ITパスポート試験 問53)
《解答》ア

　ソフトウェアの品質特性とは，ソフトウェアの品質を評価する基準となるものです。信頼性では，ソフトウェアが正常に動作し，障害の起こりにくさを評価します。ソフトウェアの動作に関する選択肢は**ア**だけです。よって，正解は**ア**です。

イ　使用性に関する記述です。

ウ　効率性に関する記述です。

エ　保守性に関する記述です。

問5　(平成22年秋期 ITパスポート試験 問48)
《解答》イ

　出題されている4つのテストは，単体テスト→結合テスト→システムテスト→運用テストの順に実施します。また，結合テストは内部設計に対応し，複数のプログラムを結合し，正しく動作するかを確認します。システムテストは外部設計に対応し，システム全体としての動作を確認します。運用テストは要件定義に対応し，システムに要求した機能や性能が備わっているかを確認します。これより，　a　が結合テスト，　b　がシステムテスト，　c　が運用テストになります。よって，正解は**イ**です。

問6　(平成22年春期 ITパスポート試験 問47)
《解答》エ

　単体テストは，モジュール単位で作成したプログラムを検証するテストです。ホワイトボックステストを用いて，プログラムの内部構造も含めて確認します。よって，正解は**エ**です。

ア　結合テストの説明です。

イ　システムテストの説明です。

ウ　運用テストや受入れテストの説明です。システムの利用者が，実際の運用と同じ条件で，業務で使うデータを使ってテストします。

問7 (平成25年秋期 ITパスポート試験 問35)

《解答》エ

　システムテストは，開発側が開発の最終段階のテストとして実施し，システム要件を満たしているかを確認するテストです。必要な機能がすべて含まれているか（機能テスト），処理にかかる時間が適正であるか（性能テスト）など，システム全体について機能や性能などを検証します。よって，正解はエです。

ア プログラムを修正すると，これまで正常に動作していた機能がエラーになるなど，他の機能に影響することがあります。そのため，修正部分だけでなく，修正が他の部分に影響していないかを確認します。

イ 正常な値だけでなく，エラーとなる無効な値についてもテストします。

ウ システムテストはホワイトボックステストではなく，ブラックボックステストで実施します。

問8 (平成26年春期 ITパスポート試験 問35)

《解答》エ

　ブラックボックステストでは，入力に対して，仕様書どおりの出力結果が得られるかを検証します。プログラムの内部構造の分岐や命令などは確認しません。また，ブラックボックステストのテストデータは，同値分割で正常に処理される値とエラーになる値を準備します。よって，正解はエです。ア～ウは，すべてホワイトボックステストにおけるテストケースの作り方です。

問9	（平成29年春期 基本情報技術者試験 問53）
	《解答》エ

　初めは多くのバグが検出されますが，徐々に検出されるバグが減って，グラフが水平に近づくと，品質が安定しつつあるといえます。このような形状のグラフはエです。

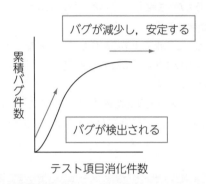

　よって，正解はエです。

ア，ウ　グラフが上昇傾向にあり，バグの検出が収束していません。

イ　縦軸が累積バグ件数の場合，右上がりのグラフになり，右下がりにはなりません。

問10	（平成25年春期 ITパスポート試験 問48）
	《解答》ア

　ファンクションポイント法は，システムがもつ機能の数と，機能の難易度の重み付けを掛け合わせて，求めた数値で開発規模を見積もります。よって，正解はアです。

イ　類推見積法の説明です。

ウ　プログラムステップ法の説明です。

エ　積算法の説明です。

7-2 ソフトウェア開発管理技術

7-2-1 開発プロセス・手法

代表的なソフトウェアの開発手法や開発モデル，ソフトウェア開発に関するフレームワークについて理解しましょう。

■ ソフトウェア開発手法

代表的なソフトウェア開発手法として，次のようなものがあります。

①オブジェクト指向

データと，データに関する操作を1つのまとまり（**オブジェクト**）として管理し，これらのオブジェクトを組み合わせて開発する手法です。オブジェクト単位で管理するので，変更に対して柔軟に対応することができます。

●クラス

複数のオブジェクトに共通するデータの属性と，データに対する操作（メソッド）を定義したものです。

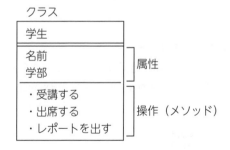

●継承

上位のクラスがもつ属性やメソッドを，下位のクラスに引き継ぐことです。下位のクラスでは，上位のクラスと異なる部分だけを定義すればよく，生産効率を向上できます。

ココを押さえよう

出題頻度が高く，重要な用語が多いところです。「アジャイル」「リバースエンジニアリング」は必修です。
ソフトウェア開発モデルは「ウォータフォール」「プロトタイピング」などのモデル名と特徴を覚えましょう。「オブジェクト指向」「共通フレーム」も要チェックです。

試験対策

ソフトウェアの開発手法において，「アジャイル」（210ページ）は頻出の用語です。しっかり確認しておきましょう。

ワンポイント

属性とメソッドを一体化することを**カプセル化**といいます。オブジェクトの構造やデータが外部から隠蔽され，データが勝手に変更されることを防げます。また，利用の際には，内部構造や動作原理の詳細を意識することなく，オブジェクトに外部からメッセージを送るだけで処理することができます。

参考

継承のもととなる上位のクラスを「スーパクラス」，継承してできたクラスを「サブクラス」といいます。

●UML

オブジェクト指向の分析や設計に用いられる，表記の統一が図られたモデリング言語です。システムを視覚化的に図式で表現し，**ユースケース図**やクラス図，アクティビティ図，状態図，パッケージ図などの種類があります。

ワンポイント

ユースケース図は，ソフトウェアの機能や構造を表現するときに用います。

ユースケース図の例

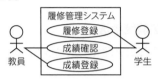

②構造化手法

ソフトウェアの処理ごとにプログラムを分解し，階層的な構造にして開発する手法です。ソフトウェアの機能を洗い出し，段階的に詳細化して最小単位まで分割することで，階層的に構造化していきます。小さな機能に分けて開発するので，プログラムの管理や保守が容易です。

スペル

DOA
Data Oriented
Approach

③データ中心アプローチ

業務で扱うデータの構造や流れに基づいて，システムを分析，設計する手法です。**DOA**（Data Oriented Approach）ともいいます。

スペル

POA
Process Oriented
Approach

④プロセス中心アプローチ

業務の流れや処理手順に着目して，システムを分析，設計する手法です。**POA**（Process Oriented Approach）ともいいます。

参考

DevOpsは，「デブオプス」と読みます。

試験対策

シラバスVer.6.3では，「MLOps」という用語が追加されています（520ページ参照）。

⑤DevOps

「Development（開発）」と「Operations（運用）」を組み合わせた造語で，ソフトウェア開発において，開発担当者と運用担当者が密接に連携，協力する手法や考えのことです。両者がコミュニケーションを図り，密接に協力して取り組むことで，迅速にシステム開発を進めることが可能になります。

ストラテジ系 マネジメント系 テクノロジ系 7 システム開発

■ソフトウェア開発モデル

ソフトウェア開発モデルとは，開発作業の手順をモデル化したものです。代表的なソフトウェア開発モデルには，次のようなものがあります。

①ウォータフォールモデル

システム開発の工程を段階的に分け，上流から下流に開発を進める手法です。各工程で作業を完了してから次の工程に進み，基本的に前工程に後戻りしません。そのため，不具合やミスによる後戻りが起きないように，各工程を終了するとき，綿密に検証を行います。

> ☆参考
> ウォータフォール (waterfall) は「滝」という意味です。工程の進め方を，滝の水が上から下に流れ落ちる様子にたとえて，この名前が付けられています。

②プロトタイピングモデル

システム開発の早い段階で試作品（プロトタイプ）を作成し，それをユーザーに確認してもらい，ユーザーの要求に対応しながら開発を進める手法です。目に見える形で操作画面や動作を確認することで，開発側とユーザーの認識の違いや仕様の誤解などを排除することができます。

> 📖試験対策
> プロトタイプという用語も出題されています。試作品として作成するソフトウェアであることを覚えておきましょう。

③スパイラルモデル

システム全体をいくつかの独立したサブシステムに分割し，サブシステム単位で設計，プログラミング，テストを繰り返し，徐々に完成させていく手法です。完成したサブシステムをプロトタイプとしてユーザーに確認してもらい，ユーザーの要求に対応しながら開発を進めます。

> ☆参考
> スパイラルモデルは，ウォータフォールモデルとプロトタイピングモデルの長所を取り入れた開発モデルです。

④RAD

Rapid Application Developmentは「迅速なアプリケーション開発」という意味です。開発ツールや部品などを利用することで作業の省力化を図り，効率よく迅速に開発を行う手法です。たとえば，操作画面を実装するとき，RADではボタンやメニューなどのあらかじめ準備されている部品を配置するだけで，一からプログラムのコードを入力する必要がありません。ラピッドアプリケーション開発ともいいます。

> ✎スペル
> RAD
> Rapid Application Development

> ☆参考
> RADは「ラッド」と読みます。

> 🎯ワンポイント
> RADでは，開発する機能をサブシステムに分割して開発を進めます。少人数のチームで担当するという特徴もあります。

■ アジャイル

アジャイルは，迅速かつ適応的にソフトウェア開発を行う軽量な開発手法の総称です。ソフトウェアを小さな機能に分割し，定めた期間で1つずつ機能を開発し，それを繰り返して完成させていきます。開発の途中で設計や仕様に変更が生じることを前提としていて，ユーザーの要求や仕様変更にも柔軟な対応が可能です。

アジャイルにはいくつかの手法があり，代表的な手法として次のようなものがあります。

①XP（エクストリームプログラミング）

比較的少人数の開発に適した手法で，開発チームが行うべき「**プラクティス**」という具体的な実践項目が定義されています。主なプラクティスには，次のようなものがあります。

ペアプログラミング	プログラマが2人1組となり，その場で一緒に相談やレビューを行いながら，共同でプログラムを作成する
リファクタリング	外部から見た動作は変えずに，プログラムの内部構造を理解，修正しやすくなるようにコードを改善する
テスト駆動開発	プログラムの開発に先立ってテストケースを設定し，テストをパスすることを目標として，プログラムを作成する

②スクラム

共通のゴールに到達するため，開発チームが一体となって働くことに重点をおいた手法です。開発チームは少人数（3～9人程度）で結成し，毎日，全員で進捗を確認する**デイリースクラム**というミーティングを行います。また，**スプリント**という時間の枠を定め，スプリントを反復して開発を進めます。たとえば，スプリントを2週間に設定した場合，「2週間ごとの計画の作成」→「開発作業」→「レビュー」→「各スプリントの振り返り」という一連の作業を行います。

ストラテジ系　マネジメント系　テクノロジ系

7

システム開発

■ リバースエンジニアリング

　リバースエンジニアリングとは，既存のソフトウェアやハードウェアなどの製品を分解し，解析することによって，その製品の構造や仕組みなどを明らかにし，技術を獲得する手法です。たとえば，ソフトウェアの場合，ソフトウェアのコードやデータ定義文などを分析し，設計や仕様を明らかにします。

■ オフショア開発

　オフショア開発とは，安価な労働力を大量に得られることを狙いとして，海外の事業者や海外の子会社にシステム開発を委託する開発形態のことです。

> ☆ 参考
> 「オフショア」(offshore) は「海外の」という意味です。

■ 開発プロセスに関するフレームワーク

　開発プロセスに関する代表的なフレームワークとして，次のようなものがあります。

①共通フレーム

　ソフトウェア開発とその取引について，基本となる作業項目や用語を定義し，標準化したものです。共通フレームという「共通の物差し（尺度）」をもつことで，ソフトウェア開発の発注者（顧客）と開発会社（ベンダ）間で行き違いや誤解が生じるのを防ぎ，開発や取引が適正に行われることを目的としています。共通フレームは**SLCP**ともいい，代表的なものとして**共通フレーム2013**（SLCP-JCF2013）があります。

> ✏ 試験対策
> SLCP (Software Life Cycle Process) は，システム開発における，企画から開発，運用，保守，廃棄に至る一連の流れを表す言葉です (180ページ参照)。過去問題で出題されているので，こちらの意味も覚えておく必要があります。

②CMMI

　システム開発を行っている組織で，システム開発のプロセスをどのくらい適正に管理しているかを，5段階のレベル（成熟度レベル）に分けてモデル化したものです。組織が低いレベルに該当する場合は，不十分なところを改善し，高いレベルに到達することを目指します。**能力成熟度モデル統合**ともいいます。

> ✐ スペル
> **CMMI**
> Capability Maturity
> Model Integration

> ✏ 試験対策
> CMMIを示すキーワードとして，「成熟度レベル」や「プロセスの成熟度」を覚えておきましょう。

演習問題

問1　ソフトウェア開発手法　　　　　　　　　　CHECK ▶ □□□

ソフトウェア開発で利用する手法に関する記述a〜cと名称の適切な組合せはどれか。

a　業務の処理手順に着目して，システム分析を実施する。
b　対象とする業務をデータの関連に基づいてモデル化し，分析する。
c　データとデータに関する処理を一つのまとまりとして管理し，そのまとまりを組み合わせて開発する。

	a	b	c
ア	オブジェクト指向	データ中心アプローチ	プロセス中心アプローチ
イ	データ中心アプローチ	オブジェクト指向	プロセス中心アプローチ
ウ	プロセス中心アプローチ	オブジェクト指向	データ中心アプローチ
エ	プロセス中心アプローチ	データ中心アプローチ	オブジェクト指向

問2　開発担当者と運用担当者が強調し合う取組　　CHECK ▶ □□□

　開発担当者と運用担当者がお互いに協調し合い，バージョン管理や本番移行に関する自動化のツールなどを積極的に取り入れることによって，仕様変更要求などに対して迅速かつ柔軟に対応できるようにする取組を表す用語として，最も適切なものはどれか。

ア　DevOps　　　　　　　　　イ　WBS
ウ　プロトタイピング　　　　　エ　ペアプログラミング

| 問3 | ウォータフォールモデルの特徴 | CHECK ▶ ☐☐☐ |

ソフトウェア開発モデルには，ウォータフォールモデル，スパイラルモデル，プロトタイピングモデル，RADなどがある。ウォータフォールモデルの特徴の説明として，最も適切なものはどれか。

- **ア** 開発工程ごとの実施すべき作業が全て完了してから次の工程に進む。
- **イ** 開発する機能を分割し，開発ツールや部品などを利用して，分割した機能ごとに効率よく迅速に開発を進める。
- **ウ** システム開発の早い段階で，目に見える形で要求を利用者が確認できるように試作品を作成する。
- **エ** システムの機能を分割し，利用者からのフィードバックに対応するように，分割した機能ごとに設計や開発を繰り返しながらシステムを徐々に完成させていく。

| 問4 | アジャイル開発の特徴 | CHECK ▶ ☐☐☐ |

アジャイル開発の特徴として，適切なものはどれか。

- **ア** 大規模なプロジェクトチームによる開発に適している。
- **イ** 設計ドキュメントを重視し，詳細なドキュメントを作成する。
- **ウ** 顧客との関係では，協調よりも契約交渉を重視している。
- **エ** ウォータフォール開発と比較して，要求の変更に柔軟に対応できる。

問5　リバースエンジニアリング　　　　　　　　　CHECK ▶ □□□

リバースエンジニアリングの説明として，適切なものはどれか。

ア 確認すべき複数の要因をうまく組み合わせることによって，なるべく少ない実験回数で効率的に実験を実施する手法

イ 既存の製品を分解し，解析することによって，その製品の構造を解明して技術を獲得する手法

ウ 事業内容を変えないが，仕事の流れや方法を根本的に見直すことによって，最も望ましい業務の姿に変革する手法

エ 製品の開発から生産に至る作業工程において，同時にできる作業を並行して進めることによって，期間を短縮する手法

問6　共通フレームで定義されている内容　　　　　　CHECK ▶ □□□

共通フレーム (Software Life Cycle Process) で定義されている内容として，最も適切なものはどれか。

ア ソフトウェア開発とその取引の適正化に向けて，基本となる作業項目を定義し標準化したもの

イ ソフトウェア開発の規模，工数，コストに関する見積手法

ウ ソフトウェア開発のプロジェクト管理において必要な知識体系

エ 法律に基づいて制定された情報処理用語やソフトウェア製品の品質や評価項目

解答と解説

問1	(平成22年秋期 ITパスポート試験 問45)

《解答》エ

　選択肢にある手法は，「プロセス中心アプローチ」「データ中心アプローチ」「オブジェクト指向」の3つです。aは「業務の処理手順に着目して」とあるので「プロセス中心アプローチ」，bは「対象とする業務をデータの関連に基づいて」とあるので「データ中心アプローチ」が該当します。cの「データとデータに関する操作を一つのまとまり（オブジェクト）として管理」するのは「オブジェクト指向」です。よって，正解は**エ**です。

問2	(令和2年秋期 ITパスポート試験 問46)

《解答》ア

　ソフトウェア開発において，開発担当者と運用担当者がお互いに協調し合い，仕様変更要求などに対して迅速かつ柔軟に対応できるようにする取組はDevOpsです。開発側と運用側が密接に協力し，自動化ツールなどを活用して開発を迅速に進めます。よって，正解は**ア**です。

イ　WBS（Work Breakdown Structure）は，プロジェクトで必要となる作業を洗い出し，管理しやすいレベルまで細分化して，階層的に表現した図表やその手法のことです。

ウ　プロトタイピングは，システム開発の初期段階で試作品（プロトタイプ）を作成し，それをユーザーに確認してもらいながら開発を進める手法です。

エ　ペアプログラミングは，プログラマが2人1組で，その場で相談やレビューを行いながら，プログラムの作成を共同で進めていくことです。

問3	(平成28年秋期 ITパスポート試験 問46)

《解答》ア

　ウォータフォールモデルはシステム開発の工程を段階的に分け，上流から下流に開発を進める手法です。工程における作業がすべて完了してから次の工程に進み，原則として前工程に後戻りしません。よって，正解は**ア**です。

　なお，**イ**はRAD（Rapid Application Development），**ウ**はプロトタイピングモデル，**エ**はスパイラルモデルの特徴です。

問4　……………………………………………………（平成31年春期 ITパスポート試験 問47）
《解答》エ

　アジャイル開発は，迅速かつ適応的にソフトウェア開発を行う，軽量な開発手法の総称です。ソフトウェアを小さな機能の単位に分割しておき，一定期間内に優先順位の高いものから開発することを繰り返します。開発の途中で設計や仕様に変更が生じることを前提としていて，ユーザーの要求や仕様変更にも迅速で柔軟な対応が可能です。

ア　アジャイル開発は，一般的に10人以下のチームで行います。

イ　アジャイル開発では，ドキュメントよりも動くソフトウェアを使った仮説検証を行うことを重視し，ドキュメントは価値がある必要なものだけを作成します。

ウ　顧客との関係では，契約交渉よりも，顧客との協調を重視します。

エ　正解です。ウォータフォール開発は上流の工程から順に開発を進め，原則として前の工程に後戻りしないため，変更にかかる手間やコストが大きくなります。対して，アジャイル開発は小さな単位での開発を繰り返して作業を進めるので，要求の変更に柔軟に対応できます。

問5　……………………………………………………（平成26年春期 ITパスポート試験 問47）
《解答》イ

　リバースエンジニアリングは，既存の製品を分解，解析することによって，その製品の構造や仕組みなどを明らかにし，技術を獲得する手法です。よって，正解はイです。

　なお，アは実験計画法，ウはBPR（Business Process Reengineering），エはコンカレントエンジニアリングの説明です。

問6　……………………………………………………（平成28年秋期 ITパスポート試験 問45）
《解答》ア

　共通フレームは，システム開発の発注者と開発者との間で，考えや認識に差異が生じないように，作業項目や用語を定めたガイドラインです。よって，正解はアです。

イ　ソフトウェア開発の規模などの見積り手法は共通フレームに定義されていません。

ウ　PMBOK（Project Management Body of Knowledge）で定義されている内容です。

エ　JIS（日本産業規格）で定義されている内容です。

第8章 プロジェクトマネジメント

本章の学習ポイント

● プロジェクトやプロジェクト憲章とは何かを理解する

● プロジェクトマネジメントについて，スコープ，ステークホルダ，WBS，PMBOK，ガントチャート，マイルストーンなどの重要用語を覚える

● プロジェクトマネジメントに統合マネジメントやリスクマネジメントなどの活動があることや，それぞれの活動内容を理解する

● アローダイアグラムのクリティカルパスと所要日数の求め方を理解する

シラバスにおける本章の位置付け

ストラテジ系	大分類1：企業と法務	
	大分類2：経営戦略	
	大分類3：システム戦略	
マネジメント系	大分類4：開発技術	
	大分類5：プロジェクトマネジメント	 本章の学習 **中分類10：プロジェクト マネジメント**
	大分類6：サービスマネジメント	
テクノロジ系	大分類7：基礎理論	
	大分類8：コンピュータシステム	
	大分類9：技術要素	

8-1 プロジェクトマネジメント

8-1-1 プロジェクトマネジメントの基礎知識

頻出度 ★★★

システム開発プロジェクトを円滑に推進するために、プロジェクトマネジメント全般の基本的な知識を理解しましょう。

■ プロジェクト CHECK

プロジェクトとは、**有期性**と**独自性**をもち、特定の目的を達成するため、一定の期間だけ行う活動のことです。明確な始まりと終わりがあり、プロジェクトの目標が達成されたとき、または、何らかの理由でプロジェクトが中止になったとき、プロジェクトは終了し、プロジェクトのための組織は解散します。

■ プロジェクトマネジメント CHECK

プロジェクトマネジメントは、プロジェクトの工程を円滑に遂行し、プロジェクトを成功に導くための管理手法です。適切な計画を立て、スケジュールやコストなどを調整、管理します。プロジェクトマネジメントの知識を体系化したPMBOK（221ページ参照）では、「プロジェクトの要求事項を満足させるために、知識、スキル、ツールや技法をプロジェクト活動へ適用することである」と定義されています。

● プロジェクトの制約条件

プロジェクトの実施において、「コスト」「スケジュール」「スコープ」などの制約があります。これらは影響し合う関係にあり、たとえば、コストを減らす場合、スケジュールやスコープも見直します。そのため、制約を調整するときは、プロジェクトの目標に応じて優先順位を考慮し、バランスをとる必要があります。

■ プロジェクト憲章

プロジェクト憲章は，プロジェクトを立ち上げるに当たって，プロジェクトを正式に認可するために作成する文書です。プロジェクト憲章に記載すべき代表的な項目として，次のようなものがあります。

> ・プロジェクトの目的（どうしてプロジェクトを実施するのかという妥当性の説明）
> ・プロジェクトの目標及び成功基準
> ・制約条件，前提条件
> ・要求事項の概要，予算の概要，スケジュールの概要

■ プロジェクトマネージャ

プロジェクトマネージャは，プロジェクトマネジメントを主導する人物です。**プロジェクトマネジメント計画書**の作成，プロジェクトチームの編成，進捗状況の管理，問題や課題への対応など，プロジェクトを計画，実行，管理します。プロジェクトマネージャの任命は，プロジェクトを立ち上げるときに行い，その責任や権限を明確にしておきます。

■ ステークホルダ

ステークホルダは，プロジェクトの影響を受ける利害関係者のことです。たとえば，顧客やスポンサ，協力会社，株主などです。システム開発プロジェクトの場合，プロジェクトマネージャやプロジェクトチームのメンバも，ステークホルダに含まれます。

■ スコープ

スコープ（scope）は，直訳すると「範囲」という意味です。プロジェクトにおいてスコープは2つの意味をもっており，プロジェクトの目標達成に必要な成果物（**成果物スコープ**）と，成果物を作成するために必要な作業範囲（**プロジェクトスコープ**）です。スコープを明確にすることで，プロジェクト活動に含まれることと，含まれないことを区別することができます。

ワンポイント
プロジェクト憲章が承認されることによって，正式にプロジェクトが開始されます。

用語
プロジェクトマネジメント計画書：プロジェクト発足時に作成する，プロジェクトの実行，監視・コントロール，及び終結の方法を規定した文書。具体的には知識エリアで作成する計画を整理して文書化します。

ワンポイント
複数のプロジェクトを横断的に調整，支援する組織のことを**プロジェクトマネジメントオフィス**といいます。組織の共有資源の最適化や，プロジェクトマネージャの作業の支援などを行います。

ワンポイント
プロジェクトの実行または完了により，マイナスの影響を受ける人もステークホルダに含まれます。

用語
成果物：プロジェクトで作成する製品やサービス。ソフトウェア開発の場合，プログラム，マニュアル，プロジェクトの過程で作成されるソースコードや設計書なども含まれます。

ストラテジ系　マネジメント系　テクノロジ系

8
プロジェクトマネジメント

WBS

WBSは，プロジェクトにおいて必要となる作業を洗い出し，分解して階層化した図で表す手法です。成果物を作成するのに必要な時間やコストを見積もることができ，それらを管理できるレベルまで分解します。作成した図そのものをWBSということもあります。

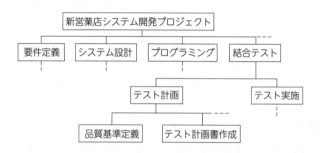

ストラテジ系 マネジメント系 テクノロジ系

8

プロジェクトマネジメント

8-1-2 プロジェクトマネジメント の知識体系

頻出度
★★★

プロジェクトマネジメントで用いられるガイドラインや，プロジェクトマネジメントのプロセス群，知識体系について理解しましょう。

■ PMBOK

PMBOKは，プロジェクトマネジメントの知識を体系化した文書です。プロジェクトマネジメントで有効な知識やスキルなどがまとめられているガイドラインで，事実上の世界標準として利用されています。

■ JIS Q 21500

JIS Q 21500は JIS（日本産業規格）が制定したプロジェクトマネジメントの規格で，正式名称は「JIS Q 21500：2018 プロジェクトマネジメントの手引」です。PMBOKと同様に，プロセスや知識体系などがまとめられています。

■ プロジェクトマネジメントのプロセス群

プロジェクトマネジメントで行う活動は，次の5つのプロセスに分類されます。

プロセス群	内容
立ち上げプロセス群	プロジェクトや新しいフェーズを開始することを明確にし，認可を得る
計画プロセス群	プロジェクトのスコープを確定し，目標を定め，それを達成するための行動・作業を決定する
実行プロセス群	プロジェクトマネジメント計画に従って，作業を実行する
監視・コントロールプロセス群	作業の進捗や実施状況を監視し，必要に応じて対策を講じる
終結プロセス群	プロジェクトやフェーズを公式に完結する

 ココを押さえよう

プロジェクトマネジメントの知識エリアについて，「プロジェクトコストマネジメントの活動として，最も適切なものはどれか」といった問題がよく出題されています。
各知識エリアで行う活動を理解しておきましょう。
「PMBOK」やプロセス群の分類も覚えておきましょう。

スペル
PMBOK
Project Management
Body of Knowledge

参考
PMBOK は「ピンボック」と読みます。

試験対策
プロセス群と関連する記述を組み合わせる問題に対応できるように，プロセス群の名称と内容を覚えておきましょう。

参考
JIS Q 21500では，「監視・コントロール群」が「管理群」になります。

参考

前ページで記述のプロセス
群と知識エリアは交差する
関係にあり，知識エリアご
とに，実行するプロセスが
プロセス群に分けて定めら
れています。

■ プロジェクトマネジメントの知識エリア

プロジェクトマネジメントでは，コストやスケジュールな
ど，複数の観点でプロジェクトを管理します。PMBOKやJIS Q
21500では，次のような知識エリアに分類しています。

1. プロジェクト統合マネジメント
2. プロジェクトスコープマネジメント
3. プロジェクトスケジュールマネジメント
4. プロジェクトコストマネジメント
5. プロジェクト品質マネジメント
6. プロジェクト資源マネジメント
7. プロジェクトコミュニケーションマネジメント
8. プロジェクトリスクマネジメント
9. プロジェクト調達マネジメント
10. プロジェクトステークホルダマネジメント

※「知識エリア」はPMBOKでの名称で，JIS Q 21500では「対象群」
といい，分類も「統合」や「スコープ」といった名称です（プロジェ
クトスケジュールマネジメントだけは「時間」です）。

これらの知識エリアで実施するマネジメントの内容や目的な
どについて，これ以降，順に説明していきます。

試験対策

知識エリアの種類は，たと
えば「プロジェクトスコー
プマネジメント」だと，「ス
コープマネジメント」や「ス
コープ」といった少し異な
る名称でも出題されてい
ます。また，PMBOKの最
新の第7版では知識エリア
がなくなりましたが，試験
対策としては覚えておきま
しょう。

①プロジェクト統合マネジメント 🖐CHECK

プロジェクト統合マネジメントでは，プロジェクトマネジメン
トのすべての知識エリアを統合的に管理，調整します。

プロジェクト憲章やプロジェクトマネジメント計画書の作成
や，プロジェクトの中で発生した変更要求への対応・管理，プ
ロジェクトの終結など，プロジェクト全体を管理します。

試験対策

知識エリアと実施内容
を組み合わせる問題が
よく出題されます。知
識エリアの名称と内容を
確認しておきましょう。
なお，出題された実施内容
が複数の知識エリアに影響
する場合は，プロジェクト
統合マネジメントと考える
とよいでしょう。

②プロジェクトスコープマネジメント 🖐CHECK

プロジェクトスコープマネジメントでは，プロジェクトで行う
作業を明らかにします。

プロジェクトで作成する成果物と，その成果物を完成させ
るために必要な作業を**プロジェクトスコープ記述書**に定義し，
WBS作成を行います。プロジェクトの成功のために必要な作業
を，過不足なく洗い出すことを目的としています。

用語

**プロジェクトスコープ記述
書**：スコープ定義で作成
する文書のことです。プロ
ジェクトの成果物や成果物
受入基準，作業範囲，プロ
ジェクトの除外事項，制約
条件，前提条件などを記載
します。

③プロジェクトスケジュールマネジメント ✋CHECK

プロジェクトスケジュールマネジメントでは，プロジェクトの作業量や所要期間を見積もり，スケジュールを作成して管理します。

アクティビティを定義して順序関係をまとめ，アクティビティを行うために必要な資源や所要期間を見積もります。日程や進捗の管理には，アローダイアグラムやガントチャートなどを利用します。プロジェクトを所定の時期に終了させることを目的としています。

④プロジェクトコストマネジメント ✋CHECK

プロジェクトコストマネジメントでは，プロジェクトにかかるコストを見積もり，予算を決定してコストを管理します。

ファンクションポイント法や類推見積法などを用いて，アクティビティを完了するために必要な資源のコストを見積もります。また，プロジェクトの状況に応じて，適切なコスト管理を行います。プロジェクトを承認済み予算範囲で完了させることを目的としています。

⑤プロジェクト品質マネジメント ✋CHECK

プロジェクト品質マネジメントでは，プロジェクトの品質を確保するため，品質マネジメント計画（品質計画），品質保証，品質コントロール（品質管理）を行います。

プロジェクト及び成果物への品質要求事項や品質基準を定め，その品質を確保しているか，適正に作業しているかなどを管理します。プロジェクトのニーズを確実に満足させることを目的としています。

⑥プロジェクト資源マネジメント ✋CHECK

プロジェクトを進めるためには，設備や機器などの物的資源と，プロジェクトで作業を行う人的資源が必要です。プロジェクト資源マネジメントでは，プロジェクトに必要な物的資源と人的資源を見積もり，適切な時期に確保して資源を管理します。

人的資源については，ただ人材を集めるだけでは，プロジェクトは円滑に進みません。プロジェクトを完了するために必要なチームを編成し，チームの育成やマネジメントを行います。

参考
アローダイアグラムやガントチャートについては，「8-1-3 プロジェクトの日程・進捗管理」を参照してください。

用語
アクティビティ：WBSの最小単位であるワークパッケージを，より作業しやすいレベルまで，さらに分解したものです。

ワンポイント
プロジェクトのコストや進捗を管理する手法としてEVM（Earned Value Management）があります。プロジェクトの進捗状況を，コストとスケジュールの両面から数値化して評価します。

参考
品質管理で利用する主なツールに，特性要因図，管理図，フローチャート，ヒストグラム，パレート図，チェックシート，散布図などがあります。

ワンポイント
奨励や報奨，刺激などの意味で，チームの要員に，プロジェクトに取り組む意欲を高めさせる働きや仕組みのことをインセンティブといいます。

プロジェクトにおける個人やグループの役割と責任，必要なスキル，上下関係などを決定し，チームメンバを調達します。また，プロジェクトのパフォーマンスを高めるために，チームメンバの能力の強化，チーム内の交流の促進などを行います。

⑦プロジェクトコミュニケーションマネジメント 🔲CHECK

プロジェクトコミュニケーションマネジメントでは，ステークホルダに提供する情報や，その伝達方法などを管理します。

顧客やスポンサなどが必要とする情報を，適切な時期に伝えるため，いつ，どのような情報を，どういう形式で，誰が伝えるかを定めます。チームメンバの情報共有やコミュニケーションスキル向上にも配慮します。

⑧プロジェクトリスクマネジメント 🔲CHECK

プロジェクトリスクマネジメントでは，プロジェクトに影響を与えるリスクを洗い出し，その対策を行います。プロジェクトには，脅威となるマイナスのリスクと，好機となるプラスのリスクがあります。それぞれのリスクについて，次のようなリスク対応策があります。

●マイナスのリスク対応策 🔲CHECK

回避：リスクを取り除くため，プロジェクト計画を変更する。

転嫁：リスクによる影響や責任を第三者に移転する。保険や担保など。

軽減：リスクの発生確率を下げる。リスクが発生したときの影響度を小さくする。

受容：次のようなリスクを受け入れる対策をとる。

受動的な受容：リスクが起きるまで何もしない。

能動的な受容：コンティンジェンシー予備を設ける。

●プラスのリスク対応策

活用：好機が確実に発生するようにする。

共有：好機を発生させることができる第三者に，リスクを割り当てる。

強化：好機の発生確率やプラスの影響度を高める。

受容：積極的に利益を追求しない。好機が発生したら受け入れる。

🔵 **ワンポイント**

コミュニケーション手段として，次のようなものがあります。

・**相互型**：複数のメンバが会議や電話などで情報を交換し合うことです。

・**プッシュ型**：1人が複数のメンバに，手紙やFAX，メール配信などで情報を配信することです。

・**プル型**：イントラネットサイトや掲示板などで，受信者が自ら情報にアクセスします。

🔍 **用語**

コンティンジェンシー予備：予測はできるが，発生することが確実ではないリスクに対処するための予算や期間のことです。

⑨プロジェクト調達マネジメント 🖝CHECK

プロジェクト調達マネジメントでは，プロジェクトに必要なものやサービスを，外部から購入，取得するために必要な契約やその管理を行います。

何をどのように調達するかの検討や，調達先候補の選定など，調達に関する一連の流れを管理します。

⑩プロジェクトステークホルダマネジメント 🖝CHECK

プロジェクトステークホルダマネジメントでは，プロジェクトに影響を与える個人や組織を特定し，彼らのニーズの把握や利害関係の調整を行います。

ステークホルダの期待や影響力を分析し，適切に対応することで，ステークホルダのプロジェクトへの関わり方が効果的になるようにします。

ストラテジ系 マネジメント系 テクノロジ系

8 プロジェクトマネジメント

8-1-3 プロジェクトの日程・進捗管理

頻出度 ★★☆

プロジェクトの日程管理や進捗管理に利用する「アローダイアグラム」と「ガントチャート」について説明します。

■ アローダイアグラム

アローダイアグラムは，作業の順序関係と所要日数を表した図です。日程管理に用いられ，**PERT図**や日程計画図ともいいます。

ココを押さえよう

アローダイアグラムは頻出です。用語の意味だけでなく，所要日数に関する問題も多く出題されています。クリティカルパスの経路を見つけ，所要日数を求められるようにしておきましょう。「ガントチャート」「マイルストーン」も覚えておきましょう。

凡例：作業名／所要日数／- - - -> ダミー作業

試験対策

所要日数やクリティカルパスに関する問題は，多く出題されています。クリティカルパスの経路を見つけ，所要日数を求められるようにしておきましょう。

●所要日数の求め方

アローダイアグラムでは，作業を矢印（→），作業の結合点を円（○）で表します。→の所要日数を加算していくと，工程にかかる日数を求めることができます。破線の矢印のダミー作業は作業工程の前後関係を示すもので，実際の作業はないため，所要日数は「0」とします。

たとえば，上の図の所要日数を求めてみます。作業開始から作業終了までに3つの経路があり，それぞれの所要日数は次のようになります。

作業A→作業B→作業C→作業D　2+6+1+4＝13日
作業A→作業B→作業F→作業D　2+6+3+4＝**15日**
作業A→作業E→作業F→作業D　2+5+3+4＝14日

よって，すべての作業を終えるには，15日必要であることがわかります。この日数が一番かかる経路のことを**クリティカルパス**といいます。上図の場合，経路「作業A→作業B→作業F→作業D」がクリティカルパスになります。

　クリティカルパスにある作業に遅れが発生すると，作業全体の所要日数に影響し，スケジュール内に作業が終わらないことになります。また，作業全体の所要日数を短縮したいときは，クリティカルパスにある作業の日数を減らす必要があります。

●最早開始日と最遅開始日

　それぞれの結合点で，最も早く後続作業を開始できる日を**最早開始日**といいます。たとえば，次図で結合点③の最早開始日は，作業Aと作業Cの所要日数を加算して7日になります。また，結合点④の場合，先行作業である作業Bと作業Dの両方が終わらないと，次の作業Eを開始できません。そのため，結合点④の最早開始日は，日数が多くかかる経路「作業A→作業C→作業D」の作業を終了した10日になります。

参考

アローダイアグラムの結合点から見て，その結合点に入ってくる作業を**先行作業**，結合点から出て行く作業を**後続作業**といいます。

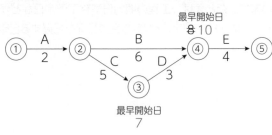

最早開始日
~~8~~ 10

最早開始日
7

　最遅開始日は，それぞれの結合点で，作業全体の所要日数を超えないためには「遅くとも，この日に開始しなければならない」という日のことです。最遅開始日を求めるには，作業全体の所要日数から，結合点までの所要日数を減算していきます。

　たとえば，次図で作業全体の所要日数は14日（作業A，作業C，作業D，作業Eの所要日数の合計）なので，結合点④の最遅開始日は10日になります。また，後続作業が複数ある結合点②の場合，日数が多くかかる作業Cと作業Dの所要日数（8日）を減算して2日になります。

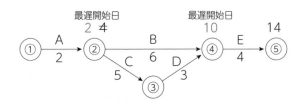

最遅開始日
2 ~~4~~

最遅開始日
10

14

■ ガントチャート

ガントチャートは，作業別にその実施期間を横棒で表した図です。作業の始まりと終わりを視覚的に確認することができ，工程管理に用いられます。

ワンポイント

プロジェクト全体の主要な成果物や作業を集約したスケジュールを**マスタスケジュール**といいます。

作業内容	担当	区分	4月	5月	6月	7月	8月
概要設計	山田	計画					
		実績					
詳細設計	佐々木	計画					
		実績					
プログラミング	原	計画					
		実績					

ワンポイント

ガントチャートにマイルストーンを書き込んだものを**マイルストーンチャート**といいます。

●マイルストーン

プロジェクトの節目となる重要な時点のことを**マイルストーン**といいます。たとえば，工程の開始日や終了予定日などがマイルストーンになり，プロジェクトの進捗状況を把握する目印として使われます。

演習問題

ストラテジ系 マネジメント系 テクノロジ系

問1 プロジェクトの例 CHECK ▶ □□□

プロジェクトの例として，最も適切なものはどれか。

ア 銀行では，ATMの定期点検を行う。
イ 工場では，生産実績に関する月次の報告書を作成する。
ウ 商店では，人気のある商品の仕入量を増やす。
エ ソフトハウスでは，大規模なオンラインシステムを新規に開発する。

問2 WBS CHECK ▶ □□□

プロジェクトマネジメントにおけるWBSの要素分解に関する記述のうち，適切なものはどれか。

ア 要素分解の最下位の詳細さは，コスト見積りとスケジュール作成を行えるレベルである。
イ 要素分解の最下位の詳細さは，プロジェクトの規模によらず同じにする。
ウ 要素分解の深さは，すべての要素成果物に対して同じにする。
エ 要素分解を細かくすればするほど作業効率が向上する。

問3 ステークホルダ CHECK ▶ □□□

システム開発プロジェクトにおけるステークホルダに関する記述のうち，適切なものはどれか。

ア システム開発プロジェクトに参画するプロジェクトチームのメンバはステークホルダである。
イ システム開発プロジェクトの実行又は完了によって，売上の増加やシステム化による作業効率向上などの恩恵を受ける人および組織だけがステークホルダである。
ウ システム開発プロジェクトの費用を負担するプロジェクトスポンサだけがステークホルダである。
エ システム開発プロジェクトのプロジェクトマネージャ自身はステークホルダに含まれない。

8 プロジェクトマネジメント

問4　プロジェクトマネジメントの活動　　　　　　　　　　　CHECK ▶ □□□

　プロジェクトマネジメントの活動には，プロジェクト統合マネジメント，プロジェクトスコープマネジメント，プロジェクトスケジュールマネジメント，プロジェクトコストマネジメントなどがある。プロジェクト統合マネジメントの活動には，資源配分を決め，競合する目標や代替案間のトレードオフを調整することが含まれる。システム開発プロジェクトにおいて，当初の計画にない機能の追加を行う場合のプロジェクト統合マネジメントの活動として，適切なものはどれか。

　　ア　機能追加に掛かる費用を見積もり，必要な予算を確保する。
　　イ　機能追加に対応するために，納期を変更するか要員を追加するかを検討する。
　　ウ　機能追加のために必要な作業や成果物を明確にし，WBSを更新する。
　　エ　機能追加のための所要期間を見積もり，スケジュールを変更する。

問5　アローダイアグラム　　　　　　　　　　　　　　　　CHECK ▶ □□□

　図のアローダイアグラムにおいて，作業Bが3日遅れて完了した。全体の遅れを1日にするためには，どの作業を何日短縮すればよいか。

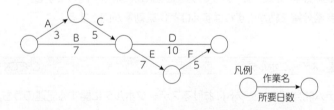

　　ア　作業Cを1日短縮する。　　　　イ　作業Dを1日短縮する。
　　ウ　作業Eを1日短縮する。　　　　エ　どの作業も短縮する必要はない。

解答と解説

問1	(平成24年秋期 ITパスポート試験 問43)
	《解答》エ

プロジェクトは，製品などを創出するために実施する活動で，明確な始まりと終わりがあります。オンラインシステムを新規に開発することは，プロジェクトとしての要件を満たしています。よって，正解は**エ**です。ア，イ，ウは，定期的に繰り返し行う業務であり，プロジェクトには該当しません。

問2	(平成22年秋期 ITパスポート試験 問52)
	《解答》ア

WBS (Work Breakdown Structure) は，プロジェクトの成果物の作成作業を階層的に分解したものです。プロジェクトにおいて必要となる作業を洗い出し，コストの見積りとスケジュール作成が行えるレベルまで分解します。よって，正解は**ア**です。
イ　プロジェクトの規模によって作業内容が異なるため，WBSの最下位の詳細さは異なります。
ウ　成果物によって，階層の深さは異なります。
エ　作業を細かく分解しても，作業効率が向上するとは限りません。

問3	(平成28年春期 ITパスポート試験 問54)
	《解答》ア

システム開発プロジェクトにおけるステークホルダは，そのプロジェクトの影響を受けるすべての利害関係者で，プロジェクトマネージャやプロジェクトチームのメンバもステークホルダに含まれます。よって，正解は**ア**です。
イ　ステークホルダには，実際にプロジェクト活動を行うプロジェクトチームのメンバなども含まれます。
ウ　プロジェクトスポンサだけでなく，プロジェクトのすべての利害関係者がステークホルダです。
エ　プロジェクトマネージャはステークホルダに含まれます。

《解答》イ

プロジェクト統合マネジメントでは，プロジェクトマネジメントの複数の活動を統合的に管理，調整します。当初の計画にない機能の追加を行う場合，スケジュールの変更，要員の追加，追加のコストも必要になります。これらは影響し合う関係で，トレードオフになることが多くあります。トレードオフは1つを追求すると他が犠牲になる関係のことで，それも踏まえてプロジェクト統合マネジメントで対応内容を調整します。

ア　プロジェクトコストマネジメントで行う活動です。

イ　正解です。「納期を変更するか要員を追加するかを検討」しているので，プロジェクト統合マネジメントで行う活動です。

ウ　プロジェクトスコープマネジメントで行う活動です。

エ　プロジェクトスケジュールマネジメントで行う活動です。

《解答》ウ

次図のアローダイアグラムは，作業Bが3日遅れて完了した場合の所要日数を反映したものです。

A 3　B 7　C 5　D 10　E 7　F 5
10

この図で各経路について作業日数を求めると，一番日数がかかる経路は「B→E→F」であり，この経路がクリティカルパスになります。プロジェクト全体の遅れを短縮するには，クリティカルパス上の作業の日数を減らす必要があります。本問では，作業Eか作業Fのどちらか1日短縮すればよいことになります。よって，正解はウです。

A→C→D　　3+5+10＝18日
A→C→E→F　3+5+7+5＝20日
B→D　　　　10+10＝20日
B→E→F　　 10+7+5＝22日　※クリティカルパス

第9章 サービスマネジメント

本章の学習ポイント

● サービスマネジメントとは何かを理解する
● サービスマネジメントについて, ITIL, SLA, SLM, チャットボットなどの重要用語を覚える
● サービスマネジメントにインシデント管理や問題管理などの活動があることや, 主な活動とその活動内容を理解する
● ファシリティマネジメントの基本的な考え方を理解する
● UPSやサージ防護など, システム環境整備に用いる機器を覚える

シラバスにおける本章の位置付け

ストラテジ系	大分類1：企業と法務
	大分類2：経営戦略
	大分類3：システム戦略
マネジメント系	大分類4：開発技術
	大分類5：プロジェクトマネジメント
	大分類6：サービスマネジメント
テクノロジ系	大分類7：基礎理論
	大分類8：コンピュータシステム
	大分類9：技術要素

➡ 本章の学習
**中分類11：サービス
マネジメント**

9-1 | サービスマネジメント

9-1-1　サービスマネジメント

サービスマネジメントの目的や基本的な活動について,理解
しましょう。

■サービスマネジメント

情報システムを安定的かつ効率的に運用するには,たとえば
「システムの故障に備えて定期的なバックアップを行う」「顧客か
らの問合せ窓口のサービスデスクを設置する」といったシステム
の保守や利用者へのサポートなどが必要です。**サービスマネジ
メント(ITサービスマネジメント)** は,このような業務を**ITサー
ビス**と捉え,利用者にサービスを提供する活動を管理する手法
のことです。

サービスの提供者はIT部門やITベンダなどで,利用者の要求
事項を満たす,適切なサービスを提供します。また,サービス
の品質を維持・向上させるため,PDCAサイクルを用いて継続
的改善を図ります。

■サービスレベル合意書(SLA)

利用者(顧客)に提供するITサービスの範囲や品質のことを
サービスレベルといいます。

サービスレベル合意書は,サービスレベルを明確にし,サー
ビスの提供者と利用者の間で取り交わす文書です。稼働率,障
害復旧にかかる平均時間,バックアップの頻度,サポートの時
間帯,料金など,サービスの具体的な適用範囲や管理項目など
を記載します。**SLA**ともいいます。

サービスに関するあいまいな点をなくし,サービスの提供者
と顧客のそれぞれの責任範囲を明らかにすることで,のちのト
ラブルを防ぐことができます。また,多くの場合,記載事項を
守れなかったときのペナルティ(返金や減額など)についても定
めます。

ITIL

ITILは，サービスマネジメントのベストプラクティス（成功事例）を体系的にまとめた書籍で，サービスマネジメントのガイドブックです。システム運用における実際の知識やノウハウなどが集約されており，サービスマネジメントのフレームワーク（枠組み）として，世界中で利用されています。

 スペル

ITIL
Information Technology
Infrastructure Library

参考

ITILは「アイティル」と読みます。

9-1-2　サービスマネジメントシステムの概要

頻出度
★★★

サービスマネジメントシステムや，実施する主な管理やサポートデスクについて理解しましょう。

■サービスマネジメントシステム

サービスマネジメントシステムとは，サービスマネジメントを効果的に行うための仕組みです。顧客の要件に合ったサービスを提供し，その品質を維持・向上させるため，PDCAサイクルを用いて継続的な改善を図ります。

サービスマネジメントシステムにおけるPDCAサイクル

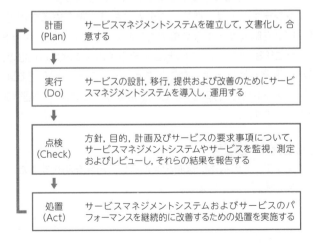

計画 (Plan)	サービスマネジメントシステムを確立して，文書化し，合意する
実行 (Do)	サービスの設計，移行，提供および改善のためにサービスマネジメントシステムを導入し，運用する
点検 (Check)	方針，目的，計画及びサービスの要求事項について，サービスマネジメントシステムやサービスを監視，測定およびレビューし，それらの結果を報告する
処置 (Act)	サービスマネジメントシステムおよびサービスのパフォーマンスを継続的に改善するための処置を実施する

ココを押さえよう

サービスマネジメントシステムのプロセスの種類と活動を確認しておきましょう。特に「インシデント管理」「問題管理」「リリース及び展開管理」は要チェックです。サービスデスクの活動内容もよく出題されています。「チャットボット」は必ず覚えましょう。

 参考

サービスマネジメントシステム (Service Management System) は，略して「SMS」と呼ばれます。

 試験対策

PDCAサイクルは，サービスマネジメントシステムだけでなく，サービスレベル管理やサービス継続管理など，様々な活動で利用されています。
過去問題で，PDCAサイクルのA（Act）で実施する内容はどれか，といった問題が出題されているので，PDCAサイクルのPlan→Do→Check→Actの流れを覚えておきましょう。なお，「Check」は「評価」や「点検」，「Act」は「改善」や「処置」など，用語が異なる場合があります。

サービスマネジメントシステムのプロセス

サービスマネジメントシステムの主な活動(プロセス)として,次のようなものがあります。

スペル
SLM
Service Level Management

①サービスレベル管理(SLM) CHECK

サービスレベル合意書の事項を達成するために,サービスを管理する活動です。PDCAサイクルを用いて,継続的にサービスの品質の維持,向上を図ります。**SLM**ともいいます。

ワンポイント
サービスカタログは,詳細な技術的理解のない人でも理解できる用語を使うことが望ましいとされています。サービスカタログを作成,維持する一連の活動を**サービスカタログ管理**といいます。

●サービスカタログ CHECK

顧客に提供するサービスに関する情報をまとめた文書やデータベースのことです。顧客はサービスカタログを見て,利用できるサービスの名称や内容などを確認することができます。

ワンポイント
顧客やサービスの利用者のニーズだけでなく,サービス提供者のニーズを含め,サービスの要求事項として明確にします。

●サービスの要求事項

サービスレベルの要求事項を含む,サービスに関連する顧客や組織,情報システムの利用者のニーズのことです。サービスマネジメントでは,サービスの要求事項を満たし,サービスを設計して提供・改善する活動を行います。

試験対策
インシデント管理と問題管理のインシデントへの対応の違いに注意しましょう。インシデント管理はサービスの再開を優先し,インシデントの原因追究は問題管理で行います。

②インシデント管理 CHECK

障害や事故などのインシデントが発生したとき,できるだけ早くサービスを再開し,通常の状態に戻すようにします。

インシデントとは,情報システムにおける障害や事故など,サービスを阻害する現象や事案のことです。たとえば,ネットワークに接続できない,コンピュータウイルスに感染したなど,通常の業務を妨げるようなことです。インシデント管理では,インシデントの原因追究よりも,正常なサービス運用の回復を優先させます。

ワンポイント
問題管理で提示された解決策のうち,有効と判断されたものは変更要求を行って,変更管理に引き継ぎます。

③問題管理 CHECK

インシデントの根本的な原因を追究し,再発を防止するため,解決策を検討・策定します。

④構成管理 🔍CHECK

ハードウェア，ソフトウェア，マニュアルなどのIT資産を適切に把握，管理します。

⑤変更管理 🔍CHECK

システムに加える変更要求を受け付け，その内容を検討，承認します。承認された変更の準備作業も行います。

⑥リリース及び展開管理 🔍CHECK

本番環境で稼働しているシステムに対して，変更管理で承認された変更を反映させます。

⑦サービス可用性管理

提供されるサービスについて，利用者が必要なとき，いつでも使用できるように，サービスに関する機能を管理します。

⑧サービス継続管理

災害が発生したとき，事業を継続できるように必要なサービスを提供するための管理です。

⑨サービス要求管理

パスワードのリセットや新規ユーザーの登録など，小さな変更の要求に対応します。記録や分類，優先度付けをするなど，定められた手順に従って行います。

⑩需要管理

サービスに対する顧客の需要を判断し，その需要に備えます。あらかじめ定めた間隔でサービスに対する現在の需要を決定し，将来の需要を予測します。

🌀 **ワンポイント**

変更要求の対象は，ソフトウェア，ハードウェア，ネットワーク，ドキュメントなど，広範囲にわたります。

✏️ **試験対策**

リリース及び展開管理は，以前は「リリース管理」という名称でした。シラバスVer.4.1から変更になりました。

✏️ **試験対策**

サービス可用性管理は「可用性管理」という用語で出題される場合あります。また，管理するものとして，信頼性や稼働率があることを覚えておきましょう。

9 サービスマネジメント

ストラテジ系 マネジメント系 テクノロジ系

■ サービスデスク (ヘルプデスク) CHECK

　サービスデスクは，情報システムの利用者からの問合せを受け付ける窓口のことです。操作方法やトラブル時の対処方法など，様々な問合せに対応します。問合せの記録と管理，適切な部署への引継ぎ，対応結果の記録も行います。**ヘルプデスク**ともいいます。

●チャットボット CHECK

　人工知能を活用した，人と会話形式のやり取りができる自動会話プログラムのことです。「対話 (chat)」と「ボット (bot)」を組み合わせた造語で，人間が入力するテキストや音声に対して，コンピュータが自動的に回答を行います。

　ヘルプデスク用のチャットボットの場合，利用者からの問合せに対して，チャットボットがFAQや想定される質問・回答をまとめたデータを基に，適切な回答を応答します。

●SPOC CHECK

　サービスデスクでは，利用者からの問合せを単一の窓口で受け付け，必要に応じて別の組織や担当者に引き継ぎます。SPOCは，このような「単一の窓口」のことで，問合せ対応を一元化するものです。

演習問題

問1　**ITサービスマネジメント**　　　　CHECK ▶ □□□

ITサービスマネジメントを説明したものはどれか。

ア　ITに関するサービスを提供する企業が，顧客の要求事項を満たすために，運営管理されたサービスを効果的に提供すること
イ　ITに関する新製品や新サービス，新制度について，事業活動として実現する可能性を検証すること
ウ　ITを活用して，組織の中にある過去の経験から得られた知識を整理・管理し，社員が共有することによって効率的にサービスを提供すること
エ　企業が販売しているITに関するサービスについて，市場占有率と業界成長率を図に表し，その位置関係からサービスの在り方について戦略を立てること

問2　**ITIL**　　　　CHECK ▶ □□□

ITILの説明として，適切なものはどれか。

ア　ITサービスの運用管理を効率的に行うためのソフトウェアパッケージ
イ　ITサービスを運用管理するための方法を体系的にまとめたベストプラクティス集
ウ　ソフトウェア開発とその取引の適正化のために作業項目を定義したフレームワーク
エ　ソフトウェア開発を効率よく行うための開発モデル

問3　**サービス内容の合意書**　　　　CHECK ▶ □□□

サービスの提供者と利用者間で結ばれた，サービス内容に関する合意書はどれか。

ア　SCM　　　　**イ**　SLA　　　　**ウ**　SLM　　　　**エ**　SFA

問4　サービスレベル管理のPDCAサイクル　　　CHECK ▶ □□□

サービスレベル管理のPDCAサイクルのうち，C(Check)で実施する内容はどれか。

ア　SLAに基づくサービスを提供する。

イ　サービス提供結果の報告とレビューに基づき，サービスの改善計画を作成する。

ウ　サービス要件及びサービス改善計画を基に，目標とするサービス品質を合意し，SLAを作成する。

エ　提供したサービスを監視・測定し，サービス報告書を作成する。

問5　変更管理　　　CHECK ▶ □□□

情報システムの運用における変更管理に関する記述として，適切なものはどれか。

ア　ITサービスの中断による影響を低減し，利用者ができるだけ早く作業を再開できるようにする。

イ　障害の原因を究明し，再発防止策を検討する。

ウ　承認された変更を実施するための計画を立て，確実に処理されるようにする。

エ　変更したIT資産を正確に把握して目的外の利用をさせないようにする。

問6　インシデント管理　　　CHECK ▶ □□□

インシデント管理に関する記述のうち，適切なものはどれか。

ア　SLAで定められた時間内で解決できないインシデントは，問題管理へ引き継ぐ。

イ　インシデントの再発防止のための対策を実施する。

ウ　インシデントの原因追究よりも正常なサービス運用の回復を優先させる。

エ　解決方法が分かっているインシデントの発生は記録する必要はない。

ストラテジ系

マネジメント系

テクノロジ系

9

サービスマネジメント

問7　可用性管理の目的　　　　　　　　　　　　CHECK ▶ □□□

ITサービスマネジメントにおける可用性管理の目的として，適切なものはどれか。

ア　ITサービスを提供する上で，目標とする稼働率を達成する。
イ　ITサービスを提供するシステムの変更を，確実に実施する。
ウ　サービス停止の根本原因を究明し，再発を防止する。
エ　停止したサービスを可能な限り迅速に回復させる。

問8　サービスデスク　　　　　　　　　　　　　CHECK ▶ □□□

サービスデスクに関する説明として，適切なものはどれか。

ア　サービスデスクは自動応答する仕組みでなければならない。
イ　自社内に設置するものであり，当該業務をアウトソースすることはない。
ウ　システムの操作方法などの問合せを電子メールや電話で受け付ける。
エ　受注などの電話を受けるインバウンドと，セールスなどの電話をかけるアウト
バウンドに分類できる。

問9　チャットボット　　　　　　　　　　　　　CHECK ▶ □□□

ある会社ではサービスデスクのサービス向上のために，チャットボットを導入する
ことにした。チャットボットに関する記述として，最も適切なものはどれか。

ア　PCでの定型的な入力作業を，ソフトウェアのロボットによって代替すること
ができる仕組み
イ　人の会話の言葉を聞き取り，リアルタイムに文字に変換する仕組み
ウ　頻繁に寄せられる質問とそれに対する回答をまとめておき，利用者が自分で検
索できる仕組み
エ　文字や音声による問合せ内容に対して，会話形式でリアルタイムに自動応答
する仕組み

解答と解説

問1 (平成21年秋期 ITパスポート試験 問42)
《解答》ア

ITサービスマネジメント(サービスマネジメント)は,IT部門が行う業務をITサービスと捉えて,利用者に対するITサービスの品質を維持・向上させるマネジメントです。よって,正解は**ア**です。

イ フィージビリティスタディの説明です。

ウ ナレッジマネジメントの説明です。

エ プロダクトポートフォリオマネジメントの説明です。

問2 (平成23年秋期 ITパスポート試験 問40)
《解答》イ

ITIL(Information Technology Infrastructure Library)は,ITサービスの運用管理に関するベストプラクティス(成功事例)を体系的にまとめた書籍です。よって,正解は**イ**です。

ア ソフトウェアパッケージは,店頭などで販売されているソフトウェアのことです。

ウ 共通フレームの説明です。

エ ITILは,ソフトウェアの開発モデルではありません。

問3 (平成29年秋期 ITパスポート試験 問36)
《解答》イ

サービスの範囲や品質について,サービスの提供者と利用者の間で取り交わす合意書をSLA(Service Level Agreement)といいます。よって,正解は**イ**です。

ア SCM(Supply Chain Management)は,資材の調達から生産,流通,販売に至る一連の流れを統合的に管理し,コスト削減や経営の効率化を図る経営手法です。

ウ SLM(Service Level Management)はサービスの品質を維持し,向上させるための活動です。

エ SFA(Sales Force Automation)は,コンピュータやインターネットなどのIT技術を使って,営業活動を支援するシステムのことです。

問4　　　　　　　　　　　　　　　　　（令和元年秋期 ITパスポート試験 問48）
《解答》エ

　サービスレベル管理は，サービスの品質を維持し，向上させるための活動です。PDCAサイクルによって，継続的にサービスの品質の向上を図ります。PDCAサイクルとは継続的な業務改善を図る管理手法で，サービスマネジメントシステムにおいては「Plan（計画）」「Do（実行）」「Check（点検）」「Act（処置）」というサイクルを繰り返して行います。「PDCA」は4段階の頭文字をつなげたもので，たとえば「A」は「Act」を示しています。
　選択肢のア〜エにPDCAサイクルを当てはめると，アが「Do（実行）」，イが「Act（処置）」，ウが「Plan（計画）」，エが「Check（点検）」になります。よって，正解はエです。

問5　　　　　　　　　　　　　　　　　（平成23年秋期 ITパスポート試験 問39）
《解答》ウ

　情報システムを運用するにおいて，不具合の改修や品質の向上のために，システムの変更が必要になる場合があります。サービスマネジメントの変更管理では，このようなシステムに対する変更要求を検討し，承認された変更を実施するための準備を行います。よって，正解はウです。
ア　インシデント管理に関する説明です。
イ　問題管理に関する説明です。
エ　構成管理に関する説明です。

問6　　　　　　　　　　　　　　　　　（平成24年春期 ITパスポート試験 問39）
《解答》ウ

　インシデント管理では，インシデントの原因追究よりも，障害からの迅速な復旧を優先させます。よって，正解はウです。
ア　SLAで定められた時間内に解決できなくても，引き続きインシデントに対処し，できるだけ早く通常の状態に戻すようにします。
イ　問題管理に関することです。
エ　解決方法がわかっている，わかっていないにかかわらず，発生したインシデントは記録します。

問7　　　　　　　　　　　　　　　　　　　（平成28年春期 ITパスポート試験 問36）

《解答》ア

　ITサービスマネジメントの可用性管理（サービス可用性管理）は，利用者が必要とすると
きに使用可能な状態であるように，稼働率や信頼性などを維持していく管理です。よって，
正解は**ア**です。

イ　リリースおよび展開管理の目的です。

ウ　問題管理の目的です。

エ　インシデント管理の目的です。

問8　　　　　　　　　　　　　　　　　　　（平成25年秋期 ITパスポート試験 問29）

《解答》ウ

　サービスデスクは，システムの操作方法やトラブルへの対処など，利用者からのいろい
ろな問合せを受け付ける窓口です。よって，正解は**ウ**です。

ア　サービスデスクは，自動応答する仕組みにする必要はありません。

イ　サービスデスクの業務は，外部に委託（アウトソース）してもかまいません。

エ　受注の電話を受けたり，セールスなどの電話をかけたりすることは，サービスデスク
　　の業務ではありません。

問9　　　　　　　　　　　　　　　　　　　（令和2年秋期 ITパスポート試験 問49）

《解答》エ

　チャットボットは，人工知能を活用した，人と会話形式のやり取りができる自動会話プ
ログラムのことです。自動応答技術を用いて，リアルタイムで会話形式のコミュニケーショ
ンをとることができます。よって，正解は**エ**です。

　アはRPA（Robotic Process Automation），**イ**は音声文字変換，**ウ**はFAQ（Frequently
Asked Questions）に関する記述です。

9-2 ファシリティマネジメント

9-2-1 ファシリティマネジメント 頻出度 ★★☆

システム環境を最善の状態に保つための考え方として，ファシリティマネジメントやシステム環境整備について理解しましょう。

■ ファシリティマネジメント CHECK

ファシリティマネジメントは，建物や設備などが最適な状態であるように，保有，運用，維持していく手法です。情報システムに関しては，**データセンター**，コンピュータ，ネットワークなどの施設・設備が最適な状態であるかを監視して，改善を図ります。

具体的には次のような対策を行い，災害や盗難などによる被害を防ぎます。

> ・スプリンクラーや消火器などの消火設備を備える
> ・地震や漏電・漏水への対策，空調管理などを行う
> ・無停電電源装置や自家発電装置を備える
> ・ノートパソコンにセキュリティワイヤを取り付ける
> ・出入口に鍵を設置し，入退室管理を行う　　など

■ システム環境整備

情報システムの環境整備に用いる機器として，次のようなものがあります。

①無停電電源装置 (UPS) CHECK

急な停電や電圧低下などが起きた際，電力の供給が途切れてしまうことを防ぐ装置です。電源にトラブルが起きると，自動的に作動し，電力が供給されます。ただし，供給される時間は限られるため，速やかにデータの保存やシステムの停止などの措置をとる必要があります。**UPS**ともいいます。

ココを押さえよう

ファシリティマネジメントの考え方を理解し，具体的な対策を確認しておきましょう。「無停電電源装置 (UPS)」「サージ防護」などもよく出題されています。各機器の用途や特徴を覚えましょう。

参考

ファシリティ (facility) は，「施設」や「設備」という意味です。ファシリティマネジメントの考えは，少ないコストで最大の効果を出すという，経営の視点に基づいています。

用語

データセンター：サーバやネットワーク機器などを設置するための施設や建物のことです。地震や火災などが発生しても，システムを安全稼働させる対策がとられています。

9　サービスマネジメント

UPS
Uninterruptible Power
Supply

試験対策

無停電電源装置は「UPS」という用語で出題されることもあります。どちらも覚えておきましょう。

②自家発電装置

　停電などで電力の供給が停止した際，発電して電力を供給する装置です。ディーゼル発電装置やガスタービン発電装置などの種類があり，始動してから電力供給までに一定の時間がかかります。

③サージ防護

　落雷などが原因で，異常な高電圧や高電流が電線を通じて流れ込み，機器が故障してしまうことがあります。サージ防護は，このような障害を防ぐ機能や装置です。

④セキュリティワイヤ

　盗難や不正な持出しを防止するため，ノートパソコンなどのハードウェアを柱や机などに留めつなぐための器具です。

ストラテジ系　マネジメント系　テクノロジ系

演習問題

問1　ファシリティマネジメント　　　　　　　　　CHECK▶ □□□

ファシリティ・マネジメントを説明したものはどれか。

ア　ITサービスのレベルを維持管理するためにSLAの遵守状況を確認し，定期的に見直す。

イ　経営の視点から，建物や設備などの保有，運用，維持などを最適化する手法である。

ウ　製品やサービスの品質の向上を図るために業務プロセスを継続的に改善する。

エ　部品の調達から製造，流通，販売に至る一連のプロセスに参加する部門と企業間で情報を共有・管理する。

問2　機密情報の漏えい対策　　　　　　　　　　CHECK▶ □□□

情報システムで管理している機密情報について，ファシリティマネジメントの観点で行う漏えい対策として，適切なものはどれか。

ア　ウイルス対策ソフトウェアの導入

イ　コンピュータ室のある建物への入退館管理

ウ　情報システムに対するIDとパスワードの管理

エ　電子文書の暗号化の採用

問3　無停電電源装置　　　　　　　　　　　　　CHECK▶ □□□

無停電電源装置の利用方法に関する説明のうち，適切なものはどれか。

ア　携帯電話の予備バッテリとして，携帯電話を長時間使用するために利用する。

イ　コンピュータセンターで長時間の停電が発生した場合に，電力の供給を継続するために利用する。

ウ　コンピュータに対して停電時に電力を一時的に供給したり，瞬間的な電圧低下の影響を防いだりするために利用する。

エ　電源のない野外でコンピュータを長時間使用するために利用する。

9

サービスマネジメント

解答と解説

問1 (平成26年秋期 ITパスポート試験 問39)
《解答》イ

ファシリティマネジメントは，経営の視点も含めて，建物や設備などが最適な状態であるように，保有，運用，維持していく手法です。よって，正解は**イ**です。

ア　SLM（Service Level Management）の説明です。

ウ　BPM（Business Process Management）の説明です。

エ　SCM（Supply Chain Management）の説明です。

問2 (平成28年秋期 ITパスポート試験 問37)
《解答》イ

情報システムにおけるファシリティマネジメントでは，データセンターなどの施設や，コンピュータやネットワークなど設備・機器が最適な状態であるかを監視し，改善を図ります。選択肢の中でこのような管理に関することは**イ**の「コンピュータ室のある建物への入退館管理」だけです。よって，正解は**イ**です。

問3 (平成23年秋期 ITパスポート試験 問43)
《解答》ウ

無停電電源装置は，停電や瞬間的な電圧低下によって，電力の供給が途絶えてしまうのを防ぐ装置です。よって，正解は**ウ**です。

ア　無停電電源装置は，携帯電話の予備バッテリとして使うものではありません。

イ　電力の供給を継続するには，自家発電装置を利用します。

エ　電源のない野外では，コンピュータのバッテリや，自家発電装置を利用します。

第10章 システム監査

本章の学習ポイント

● 監査業務とは何かを理解する

● システム監査の意義，目的，考え方，対象を理解する

● システム監査人は独立かつ専門的な立場の人が務め，「システム監査基準」という行為規範があることを理解する

● システム監査の基本的な流れ（フォローアップも含む）と，代表的な監査技法を覚える

● 企業などにおける内部統制，ITガバナンスの目的，考え方を理解する

シラバスにおける本章の位置付け

ストラテジ系	大分類1：企業と法務	
	大分類2：経営戦略	
	大分類3：システム戦略	
マネジメント系	大分類4：開発技術	
	大分類5：プロジェクトマネジメント	
	大分類6：サービスマネジメント	➡ 本章の学習 **中分類12：システム監査**
テクノロジ系	大分類7：基礎理論	
	大分類8：コンピュータシステム	
	大分類9：技術要素	

10-1 システム監査と内部統制

10-1-1 監査業務

企業などで行われる代表的な監査業務について理解しましょう。

■監査業務

監査とは、業務における活動やその結果が適正かどうかを、第三者の立場から検証、評価することです。主な監査業務には、次のようなものがあります。

会計監査	財務諸表が、その組織の財産や損益の状況などを適正に表示しているかを評価する
業務監査	製造や販売など、会計業務以外の業務全般について、その遂行状況を評価する
情報セキュリティ監査	情報セキュリティ対策が、適切に整備・運用されているかを評価する
システム監査	情報システムについて、信頼性、安全性、有効性、効率性などを評価する

10-1-2 システム監査

情報システムを対象に行うシステム監査について、目的や基本的な実施手順などを理解しましょう。

■システム監査

システム監査は、情報システムが「問題なく動作しているか」「正しく管理されているか」「期待した効果が得られているか」など、情報システムの信頼性や安全性、有効性、効率性などを総合的に監査することです。こうした監査を実施することで、監査結果から、システム監査の依頼者に情報システムの適切性について保証を与えます。また、必要に応じて改善のための助言を行い、フォローアップを実施します。

IT化が進んだ社会において，情報システムは組織の価値や競争力の向上を図るために欠かせないものです。しかし，その一方で情報システムに関係するリスクが増大しています。企業等の情報システムには経営戦略を実現するための働きが求められ，もし，「入力，処理，保存プロセスで信頼性や安全性などが確保できない」「出力される情報が目的どおりに利活用できない」などのリスクがあると，企業活動に支障をきたします。情報システムの信頼性などを確保するため，システム監査では，このようなリスクに対するコントロールが適切に整備・運用されているかどうかを検証，評価します。情報システムにかかわることはすべて監査の対象となり得て，情報システム戦略の立案，情報システムの企画，開発，運用，保守なども該当します。

●システム監査の目的

ITパスポート試験のシラバスには，システム監査の目的は「情報システムに係るリスクに適切に対応しているかどうかを，高い倫理観の下，独立かつ客観的な立場のシステム監査人が検証・評価し，もって保証や助言を行うことを通じて，組織体の経営活動と業務活動の効果的かつ効率的な遂行，さらにはそれらの変革を支援し，組織体の目標達成に寄与すること，及び利害関係者に対する説明責任を果たすことであること」と記載されています。

■システム監査人

システム監査を実施する人を**システム監査人**といい，監査対象から独立かつ専門的な立場の人が務めます。システム監査人には，必要な知識・技能を保持し，誠実かつ公正な判断で監査を行うことが求められます。さらに，客観的な立場で実施されているという外観にも十分に配慮する必要があります。

■システム監査基準

システム監査基準は，システム監査の体制や実施基準などを定めている，経済産業省が策定した文書です。システム監査業務の品質を確保し，有効かつ効率的に監査を実施することを目的とした監査人の行動規範となるものです。

ワンポイント

システム監査基準（令和5年改訂版）では，システム監査は「専門性と客観性を備えた監査人が，一定の基準に基づいてITシステムの利活用に係る検証・評価を行い，監査結果の利用者にこれらのガバナンス，マネジメント，コントロールの適切性等に対する保証を与える，又は改善のための助言を行う監査である。」と定義されています。

試験対策

試験では，シラバスの説明文が引用して出題されることがよくあります。システム監査の目的の説明も確認しておきましょう。

試験対策

システム監査人の独立性に関する問題はよく出題されているので，しっかり理解しておきましょう。監査対象先から独立した立場にない人，たとえば情報システムの管理者や利用者はシステム監査人になれません。

ワンポイント

システム監査を外部の専門事業者に委託する場合があります。

参考

システム監査において，検証・評価する際の判断の尺度として活用できる文書に「システム管理基準」があります。経済産業省が策定したもので，システム監査基準と姉妹編の関係になります。

■ システム監査の流れ 🔍CHECK

システム監査の実施手順は，次のとおりです。

ワンポイント

システム監査を受ける側も，監査対象システムの運用ルールの説明や，システム監査に必要な資料の提供などの役割があります。

ワンポイント

システム監査の流れを「監査計画の策定→監査の実施→監査報告→フォローアップ」とした場合，監査の実施では「予備調査」「本調査」「評価・結論」を行います。

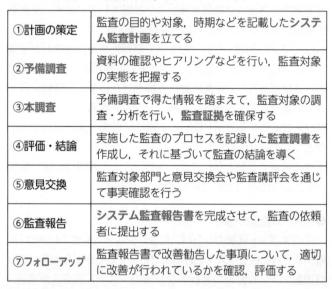

①計画の策定	監査の目的や対象，時期などを記載した**システム監査計画**を立てる
②予備調査	資料の確認やヒアリングなどを行い，監査対象の実態を把握する
③本調査	予備調査で得た情報を踏まえて，監査対象の調査・分析を行い，**監査証拠**を確保する
④評価・結論	実施した監査のプロセスを記録した**監査調書**を作成し，それに基づいて監査の結論を導く
⑤意見交換	監査対象部門と意見交換会や監査講評会を通じて事実確認を行う
⑥監査報告	**システム監査報告書**を完成させて，監査の依頼者に提出する
⑦フォローアップ	監査報告書で改善勧告した事項について，適切に改善が行われているかを確認，評価する

●監査証拠の入手と評価

監査証拠は，システム監査報告書に記載する監査意見や指摘事項を裏付ける事実として，監査人が収集・作成した資料のことです。たとえば，システムの運用記録や，ヒアリングで得た証言などがあります。システム監査人は，システム監査計画に基づいて，監査手続を実施することで監査証拠を入手します。そして，入手した監査証拠の証拠能力を確認，評価します。

●監査調書の作成と保管

監査調書は，システム監査人が実施した監査のプロセスを記録したもので，監査の結論の基礎となるものです。

システム監査人は，監査の結論に至った過程を明らかにして，監査の結論を支える合理的な根拠とするために，秩序ある形式で監査調書を作成し，適切に保管する必要があります。

参考

監査手続では，チェックリスト法やインタビュー法などの監査技法が用いられます。監査技法の種類については，次ページを参照してください。

参考

監査調書の記載事項として，次のようなものがあります。
・監査実施者や実施日時
・監査の目的・実施した監査手続
・入手した監査証拠
・システム監査人が発見した事実（事象，原因，影響範囲等）や，発見事実に関するシステム監査人の所見
・レビューを行ったとき，レビュアーの氏名や日付

●システム監査報告書の記載事項

システム監査報告書には，監査の概要や結論を記載します。監査の概要の記載事項には，監査の目的（ニーズ，根拠，背景など），監査の対象，監査期間などがあります。監査の結論において，監査対象に助言を行う場合は，指摘事項と改善勧告が対応するように記載する必要があります。

■ 代表的なシステム監査技法

監査手続で利用する代表的なシステム監査技法として，次のようなものがあります。

監査技法の種類	説明
チェックリスト法	システム監査人が，あらかじめ監査対象に応じて調整して作成したチェックリスト（チェックリスト形式の質問書）に対して，関係者から回答を求める技法
ドキュメントレビュー法	監査対象の状況に関する監査証拠を入手するために，システム監査人が関連する資料や文書類を入手し，内容を点検する技法
インタビュー法	監査対象の実態を確かめるために，システム監査人が，直接，関係者に口頭で問い合わせ，回答を入手する技法
ウォークスルー法	データの生成から入力，処理，出力，活用までのプロセス，組み込まれているコントロールを，書面上または実際に追跡する技法
突合・照合法	関連する複数の証拠資料間を突き合わせること，記録された最終結果について，原始資料まで遡ってその起因となった事象と突き合わせる技法
現地調査法	システム監査人が，被監査部門等に直接赴いて，対象業務の流れ等の状況を，自ら観察・調査する技法
コンピュータ支援監査技法	監査対象ファイルの検索，抽出，計算など，システム監査で使用頻度の高い機能に特化していて，しかも非常に簡単な操作で利用できるシステム監査を支援する専用のソフトウェアや表計算ソフトウェア等を使ってシステム監査を実施する技法

ワンポイント

システム監査人が特に注意喚起する必要性を認めた場合，次のような事項も監査報告書に記載します。
・IT戦略やIT投資方針の変更
・情報システム運用体制の大幅な変更
・情報システムの重大な障害の発生

ワンポイント

システム監査報告書に記載する指摘事項は，調査結果に事実誤認がないことを監査対象部門に確認した上で，監査人が指摘事項とする必要があると判断した事項を記載します。

参考

左の表の監査技法は，システム監査基準（経済産業省平成30年改訂版）より抜粋，一部加工したものです。

ワンポイント

コンピュータ支援監査技法以外にも，コンピュータを利用した監査技法には，次のようなものもあります。
・**テストデータ法**
　あらかじめシステム監査人が準備したテスト用データを監査対象プログラムで処理し，期待した結果が出力されるかどうかを確かめる技法
・**監査モジュール法**
　システム監査人が指定した抽出条件に合致したデータをシステム監査人用のファイルに記録し，レポートを出力するモジュールを，本番プログラムに組み込む技法

ワンポイント

経営者は，内部統制を整備・運用する責任をもちます。内部統制の運用については，組織の全員が自らの業務との関連において，一定の役割を担います。

ワンポイント

内部統制の整備を求める法律として，会社法や金融商品取引法があります。なお，会社の規模や上場企業かどうかにかかわらず，内部統制の考え方は有効で，取り組む必要があります。

ワンポイント

内部統制の構築では，次のような文書を作成します。

リスクコントロールマトリクス（RCM：Risk Control Matrix）

業務において想定されるリスクと，それに対するコントロール（統制活動）をまとめた表です。経理不正や機密の漏えいなどのリスクごとに，それに対応する統制活動として，リスクを低減させる方策・手段などを記載します。

業務記述書

個々の業務について，業務の概要や手順などを記述した文書です。図式を使わずに，文章で詳細に記載します。

業務の流れ図（業務フロー図）

業務のプロセスを，フローチャートで図式化して表した文書のことです。

10-1-3　内部統制

頻出度 ★★★

企業などで健全な運営を実現するための，内部統制やITガバナンスについて理解しましょう。

内部統制

内部統制は，健全かつ効率的な組織運営のための体制を，企業などが自ら構築し，運用する仕組みです。違法行為や不正，ミスやエラーなどが起きるのを防止し，組織が健全かつ効率的に運営されるように基準や業務手続を定め，管理・監視を行います。内部統制を実現するためには，業務プロセスの明確化，職務分掌，実施ルールの設定，チェック体制の確立が必要です。

●職務分掌

職務の役割を整理，配分することです。業務を複数人で担当し，相互けん制を働かせることにより，不正や誤りのリスクを減らすことができます。

●内部統制のモニタリング

モニタリングを実施し，内部統制が有効に機能していることを継続的に評価します。モニタリングには，業務に組み込まれて行われる「日常的モニタリング」と，業務から独立した視点から実施される「独立的評価」があります。

●内部統制の4つの目的

内部統制には次の4つの目的があり，これらの目的を達成するため，内部統制は組織内に構築されるといえます。

業務の有効性及び効率性	事業活動の目的達成のため，業務の有効性及び効率性を高めること
財務報告の信頼性	財務諸表及び財務諸表に，重要な影響を及ぼす可能性のある情報の信頼性を確保すること
事業活動に関わる法令等の遵守	事業活動に関わる法令，その他の規範の遵守を促進すること
資産の保全	資産の取得，使用及び処分が，正当な手続及び承認の下に行われるよう，資産の保全を図ること

■ レピュテーションリスク

レピュテーションリスクは，企業に対する否定的な評判・評価が広がることで，企業の信頼やブランド価値が低下し，業績悪化などの損失が生じるリスクのことです。

■ IT統制

IT統制は，情報システムを利用した内部統制のことです。違法行為や不正などの防止に情報システムを役立てるとともに，情報システム自体が健全かつ有効に運営されていることを管理・監視します。IT統制は，次の2つに大別されます。

IT業務処理統制	個々の業務システムにおける統制活動 ・入力情報の完全性，正確性，正当性の確保 ・例外処理 (エラー) の修正と再処理 ・マスタデータの維持管理 ・システム利用に関する認証，アクセス管理
IT全般統制	業務処理統制が有効に機能する，基盤・環境を保証する統制活動 ・ITの開発，保守に係る管理 ・システムの運用，管理 ・内外からのアクセス管理 ・外部委託に関する契約の管理

■ ITガバナンス

ITガバナンスは，企業などが競争力を高めることを目的として，情報システム戦略を策定し，戦略の実行を統制することや，戦略の実行を統制する仕組みを確立するための取組みです。具体的には，企業がITに関する企画，導入，運営及び活用を行うに当たり，関係者を含むすべての活動を適正に統制し，目指すべき姿に導く仕組みを組織へ組み込みます。

システム管理基準 (令和5年改訂版) では，「ITガバナンスとは，組織体のガバナンスの構成要素で，取締役会等がステークホルダーのニーズに基づき，組織体の価値及び組織体への信頼を向上させるために，組織体におけるITシステムの利活用のあるべき姿を示すIT戦略と方針の策定及びその実現のための活動である。」と定義されています。

参考
レピュテーションリスクは「風評リスク」ともいいます。

試験対策
具体的な統制活動について，IT業務処理統制なのか，IT全般統制なのかどうかを区別できるようにしておきましょう。

ワンポイント
ITガバナンスの目的は，適切なIT投資 (情報技術の導入・利用にかけるお金) や，ITの効果的な活用により，事業を成功に導くことです。そのため，ITガバナンスの確立には，経営陣 (CIOを含む) が参加し，経営戦略と整合した情報システム戦略を策定します。

試験対策
以前に通商産業省 (現在の経済産業省) が発表した文書では，ITガバナンスは「企業競争優位の構築を目的として，IT戦略の策定及び実行をコントロールし，あるべき方向へと導く組織能力」と定義されています。ITガバナンスの説明として出題されているので，覚えておきましょう。
なお，シラバスVer.6.3では，ITガバナンスと関係がある「ITマネジメント」という用語が追加されています (521ページ参照)。

演習問題

問1　監査の目的　　　　　　　　　　　　　　　　　　CHECK ▶ □□□

監査を，業務監査，システム監査，情報セキュリティ監査に分類したとき，監査の目的に関する記述a〜dと監査の種類の適切な組合せはどれか。

a　財務諸表がその組織体の財産，損益の状況などを適正に表示しているかを評価する。
b　情報セキュリティ確保の観点も含めて，情報システムに関わるリスクに対するコントロールが，リスクアセスメントに基づいて適切に整備・運用されているかを評価する。
c　情報セキュリティに関わるリスクのマネジメントが効果的に実施されるように，リスクアセスメントに基づく適切なコントロールの整備，運用状況を評価する。
d　組織の製造，販売などの会計業務以外の業務全般についてその遂行状況を評価する。

	業務監査	システム監査	情報セキュリティ監査
ア	a	c	b
イ	b	a	d
ウ	c	d	a
エ	d	b	c

問2　システム監査　　　　　　　　　　　　　　　　　CHECK ▶ □□□

システム監査の内容として，適切なものはどれか。

ア　開発されたシステムを，実際にシステムを使う利用者自身が，本番稼働してよいかどうかを判断するためにテストすること
イ　システム利用するための認証として，指紋，眼球の虹彩，声紋などの身体的特徴による本人確認を行うこと
ウ　組織体の情報システムに関わるリスク対策が適切に整備・運用されているかを，独立的な立場で検証すること
エ　ネットワークを通じて外部からシステムに侵入し，無断でデータやプログラムを盗み見たり，改ざん・破壊などを行ったりすること

ストラテジ系

マネジメント系

テクノロジ系

10 システム監査

| 問3 | システム監査人の所属組織として適切なもの | CHECK ▶ □□□ |

　有料のメールサービスを提供している企業において，メールサービスに関する開発・設備投資の費用対効果の効率性を対象にしてシステム監査を実施するとき，システム監査人が所属している組織として，最も適切なものはどれか。

ア　社長直轄の品質保証部門
イ　メールサービスに必要な機器の調達を行う運用部門
ウ　メールサービスの機能の選定や費用対効果の評価を行う企画部門
エ　メールシステムの開発部門

| 問4 | システム監査人の職業倫理 | CHECK ▶ □□□ |

システム監査人の職業倫理に照らしてふさわしくない行為はどれか。

ア　監査役による業務監査における指摘事項の確認
イ　成功報酬契約による監査
ウ　専門知識を持った他の監査人との共同監査
エ　前年実施した別の監査人による監査報告内容の確認

| 問5 | システム監査の被監査部門が実施するもの | CHECK ▶ □□□ |

　システム監査では，監査部門だけではなく被監査部門にも相応の役割がある。被監査部門が実施するものはどれか。

ア　監査対象システムに関する運用ルールなどの説明
イ　システム監査計画に基づく本調査
ウ　システム監査計画の作成
エ　システム監査報告書の受理

問6 内部統制 CHECK ▶ □□□

内部統制に関する記述として，適切なものはどれか。

ア 内部監査人は，経営者による内部統制の整備や運用に対して監督責任をもつ。
イ 内部統制に関するリスクは，発生頻度でなく発生した場合の財務情報への影響度で評価する。
ウ 内部統制の評価法として，業務実施部門がチェックリストで自らの業務がルールどおりに行われているかを評価する独立的モニタリングがある。
エ 内部統制は，経営者が組織目的の達成について合理的な保証を得るためのマネジメントプロセスである。

問7 内部統制の職務分掌 CHECK ▶ □□□

内部統制を考慮した職務分掌として，適切なものはどれか。

ア 申請者自身が承認を行えないように定めた。
イ 長期不在となる上司の権限を部下に委譲した。
ウ 早番の担当者の残作業を遅番の担当者に引き継いだ。
エ 一つの作業を複数人で手分けして実施した。

問8 IT統制 CHECK ▶ □□□

IT統制は，ITに係る全般統制や業務処理統制などに分類される。全般統制はそれぞれの業務処理統制が有効に機能する環境を保証する統制活動のことをいい，業務処理統制は業務を管理するシステムにおいて承認された業務が全て正確に処理，記録されることを確保するための統制活動のことをいう。統制活動に関する記述のうち，全般統制に当たるものはどれか。

ア 全社で共通に用いるシステム開発規程
イ 全社で共通に用いる人事システムの利用範囲の限定方法
ウ 全社で共通に用いる経理システムのマスタデータの維持管理方法
エ 全社で共通に用いる購買システムの入力エラーの修正手続

問9　ITガバナンス　　　　　　　　　CHECK ▶ □□□

ITガバナンスについて記述したものはどれか。

ア 企業が，ITの企画，導入，運営及び活用を行うに当たり，関係者を含む全ての活動を適正に統制し，目指すべき姿に導く仕組みを組織に組み込むこと

イ 企業を効率的に支える，IT運用の考え方，手法やプロセスなどについて様々な成功事例をまとめたもの

ウ 業務改革又は業務の再構築のために，ITを最大限に利用して，これまでの仕事の流れを根本的に変え，コスト，品質，サービス及び納期の面で，顧客志向を徹底的に追及できるように業務プロセスを設計し直すこと

エ 組織体として業務とシステムの改善を図るフレームワークであり，顧客ニーズをはじめとする社会環境やIT自体の変化に素早く対応できるよう，"全体最適"の観点から業務やシステムを改善するための仕組み

問10　ITガバナンスの活動事例　　　　　CHECK ▶ □□□

ITガバナンスの実現を目的とした活動の事例として，最も適切なものはどれか。

ア ある特定の操作を社内システムで行うと，無応答になる不具合を見つけたので，担当者ではないが自らの判断でシステムの修正を行った。

イ 業務効率向上の経営戦略に基づき社内システムをどこでも利用できるようにするために，タブレット端末を活用するIT戦略を立てて導入支援体制を確立した。

ウ 社内システムが稼働しているサーバ，PC，ディスプレイなどを，地震で机やラックから転落しないように耐震テープで固定した。

エ 社内システムの保守担当者が，自己のキャリアパス実現のためにプロジェクトマネジメント能力を高める必要があると考え，自己啓発を行った。

問11　ITガバナンスを確立させる責任者　　CHECK ▶ □□□

企業においてITガバナンスを確立させる責任者は誰か。

ア 株主　　　　　　　　　　**イ** 経営者
ウ システム監査人　　　　　**エ** システム部門長

解答と解説

問1
(平成28年秋期 IT パスポート試験 問40)
《解答》エ

aは会計監査，bはシステム監査，cは情報セキュリティ監査，dは業務監査に関する記述です。よって，正解は**エ**です。

問2
(平成24年秋期 IT パスポート試験 問35)
《解答》ウ

システム監査は，監査対象から独立した立場のシステム監査人が，情報システムの安全性や信頼性などを点検，評価する活動です。よって，正解は**ウ**です。

ア システム開発の受入れテストに関する記述です。

イ 生体認証に関する説明です。

エ クラッキングに関する説明です。

問3
(令和3年春期 IT パスポート試験 問55)
《解答》ア

客観的にシステム監査を実施するため，監査対象から独立かつ専門的な立場にある人がシステム監査人を務めます。本問では，「メールサービスに関する開発・設備投資の費用対効果の効率性」を対象にしてシステム監査を実施します。選択肢を確認すると，イ，ウ，エはメールサービスまたはメールシステムと関わりがある部門なので，これらの組織に所属する人はシステム監査人になれません。したがって，**ア**の「社長直轄の品質保証部門」が，システム監査人が所属している組織と考えることができます。よって，正解は**ア**です。

問4
(平成27年秋期 IT パスポート試験 問36)
《解答》イ

システム監査人は，公正かつ客観的に監査判断を行うため，監査を受ける側と利害関係を有することはあってはなりません。**イ**の「成功報酬契約による監査」は，金銭による利害関係が生じるため，システム監査人としてふさわしくない行為になります。よって，正解は**イ**です。

問5　(平成29年秋期 ITパスポート試験 問50)
《解答》ア

　被監査部門（システム監査を受ける側）は，監査対象システムの運用ルールを説明したり，システム監査に必要な資料や情報を提供したりします。よって，正解は**ア**です。
イ，ウ　システム計画書の作成や，それに基づく本調査は，システム監査人が実施することです。
エ　システム監査報告書を受理するのは，システム監査を依頼した組織体の長です。

問6　(平成21年秋期 ITパスポート試験 問49)
《解答》エ

　内部統制は，業務を適切に遂行していくに当たり，そのための体制を構築，運用することです。よって，正解は**エ**です。
ア　内部監査人は内部統制の整備や運用を検討・評価し，その結果に基づいて助言・勧告を行いますが，監督責任はもちません。
イ　リスクは，発生頻度や発生時の被害の大きさを組み合わせて評価します。
ウ　内部統制を評価することをモニタリングといいます。業務実施部門が自らの業務を評価するのは，日常的モニタリングです。

問7　(平成24年春期 ITパスポート試験 問36)
《解答》ア

　職務分掌は，職務を複数の担当者に分けることです。**ア**は申請と承認する権限を分けることで，不正が行われるリスクを減らすことができます。ほかの選択肢は，不正を防止する効果は期待できません。よって，正解は**ア**です。

問8　(平成25年春期 ITパスポート試験 問31)
《解答》ア

　イ，ウ，エは個々の業務システムにおいて不正やトラブルを防止する活動なのでIT業務処理統制に当たります。**ア**は業務全般にわたることなので，IT全般統制に当たります。よって，正解は**ア**です。

問9　　　　　　　　　　　　　　　　　　（平成27年春期 ITパスポート試験 問42）
《解答》ア

　ITガバナンスは，企業が競争優位性を構築するために，情報システム戦略の策定・実行をコントロールし，あるべき方向へ導く取組みです。よって，正解は**ア**です。
イ　ITIL（Information Technology Infrastructure Library）についての記述です。
ウ　BPR（Business Process Reengineering）についての記述です。
エ　EA（Enterprise Architecture）についての記述です。

問10　　　　　　　　　　　　　　　　　　（平成28年春期 ITパスポート試験 問35）
《解答》イ

　ITガバナンスは，経営目標を達成するために，効果的なIT戦略（情報システム戦略）を立案し，その戦略を統制します。経営に沿ったIT戦略を立てて，その戦略を実施しているのは，**イ**の活動だけです。よって，正解は**イ**です。
ア　担当者でない人が勝手にシステムを修正することは，適切な行為ではありません。
ウ　ファシリティマネジメントに関する活動です。
エ　ITガバナンスは組織的な活動であり，個人の能力の向上を目的としたものではありません。

問11　　　　　　　　　　　　　　　　　　（平成29年秋期　ITパスポート試験　問49）
《解答》イ

　ITガバナンスの目的は，適切なIT投資やITの効果的な活用により，事業を成功に導くことです。そのため，ITガバナンスの確立には，経営陣やCIOが参加し，経営戦略と整合したIT戦略を策定します。よって，正解は**イ**です。

第11章 基礎理論

本章の学習ポイント

- 2進数に関する表現と演算, 集合, 論理演算の基本的な考え方を理解する
- 確率や統計の基本的な考え方を理解する
- ビット, バイトなどの情報量や, 接頭語の単位や使い方を覚える
- 文字コードの考え方や, 代表的な文字コードの種類と特徴を覚える
- アナログデータとデジタルデータの特徴や, 量子化, 標本化, 符号化などのデジタル化 (A/D変換) の基本的な考え方を理解する
- 機械学習, ディープラーニング, ニューラルネットワークなど, AIの技術について基本的な考え方を理解し, 重要用語を覚える

シラバスにおける本章の位置付け

ストラテジ系	大分類1:企業と法務	
	大分類2:経営戦略	
	大分類3:システム戦略	
マネジメント系	大分類4:開発技術	
	大分類5:プロジェクトマネジメント	
	大分類6:サービスマネジメント	
テクノロジ系	**大分類7:基礎理論**	→ 本章の学習 中分類13:基礎理論
	大分類8:コンピュータシステム	
	大分類9:技術要素	

11-1 離散数学と応用数学

ココを押さえよう

2進数について理解し、10進数との変換ができるようにしておきましょう。8進数や16進数での変換についても確認しておきましょう。

参考

「離散的な数値」とは、連続ではない、飛び飛びの数値のことです。離散数学は離散的な対象を扱う数学で、コンピュータ科学の基礎となる学問です。

参考

デジタルデータに対して、連続的に表現できる値をアナログデータといいます。デジタルデータとアナログデータについては、「11-2-1 情報に関する理論」で説明しています。

11-1-1 数と表現

頻出度 ★★☆

コンピュータが扱う数値やデータに関する基礎的な理論や、2進数に関する表現について理解しましょう。2進数と10進数の変換方法や、8進数や16進数についても学習します。

■ コンピュータが扱う数値やデータ

コンピュータが処理する情報は、「1」や「10」のような離散的な数値のデジタルデータです。そして、コンピュータ内部でデータを処理するときは、すべての情報が「0」と「1」の組合せで表現されています。

■ 2進数

私たちが日常で使っている10進数では、0～9の数字で数値を表します。コンピュータ内部の命令やデータ処理では、0と1だけで数値を表現する2進数が使われています。2進数では、次の表のように1の次は2ではなく、10に桁上がりします。

10進数	0	1	2	3	4	5	6	7	8	9	10
2進数	0	1	10	11	100	101	110	111	1000	1001	1010

1の次は桁が上がる

代表的な2進数

2進数		10進数
1	…	1
10	…	2
100	…	4
1000	…	8
10000	…	16

■ 2進数から10進数への変換

　2進数を10進数に変換するには，2進数で「1」が立っている桁の重みだけを合計します。桁の重みは「位（くらい）」のことで，2進数では2^0，2^1，2^2，2^3…となります。1桁目は，2^0になることに注意しましょう。

（例）2進数「1101. 111」を10進数に変換する

	1	1	0	1.	1	1	1
	⋮	⋮	⋮	⋮	⋮	⋮	⋮
桁の重み	2^3	2^2	2^1	2^0	2^{-1}	2^{-2}	2^{-3}
	‖	‖		‖	‖	‖	‖
	8	4		1	1/2	1/4	1/8
					(0.5)	(0.25)	(0.125)

$$2^3 + 2^2 + 2^0 + 2^{-1} + 2^{-2} + 2^{-3}$$
$$= 8 + 4 + 1 + 0.5 + 0.25 + 0.125$$
$$= 13.875$$

■ 10進数から2進数への変換

　10進数を2進数に変換するには，10進数を2で割って余りを出す計算を0または1になるまで繰り返します。最後に余りを下から並べます。

（例）10進数「13」を2進数に変換する

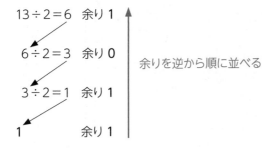

$13 \div 2 = 6$　余り1

$6 \div 2 = 3$　余り0

余りを逆から順に並べる

$3 \div 2 = 1$　余り1

1　　余り1

2進数 1101

11
基礎理論

★参考
2進数から10進数への変換のように，別の進数に変換することを「**基数変換**」といいます。

🔍用語
基数：各桁で表現できる数字の数のことです。たとえば，10進数は0～9の10種類なので，基数は10になります。

10進数の小数値を2進数に変換するには，小数の部分だけに2を掛ける計算を繰り返し，「0.」に続けて整数部分を上から並べます。

（例）10進数「0.375」を2進数に変換する

$$0.375 \times 2 = \mathbf{0}.75$$
$$0.75 \times 2 = \mathbf{1}.5$$
$$0.5 \times 2 = \mathbf{1}$$

「0.」に続けて整数部分を上から並べる

2進数 **0.011**

■ 8進数と16進数

コンピュータでは，8進数や16進数などでも数値を表現することがあります。8進数は0〜7の数字，16進数は0〜9の数字とA〜Fの英字で数値を表します。

10進数	2進数	8進数	16進数
0	0	0	0
1	1	1	1
2	10	2	2
3	11	3	3
4	100	4	4
5	101	5	5
6	110	6	6
7	111	7	7
8	1000	10	8
9	1001	11	9
10	1010	12	A
11	1011	13	B
12	1100	14	C
13	1101	15	D
14	1110	16	E
15	1111	17	F
16	10000	20	10

参考

データを2進数で表現したとき，長くなると人間にとって扱いにくいため，8進数や16進数が用いられます。

ワンポイント

8進数や16進数を10進数に変換する場合，2進数と同様に基数変換を行います。たとえば，16進数の「A3」を10進数にする場合，次のように「桁の値×桁の重み」を計算し，その結果を合計します。

$$
\begin{array}{cc}
A & 3 \\
\vdots & \vdots \\
10 \times 16^1 & 3 \times 16^0 \\
\parallel & \parallel \\
160 & 3
\end{array}
$$

16進数のA3は，10進数では163になります。

　2進数を8進数に変換するには，3桁ずつに区切って，2進数を10進数に変換して数値を並べます。

(例)　2進数「10110011」を8進数に変換する

$$10 \quad 110 \quad 011$$
$$\downarrow \quad\quad \downarrow \quad\quad \downarrow$$
$$2 \quad\quad 6 \quad\quad 3 \quad\quad 8進数「263」になる$$

　2進数を16進数に変換する場合，4桁ずつに区切って，2進数を10進数に変換して数値を並べます。その際，変換した数値が10〜15のときは，16進数のA〜Fの英字に直します（左ページの表を参照）。下の例では，左側の「1011」は10進数では「11」となるので，「B」にします。

(例)　2進数「10110011」を16進数に変換する

$$1011 \quad 0011$$
$$\downarrow \quad\quad\quad \downarrow$$
$$B \quad\quad\quad 3 \quad\quad 16進数「B3」になる$$

◾2進数の加算

　2進数で加算するとき，「1＋1＝10」になります。桁上がりに注意して，次のように計算します。

「1＋1＝10」と桁を上げて計算する

```
           1            1
  101      101          101          101
+  11   + 11    ➡  + 11    ➡   + 11
─────   ─────      ─────       ─────
           0           00          1000
```

◾2進数の減算

　2進数で減算するとき，「10－1＝1」になります。このように0から1を引くときは，上から桁を借りて計算します。

桁を借りて10－1を計算する

```
                                   0
 1110      1110        11\0       1110
- 101   ➡ - 101    ➡ - 101    ➡ - 101
─────     ─────       ─────      ─────
                 1          01        1001
```

🔵ワンポイント

8進数や16進数を2進数に変換する方法は，2進数から8進数，2進数から16進数に変換するのと，逆の手順になります。
たとえば，8進数263の場合は，2を「10」，6を「110」，3を「011」のように，1桁ずつ2進数に変換して並べます。
16進数B3の場合は，Bを「1011」，3を「0011」に変換して並べます。

🔵ワンポイント

次のような2進数の掛け算は，10進数と同じように桁ずつに掛け算した後，求めた数値を合計します。その際，「1＋1」の計算に注意します。

```
     1100
 ×    11
 ─────────
     1100
    1100
 ─────────
   100100
```

■ 負の数の表現方法

2進数の負の数を表現する方法として、**符号付き2進数**があります。次の表は、符号なしの通常の2進数と、符号付き2進数の例です。

符号付き2進数では、先頭の値を正の数と負の数を区別する**符号ビット**として扱うことで、先頭の値が「0」の場合は正の数、「1」の場合は負の数を表します。下の表は4桁の2進数について、符号なし2進数と符号付き2進数を表したものです。

符号なし2進数

10進数	2進数
0	0000
+1	0001
+2	0010
+3	0011
+4	0100
+5	0101
+6	0110
+7	0111
+8	1000
+9	1001
+10	1010

※通常の2進数

符号付き2進数

10進数	2進数	
−5	1011	先頭が「1」負の数を表す
−4	1100	
−3	1101	
−2	1110	
−1	1111	
0	0000	先頭が「0」正の数を表す
+1	0001	
+2	0010	
+3	0011	
+4	0100	
+5	0101	

■ 表現可能な数値の範囲

2進数の桁数がn桁の場合、表すことができる数値は 2^n 種類です。たとえば、4桁の場合は $2^4=16$ 種類で、符号なし2進数では0から15の整数、符号付き2進数では−8から7の整数が表現可能な数値の範囲になります。

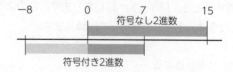

■ 補数表現

　左ページの「符号付き2進数」は、**2の補数**で負の数を表現したものです。**補数**とは、基準とする数から引いた数のことをいいます。

> 基準の数 － ある数 ＝ ある数の補数

　たとえば、ある数を「0101」とした場合、2の補数では基準の数は「10000」になります（「●2の補数」を参照）。この場合、ある数の補数は「10000－0101」を計算して「1011」です。

　2進数では、1の補数と2の補数の2種類があり、基準とする数が異なります。

参考
2の補数を求めることで、負の数を表す数を得ることができます。たとえば、2進数0101は＋5であり、この数の2の補数1011は－5を表す数になります。

●1の補数

　1の補数は、ある数と同じ桁数の最大数（すべての桁が1）を基準の数として、ある数を引いたものです。たとえば、ある数が4桁の2進数「0101」の場合、基準の数は1111、1の補数は1010になります。

参考
2進数の場合、負の数の表現には1の補数と2の補数があり、一般的には、2の補数を使って表現します。

```
  1111 ← 基準の数
 −0101 ← ある数
  1010 ← 1の補数
```

> **1の補数の簡単な求め方**
> 「ある数」の0を1、1を0に入れ替える

●2の補数

　2の補数は、ある数と同じ桁数の最大数に＋1した数（ある数より桁数が1つ多く、先頭が1でほかの桁はすべて0）を基準の数として、ある数を引いたものです。たとえば、ある数が4桁の2進数「0101」の場合、基準の数は10000、2の補数は1011になります。

```
  10000 ← 基準の数
  −0101 ← ある数
   1011 ← 2の補数
```

> **2の補数の簡単な求め方**
> 「ある数」の1の補数を求めて、1を加える

参考
2の補数を使うと、引き算を使わずに、すべて足し算だけで計算できます。たとえば、減算用の回路を用意しなくてよいため、演算回路を簡単にできるなどのメリットがあります。

11-1-2　集合と論理演算

頻出度
★☆☆

集合や論理演算について，基本的な考え方を理解しましょう。ベン図や真理値表の表し方も学習します。

 ココを押さえよう

ベン図や真理値表を読み解いていく問題が出題されています。集合の種類を踏まえて，ベン図と真理値表の表し方やルールを理解しておくことが大切です。

■ 集合

集合は，明確な条件によるデータの集まりのことです。次の図のような**ベン図**を用いて表すことができます。

(例) ベン図

全体U：会員
集合A：20歳代の会員

基本となる集合として**和集合**，**積集合**，**補集合**があり，次のような表記やベン図で表されます。

 ワンポイント

2つの集合の間に包含関係があることを「**部分集合**」といいます。集合Aと集合Bがあり，集合Bのすべてが集合Aに含まれる場合，「集合Bは，集合Aの部分集合である」といいます。

集合種類	和集合	積集合	補集合
意味	AまたはB	AかつB	Aでない
表記方法	A∪B A OR B	A∩B A AND B	$\overline{A}$ NOT A
ベン図	(A B)	(A B)	(A)

■ 論理演算

用語
命題：事象について，正しいか（真），正しくないか（偽）を明確に判断できる式や文章のことです。

論理演算は**命題**を対象とした演算で，1（真）と0（偽）の2種類の値だけで演算を行います。**真理値表**と呼ぶ表に演算結果をまとめることができ，集合と同じようにベン図で図式化して示すこともできます。基本となる論理演算として，次のようなものがあります。

①論理和 (OR)

論理式：A OR B（AまたはB）

　　　　A＋B

　A，Bのいずれかが1（真）のとき，結果は1（真）になります。それ以外は，0（偽）となります。

真理値表

A	B	演算結果
0	0	0（偽）
0	1	1（真）
1	0	1（真）
1	1	1（真）

参考
論理和のベン図

②論理積 (AND)

論理式：A AND B（AかつB）

　　　　A・B

　A，Bのどちらもが1（真）のとき，結果は1（真）になります。それ以外は，0（偽）となります。

真理値表

A	B	演算結果
0	0	0（偽）
0	1	0（偽）
1	0	0（偽）
1	1	1（真）

参考
論理積のベン図

③否定 (NOT)

論理式：NOT A（Aではない）

　　　　$\overline{A}$

　値が1（真）のとき，結果は0（偽）になります。また，値が0（偽）のとき，結果は1（真）になります。

真理値表

A	演算結果
0	1（真）
1	0（偽）

参考
否定のベン図

④排他的論理和 (XOR)

論理式：A XOR B

　　　　A⊕B

　AとBの値が異なるとき，結果は1（真）になります。AとBの値が同じときは，結果は0（偽）になります。

真理値表

A	B	演算結果
0	0	0（偽）
0	1	1（真）
1	0	1（真）
1	1	0（偽）

参考
排他的論理和のベン図

●論理演算の優先順位

　いくつかの基本の論理演算を組み合わせて，論理演算を行うこともできます。その際，四則演算と同様に優先順位があり，高い順にNOT，AND，ORになります。

　また，たとえば，「(NOT A) AND (B OR C)」のようにカッコで囲んでいる場合は，カッコで囲んだ箇所が優先されます。

ココを押さえよう

ここで学習する確率や統計などの内容は、中学・高校の数学と同じです。順列や組合せ、代表値（平均値や中央値）などを算出する問題も出題されています。基本的な考え方や計算方法を理解しておきましょう。

11-1-3　確率と統計

頻出度 ★★☆

確率と統計について、基本的な知識や考え方を理解しましょう。

■ 場合の数

確率を求めるには、まず、場合の数を理解しておく必要があります。**場合の数**は、n個の中からr個を取り出すとき、何通りの取り方があるのか、ということです。場合の数には、「順列」と「組合せ」の2種類があります。

①順列

異なるn個あるものから、r個を取り出して順番に並べるときの、並べ方の総数です。

順列を求める計算式

$$_nP_r = n \times (n-1) \times (n-2) \times (n-3) \times \cdots \times (n-r+1)$$

（例）5人の学生から3人を選んで1列に並べる場合

$$_5P_3 = 5 \times 4 \times 3 = 60通り$$

②組合せ

異なるn個あるものから、r個を取り出すときの、取り出し方の総数です。組合せでは、並び順は考慮しません。

組合せを求める計算式

$$_nC_r = \frac{_nP_r}{r!} = \frac{n!}{r!\,(n-r)!}$$

（例）5人の学生から3人を選ぶ場合

$$_5C_3 = \frac{_5P_3}{3!} = \frac{5 \times 4 \times 3}{3 \times 2 \times 1} = 10通り$$

参考

順列と組合せの違いは、次のように考えることができます。

・順列：
5人の中から委員長1人、副委員長1人、書記1人を選ぶ

・組合せ：
5人の中から委員3人を選ぶ

参考

「$n!$」（nの階乗）は、1からnまでのすべての整数を乗算します。たとえば、「3!」の場合は「$3 \times 2 \times 1$」を計算します。

■ 確率

　確率とは，起こり得るすべての事象のうち，ある事象が起こる割合のことです。事象Aが起こる確率$P(A)$は，次の式で表されます。

$$P(A) = \frac{事象Aが起こる場合の数}{起こり得るすべての場合の数}$$

参考
たとえば，サイコロを1回投げて3の目が出る確率は1/6です。

■ データの代表値 CHECK

　収集したデータの特徴を表す代表値として，次のようなものがあります。

①平均値

　すべてのデータを合計し，データの個数で割った値のことです。

(例) 4 2 7 3 5 8 4 5
　　(4+2+7+3+5+8+4+5)÷8 = 4.75　　**平均値　4.75**

②中央値 (メジアン)

　データを昇順または降順に並べたとき，中央に位置する値のことです。データの個数が偶数の場合は，中央にある2つの値の平均を求めます。

(例) 2 2 2 [6 7] 7 8 9　　　　**中央値　6.5**

③最頻値 (モード)

　データの個数が最も多い値のことです。

(例) 6 [2] 7 [2] 8 [2] 7 9　　　　**最頻値　2**

ストラテジ系

マネジメント系

テクノロジ系

11
基礎理論

■ データのばらつき

次の2つのグループは平均値が同じ「42」ですが，Aグループは40や50が多く，Bグループには10や80などのデータがあります。

Aグループ　　40　30　50　50　40
　　　　　　　(40＋30＋50＋50＋40)÷5＝**42**

Bグループ　　20　10　65　80　35
　　　　　　　(20＋10＋65＋80＋35)÷5＝**42**

このような違いを表すものとして，**分散**や**標準偏差**があります。どちらもデータのばらつきの度合いを示す指標で，値が小さいほど，平均値の付近にデータが集まっています。

●分散

個々のデータについて「(データ－平均値)^2」を計算し，求めた数値を合計してデータの個数で割った値です。

●標準偏差

分散の正の平方根を求めた値です。

2つのグループの分散と標準偏差を求めると，次のようになります。Aグループの方の値が小さく，平均値の付近にデータが集まっていることがわかります。

Aグループ　　分散 56　標準偏差 7.483
$\{(40-42)^2+(30-42)^2+(50-42)^2+(50-42)^2+(40-42)^2\}$
÷5＝**56**
$\sqrt{56}$≒**7.483**

Bグループ　　分散 706　標準偏差 26.570
$\{(20-42)^2+(10-42)^2+(65-42)^2+(80-42)^2+(35-42)^2\}$
÷5＝**706**
$\sqrt{706}$≒**26.570**

ワンポイント

テストの得点などの数値が，平均値からどのくらい差があるかを表した数値を**偏差値**といいます。偏差値50が平均に当たり，次の計算式で求めることができます。

偏差値＝(得点－平均点)÷
　　　　標準偏差×10＋50

相関分析

相関分析は，2つの項目に相関関係があるかどうかを分析する手法です。**散布図**や**相関係数**によって，相関の有無や強さを調べます。

相関係数は「－1」から「1」までの数値で，「1」に近いほどに正の相関が強く，「－1」に近いと負の相関が強いといえます。「0」に近いときは，相関関係が低いことになります。

回帰分析

回帰分析は，要因・結果となる数値について，その関係性を分析する手法です。要因となる数値を**説明変数**，結果となる数値を**目的変数**といい，これらの関係性を表す方程式を調べ，それに基づき予測や検証などを行います。たとえば，広告費と来客数について，広告費が来客数に影響する効果を分析することで，広告費に応じて来客数が何人ぐらいになるかを予測することができます。

次の図は，広告費（説明変数）を x，来客数（目的変数）を yとして，これらの関係を表す位置に直線を引いたものです。この直線は $y = ax + b$ という式で表すことができ，これより傾きの解釈や y の予測などを行います。

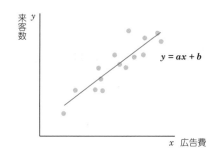

正の相関

負の相関

目的変数は，被説明変数ともいわれます。

ワンポイント

説明変数が1種類の場合を**単回帰分析**，2種類以上を**重回帰分析**といいます。左の図は，単回帰分析の例です。

ワンポイント

2つの変数の関係を表す直線を引く際，できるだけ当てはまりがよい位置に引くため，**最小二乗法**という残差の二乗の和を最小にする手法が使われています。

ワンポイント

数値に原因と結果の関係があることを**因果関係**といい，回帰分析は因果関係の分析に用います。

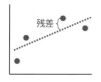

ココを押さえよう

シラバスVer.5.0（2021年4月）から追加された項目です。まだ過去問題では目立った出題がありませんが、各用語について基本的な考えを確認しておきましょう。

ワンポイント

ベクトルや行列を扱う、線形空間を研究する数学の一分野を**線形代数**といいます。

参考

数学では、ベクトルは大きさと方向をもつ量と定義されます。右のような成分表示をすることで、多次元の量をひとまとめにして表現、計算することができます。

11-1-4 数値計算，数値解析，数式処理，グラフ理論

頻出度 ★★☆

数値の計算，解析，処理について，基本的な考え方を理解しましょう。

ベクトルと行列

ベクトルは，1つの行または列に，数字や文字を並べて括弧でくくったものです。また，ベクトルを構成する数字や文字のことを**成分**といいます。

ベクトル（縦ベクトル）

$$\begin{pmatrix} 1 \\ 4 \end{pmatrix}$$

横ベクトル

$$\begin{pmatrix} 7 & -3 & 12 \end{pmatrix}$$

ベクトルの成分がn個の場合，n次元ベクトルといいます。たとえば，m次元のベクトルaを，成分$(a_1, a_2, \cdots, a_m)$で表現すると，例1のようになります。

また，ベクトルを拡大したものが**行列**です。例2のように，縦にm行，横にn列を並べた場合，$m \times n$行列といいます。

例1
$$a = \begin{pmatrix} a_1 \\ a_2 \\ \vdots \\ a_m \end{pmatrix}$$

例2
$$A = \begin{pmatrix} a_{11} & a_{12} & \cdots & a_{1n} \\ a_{21} & a_{22} & \cdots & a_{2n} \\ \vdots & \vdots & \ddots & \vdots \\ a_{m1} & a_{m2} & \cdots & a_{mn} \end{pmatrix}$$

●スカラー

ベクトルに対して，1つ1つの実数のことを**スカラー**といいます。ベクトルや行列にスカラーを掛け算することができます（スカラー倍）。

$$k \begin{pmatrix} a & b \\ c & d \end{pmatrix} = \begin{pmatrix} ka & kb \\ kc & kd \end{pmatrix}$$

●ベクトルや行列の演算

　ベクトルや行列は，複数の値を一括して計算することができます。足し算や引き算は，同じ位置の成分を計算します。

行列の足し算　$\begin{pmatrix} a & b \\ c & d \end{pmatrix} + \begin{pmatrix} e & f \\ g & h \end{pmatrix} = \begin{pmatrix} a+e & b+f \\ c+g & d+h \end{pmatrix}$

　掛け算は，左側は行単位で右方向，右側は列単位で下方向に対応する位置にある成分を順に掛けて，求めた積を合計します。

図1　$\begin{pmatrix} a & b \\ c & d \end{pmatrix} \begin{pmatrix} x \\ y \end{pmatrix} = \begin{pmatrix} ax+by \\ cx+dy \end{pmatrix}$

図2　$\begin{pmatrix} a & b \\ c & d \end{pmatrix} \begin{pmatrix} x & z \\ y & w \end{pmatrix} = \begin{pmatrix} ax+by & az+bw \\ cx+dy & cz+dw \end{pmatrix}$

■ 変数関数の微分と積分

　微分は，関数の増減の傾向を調べるものです。たとえば，次の図は，関数 $f(x)$ において，x が a から h だけ増加したときの平均変化率を示しています。微分では，この平均変化率において，h を限りなく0に近づけた極限の値（微分係数）などを求めます。

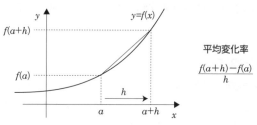

平均変化率

$$\frac{f(a+h)-f(a)}{h}$$

　積分は，関数が表す領域の面積などを計算することです。たとえば，次の図の関数 $f(x)$ において，x が a から b までの区間と，x軸で囲まれた範囲の面積を求めます。

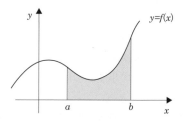

■グラフ理論 V6

グラフ理論においてグラフとは，折れ線グラフや棒グラフのような数量の変化や大きさを表したものではなく，いくつかの点と，それらを結ぶ線からなる図形のことです。様々な情報をモデル化し，分析するのに利用されます。

点のことを頂点（ノード），線のことを辺（エッジ）と呼び，点の位置や大きさ，線の長さに意味はなく，つながり方だけを考察します。また，辺に方向性があるグラフを**有向グラフ**，方向性がないグラフを**無向グラフ**といいます。

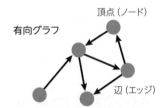
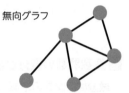

頂点（ノード）

有向グラフ　　　　　　　　　　無向グラフ

辺（エッジ）

■待ち行列理論

店頭などの窓口では，人が並んでいると順番が来るまで待つ必要があります。**待ち行列理論**とは，こうした場合での待ち時間の平均などを計算で求める理論のことです。

■最適化問題

最適化問題は，制約条件を満たす解の中で，最もよいものを求めることです。問題によって，最小値となる状態を求める場合と，最大値を求める場合があります。

■数値データの尺度

数値データは，データがもつ性質によって，次の4つに分類されます。

名義尺度：区分や分類のために用いる

順序尺度：大小関係や順序に意味がある

間隔尺度：目盛りが等間隔で，大小関係に加えて，差にも意味がある

比例尺度：0を原点として，大小関係や差に加えて，比にも意味がある

演習問題

問1　ベン図の検索条件　　　　　　　　　　　　　　　CHECK ▶ □□□

次のベン図の網掛けした部分の検索条件はどれか。

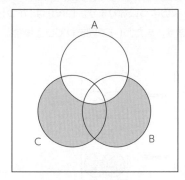

ア　(not A) and (B and C)　　　　　**イ**　(not A) and (B or C)
ウ　(not A) or (B and C)　　　　　　**エ**　(not A) or (B or C)

問2　論理演算　　　　　　　　　　　　　　　　　　　CHECK ▶ □□□

真理値表に対応する論理演算はどれか。

入力A	入力B	出力
0	0	0
0	1	0
1	0	0
1	1	1

ア　AND　　　　　**イ**　NOT　　　　　**ウ**　OR　　　　　**エ**　XOR

問3　場合の数　　　　　　　　　　　　　　　　　　　CHECK ▶ □□□

a, b, c, d, e, fの6文字を任意の順で1列に並べたとき，aとbが隣同士になる場合は，何通りか。

ア　120　　　　　**イ**　240　　　　　**ウ**　720　　　　　**エ**　1,440

解答と解説

問1 (平成29年秋期 ITパスポート試験 問98)

《解答》 イ

選択肢ア〜エの論理式をベン図で表すと，次のようになります。「and」は「かつ」，「or」は「または」，「not」は「〜ではない」を意味します。また，（ ）で囲まれている場合，その部分が優先されます。

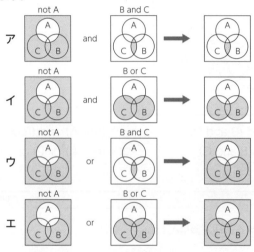

出題と同じベン図になるのは，イの検索条件の場合です。よって，正解はイです。

問2 (平成24年秋期 ITパスポート試験 問82)

《解答》 ア

真理値表を確認すると，「入力A」「入力B」がどちらも「1」のときだけ，「出力」が「1」になっています。この結果は，AND演算（論理積）の場合です。よって，正解はアです。

問3 (平成26年春期 ITパスポート試験 問63)

《解答》 イ

「aとbが隣同士になる」という条件なので，aとbを1文字にみなし，5文字について何通りの並べ方があるかを考えます。5文字の並べ方は，$_5P_5 = 5 \times 4 \times 3 \times 2 \times 1 = 120$通りになります。また，aとbの並べ方には「a , b」と「b , a」の2通りがあるので，これを計算して$120 \times 2 = 240$通りです。よって，正解はイです。

11-2 情報に関する理論

11-2-1　情報に関する理論

頻出度
★★★

コンピュータで数値を扱うときの単位や，デジタル化の基本的な考え方や文字の表現について理解しましょう。

 ココを押さえよう

コンピュータを扱う上で，基礎となる重要なところです。いずれの事項も過去問題で出題されています。しっかり内容を理解しておきましょう。

■ 情報量の単位

コンピュータ内部では，0と1の値を組み合わせたデータを処理します。この情報量の最小単位を「**ビット**(bit)」といい，1ビットで表現できる情報量は0と1の2通りです。つまり，2進数の1桁が1ビットで，次のようにnビットで表現できる情報量は2^n通りです。

1ビット　0，1 （$2^1 = 2$通り）
2ビット　00，01，10，11 （$2^2 = 4$通り）
3ビット　000，001，010，011，100，101，110，111（$2^3 = 8$通り）
　　⋮
8ビット　00000000，00000001 ⋯⋯ 11111111 （$2^8 = 256$通り）

> nビットで表現できる情報量　2^n通り

また，8ビットをまとめて扱う単位を「**バイト**(byte)」といいます。1バイトは，「1B」や「1Byte」と表記することもあります。

> 8ビット＝1バイト

ワンポイント

コンピュータでは，1つ1つの文字に2進数の番号を割り当てて表現しています。この番号を**文字コード**といいます（284ページ参照）。日本語の漢字やひらがなは全角なので，1文字につき2バイト必要です。半角のアルファベットや数値は1バイトで表現できます。

■ 補助単位

　大きな数や小さな数を表すときは，次のような補助単位（接頭語）を使います。たとえば，1,000バイト＝1kバイトのように，本来の単位に添えて記載し，数値は補助単位に合わせて換算します。

大きな数の補助単位

k（キロ）	10^3
M（メガ）	10^6
G（ギガ）	10^9
T（テラ）	10^{12}
P（ペタ）	10^{15}

小さな数の補助単位

m（ミリ）	10^{-3}
μ（マイクロ）	10^{-6}
n（ナノ）	10^{-9}
p（ピコ）	10^{-12}

■ デジタル化

　情報を，連続する可変な物理量（長さ，角度，電圧など）で表したものを**アナログデータ**，離散的な飛び飛びの数値で表したものを**デジタルデータ**といいます。

　たとえば，温度計には，液体の位置を値で読み取るアナログ式と，液晶画面に数値が表示されるデジタル式があります。

　アナログ式では，温度の大きさが，切れ目なく，連続した量で表されます。このように，情報を連続的に変化していく量で表したものがアナログデータです。対して，デジタルデータは，連続している量を段階的に区切り，数値で表したものです。

　コンピュータはアナログデータを扱えないため，デジタルデータに置き換える必要があります。

　たとえば，音声の場合，**PCM**（パルス符号変調）という方式で，次のように音声のアナログ信号をデジタル信号に変換します。

①標本化(サンプリング)

連続しているアナログデータを一定間隔で区切って測定し,数値化します。

ストラテジ系 | マネジメント系 | テクノロジ系 | 11 基礎理論

②量子化

標本化で得た数値を,**量子化ビット数**に基づき,整数値に丸めて表します。

🌀**ワンポイント**

1秒間にアナログデータを測定する回数のことを**サンプリングレート**といいます。サンプリングレートが多いほど,もとのデータの再現性が高くなり,デジタルデータのデータ量が増えます。

🔍**用語**

量子化ビット数:量子化のとき,データを何段階の数値で表現するかを示す値のことです。たとえば,8ビットであれば256段階,16ビットは65,536段階の表現が可能となります。

③符号化

量子化した数値を,2進数に変換します。たとえば,8ビットであれば,「00101010」のように8桁,16ビットであれば16桁になります。

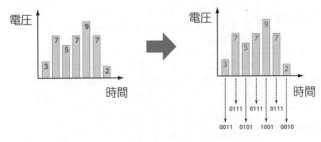

■ 文字の表現

　コンピュータの内部では，文字が**文字コード**と呼ばれる数値で表現されています。文字コードは，1つひとつの文字に，2進数や16進数の数値を割り振ったものです。文字コードにはいろいろな種類があり，たとえばシフトJISコードで「あ」や「A」などは次のように表現されます。

(例) シフトJISコード

参考

全角の「A」と半角の「A」のように，同じ文字であっても全角と半角では別の文字コードが割り振られます。

	文字	2進数	16進数
全角文字	あ	1000 0010 1010 0000	82A0
	い	1000 0010 1010 0010	82A2
半角文字	A	0100 0001	41
	a	0110 0001	61

　代表的な文字コードとして，次のようなものがあります。

ワンポイント

日本語を扱うため，JISが制定した文字コードとして**JISコード**もあります。

文字コード	説明
ASCIIコード	7ビットで半角の英数字や記号を表し，それに1ビットの誤り訂正用の符号が付加されている 日本語のひらがなや漢字などは扱われていない ANSI（米国規格協会）が制定
シフトJIS	ASCIIコードにひらがなや漢字などを追加したもので，日本語を表現することができる 全角文字は2バイト，半角文字は1バイトで表す JISが制定
EUC	UNIXのコンピュータで使用され，拡張UNIXコードともいう。決められた範囲に各国独自の文字を定義することで，日本語も表現することができる
Unicode	日本語を含め，世界各国の文字を統一した文字コード体系で扱うために開発された。IOC/IECが制定

述語論理

　述語論理は，命題の内部まで見て，推論の正しさを確かめていく学問です。述語論理には，演繹推論と帰納推論があります。

演繹推論 （えんえき）	一般的な事象や事実により，結論として個々の事象を導く方法 （例）「鳥は卵を産む」→「フクロウは鳥である」→「フクロウは卵を産む」
帰納推論 （きのう）	個々の事象から，事象間の因果関係を推論し，一般的な事象を導く方法。 （例）「黒ネコはかわいい」→「白ネコはかわいい」→「ネコはかわいい」

ワイルドカード

　ワイルドカードは，ファイルや文字列を検索するとき，検索条件を指定するときに使う記号です。

使用する記号	意味
＊　％	0個以上の任意の文字列を表す
？　＿（アンダーバー）	任意の1文字を表す

　「何の文字でもよい」という検索条件を指定することができ，たとえば「＊売上＊」と指定した場合，「4月売上」「売上伝票」「年間売上ランキング」「売上」などの語句が検索されます。

参考

機械学習を利用したソフトウェア開発では，従来の演繹的なアプローチではなく，帰納的にソフトウェア開発を行います。

ワンポイント

演繹推論は，前提が正しければ，導いた結果は成立します。一方，帰納推論は，前提が正しくても，導いた結果が成立しないことがあります。

試験対策

ワイルドカードに一致する文字列を選ぶ問題では，文字数を限定することができる，任意の1文字を表す記号から考えましょう。
なお，ワイルドカードで用いる記号は「"＊"は0個以上の任意の文字列を表す」のように，問題文に記号とルールが記載されているので，それに従って解答します。

ストラテジ系

マネジメント系

テクノロジ系

11 基礎理論

ココを押さえよう

AI技術は必ず出題されます。「機械学習」「ディープラーニング」「ニューラルネットワーク」「活性化関数」は必修です。他の用語も，しっかり確認しておきましょう。

11-2-2　AI（人工知能）の技術

頻出度
★★★

AI（人工知能）の技術の特徴や基本的な考え方を理解しましょう。

機械学習 CHECK

機械学習とは，AIの分類の1つで，データの中から規則性や判断基準を学習し，それに基づいて未知のものを予測，判断する技術です。機械学習には，次のような種類があります。

ワンポイント

従来のAIは人間が設定したルールに基づいて判断するものでした（**ルールベース**）。対して，機械学習はルール自体をコンピュータが解析して見つけ出します。

参考

ラベル付きデータを**訓練データ**や**教師データ**などと呼びます。

種類	内容
教師あり学習	ラベル（正解を示す答え）を付けたデータを与えて，学習を行う方法 （活用例）「分類」による画像や文字の認識，「回帰」による売上の予測
教師なし学習	ラベルを付けていないデータを与えて，学習を行う方法 （活用例）クラスタリングによる顧客のグループ分け
強化学習	試行錯誤を通じて，報酬を最大化する行動をとるような学習を行う方法 （活用例）ロボットの制御，囲碁や将棋などのゲーム

ニューラルネットワークとディープラーニング CHECK

参考

ニューラルネットワークの「neural」には，「神経の」という意味があります。

参考

ディープラーニングは**深層学習**ともいいます。

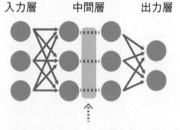
ワンポイント

機械学習でニューラルネットワークを用いて推論を行っていく際，ネットワークからの出力値と正解値が異なる場合があります。この誤差を上層に遡って伝え，修正を行う仕組みを**バックプロパゲーション**といいます。

人間の脳内にある神経回路を数学的なモデルで表現したものを**ニューラルネットワーク**といいます。下の図のような入力層，中間層（隠れ層），出力層から構成され，「●」がニューロン（神経細胞）に該当します。データが入力されるとニューロンを順に伝わっていき，各ニューロン間で計算が行われます。

入力層　　　中間層　　　出力層

中間層は増やして多層化できる

　ディープラーニングは，ニューラルネットワークの多層化によって，より高精度な学習を実現したものです。人がデータを識別する特徴を定義することなく，コンピュータが大量データの中から**特徴量**を自動的に抽出し，自ら学習していきます。

●特徴量

　分析対象の特徴を定量的に数値化したもので，コンピュータが学習するのに用いるものです。

●活性化関数

　ニューロンから次のニューロンに数値を出力する際，もとの数値を別の数値に変換する関数のことです。

■ 基盤モデル　V6

　機械学習において，与えられたデータから，ひととおりの学習を終えたものを**学習済みモデル（機械学習モデル）**といいます。

　基盤モデルは，広範囲かつ大量のデータを**事前学習**しておき，汎用的に様々な用途に活用できる機械学習モデルのことです。その後の学習を通じて，微調整を行うことによって，質問応答や画像識別など，幅広い用途に適応できます。生成AIの多くが，基盤モデルをもとに実現されています。

●事前学習

　初めの工程で，汎用的なデータを用いて行われる学習です。事前学習済みのモデルは汎用的な特徴や知識を習得しており，転移学習やファインチューニングに利用できます。

●転移学習

　事前学習済みのモデルを，別の領域に再利用するように効率的に学習させることです。

●ファインチューニング

　学習済みモデルについて，重みを変更するなどの微調整を行うことです。

 参考

「人工知能」「機械学習」「ディープラーニング」は包含する関係にあります。

> 人工知能
> 　機械学習
> 　　ディープラーニング

ワンポイント

ここでの「モデル」とは，データから学習を行い，結果を出力するものです。ある未知のデータを学習済みモデルに入力すると，学習に基づく処理が行われて結果が出力されます。

ワンポイント

基盤モデルの学習では，一般的にラベルが付いていないデータを使います。

ワンポイント

学習データに合わせ過ぎた学習をしてしまって，新しい未知のデータに対しては予測の精度が低くなってしまうことを**過学習**といいます。

ストラテジ系　マネジメント系　テクノロジ系　11　基礎理論

■ ディープラーニングの手法

ディープラーニングの代表的な手法として，次のようなものがあります。

CNN
Convolutional Neural
Network

①畳み込みニューラルネットワーク (CNN) V6

画像認識の分野で広く使われているモデルです。畳み込み層で画像の特徴を抽出し，プーリング層でデータを圧縮します。この処理を繰り返し，徐々に高度な特徴を抽出していきます。

RNN
Recurrent Neural
Network

②再帰的ニューラルネットワーク (RNN) V6

自然言語処理や音声認識でよく使われているモデルです。時間が経過する順に記録されている時系列のデータを扱い，「株価の動きを予測する」「前の言葉から次の言葉を予測する」などのようなデータの順番を踏まえた予測を行います。

GAN
Generative Adversarial
Network

③敵対的生成ネットワーク (GAN) V6

生成器 (Generator：ジェネレータ) と識別器 (Discriminator：ディスクリミネータ) の2つのニューラルネットワークから構成されており，互いを競い合わせることで精度を高めていきます。実在しない画像を生成できることから，生成AIの分野に大きな影響を与えました。

LLM
Large Language Model

④大規模言語モデル (LLM) V6

自然言語処理の分野で使用されるモデルです。非常に大量のデータによって構築された言語モデルで，ChatGPTをはじめとするチャットボットなどで利用されています。

■ プロンプトエンジニアリング V6

AIに対する指示や命令のことを**プロンプト**といいます。**プロンプトエンジニアリング**は，生成AIから適切な回答やアクションを引き出すため，AIに対するプロンプトを設計する技術です。

演習問題

問1　データ量の大小関係　　　　　CHECK ▶ ☐☐☐

データ量の大小関係のうち，正しいものはどれか。

ア　1Mバイト＜1Gバイト＜1Tバイト＜1Pバイト
イ　1kバイト＜1Mバイト＜1Tバイト＜1Gバイト
ウ　1kバイト＜1Tバイト＜1Mバイト＜1Pバイト
エ　1Tバイト＜1Pバイト＜1Mバイト＜1Gバイト

問2　アナログ音声信号のデジタル化　　　　　CHECK ▶ ☐☐☐

アナログ音声信号をデジタル化する場合，元のアナログ信号の波形に，より近い波形を復元できる組合せはどれか。

	サンプリング周期	量子化の段階数
ア	長い	多い
イ	長い	少ない
ウ	短い	多い
エ	短い	少ない

問3　ディープラーニングを構成する技術　　　　　CHECK ▶ ☐☐☐

ディープラーニングを構成する技術の一つであり，人間の脳内にある神経回路を数学的なモデルで表現したものはどれか。

ア　コンテンツデリバリネットワーク
イ　ストレージエリアネットワーク
ウ　ニューラルネットワーク
エ　ユビキタスネットワーク

解答と解説

問1 (平成23年秋期 ITパスポート試験 問78 改変)

《解答》ア

「kバイト」や「Mバイト」などの「k」や「M」を接頭語といい，桁数の大きな数字を表すときに付ける記号です。k（キロ）は 10^3，M（メガ）は 10^6，G（ギガ）は 10^9，T（テラ）は 10^{12}，P（ペタ）は 10^{15} を示します。これより，データ量の関係は，kを除くと，「1Mバイト＜1Gバイト＜1Tバイト＜1Pバイト」となります。よって，正解は**ア**です。

問2 (平成21年春期 ITパスポート試験 問66)

《解答》ウ

アナログ音声は，サンプリング（標本化）→量子化→符号化という手順でデジタル化します。サンプリング周期は，アナログ音声をサンプリングする時間の間隔のことで，間隔が短いほど，もとのデータの再現性が高くなります。また，量子化の段階数が多いほど，細かいデータを表現できます。これより，サンプリング周期が短く，量子化の段階数が多いほど，もとのアナログ信号の波形に近くなります。よって，正解は**ウ**です。

問3 (令和2年秋期 ITパスポート試験 問19)

《解答》ウ

ディープラーニングは，人間の脳神経回路を模したモデル（ニューラルネットワーク）で，コンピュータ自体がデータの特徴を抽出，学習するAI技術です。よって，正解は**ウ**です。

ア コンテンツデリバリネットワーク（Content Delivery Network：CDN）は，Webサイト上で公開されている動画など（Webコンテンツ）を，効率的に配信するために最適化されたネットワークのことです。

イ ストレージエリアネットワーク（Storage Area Network：SAN）は，ハードディスクなどの補助記憶装置とサーバを接続した，専用の高速ネットワークのことです。

エ ユビキタスネットワークは，いつでも，どこからでも利用することができるネットワーク環境のことです。

第12章 アルゴリズムとプログラミング

本章の学習ポイント

- アルゴリズムの基本的な考え方や，代表的なアルゴリズムを理解する
- リスト，キュー，配列などのデータ構造の種類や特徴を理解する
- 代表的なプログラム言語の種類や特徴を覚える
- ソースコード，言語プロセッサ，コーディング標準など，プログラミングに関する基本的な用語を覚える
- マークアップ言語の種類や特徴，HTMLの基本的なルール，データ記述言語の特徴を理解する
- 擬似言語の記述形式や，記述するプログラミングを理解する

シラバスにおける本章の位置付け

ストラテジ系	大分類1：企業と法務	
	大分類2：経営戦略	
	大分類3：システム戦略	
マネジメント系	大分類4：開発技術	
	大分類5：プロジェクトマネジメント	
	大分類6：サービスマネジメント	
テクノロジ系	**大分類7：基礎理論**	
	大分類8：コンピュータシステム	
	大分類9：技術要素	

→ 本章の学習
中分類14：アルゴリズムとプログラミング

12-1 アルゴリズムとデータ構造

ココを押さえよう

流れ図での処理を読み解く出題がされています。流れ図のルールを理解しておきましょう。特に「変数」は重要な知識です。擬似言語のプログラム問題を解くときにも必要になります。

12-1-1　アルゴリズム

頻出度 ★★☆

　アルゴリズムの基本的な考え方や，アルゴリズムを流れ図で表現する方法を理解しましょう。

■アルゴリズム

　アルゴリズムとは，ある目的を達成するための処理手順を表したものです。処理に必要な手続を1つひとつ順番に記述し，効率的な手順に整理していきます。こうしたアルゴリズムをプログラム言語で記述したものがプログラムになります。

　プログラムを作るとき，処理させたいことは同じであっても，何通りもの処理手順を考えることができます。よく行う処理には定型化されたアルゴリズムがあり，扱うデータなどに合わせて，使用するものを選択して効率的な手順にします。

ワンポイント

定型化された代表的なアルゴリズムとして，データの探索や並べ替えを行うものがあります（298ページ参照）。

■流れ図（フローチャート）

　流れ図は，作業の流れや処理の手順を図で表したものです。**フローチャート**ともいいます。アルゴリズムを図式化して表現するときに使用されます。

参考

流れ図の記号はJISで決められています。ここで紹介している記号は，その中の代表的なものです。

●流れ図の記号

記号	名称	機能
	端子	処理の開始と終了を表す
	処理	計算や代入などの処理を表す
	判断	条件により処理を分岐する
	ループ端	この2つの図で挟んだ間の処理を繰り返す。上の記号が始まり，下の記号が終わりを表す

■ アルゴリズムの基本構造

アルゴリズムには，次の3つの基本構造があります。

●順次構造

先頭から順番に処理を行います。

「処理1」「処理2」の順に実行します

●選択構造

条件により，処理の流れを変えます。

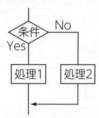

「条件」がYesのときは「処理1」，Noのときは「処理2」を実行します

ワンポイント

アルゴリズムの基本構造は，プログラムでデータを処理する基本的な流れです。ここでは，流れ図と合わせて記載しています。
これらの構造を組み合わせることで，複雑なプログラムを作成できます。

●繰返し構造

条件により，同じ処理を繰り返します。先に条件がある**前判定繰返し処理**と，後に条件がある**後判定繰返し処理**があります。

・前判定

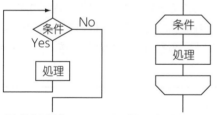

「条件」を満たしている間，「処理」を繰返し実行します

・後判定

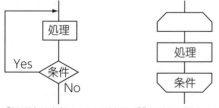

「処理」を実施し，その結果が「条件」を満たしている間，「処理」を繰返し実行します

参考

左の例では，前判定，後判定のいずれも条件を満たしている間，処理を繰返す流れを示しています。
下の図のように，条件が「Yes」になるまで処理を繰返すという流れもあります。

参考

変数は，プログラムの処理で一時的にデータを入れておく箱のようなものです。詳しくは，次ページの「■変数」を参照してください。

ワンポイント

右の流れ図の処理は，「ループ端」記号を使って表すこともできます。

開始

xを2とする

繰返し
xが10より大きい（注）

x+4の計算結果を
新たなxとする

繰返し

終了

（注）ループ端は終了条件を示す

試験対策

流れ図の中に入る処理を選択したり，処理が終わったときの変数の値を答えたりする問題が出題されます。流れ図の読み方に慣れておきましょう。

■ 流れ図の例

　実際に流れ図をみて，処理の流れを確認してみましょう。流れ図で示す処理を終了したとき，変数xの値がいくつになるかを考えてみます。

　この流れ図では，初めに変数xに「2」を代入します。そして，変数xが10以下でなくなるまで，変数xに4を足す処理を繰り返します。

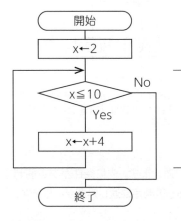

変数xが10以下であるかを確認します
条件を満たすとき，変数xに4を足し，その結果の値を変数xに代入します

変数xが10より大きくなるまで，この処理が繰り返されます

　繰返しでの処理は，次のとおりです。1回目〜3回目まで，変数xは10以下です。4回目のとき，変数xは「14」なので繰返しが終了します。これより，流れ図の処理を終了したとき，xの値は14になります。

1回目：変数xは2。
　　　　10以下なので，「x+4」を計算して変数xは6になる
2回目：変数xは6。
　　　　10以下なので，「x+4」を計算して変数xは10になる
3回目：変数xは10。
　　　　10以下なので，「x+4」を計算して変数xは14になる
4回目：変数xは14。
　　　　10より大きいので，処理が終了する

■ 変数

変数は，プログラムが処理で扱うデータを一時的に格納しておく領域のことです。処理を実行している間，データを入れる「箱」のようなもので，変数にデータを入れたり，取り出したりします。

●変数への値の代入

変数にデータを入れることを**代入**といいます。数値や文字列，式も代入することができます。

図1は変数xに「5」を代入した様子を表したものです。図2は「5」を代入した変数xに対して，「x+10」を2回繰返す処理を表しています。変数に入れておけるのは1つの値だけなので，図2のような処理では変数の値は更新されていきます。

図1

x ← 5
(変数xに5を代入)

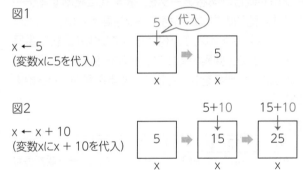

図2

x ← x + 10
(変数xにx + 10を代入)

🔵 ワンポイント

プログラムでは，変数への代入を「変数名←値」のように記載します（308ページ参照）。

●データ型

プログラムで扱うデータには，数値や文字列などの種類があります。これを**データ型**といい，変数ごとに扱うデータ型を指定しておきます。主なデータ型として，次のようなものがあります。

⭐ 参考

プログラムにおいて，変数でデータ型を指定することを「変数の宣言」といいます（308ページ参照）。

整数型：整数の数値を扱う　　　（例）4　95　－3　0
実数型：小数を含む数値を扱う　（例）1.23　－87.6
文字列型：文字列を扱う　　　　（例）"合格"　"maru"
論理型：「true」（真），「false」（偽）の値を扱う

ココを押さえよう

データ構造の種類と特徴を確認しておきましょう。「配列」は擬似言語のプログラムで用いられるので，仕組みを理解しておくことが大切です。

12-1-2　データ構造

頻出度 ★★☆

　コンピュータで扱うデータを格納しておくためのデータ構造について理解しましょう。

■ データ構造

　コンピュータは，プログラムに従って，データの処理を実行します。処理に用いるデータを，コンピュータ内でどのように格納しておくかを定めたものがデータ構造です。データを効率よく扱うために，いろいろな種類のデータ構造があります。

①配列 ✔CHECK

　データ型が同じであるデータを，表形式に格納するデータ構造です。配列の中にある各データを要素といい，1つ1つの要素に要素番号（添字）が付けられています。要素番号を指定することで，要素の値にアクセスできます。

　下の図1は，配列名を「A」として，要素番号が1から始まる例です。

ワンポイント

図1や図2の例では，要素番号は「1」から開始していますが，実際には「0」から始めるのが一般的です。擬似言語のプログラム問題でも「0」から始まるか，「1」から始まるかを確認するようにしましょう。

図1　配列名　A

6	10	2	7	3
A[1]	A[2]	A[3]	A[4]	A[5]	←要素番号

A[4]を指定すると，「7」の値にアクセスできる

　図2は，配列名を「B」として，要素番号が1から始まる二次元配列の例です。この場合，要素番号は行と列の番号を組み合わせて指定します。たとえば，2行目5列目の要素の値はB[2,5]と指定するとアクセスできます。

図2　配列名　B

	列1	列2	列3	列4	列5
行1	8	17	3	9	2
行2	14	5	12	4	**13**
行3	11	20	7	8	6

B[2,5]を指定すると，「13」の値にアクセスできる

②キュー

先入れ先出し(FIFO：First In First Out)のデータ構造です。先に入力したデータから，順に取り出します。

4→7→5→8→2の順に入れる

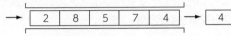

③スタック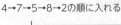

後入れ先出し(LIFO：Last In First Out)のデータ構造です。後に入力したデータから，順に取り出します。データを入力することを「PUSH」，取り出すことを「POP」と呼びます。

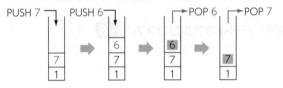

④リスト

ポインタという情報によって，データを連結するデータ構造です。複数の要素が線上に並んでいる構成ですが，データは連続して記録されているとは限らず，データをつなぐ順序はポインタで指定します。

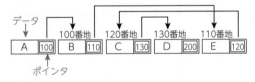

⑤木構造

上階層から，木の枝のようにノード(節)をつないだデータ構造です。

■代表的なアルゴリズム

代表的なアルゴリズムとして，次のようなものがあります。

ワンポイント

線形探索法は，探索に必要な計算量が，探索対象となるデータの数に比例します。また，2分探索法と線形探索法の計算量を比較した場合，理論上は2分探索法の方が必要な計算量は少ないですが，検索値によっては線形探索法の方が少なくなることがあります。

①探索（サーチ）のアルゴリズム V6

データの中から目的のデータを探し出すアルゴリズムです。線形探索法や2分探索法などがあります。

線形探索法	先頭から順番に目的のデータと比較し，一致するデータを探していく
2分探索法	データが小さい順か大きい順に整列されている場合，中央にあるデータから，前にあるか後ろにあるかの判断を繰り返して目的のデータを探していく

②整列（ソート）のアルゴリズム V6

データを大きい順または小さい順に並べ替えるアルゴリズムです。選択ソートやバブルソート，クイックソート，マージソートなどがあります。

参考
いくつかに分かれているデータやファイルなどを1つにまとめることをマージといいます。

選択ソート	未整列のデータから最小値（最大値）を探し，未整列のデータの1番目にあるデータと入れ替える操作を繰り返す
バブルソート	隣り合うデータを比較して，大小の順が逆であれば，それらのデータを入れ替える操作を繰り返す
クイックソート	ある基準値を決めて，それよりも大きな値を集めた区分と小さな値を集めた区分にデータを振り分ける。次に，各区分の中で同じ処理を繰り返す
マージソート	2等分し，その中で整列するまで，同様に分割を繰り返す。そのあと，整列した状態を保つように，分割したデータを併合していく

演習問題

問1　アルゴリズム　　　　　　　　　　　　　CHECK ▶ □□□

　コンピュータを利用するとき，アルゴリズムは重要である。アルゴリズムの説明として，適切なものはどれか。

　ア　コンピュータが直接実行可能な機械語に，プログラムを変換するソフトウェア
　イ　コンピュータに，ある特定の目的を達成させるための処理手順
　ウ　コンピュータに対する一連の動作を指示するための人工言語の総称
　エ　コンピュータを使って，建築物や工業製品などの設計をすること

問2　探索アルゴリズム　　　　　　　　　　　CHECK ▶ □□□

　配列に格納されているデータを探索するときの，探索アルゴリズムに関する記述のうち，適切なものはどれか。

　ア　2分探索法は，探索対象となる配列の先頭の要素から順に探索する。
　イ　線形探索法で探索するのに必要な計算量は，探索対象となる配列の要素数に比例する。
　ウ　線形探索法を用いるためには，探索対象となる配列の要素は要素の値で昇順又は降順にソートされている必要がある。
　エ　探索対象となる配列が同一であれば，探索に必要な計算量は探索する値によらず，2分探索法が線形探索法よりも少ない。

問3　キューからのデータの取出し　　　　　　CHECK ▶ □□□

　先入れ先出し(First-In First-Out，FIFO)処理を行うのに適したキューと呼ばれるデータ構造に対して"8"，"1"，"6"，"3"の順に値を格納してから，取出しを続けて2回行った。2回目の取出しで得られる値はどれか。

　ア　1　　　　　　イ　3　　　　　　ウ　6　　　　　　エ　8

解答と解説

問1　　　　　　　　　　　　　　　　　　　（平成25年春期　ITパスポート試験　問53）
《解答》イ

　ソフトウェア開発において，アルゴリズムはコンピュータに特定の目的を達成させるための処理手順のことで，それをコンピュータが実行できるようにプログラム言語で記述したものがプログラムです。よって，正解はイです。

ア　言語プロセッサの説明です。

ウ　プログラム言語の説明です。C言語など，いろいろな言語があります。

エ　CAD（Computer Aided Design）の説明です。

問2　　　　　　　　　　　　　　　　　　　　（令和5年　ITパスポート試験　問69）
《解答》イ

ア　配列の先頭の要素から検索するのは，線形探索法です。

イ　正解です。線形探索法は，探索する配列の要素数が多くなるほど，計算量も比例して多くなります。

ウ　要素の値を昇順や降順で並べ替えておく必要があるのは，2分探索法です。

エ　探索対象の配列が同一の場合，理論上は2分探索法が線形探索法よりも必要な計算量は少なくなります。しかし，検索する値が配列の先頭の方にあるときなど，検索する値によっては，線形探索法が2分探索法よりも少ない計算量の場合があります。

問3　　　　　　　　　　　　　　　　　　（平成30年春期　ITパスポート試験　問96）
《解答》ア

　先入れ先出し（FIFO：First In First Out）に適したデータ構造をキューといいます。先入れ先出しの処理では，先に格納したデータから取り出します。本問では，「8」，「1」，「6」，「3」の順に値を格納しています。したがって，1回目の取出しでは「8」，2回目の取出しでは「1」の値が得られます。よって，正解はアです。

12-2 プログラミング

12-2-1 プログラミングの基礎 頻出度 ★★☆

プログラミングの基本的な考え方や，プログラムの作成手順について理解しましょう。

■ プログラミング

プログラミングは，プログラム言語を使って，コンピュータに対する命令を作成することです。このプログラム言語で記述したものを**ソースコード**（**ソースプログラム**，**原始プログラム**）といいます。

■ 言語プロセッサ

コンピュータが実行できるのは「0」と「1」で表現した機械語だけです。そのため，人が記述したソースコードは，**言語プロセッサ**というソフトウェアを使って，コンピュータが実行できる機械語に変換する必要があります。代表的な言語プロセッサとして，次のようなものがあります。

コンパイラ	ソースプログラムを一括して機械語に翻訳し，目的プログラム（オブジェクトプログラム）を作成する
インタプリタ	ソースプログラムを1命令ずつ機械語に翻訳して，プログラムを実行する

■ ノーコードとローコード V6

ソースコードを全く書かずにソフトウェアを作成する手法を**ノーコード**，できる限り書かない手法を**ローコード**といいます。ビジュアルな画面で視覚的な操作によって開発を行います。

ココを押さえよう

試験の問題文では「ソースコード」はよく出てくる用語で，「ソースプログラム」「原始プログラム」という名称も使われています。これらの名称を覚えておきましょう。
言語プロセッサの「コンパイラ」と「インタプリタ」の違いも理解しておきましょう。

☆ **参考**

アルゴリズムをプログラミングすることによって，コンピュータで処理を実行できるようになります。

⑤ **ワンポイント**

翻訳しただけの目的プログラムは，まだコンピュータで実行できません。このあと，連係編集することで，実行可能なプログラム（**ロードモジュール**）になります。

ストラテジ系 | マネジメント系 | テクノロジ系

12 アルゴリズムとプログラミング

12-2-2　プログラム言語

頻出度
★★☆

　代表的なプログラム言語の種類や特徴，コーディング標準，ライブラリの利用について理解しましょう。

■ プログラム言語の種類

　プログラム言語は，コンピュータに命令を伝えるプログラムを記述するのに使う言語です。代表的なプログラム言語として，次のようなものがあります。

●低水準言語

機械語	コンピュータがそのまま理解できる，0と1の2進数で表現する言語
アセンブリ言語	機械語と1対1で対応させるレベルで，人間が読み書きできる形式の言語

●高水準言語

Java	オブジェクト指向型の言語。作成したプログラムは「Java仮想マシン」という環境で動作するため，OSやコンピュータの機種に依存しない
C	OSやアプリケーションソフト，組込みソフトなど，様々な開発で用いられている言語
C++	C言語にオブジェクト指向の考え方を取り入れた言語で，スマホアプリやゲーム開発などで用いられることが多い
C#	C言語やC++をさらに改良した言語で，PCアプリケーションソフトやスマホアプリ，WEBアプリケーションなど様々な開発に利用される
Python	オブジェクト指向型のスクリプト言語。機械学習やディープラーニングなどに用いられる
COBOL	経理や在庫管理など，事務処理関連のプログラム開発に適した言語
FORTRAN	科学技術計算のプログラム開発に適した言語
R	統計の解析に適した命令体系が備わっているオープンソースの言語

ココを押さえよう

高水準言語の種類と特徴を確認しておきましょう。特に「Java」「C++」「Python」は要チェックです。「スクリプト言語」についても確認しておいてください。

用語

低水準言語：コンピュータが理解しやすい形式の言語のことです。

高水準言語：人間の言葉に近く，人間が理解しやすい言語のことです。プログラムを記述するために使います。

ワンポイント

Javaのプログラムは，実行の仕方によって，次のように区別されます。

・**Javaアプリケーション**：OS上からコマンドとして実行される

・**Javaアプレット**：Webサーバからダウンロードして，Webブラウザ上で実行される

・**Javaサーブレット**：Webサーバ上で，実行される

なお，Javaアプレットは，現在は廃止されています。

用語

スクリプト言語：プログラムを簡易的に作成できる言語。代表的なものにJavaScriptやPerlなどがあります。

なお，JavaとJavaScriptは別の言語で，全く関係ありません。

■ コーディング標準 V6

コーディング標準とは，ソースコードをどういった書き方にするかの決まりごとのことです。たとえば，関数や変数の命名規則，字下げ，スペースの入れ方，ネストの深さなど，コードの書き方や形式を定めます。コーディング規約やコーディングルールとも呼ばれます。

■ ライブラリの利用 V6

プログラミングにおいて**ライブラリ**は，汎用的によく使う機能を部品化し，他のプログラムでも引用できるようにまとめたものです。ライブラリを用いることで，効率的にプログラムを作成することができます。また，外部で公開・提供されているAPIやWebAPIも利用されます。

ワンポイント

複数のメンバで作業する場合，コーディング標準を定めておくことで，メンバ間で読みやすく，保守しやすいプログラムを作成することができます。

参考

WebAPIは，APIのやり取りをHTTPやHTTPSの通信で行うもので，たとえば，WebサイトにGoogleマップの機能を埋込むことにより，地図サービスを提供できます。

ストラテジ系

マネジメント系

テクノロジ系

12 アルゴリズムとプログラミング

ココを押さえよう

マークアップ言語はよく出題されています。「CSS（スタイルシート）」は名称と役割を必ず覚えておきましょう。
「データ記述言語」「JSON」も要チェックです。

12-2-3 マークアップ言語

頻出度 ★★☆

代表的なマークアップ言語について、種類や特徴、記載する際の基本的なルールを理解しておきましょう。

■ マークアップ言語

マークアップ言語は、文章の内容と合わせて、文章の構造やレイアウト情報などを定義することができる言語です。**タグ**と呼ぶ文字列で囲むことで、見出しや本文などの構造、文字の修飾、画像やハイパリンクの挿入などを定義します。

スペル
HTML
Hyper Text Markup Language

■ HTML

HTMLは、Webページを記述するためのマークアップ言語です。次のように、タグを使って文章の構造や文字の書式などを指定します。作成して保存したHTMLファイルは、OSの種類にかかわらず、Webブラウザで閲覧することができます。

用語

タグ：HTMLなどのマークアップ言語で使用し、<title>のように、"<"と">"でタグ名を囲んだものです。たとえば、<h2>タグは見出しを指定するタグ、<p>は段落を表すタグです。

ワンポイント

HTMLやXMLのもとになった汎用的なマークアップ言語を**SGML**（Standard Generalized Markup Language）といいます。電子出版物や文書データベースなどで利用されています。

参考

CSSを記述する方法については、389ページを参照してください。

(例)

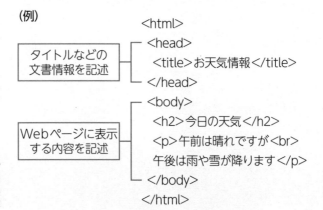

```
                          <html>
タイトルなどの      ┌── <head>
文書情報を記述            <title>お天気情報</title>
                  └── </head>
                  ┌── <body>
Webページに表示          <h2>今日の天気</h2>
する内容を記述            <p>午前は晴れですが<br>
                         午後は雨や雪が降ります</p>
                  └── </body>
                          </html>
```

●CSS（スタイルシート）の利用

WebページをHTMLで記述する際、文字のフォントや色、箇条書き、画像の表示位置など、Webページの見栄えはCSSを使って定義します。CSSは**スタイルシート**ともいい、HTMLの記述に組み合わせて指定します。

■ XML

　XMLは，ユーザーが独自のタグを定義できるマークアップ言語です。データの共有や再利用がしやすく，企業間のデータ交換などでよく利用されています。

■ JSON [V6]

　HTMLなどのマークアップ言語のように，プログラム言語ではないが，コンピュータにおいて扱うデータを記述するための言語を**データ記述言語**といいます。
　JSONはデータ記述言語の1つで，{ } の中にキーと値をコロンで区切って記述します。異なるプログラム言語で書かれたプログラムを，JSONのデータ形式に変換することで，別の言語とのデータ交換が可能になります。

(例)

```
{
  " _ id" : " AP15" ,
  " 品名" : " 15型ノートPC" ,
  " 価格" : " オープンプライス" ,
  " 関連商品 id" : [
  " BP15"
  ]
}
```

XML
Extensible Markup Language

JSON
JavaScript Object Notation

☆ 参考

文書を構造化するマークアップ言語も，データ記述言語の1つです。

ストラテジ系

マネジメント系

テクノロジ系

12 アルゴリズムとプログラミング

ココを押さえよう

試験では擬似言語で記述した，いろいろなプログラムが提示されます。プログラムのルールをていねいに確認，理解して，プログラムを読み解く力を習得しましょう。

12-2-4 擬似言語

頻出度 ★★★

ITパスポート試験で出題される擬似言語について，使われる記述形式や用語などについて理解しましょう。

■ 擬似言語とは

擬似言語とは，実際に使われているプログラム言語とは異なる，擬似的なプログラム言語のことです。ITパスポート試験では，擬似言語を使ったプログラムの問題が出題されます。

試験対策

問題文には，どのような処理を行うプログラムなのか，提示されているので，しっかり問題文を確認するようにしましょう。

擬似言語で記述されたプログラムの例

関数calcAnsは，要素の数が1以上の配列dataArrayを引数として受け取り，要素の値の合計を戻り値として返しています。なお，配列の要素番号は1から開始しています。

```
1  ○実数型： calcAns(実数型の配列： dataArray)  /* 関数の
   宣言 */
2  実数型： Ans
3  整数型： i
4  Ans ← 0
5  for (iを1からdataArrayの要素数まで1ずつ増やす)
6    Ans ← Ans + dataArray[ i ]
7  endfor
8  return Ans
```

※行頭の数字は，説明のために記載したものです。
※擬似言語で使用する記述形式は，310ページを参照してください。

ワンポイント

8行目の「return」は擬似言語の記述形式にはありませんが，戻り値を返すことを示すものです。

ワンポイント

手続や関数を使わないプログラムもあります。その場合，配列や変数の宣言から始まります。

ワンポイント

5行目の「for」は繰返し処理を示し，「i」は配列の要素番号を示す変数です。
「for」を使った繰返し処理については，315ページで説明しています。

擬似言語のプログラムでは，最初に**手続**または**関数**を宣言します。次に，使用する変数を，データ型を指定して宣言します。そのあと，プログラムで処理する手順が記載されます。

上のプログラムでは，関数を宣言し（1行目），実数型と整数型の2つの変数が示されています（2，3行目）。

そして，forを使った繰返し処理を行い，配列から値を取り出して合計を求める処理を実行しています（4〜7行目）。この4行目の「Ans←0」は，変数Ansに初期値として「0」を設定しています。これは，この後，変数Ansを正しく計算していくための準備です。5行目と6行目の配列を使った合計を求める処理については，次ページの「●配列を使った処理」を参照してください。

●手続・関数の宣言

手続や関数の宣言では，手続または関数の名前や引数などを定義します。引数は，手続・関数が受け取って処理に使う値で，配列や変数などを指定します。なお，引数を指定しない場合もあります。

手続……〇の後ろに手続の名前，（ ）の中に引数のデータ型と
　　　　引数名を記載します。
　　　（例）〇 printStars(整数型:num)

関数……〇の後ろに関数の戻り値のデータ型，関数名，（ ）の
　　　　中に引数のデータ型と引数名を記載します。
　　　（例）〇 整数型: calcX(整数型: inData)

左ページのプログラムでは，「calcAns」という関数を宣言し，引数に配列を指定しています。

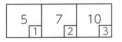

○実数型 : calcAns(実数型の配列: dataArray) /* 関数の宣言 */
戻り値の　　　　　　　　　関数が処理に使う
データ型　　　　　　　　　配列名とそのデータ型

●配列を使った処理

配列を使うと，複数の変数をまとめて扱うことができます。

たとえば，左ページのプログラムでは，配列から値を順に取り出し，変数Ansで合計を求めています。たとえば，配列「dataArray」に「5」「7」「10」が格納されていたとします。

配列「dataArray」 | 5₁ | 7₂ | 10₃ |

まず，変数Ansに「0」が代入されます。そして，配列から変数iが1のときは「5」，2のときは「7」，3のときは「10」が取り出され，変数Ansで合計されていきます。

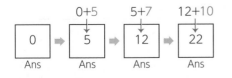

ワンポイント

手続は処理だけで，関数は「戻り値」と呼ぶ結果の値が出ます。手続と関数のどちらであるかは，問題文で「手続printStarsは〜」や「関数calcAnsは〜」のように示されています。

参考

Excelなどの表計算ソフトではあらかじめ用意されている関数を入力して使いますが，プログラムの問題では関数で処理することを定義します。関数の詳細については，309ページを参照してください。

ワンポイント

「/* 関数の宣言 */」はプログラムに付けられた注釈で，処理には影響しない記述です。「//」に続けて，注釈を記入することもできます。

■ 擬似言語の基本ルール

擬似言語でプログラムを記述するときの基本ルールについて説明します。

●値の代入

変数に値を代入するときは，「変数名←値」のように左向きの矢印を使って記述します。

```
x ← 5
x ← x + 10
s ← "許可"
```

ワンポイント

プログラムの中で文字列を記述するときは，その前後を「"」(ダブルクォーテーション) で囲みます。

参考

変数名は任意の名前が付けられます。「x」「i」のような1文字もあれば，「sum」「mean」といった語句が使われることもあります。「num」(number の略) や「cnt」(count の略) といった略語もよく使われます。

●変数の宣言

変数を使うときは，初めに変数の名前とデータ型を指定します。これを「変数の宣言」といい，「型名：変数名」のように記述します。データ型が同じ場合は，複数の変数を「,」で区切って記載することもできます。

```
整数型：num
実数型：sum，mean
```

変数を宣言するとき，値を代入することもできます。

```
整数型：cnt ← 1
文字列型：userColor ← "白"
```

参考

変数の宣言と同時に値の代入を行うことを「初期化」，そのときの値を「初期値」といいます。

●配列の宣言

配列についても，変数と同様に，配列も配列名とデータ型を指定します。「配列の型：配列名」のように記述します。

```
整数型の配列：array
```

配列に値を代入するときは，次のように記述します。代入する値を { } で囲み，「,」で区切ります。

```
整数型の配列：array ← {2,5,8,10}
```

●関数

関数は，数値の計算や並べ替えなど，ある一連の処理を定義したものです。データを受け取って処理し，**戻り値**という結果を出します。

次の関数は，引数の2つの変数x，yから実数を受け取り，合計を戻り値として返すものです。関数を呼び出したとき，実数をxとyに入力します。たとえば，xに3，yに5を入力すると，合計した「8」が変数scoreに代入されて，戻り値になります。

参考

プログラムにおいて関数を使うことを「関数を呼び出す」といいます。

(例1)
```
○実数型：mean (実数型：x，実数型：y)
　実数型：score
　score ← x + y
　return score
```

引数を指定しない場合もあります。(例2) は関数を呼び出すと変数strに「はじめまして」が代入されて，戻り値になります。

(例2)
```
○文字列型：Message ( )
　文字列型：str ← "はじめまして"
　return str
```

戻り値がない場合は**手続**といいます。(例3) は「こんにちは」を出力する手続です。

(例3)
```
○printMessage ( )
　"こんにちは"を出力する
```

あらかじめ定義している関数を，関数や手続で呼び出すこともできます。(例4) は，関数「Message」を呼び出し，変数に入れて出力しています。

(例4)
```
○printMessage ( )
　文字列型：greeting ← Message ( )
　greetingを出力する
```

ワンポイント

あらかじめ定義している関数を呼び出すときは，○を外して，「関数名 ()」だけを記述します。

ストラテジ系

マネジメント系

テクノロジ系

12 アルゴリズムとプログラミング

■擬似言語の記述形式 V6

擬似言語を使用したプログラム問題では，次の記述形式が適用されます。

試験対策

試験中も記述形式を確認することはできます。効率よく解答できるように，事前に記述形式の種類やルールを確認しておきましょう。なお，選択処理や繰返し処理については，この後，詳しい記載方法を説明します。

記述形式	説明
○**手続名又は関数名**	手続又は関数を宣言する。
型名: 変数名	変数を宣言する。
/* **注釈** */	注釈を記述する。
// **注釈**	
変数名 ← **式**	変数に**式**の値を代入する。
手続名又は関数名 (**引数**,…)	手続又は関数を呼び出し，**引数**を受け渡す。

if (**条件式**1)
　処理1
elseif (**条件式**2)
　処理2
elseif (**条件式**n)
　処理n
else
　処理n+1
endif
	選択処理を示す。
	　条件式を上から評価し，最初に真になった**条件式**に対応する**処理**を実行する。以降の**条件式**は評価せず，対応する**処理**も実行しない。どの**条件式**も真にならないときは，**処理**n+1を実行する。
	　各**処理**は，0以上の文の集まりである。elseifと**処理**の組みは，複数記述することがあり，省略することもある。elseと**処理**n+1の組みは一つだけ記述し，省略することもある。

while (**条件式**)
　処理
endwhile
	前判定繰返し処理を示す。
	　条件式が真の間，**処理**を繰返し実行する。
	　処理は，0以上の文の集まりである。

do 　**処理** while (**条件式**)	後判定繰返し処理を示す。 　**処理**を実行し，**条件式**が真の間，**処理**を繰返し実行する。 　**処理**は，0以上の文の集まりである。

for (**制御記述**)
　処理
endfor
	繰返し処理を示す。
	　制御記述の内容に基づいて，**処理**を繰返し実行する。
	　処理は，0以上の文の集まりである。

12 アルゴリズムとプログラミング

●演算子と優先順位

擬似言語で用いられる演算子は，次のとおりです。

演算子の種類		演算子	優先度
式		()	高
単項演算子		not ＋ －	
二項演算子	乗除	mod × ÷	
	加減	＋ －	
	関係	≠ ≦ ≧ ＜ ＝ ＞	
	論理積	and	
	論理和	or	低

注記　演算子 mod は，剰余算を表す。

参考

( ) や四則演算の優先度は，算数の計算と同じです。たとえば，「＋」(足し算) と「×」(掛け算) の演算では，先に「×」を計算します。

modは，割り算の余りを求める演算子です。たとえば，「15 mod 2」の場合，「15÷2＝7 余り1」なので，結果は「1」になります。なお，割り切れるときの結果は「0」になります。

参考

andは「かつ」, orは「または」, notは「～ではない」を表す論理演算の演算子です。
これらを使った演算では，条件を満たすかどうかを判定し，満たす場合は「true」(真)，そうでない場合は「false」(偽) を結果に返します。
論理演算については270ページを参照してください。

●論理型の定数

論理型の定数は**true**と**false**を使って示します。論理型は「真」(正しい) または「偽」(正しくない) のいずれかが入るデータ型で，trueは「真」，falseは「偽」を意味します。

用語

定数：プログラムにおいて定数は，変わることがない，定まった値のことです。

●配列

配列は，要素を{ }で囲み，アクセス対象の要素を指定するときは [ ] の中に要素番号を指定します。

参考

配列については「12-1-2 データ構造」(296ページ) も参照してください。

・一次元配列の指定例
　要素番号が1から始まる配列dataArrayにおいて
　要素が{6, 10, 2, 7, 3}のとき，
　要素番号4の要素の値「7」はdataArray[4]でアクセスできる

ワンポイント

一次元配列は，1行に要素を並べたものです。対して，複数の行列に要素を並べたものを二次元配列といいます。
二次元配列では，{ }の内側に，さらに1行分の内容を{ }で囲んで表します。

・二次元配列の指定例
　要素番号が1から始まる二次元配列dataArrayにおいて
　要素が{{6, 17, 3, 9, 2}, {14, 5, 12, 4, 13}}のとき，2行目5列目の要素「13」は，dataArray[2, 5]でアクセスできる

選択処理・繰返し処理の記述の仕方

選択処理と繰返し処理について，具体的な記述の仕方を説明します。

①選択処理

条件を指定し，条件を満たすか，満たさないかによって，実行する処理を分けます。

最初にifと（ ）の中に条件式，その下に条件を満たす場合の処理を記述します。elseに条件を満たさない場合の処理を記述し，endifで終わります。

参考

選択処理を記述するときの考え方は，表計算ソフトのIF関数と同じです。論理式が条件式に当たり，真の場合（条件を満たす処理），偽の場合（条件を満たさない処理）を指定します。

```
if（条件式）
    条件式を満たす場合の処理
else
    条件式を満たさない場合の処理
endif
```

（例） 変数numが80以上の場合は「〇」，そうでない場合は「不可」が変数rankに代入される

```
整数型：num
文字列型：rank
  if（num ≧ 80）
    rank ← "〇"
  else
    rank ← "不可"
  endif
```

elseは省略することができます。その場合，条件を満たす場合だけ処理が実行され，満たさないときは何も処理が行われません。

```
if（条件式）
    条件式を満たす場合の処理
endif
```

②選択処理（条件の追加）

処理の場合分けを増やすときは，ifとelseの間にelseifを記述して，条件式と条件を満たす場合の処理を追加します。

> if（条件式1）
> 　　条件式1を満たす場合の処理
> elseif（条件式2）
> 　　条件式2を満たす場合の処理 ┊ ※
> else
> 　　どの条件も満たさない場合の処理
> endif

※ elseifを追加することで，3つ目，4つ目…と条件を増やすことができる

参考

elseifの条件式と処理は，いくつでも追加することができます。

（例）変数 num が80以上の場合は「優」，70以上の場合は「良」，そうでない場合は「可」が変数 rank に代入される

```
整数型：num
文字列型：rank
　if（num ≧ 80）
　　rank ← "優"
　elseif（num ≧ 70）
　　rank ← "良"
　else
　　rank ← "可"
　endif
```

③繰返し処理

　繰返し処理では，同じ処理を繰返し実行します。繰返し方によって，「前判定繰返し」「後判定繰返し」「forを使う制御記述による繰返し」の3通りの記述方法があります。

●前判定繰返し

　条件を指定し，その条件を満たす間，処理を繰返し実行します。whileを使って繰返す条件を指定し，その後，繰返す処理を記述します。endwhileで終わります。

```
while（繰返しの条件式）
    繰返し行う処理
endwhile
```

●後判定繰返し

　処理を実行し，その後で繰返しの条件を判断します。条件を満たす間は，処理を繰り返します。doを使って繰返す処理を記述し，その後，繰返す情報を指定します。

```
do
    繰返し行う処理
while（繰返しの条件式）
```

ワンポイント

前判定処理は，処理が1回も実行されない場合があります。
対して，後判定繰返しでは，必ず処理が1回は実行されます。

（例） 変数xに「2」を代入。その後，変数xが10以下である間，変数xに4を足す処理を繰り返す

ワンポイント

右の例で繰返し行う処理は「x←x+4」だけですが，いろいろな複数の処理を繰り返すことができます。選択処理を組み合わせることもできます。

【前判定繰返し】
```
整数型：x
    x←2
while (x ≦ 10)
    x←x+4
endwhile
```

【後判定繰返し】
```
整数型：x
    x←2
do
    x←x+4
while (x ≦ 10)
```

●「for」を使う制御記述による繰返し

　制御記述による繰返しでは，「変数iを1から10まで1つずつ増やす」のように，処理を繰返す条件が文章で記載されます。「for」を使って繰返す条件を指定し，その後，繰返す処理を記述します。「endfor」で終わります。

```
for（制御記述）
　繰返し行う処理
endfor
```

（例）変数yを1から5まで1つずつ増やしながら，変数xに足す処理を繰り返している。この繰返し処理により，変数xに1から5までの累計を求めることができる

```
整数型：x, y
  x ← 0
for（変数yを1から5まで1つずつ増やす）
  x ← x + y
endfor
```

演習問題

問1　プログラムの実行方式　　　　　　　　CHECK ▶ ☐☐☐

　プログラムの実行方式としてインタプリタ方式とコンパイラ方式がある。図は，データを入力して結果を出力するプログラムの，それぞれの方式でのプログラムの実行の様子を示したものである。a, bに入れる字句の適切な組合せはどれか。

	a	b
ア	インタプリタ	インタプリタ
イ	インタプリタ	コンパイラ
ウ	コンパイラ	インタプリタ
エ	コンパイラ	コンパイラ

問2　Java言語　　　　　　　　　　　　　CHECK ▶ ☐☐☐

Java言語に関する記述として，適切なものはどれか。

ア　Webページを記述するためのマークアップ言語である。
イ　科学技術計算向けに開発された言語である。
ウ　コンピュータの機種やOSに依存しないソフトウェアが開発できる，オブジェクト指向型の言語である。
エ　事務処理計算向けに開発された言語である。

ストラテジ系 マネジメント系 テクノロジ系

12 アルゴリズムとプログラミング

問3 XML　　　　　　　　　　　　　　　　CHECK ▶ □□□

XMLで，文章の論理構造を記述する方法はどれか。

ア 文章や節などを "" で囲む。
イ 文章や節などをコンマで区切る。
ウ 文章や節などをタグで囲む。
エ 文章や節などをタブで区切る。

問4 擬似言語を用いたプログラム　　　　　　　CHECK ▶ □□□

　関数 sigma は，正の整数を引数 max で受け取り，1から max までの整数の総和を戻り値とする。プログラム中のaに入れる字句として，適切なものはどれか。

［プログラム］

```
○整数型: sigma(整数型: max)
  整数型: calcX ← 0
  整数型: n
  for (nを1から max まで1ずつ増やす)
    │  a  │
  endfor
  return calcX
```

ア calcX ← calcX × n　　　　イ calcX ← calcX + 1
ウ calcX ← calcX + n　　　　エ calcX ← n

手続printStarsは，"☆"と"★"を交互に，引数numで指定された数だけ出力する。プログラム中のa，bに入れる字句の適切な組合せはどれか。ここで，引数numの値が0以下のときは，何も出力しない。

[プログラム]
```
○printStars(整数型: num)          /* 手続の宣言 */
  整数型:   cnt ← 0              /* 出力した数を初期化する */
  文字列型:   starColor ← "SC1"   /* 最初は"☆"を出力させる */
   a
   if (starColorが"SC1"と等しい)
     "☆"を出力する
     starColor ← "SC2"
   else
     "★"を出力する
     starColor ← "SC1"
   endif
   cnt ← cnt + 1
   b
```

	a	b
ア	do	while（cntがnum以下）
イ	do	while（cntがnumより小さい）
ウ	while（cntがnum以下）	endwhile
エ	while（cntがnumより小さい）	endwhile

解答と解説

問1
《解答》イ

　インタプリタは，ソースプログラムを1命令ずつ機械語に変換して実行します。対して，コンパイラは，ソースプログラムを一括して機械語に変換し，目的プログラムを作成します。問題の図を確認すると，　b　は目的プログラムへの矢印があるのでコンパイラが入ります。反対に　a　には目的プログラムがないので，インタプリタが入ります。よって，正解は**イ**です。

問2
（平成22年秋期　ITパスポート試験　問54）
《解答》ウ

　Javaはオブジェクト指向型の言語で，Javaで作られたプログラムは「Java仮想マシン」という実行環境で動作するため，コンピュータの機種やOSに依存しません。よって，正解は**ウ**です。なお，Java言語とは別にJavaScriptという簡易プログラム言語がありますが，名称が似ているだけで異なるものです。

　アはHTML，イはFORTRAN，エはCOBOLに関する記述です。

問3
（平成22年春期　ITパスポート試験　問63）
《解答》ウ

　XMLは，HTMLと同様にマークアップ言語の1つです。ユーザーが独自に定義したタグを用いて，論理構造を記述することができます。よって，正解は**ウ**です。

問4
（令和5年　ITパスポート試験　問64）
《解答》ウ

　関数sigmaは，たとえば引数maxが4であった場合，1+2+3+4＝10のように合計を求めるものです。「for (nを1から max まで1ずつ増やす)」とあるので，nは1，2，3，4と増えていきます。これを変数calcXで合計していくので，**ウ**の「calcX ← calcX + n」が　a　に入る字句として適切です。よって，正解は**ウ**です。

問5　(ITパスポート試験　擬似言語のサンプル問題　問2)
《解答》エ

　このプログラムは，"☆"と"★"を交互に出力する処理を行うものです。たとえば，引数に「1」を指定すると「☆」，「2」を指定すると「☆★」，「3」を指定すると「☆★☆」を出力します。プログラムの「if」から「endif」までは，この「☆」または「★」を出力する選択処理を示しています。

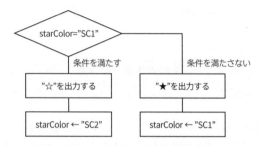

> ifは（　）の条件を判定し，条件を満たす場合と，満たさない場合で異なる処理を行う。
>
> ここでは「starColorが"SC1"と等しい」を判定する。
> 条件を満たす場合は「☆」を出力し，変数starColorに「"SC2"」を代入する。
> 条件を満たさない場合，「★」を出力し，変数starColorに「"SC1"」を代入する。

　選択肢より，　a　と　b　には，前判定繰返し処理の「while（　）」と「endwhile」か，後判定繰返し処理の「do」と「while（　）」のどちらかが入ります。いずれも条件を満たす間は処理を繰り返すものですが，後判定繰返し処理は，処理後に判定するため，必ず1回は処理が行われます。引数numの値が0以下のときも，最初の「☆」が出力されてしまうため，後判定繰返し処理は適切ではなく，　a　と　b　には前判定繰返しの組合せが入ります。
　前判定繰返しの組合せはウとエですが，whileの（　）が「cntがnum以下」または「cntがnumより小さい」と異なっています。これらの変数を確認するため，3回出力する場合を考えてみます。cntの値は「0」から始まり，処理を繰り返すごとに1ずつ増え，3回目の出力を終えたあと「2」になります。このとき，cntはnumより小さく，ここで繰返しの処理が終了になります。これより，whileの（　）には，「cntがnumより小さい」が入ります。「cntがnum以下」にすると，1回，余分に出力されることになります。よって，正解はエです。

	cntの値	numの値	出力結果
1回目	0	3	☆
2回目	1	3	☆★
3回目	**2**	**3**	☆★☆

cntは「0」から始まり，処理を繰り返すごとに1ずつ増えていく。
numは，出力回数の「3」が入る。
←繰返し処理が終了になる

第13章 ハードウェアとコンピュータシステム

本章の学習ポイント

- 代表的なコンピュータや入出力装置の種類と特徴を理解する
- コンピュータを構成する基本的な構成要素と，その中心であるプロセッサの基本的な仕組み，機能及び性能の考え方を理解する
- メモリ（主記憶），記録媒体，入出力インタフェースの種類と特徴を理解する
- IoTシステムにおけるIoTデバイスの役割や構成要素，特徴を理解する
- システムの処理・利用形態，代表的なシステム構成の特徴を覚える
- システム構成や信頼性設計の考え方を理解する

シラバスにおける本章の位置付け

ストラテジ系	大分類1：企業と法務	
	大分類2：経営戦略	
	大分類3：システム戦略	
マネジメント系	大分類4：開発技術	
	大分類5：プロジェクトマネジメント	
	大分類6：サービスマネジメント	
テクノロジ系	大分類7：基礎理論	
	大分類8：コンピュータシステム	
	大分類9：技術要素	

本章の学習
中分類15：コンピュータ構成
要素
中分類16：システム構成要素
中分類18：ハードウェア

13-1 ハードウェア（コンピュータ・入出力装置）

13-1-1 コンピュータ

ココを押さえよう

コンピュータの種類や特徴が問われるので、どのコンピュータなのかを判別できるようにしておくことが大切です。特に「スーパコンピュータ」「マイクロコンピュータ」は要チェックです。「ブレード型サーバ」も覚えておきましょう。

参考

コンピュータや入出力装置以外の、コンピュータを構成する主なハードウェアについては「13-2 コンピュータ構成要素」で説明しています。

参考

汎用コンピュータの「汎用」とは、「多方面に広く用いる」という意味です。

ワンポイント

専用の筐体に、CPUやメモリを搭載したボード型のコンピュータを複数収納して使うサーバシステムのことを**ブレード型サーバ**といいます。電源装置や外部インタフェースなどをサーバ間で共有することができ、高密度化、省スペース化を実現しています。

ワンポイント

身体に装着しておき、歩数や運動時間、睡眠時間などを、搭載された各種センサーによって計測するウェアラブル機器を**アクティビティトラッカ**といいます。

　ハードウェアは、コンピュータを構成する機器や装置のことです。コンピュータ内部の部品も、ハードウェアに含まれます。

　まず、コンピュータ本体について、種類や特徴を理解しましょう。身近にあるPCやスマートフォン、タブレット以外にも、いろいろな種類のコンピュータがあります。

■ コンピュータの種類

　代表的なコンピュータとして、次のようなものがあります。

種類	説明
スーパコンピュータ	大規模で高度な科学技術計算に使用される超高性能なコンピュータ。宇宙開発や天文学、気象予測、海洋研究など、様々な研究・開発分野で利用されている
汎用コンピュータ	事務処理から技術計算までの幅広い用途に使用される、大型で高性能なコンピュータ。銀行のオンラインシステム、企業の基幹業務システムなど、高い信頼性や大量のデータ処理が求められるシステムで利用されている。**メインフレーム**とも呼ばれる
パーソナルコンピュータ(PC)	仕事や家庭で幅広く使用される、個人向けのコンピュータ。ノート型やデスクトップ型などに分類することができる
マイクロコンピュータ	小さな1枚のチップに、CPUと主記憶、インタフェース回路などを組み込んだ超小型コンピュータ。エアコンや自動車、家電製品などに組み込んで使用される
携帯情報端末	スマートフォンやタブレットなど、携帯できる端末のこと ・**ウェアラブル端末** 腕時計や眼鏡など、身体に装着して利用できる情報端末のこと

■ スマートデバイス

　スマートデバイスとは，スマートフォンやタブレット端末などの総称です。明確な定義はなく，一般的には携帯しやすく手軽に使え，インターネットに接続できて，いろいろなアプリが利用できる携帯型の多機能端末が該当します。

13-1-2　入出力装置

頻出度 ★★☆

　代表的な入出力装置について，種類や特徴を理解しましょう。

■ 入力装置

　入力装置は，コンピュータにデータを入力したり，指示を与えたりする装置です。代表的な入力装置として，次のようなものがあります。

キーボード	タッチパネル
キーボード上のキーを押すことで，文字や数字などを入力する装置	指などで画面に直接触れることで，コンピュータの操作を行う装置
マウス	**バーコードリーダ**
机上を滑らすように動かすことでカーソルを移動し，ボタンを押して入力情報を指示する装置	商品などに付けられているバーコードを読み取る装置
ペンタブレット	**OCR**
平面状の装置の上でペン型の装置を動かすことで，図形などを描く装置	文字を読み取り，テキストデータに変換する装置
イメージスキャナ	**Webカメラ**
写真や絵などの紙面を読み取って，画像データに変換する装置	コンピュータなどに接続して使うビデオカメラ装置で，テレビ会議やビデオチャットなどで利用する

右段余白：

ストラテジ系　マネジメント系　テクノロジ系

13　ハードウェアとコンピュータシステム

💡 **ココを押さえよう**

入出力装置では，プリンタの出題頻度が高いです。プリンタの種類と特徴，単位の「dpi」「ppm」を確認しておきましょう。入力装置では「OCR」「イメージスキャナ」が要チェックです。

🔵 **ワンポイント**

画面上の位置情報を入力する装置の総称を**ポインティングデバイス**といいます。代表的なものにマウスがあります。

🔵 **ワンポイント**

棒状のレバーを操作して指示を出す入力装置を**ジョイスティック**といいます。

⭐ **参考**

OCRは，「Optical Character Reader」の略です。「光学式文字読取装置」ともいいます。

🔵 **ワンポイント**

マークシート上で塗りつぶされているマークを読み取る装置のことを**OMR**といいます。「光学式マーク読取装置」ともいいます。OMRは，「Optical Mark Reader」の略です。

■ 出力装置

出力装置は、ディスプレイやプリンタのことです。代表的な出力装置として、次のようなものがあります。

●ディスプレイ

種類	内容
液晶ディスプレイ	液晶パネルを使ったディスプレイ。液晶に電圧をかけると、光の透過、非透過が切り替わる仕組みを利用している
有機ELディスプレイ	電圧を加えると、自ら発光する仕組みを利用したディスプレイ

●プリンタ

種類	内容
レーザプリンタ	トナーをレーザ光と静電気で紙に付着させて印刷するプリンタ。印刷品質が高い
インクジェットプリンタ	ノズルからインクを吹き付けて印刷するプリンタ
ドットインパクトプリンタ	インクリボンをピンで叩いて印刷するプリンタ。カーボン紙を使うと複写できるので、伝票作成などで利用される
3Dプリンタ	立体を表すデータ（3次元データ）をもとに、樹脂などを積み重ねて、立体造形物を作成する装置

■ プリンタの解像度

プリンタの解像度は、**dpi**という単位で表します。1インチ（約2.5センチ）当たりのドット数を示したもので、数値が大きいほど、解像度が高く、きめ細かく印刷されます。

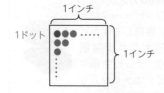

演習問題

| 問1 | 汎用コンピュータ | CHECK ▶ □□□ |

メインフレームとも呼ばれる汎用コンピュータの説明として，適切なものはどれか。

- **ア** CPUと主記憶，インタフェース回路などを一つのチップに組み込んだ超小型コンピュータ
- **イ** 企業などにおいて，基幹業務を主対象として，事務処理から技術計算までの幅広い用途に利用されている大型コンピュータ
- **ウ** サーバ側でアプリケーションプログラムやファイルなどの資源を管理するシステムの形態において，データの入力や表示などの最小限の機能だけを備えたクライアント専用コンピュータ
- **エ** 地球規模の環境シミュレーションや遺伝子解析などに使われており，大量の計算を超高速で処理する目的で開発されたコンピュータ

| 問2 | スキャナの機能 | CHECK ▶ □□□ |

スキャナの説明として，適切なものはどれか。

- **ア** 紙面を走査することによって，画像を読み取ってディジタルデータに変換する。
- **イ** 底面の発光器と受光器によって移動の量・方向・速度を読み取る。
- **ウ** ペン型器具を使って盤面上の位置を入力する。
- **エ** 指で触れることによって画面上の位置を入力する。

| 問3 | 複写が取れるプリンタ | CHECK ▶ □□□ |

印刷時にカーボン紙やノンカーボン紙を使って同時に複写が取れるプリンタはどれか。

- **ア** インクジェットプリンタ
- **イ** インパクトプリンタ
- **ウ** 感熱式プリンタ
- **エ** レーザプリンタ

解答と解説

　汎用コンピュータは，企業などにおいて，基幹業務を主対象として，事務処理から技術計算までの幅広い用途に利用されている大型で高性能なコンピュータです。銀行のオンラインシステムなどに利用されています。よって，正解は**イ**です。

ア　マイクロコンピュータの説明です。

ウ　シンクライアントの説明です。

エ　スーパコンピュータの説明です。

　スキャナ(イメージスキャナ)は，写真や絵，文字原稿などを光学的に読み込み，デジタルデータに変換する装置です。よって，正解は**ア**です。

イ　光学式のマウスの説明です。

ウ　ペン型の器具を使う入力装置の説明です。デジタイザやペンタブレットなどの種類があります。

エ　タッチパネルの説明です。

　インパクトプリンタは，インクリボンをピンで打ち付けることによって印刷するプリンタです。カーボン紙による複写が可能なのはインパクトプリンタだけで，ドットインパクトプリンタともいいます。よって，正解は**イ**です。

ア　インクジェットプリンタは，ノズルからインクの粒子を紙に吹き付けて印刷します。

ウ　感熱式プリンタは，熱で変色する感熱紙を使って印刷します。

エ　レーザプリンタは，レーザ光を利用し，紙にトナーを吸着させて印刷します。

13-2 コンピュータ構成要素

13-2-1　プロセッサ

頻出度 ★★☆

コンピュータを構成する基本的な5つの装置と，コンピュータの頭脳に当たる「プロセッサ」(CPU)について理解しましょう。

■ コンピュータの構成

コンピュータは，演算装置，制御装置，記憶装置，入力装置，出力装置の5つの装置で構成されています。

これらの装置において，入力装置から入力されたデータは，記憶装置を経由して各装置に流れていきます。また，制御装置からの命令に従って，他の装置はそれぞれ処理を行います。

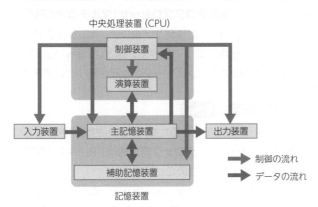

制御装置	プログラムの命令を解読し，ほかの装置を制御する
演算装置	制御装置からの指示に従って，四則演算や論理演算などを行う
記憶装置	データやプログラムを記憶する。**主記憶装置**と**補助記憶装置**(ハードディスクなど)に分けられる
入力装置	コンピュータに対して，命令やデータを入力する
出力装置	処理した結果を出力する

ココを押さえよう

いずれも重要な用語ばかりです。特に「CPU」「マルチコアプロセッサ」「クロック周波数」はしっかり理解しておきましょう。

参考

コンピュータを構成する5つの装置を「コンピュータの5大装置」と呼びます。

13 ハードウェアとコンピュータシステム

ストラテジ系 マネジメント系 テクノロジ系

試験対策

記憶装置について，よく出題されています。「13-2-2 メモリ」で詳しく説明しているので確認しておきましょう。

CPU
Central Processing Unit

もともと実装しているCPU
と備える命令系統が同じ
で，そのCPUと置き換え
て使用できる他社製のCPU
のことを**互換CPU**といい
ます。オリジナルのCPUで
動作するのと同じOSやア
プリケーションソフトを動
作させることができます。

スペル
GPU
Graphics Processing Unit

ワンポイント
一連の処理を同時に実行
できる処理単位に分け，複
数のCPUで実行すること
を**並列処理**といいます。並
列処理を行うことで，マル
チコアプロセッサを使った
コンピュータの処理能力の
有効活用を図る方式として
マルチスレッドがあります
（361ページ参照）。

参考
同一種類のCPUであれば，
クロック周波数を上げるほ
どCPU発熱量も増加する
ので，放熱処置が重要とな
ります。

ワンポイント
CPUの許容発熱量や消費電
力量に余裕があるときに，
コアのクロック周波数を自
動的に上げる技術を**ターボ
ブースト**といいます。

ワンポイント
バスの性能は，バス幅とク
ロック周波数などによって
決定します。

■ CPU（プロセッサ）

CPUは，演算と制御を行う装置です。**プロセッサ**とも呼ばれ，
コンピュータの頭脳に当たる，とても重要な装置です。一度に
処理するデータ量によって，32ビットCPUや64ビットCPUな
どの種類があり，ビット数が大きいものほど，処理能力が高い
といえます。

● GPU

三次元グラフィックスの画像処理などを，CPUに代わって高
速に実行するための演算装置です。AIにおける膨大な計算処理
にも利用されています（522ページ参照）。

■ マルチコアプロセッサ

1つのCPUの中に，複数のコア（演算などを行う処理回路）を
装備しているものを**マルチコアプロセッサ（マルチコアCPU）**と
いいます。コアの数が2つなら**デュアルコア**，4つなら**クアッド
コア**と呼びます。基本的にコア数が多いほど，同時に処理でき
る作業数が増えるので，コンピュータの性能が高いといえます。

■ クロック周波数

CPUが演算処理の同期をとるために，周期的に発生させてい
る信号を**クロック**といい，**クロック周波数**はCPUが1秒間に発
生させているクロックの回数のことです。

クロック周波数の単位は「Hz（ヘルツ）」で，たとえば3.2GHz
だと，1秒間に約32億回の動作をします。クロック周波数が大
きいほど，基本的に処理速度が速く，コンピュータの性能が高
いといえます。

■ バス

バスは，コンピュータ内部において，CPUとメモリの間や
CPUと入出力装置の間などをつなぎ，データをやり取りするた
めの伝送路です。一度の伝送で同時に送れるデータ量を**バス幅**
といい，単位はビットで表します。

13-2-2 メモリ

メモリとは，コンピュータでデータやプログラムを記憶しておく装置のことです。コンピュータで使われているメモリの種類や特徴などについて理解しましょう。

■ 主記憶装置と補助記憶装置

コンピュータを構成する記憶装置は，**主記憶装置**と**補助記憶装置**に分けられます。

主記憶装置は**メインメモリ**とも呼ばれ，CPUが実行するプログラムや，演算に使うデータが一時的に記憶されます。コンピュータの作業台のような役割で，記憶容量が不足している場合，処理が遅くなったり，実行できなくなったりします。

一方，補助記憶装置は，利用者がデータやプログラムなどを保存しておく装置で，ハードディスクや光ディスクなど，形態や仕様が異なるいろいろな種類のものがあります。

■ キャッシュメモリ

キャッシュメモリとは，主記憶装置よりもアクセス速度が速いメモリで，CPUと主記憶装置における処理の高速化を図るものです。

キャッシュメモリには，CPUが主記憶装置から読み出したデータのうち，よく使うものを保存しておきます。そして，CPUはまずキャッシュメモリで目的のデータを探し，キャッシュメモリにデータがなかった場合は主記憶装置にアクセスします。このように高速なキャッシュメモリからデータを読み出すことで，アクセス時間を短くします。また，1次キャッシュ，2次キャッシュと複数のキャッシュメモリがあるときは，CPUは1次，2次の順にアクセスします。

速い　　　　　　　　　　　　　遅い

CPU ⟷ 1次キャッシュ ⟷ 2次キャッシュ ⟷ 主記憶装置

ココを押さえよう

「主記憶装置」や「補助記憶装置」はコンピュータの基礎知識として重要な用語です。「キャッシュメモリ」は頻出されているので，役割や特徴をしっかり理解しましょう。「RAM」や「ROM」などのメモリの種類や特徴も確認しておきましょう。「記憶階層」も要チェックです。

試験対策

主記憶装置は，主記憶やメインメモリ，メモリともいいます。ITパスポート試験では「主記憶」という用語で，よく出題されています。

参考

補助記憶装置の種類や特徴については，「13-2-3 補助記憶装置」で説明しています。

ワンポイント

コンピュータのディスプレイに表示する文字や図形などのデータを格納する専用のメモリのことを**グラフィックスメモリ**といいます。

試験対策

キャッシュメモリは，過去によく出題されています。「主記憶との実効アクセス時間を短縮して，CPUの処理効率を高める」という利用目的であることを覚えておきましょう。

ワンポイント

1次キャッシュは，2次キャッシュよりもアクセスは高速ですが，記憶容量は小さいです。3次以上のキャッシュを搭載しているものもあります。

RAMとROM

主記憶装置やキャッシュメモリなどの記憶装置には、**半導体メモリ(ICメモリ)** が使われています。半導体メモリは、RAMとROMに分類することができます。

①RAM

電源を切ると内容が失われる揮発性の性質をもったメモリです。データの読み書きができ、主記憶装置やキャッシュメモリに使われます。

●DRAMとSRAM

RAMにはDRAMやSRAMという種類があり、主記憶装置にはDRAM、キャッシュメモリにはSRAMが使われます。

種類	価格	容量	リフレッシュ	速度
DRAM	安い	大きい	必要	SRAMより遅い
SRAM	高い	小さい	不要	DRAMより速い

●SDRAM V6

DRAMを発展させたものを**SDRAM**といいます。さらにSDRAMを発展させたものとして、DDR3 SDRAMやDDR4 SDRAM、DDR5 SDRAMがあります。DDR3やDDR4という番号が大きいほど後継の規格で、データの伝送効率が向上しています。

●DIMMとSO-DIMM V6

主記憶装置としてPCに取り付ける、SDRAMのチップを搭載している基盤の種類です。DIMMはデスクトップ型、SO-DIMMはノート型などの小型のPCで使われます。

②ROM

電源を切っても内容が失われない不揮発性の性質をもったメモリです。基本的に読出し専用ですが、記憶内容の消去や書換えができるものもあります。

■記憶階層

コンピュータの記憶装置は，その種類によって記憶容量やアクセス速度が異なります。たとえば，CPUと直接やり取りするレジスタは非常に高速なメモリですが，記憶容量は小さくて高価です。このような関係をまとめたものを**記憶階層**といいます。

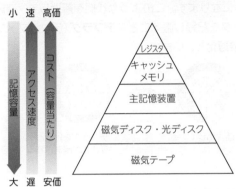

用語

レジスタ：CPUの内部にある演算用の記憶装置のことです。

試験対策

データの読み書きが高速な順として，「レジスタ→主記憶→補助記憶」であることを覚えておきましょう。

13-2-3　補助記憶装置

頻出度 ★★☆

補助記憶装置には，ハードディスクをはじめ，いろいろな記録媒体があります。主な記録媒体について，種類や特徴などを理解しましょう。

■ハードディスク

ハードディスクは，磁気によってデータを記録する磁気ディスク装置です。磁性体を塗布した複数枚のディスクで構成され，これらのディスクが高速に回転し，磁気ヘッドによってデータの読み書きが行われます。記憶容量は大きく，数十Gバイト〜数十Tバイトまであります。

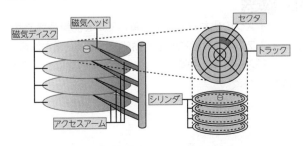

ココを押さえよう

補助記憶装置の種類と特徴を覚えましょう。「フラッシュメモリ」や「SSD」がよく出題されています。光ディスクの種類や記憶方式（読出し専用，追記型，書換え型）も確認しておきましょう。

用語

フロッピーディスク：ハードディスクと同様，磁気で用いた記憶装置です。プラスチックケースに1枚のディスクが入っていて，専用ドライブに差し込んで使います。記憶容量は1.44Mバイトと小さいです。

ワンポイント

磁気ディスクを同心円状に分けた領域を**トラック**，トラックを複数に分割した領域を**セクタ**といいます。また，同じ位置にあるトラックの集まりを**シリンダ**といいます。

●ファイルの断片化（フラグメンテーション）

　ハードディスクに保存したデータは，セクタ単位で記録されます。その際，1つのファイルが分割されて，不連続なセクタに離れて保存されることを**ファイルの断片化**や**フラグメンテーション**といいます。断片化が進むと，データの読出しに時間がかかるようになります。このような状態を解消して，連続した領域にデータを記録し直すことを**デフラグ**（デフラグメンテーション）や**最適化**といいます。

断片化している　　　デフラグを行うと
　　　　　　　　　　断片化が解消される

参考

フラッシュメモリには特性として書込み回数に上限がありますが，一般的な使用で上限を超えることは，ほぼありません。

■ フラッシュメモリ

　フラッシュメモリは，電気的にデータの書換えができる半導体メモリです。電源が切れても記憶内容が消えない不揮発性で，代表的なものは次のとおりです。

①USBメモリ

　PCなどのUSBポートに差し込んで使い，持ち運びしやすい装置です。記憶容量は数百Mバイト〜数Tバイトまで，幅広くあります。

②SDメモリカード（SDカード）

　デジタルカメラやスマートフォンなどに使われています。記憶容量は数Gバイト〜数百Gバイトのものが主流です。

③SSD

スペル

SSD
Solid State Drive

参考

ハードディスクやSSDには，USB接続によって，PCに外付けして使うものもあります。

　ハードディスクの代わりとして活躍している記憶装置です。ハードディスクのような機械的な可動部分がなく，電力消費も少ないが，書込み回数に上限があります。記憶容量は数十Gバイト〜数Tバイトです。

◾光ディスク

　光ディスクは，レーザ光線を使って，データを読み書きする装置です。代表的なものとして，CD，DVD，Blu-ray Disc（ブルーレイディスク）があります。いずれも直径12cmのディスクですが，記憶容量は下の表のように異なります。

CD	650Mバイト ／ 700Mバイト
DVD	片面1層 4.7Gバイト ／ 片面2層 8.5Gバイト 両面1層 9.4Gバイト ／ 両面2層 17Gバイト
Blu-ray Disc	片面1層 25Gバイト ／ 片面2層 50Gバイト 片面3層 100Gバイト ／片面4層 128Gバイト

　これらのディスクには，次の3通りの記憶方式があります。

●読出し専用

　データの読出しはできますが，データの書込みはできません。
　記録媒体：**CD-ROM　DVD-ROM　BD-ROM**

●追記型

　データを書き込むことができます。ただし，保存したデータは書き換えたり，削除したりすることはできず，読出し専用になります。
　記録媒体：**CD-R　DVD-R　BD-R**　など

●書換え型

　データを書き込むことができます。後から，保存したデータを書き換えたり，削除したりすることもできます。
　記録媒体：**CD-RW　DVD-RW　BD-RE**　など

◾磁気テープ

　磁気テープは，カートリッジに収めた磁気テープにデータを記録する記憶装置です。基本的にテープの先頭からアクセスし，ランダムアクセスはできません。記憶容量は数Gバイト～数十Tバイトと非常に大きく，主にデータのバックアップに使われます。**ストリーマー**とも呼びます。

⭐参考
BD-ROM や BD-R，BD-REの BD は，「Blu-ray Disc」の略です。

🔍用語
ランダムアクセス：記録した順番や場所にかかわらず，目的のデータに直接アクセスする方式のことです。ランダムアクセスに対して，先頭から順番にアクセスすることを，**シーケンシャルアクセス**といいます。

ココを押さえよう

主な入出力デバイスの種類と特徴を覚えておきましょう。特に無線インタフェースがよく出題されています。「ホットプラグ」「バスパワー」も知っておきましょう。「NFC」「デバイスドライバ」は重要な用語です。必ず覚えておいてください。

13-2-4　入出力デバイス

頻出度 ★★

　入出力装置をコンピュータにつなげるためのインタフェースの規格や，これらを使用するために必要なデバイスドライバについて理解しましょう。

■ 入出力インタフェース

　入出力インタフェースとは，コンピュータと入出力装置などを接続するための規格や方式のことです。インタフェースの種類やデータ方式によって，次のように分類できます。

●インタフェースの分類

有線 インタフェース	物理的にケーブルを使って，コンピュータと入出力装置を接続する
無線 インタフェース	赤外線や電波など，無線によってデータを伝送する

●データ伝送方式

シリアル インタフェース	1本の信号線で，1ビットずつデータを転送する
パラレル インタフェース	複数の信号線で，複数のビットを同時に転送する

■ 主な入出力インタフェース

　代表的なインタフェースとして，次のようなものがあります。

①USB

　コンピュータと周辺機器の接続に使う，最も標準的なシリアルインタフェースです。Type-A，Type-B，Type-Cなど複数の形状の端子（コネクタ）があり，ホットプラグやバスパワー方式に対応しています。USBハブを経由して，ツリー状に最大127台の周辺機器を接続できます。

　また，USBには複数の規格があり，転送速度が異なります。どの速度で動作するかは，コンピュータ内のOSが自動的に判断するため，ユーザーが選択することはできません。

用語

ホットプラグ：コンピュータの電源を入れたまま，周辺機器の取付けや取外しができる機能のことです。

用語

バスパワー：ケーブルを介して，電力を供給する方式のことです。バスパワーに対して，ACアダプタや電源コードで電力を供給する方式を**セルフパワー**といいます。

②IEEE 1394

コンピュータとデジタルビデオカメラなどとの接続に使うシリアルインタフェースです。デイジーチェーン接続またはツリー状に周辺機器を接続することができ，ホットプラグやバスパワー方式にも対応しています。

デイジーチェーン接続

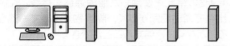

③HDMI

映像や音声，制御信号もまとめて1本のケーブルで送ることができるインタフェースです。テレビにハードディスクレコーダー，家庭用ゲーム機などを接続するときや，PCとディスプレイとの接続にも用いられます。

④DisplayPort

HDMIと同様に，映像や音声などを1本のケーブルで送ることができるインタフェースです。主にPCとディスプレイとの接続に使われます。複数のディスプレイを数珠つなぎで接続するだけで，マルチディスプレイ環境を実現できます。

■ ポートリプリケータ

ポートリプリケータは，シリアルポートやパラレルポート，HDMI，LANなど，複数の種類の接続端子を備えていて，ノートPCやタブレット端末などに取り付けて利用する機能拡張用の機器のことです。

ストラテジ系 マネジメント系 テクノロジ系

ワンポイント

コンピュータと磁気ディスク，プリンタなどとの接続に使うパラレルインタフェースを **SCSI** といいます。デイジーチェーンで最大7台を接続できます。現在はSCSIに代わって，USBが主流となっています。

用語

デイジーチェーン：複数の機器を数珠つなぎで接続する方法のことです。

スペル

HDMI
High-Definition
Multimedia Interface

ワンポイント

コンピュータとディスプレイを接続する規格には，**アナログRGB** や **DVI** もあります。

参考

以前のノート型PCなどには，機能を拡張するためのPCカードを挿せるようになっていました。このインタフェースやカード規格をPCMCIAといいます。

試験対策

シラバスVer.6.3では，IEEE 1394とPCMCIAの用語は削除されています。

13 ハードウェアとコンピュータシステム

■無線で通信するインタフェース

ケーブルなどを必要としない，無線で通信するインタフェースとして，次のようなものがあります。

試験対策
無線で接続するインタフェースの規格は，過去問題でよく出題されています。それぞれの名称と特徴をしっかり覚えておきましょう。

参考
ZigBeeは「ジグビー」と読みます。

IrDA	赤外線を使用した無線通信を行う。通信可能な範囲は30cm〜1m程度と短く，装置間に障害物があると通信できない
Bluetooth	2.4GHzの電波を使用した無線通信を行う。IrDAに比べて通信範囲が広く，障害物があっても遮られることなく，通信することができる
ZigBee	2.4GHzなどの電波を使用した無線通信を行う。スリープ時の待機電力がBluetoothよりも小さく，スリープから復帰してデータ送信までの時間が非常に短い。センサーネットワークなどに使われる

■NFC

NFCは，近距離無線通信技術のことです。10cm程度に近づけて「かざす」ことで，認証やデータ交換を行います。ICカードやICタグのデータの読み書きに利用されています。

スペル
NFC
Near Field
Communication

参考
NFCに準拠した無線通信方式として，SuicaやICOCAなど，交通系のIC乗車券による改札があります。

■デバイスドライバ

デバイスドライバとは，コンピュータに接続した周辺装置を管理，制御するソフトウェアです。プリンタやイメージスキャナなどの機器ごとに，それぞれ専用のデバイスドライバが必要です。たとえば，プリンタを接続する場合は，そのプリンタの機種・型番にあったデバイスドライバをインストールします。

●プラグアンドプレイ

新規に周辺機器をコンピュータに接続したとき，デバイスドライバの組込みや設定を自動的に行う機能のことです。たとえば，PCに新たなマウスを接続すると，プラグアンドプレイ機能によってデバイスドライバが組み込まれ，そのマウスで操作ができるようになります。

13-2-5 IoTデバイス

頻出度 ★★☆

IoTシステムにおける，IoTデバイスの役割や構成要素，特徴について理解しましょう。

■ IoTデバイス CHECK

IoTデバイスとは，インターネットに接続された機器のことで，IoT（モノのインターネット）における「モノ」に当たります。IoTデバイスには，家電製品，自動車，ウェアラブル端末など，多種多様なものがあります。

■ センサーとアクチュエーター CHECK

IoTシステムを構成する主要なIoTデバイスとして，センサーとアクチュエーターがあります。**センサー**は，光，温度，圧力，煙など，対象の物理的な量や変化を測定し，信号やデータに変換する機器のことです。**アクチュエーター**は，制御信号に基づき，電気などのエネルギー回転，並進などの物理的な動きに変換する装置のことです。

IoTシステムでは，センサーが収集したデータを，IoTゲートウェイからインターネットを経由してクラウドなどに送り，データの蓄積や分析が行われます。そして，フィードバックされた分析結果に応じて，アクチュエーターなどのIoTデバイスが適切に動作します。

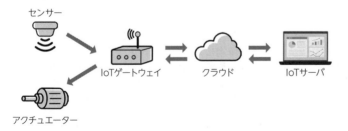

センサー

IoTゲートウェイ クラウド IoTサーバ

アクチュエーター

ココを押さえよう

IoTシステムでの「センサー」と「アクチュエーター」の役割を理解しておきましょう。特にアクチュエーターは，窓を開閉するといった事例を含めて，よく出題されています。「IoTゲートウェイ」も覚えておきましょう。

ワンポイント

センサーとアクチュエーターはIoTシステムの主要な構成要素で，これらを指してIoTデバイスということもあります。

参考

たとえば，センサーが計測した気温をIoTサーバに送り，IoTサーバからの指示を受けてモーター（アクチュエーター）が窓を開閉します。また，アクチュエーターには，油圧シリンダや空気圧シリンダ，DCモーターなど，様々なものがあります。

用語

IoTゲートウェイ：複数のIoTデバイス群と，インターネット経由でやり取りするサーバとの間を中継する機器です。

ストラテジ系 マネジメント系 テクノロジ系

13 ハードウェアとコンピュータシステム

■ センサーの種類

　IoTデバイスに用いられる代表的なセンサーとして，次のようなものがあります。

参考
1つのIoTデバイスに，複数のセンサーが搭載されることもあります。たとえば，スマートフォンには，加速度センサー，ジャイロセンサー，磁気センサー，圧力センサー，指紋センサーなど，様々なセンサーが備わっています。

参考
人を感知するセンサーを**人感センサー**といいます。人感センサーには，赤外線や超音波などが用いられます。

参考
ジャイロセンサーは，加速度センサーでは検知できない回転の動きを測ることができます。

ワンポイント
空気中に含まれる水蒸気の量を測定するセンサーを**湿度センサー**といいます。温度センサーと一緒によく用いられ，温度センサーと湿度センサーの両方の機能を備えたものを**温湿度センサー**といいます。また，煙の感知に用いるものを**煙センサー**といい，火災感知器などに用いられています。

センサーの種類	説明
光学センサー	光を検知し，電気信号に変えるセンサー。光の強弱を感知するものや，対象物の形状などを画像データとして取得するものなど，用途に応じて様々なものがある
赤外線センサー	赤外線の光を電気信号に変換し，必要な情報を取り出すセンサー。テレビなどのリモコン，自動ドア，防犯セキュリティなど，幅広く使われている
磁気センサー	磁場の大きさや方向を測定するセンサー。単に磁場の計測だけでなく，ノートPCや冷蔵庫の開閉の検出，紙幣の磁性インクの読取りなどにも用いられる
加速度センサー	一定時間における速度の変化を測定するセンサー。重力，動き，振動，衝撃も検知することができる。ゲーム用コントローラ，スマートフォン，地震時の揺れや建物の被災状況の把握にも使われる
ジャイロセンサー	物体が回転したときの傾きや角度を測定するセンサー。角速度(回転する速さ)を検知できることから，角速度センサーともいう。スマートフォンをはじめ，デジタルカメラの手振れ補正，車の安全走行支援などに使われている
超音波センサー	超音波を発信することにより，対象物の有無や，対象物までの距離を測定するセンサー。材質や色の影響を受けず，水やガラスなどの透明な物体も検出できる。駐車時の障害物の検知，食品内の異物検出，魚群探知機などに使われている
温度センサー	温度を測定するセンサー。エアコンなどの空調機器，自動車のエンジン，気象観測など，様々な用途で幅広く使われている
圧力センサー	気体や液体などの圧力を測定するセンサー。電子血圧計，自動車のエンジン制御，産業用ロボットのハンドの握力など，幅広く使われている

演習問題

| 問1 | マルチコアプロセッサ | CHECK▶ □□□ |

マルチコアプロセッサに関する記述のうち，適切なものはどれか。

ア 各コアでそれぞれ別の処理を同時に実行することによって，システム全体の処理能力の向上を図る。

イ 複数のコアで同じ処理を実行することによって，処理結果の信頼性の向上を図る。

ウ 複数のコアはハードウェアだけによって制御され，OSに特別な機能は必要ない。

エ プロセッサの処理能力はコアの数だけに依存し，クロック周波数には依存しない。

| 問2 | PC製品の性能 | CHECK▶ □□□ |

PCの製品カタログに表のような項目の記載がある。これらの項目に関する記述のうち，適切なものはどれか。

CPU	
	動作周波数
	コア数／スレッド数
	キャッシュメモリ

ア 動作周波数は，1秒間に発生する，演算処理のタイミングを合わせる信号の数を示し，CPU内部の処理速度は動作周波数に反比例する。

イ コア数は，CPU内に組み込まれた演算処理を担う中核部分の数を示し，デュアルコアCPUやクアッドコアCPUなどがある。

ウ スレッド数は，アプリケーション内のスレッド処理を同時に実行することができる数を示し，小さいほど高速な処理が可能である。

エ キャッシュメモリは，CPU内部に設けられた高速に読み書きできる記憶装置であり，一次キャッシュよりも二次キャッシュの方がCPUコアに近い。

問3 不揮発性の記憶媒体 CHECK ▶ □□□

媒体①〜⑤のうち，不揮発性の記憶媒体だけを全て挙げたものはどれか。

① DRAM
② DVD
③ SRAM
④ 磁気ディスク
⑤ フラッシュメモリ

ア ①, ②　　　**イ** ①, ③, ⑤　　　**ウ** ②, ④, ⑤　　　**エ** ④, ⑤

問4 DVD装置 CHECK ▶ □□□

コンピュータの補助記憶装置であるDVD装置の説明として，適切なものはどれか。

ア 記録方式の性質上，CD-ROMを読むことはできない。
イ 小型化することが難しく，ノート型PCには搭載できない。
ウ データの読出しにはレーザ光を，書込みには磁気を用いる。
エ 読取り専用のもの，繰返し書き込むことができるものなど，複数のタイプのメディアを利用できる。

問5 インタフェース規格 CHECK ▶ □□□

インタフェースの規格①〜④のうち，接続ケーブルなどによる物理的な接続を必要としない規格だけを全て挙げたものはどれか。

① Bluetooth
② IEEE 1394
③ IrDA
④ USB 3.0

ア ①, ②　　　**イ** ①, ③　　　**ウ** ②, ③　　　**エ** ③, ④

解答と解説

問1 (平成26年秋期 ITパスポート試験 問53)
《解答》ア

　マルチコアプロセッサは1つのCPU内に複数のコアを搭載し，各コアでそれぞれ別の処理を同時に実行することによって，システム全体の処理能力の向上を図ります。よって，正解はアです。
イ　複数のコアで同じ処理ではなく，別々の処理を実行します。
ウ　OSもマルチコアプロセッサに対応している必要があります。
エ　コアの数だけでなく，クロック周波数が高ければ，CPUの処理性能も高くなります。

問2 (平成28年秋期 ITパスポート試験 問60)
《解答》イ

ア　動作周波数は，1秒間に発生する，演算処理の同期をとるための信号の数です。クロック周波数とも呼び，数値が大きいほど，処理速度が速いといえます。
イ　正解です。コアは演算処理を担う，CPUの核となる部分です。デュアルコアCPUは2つ，クアッドコアCPUは4つのコアをCPUに搭載しており，一般的にコア数が多いほど，性能が高いといえます。
ウ　スレッド数は1つのアプリケーション内で並列処理できる部分を示す単位で，スレッド数が大きいほど，高速な処理が可能です。
エ　キャッシュメモリはCPUと主記憶装置との間に設けられる，主記憶装置よりも読み書きが高速な記憶装置です。CPUに近い順に1次キャッシュ，2次キャッシュといいます。

問3 (平成24年秋期 ITパスポート試験 問58)
《解答》ウ

　記憶媒体の性質で，電源が切れると記憶内容が消えてしまうことを揮発性，消えないことを不揮発性といいます。媒体①〜⑤のうち，不揮発性の媒体は②DVD，④磁気ディスク，⑤フラッシュメモリです。よって，正解はウです。

問4　　　　　　　　　　　　　　　　　　　　　（平成25年春期　ITパスポート試験　問70）
《解答》エ

　　DVDはレーザ光線でデータを読み書きする装置で，DVDのメディアには，読取り専用のDVD-ROM，繰り返し書き込むことができるDVD-RWなどの種類があります。よって，正解はエです。

ア　DVD装置でCD-ROMのデータを読むことができます。

イ　ノート型PCにも，DVD装置は搭載されています。

ウ　DVDは，データの読出しや書込みにはレーザ光を使用します。

問5　　　　　　　　　　　　　　　　　　　　　（平成28年春期　ITパスポート試験　問99）
《解答》イ

　　インタフェースの規格①〜④には，次のような特徴があります。

①Bluetooth：電波を使った無線インタフェース。多少の障害物があっても通信できる。

②IEEE 1394：デジタルカメラやビデオなどの周辺機器を，有線でPCと接続する。

③IrDA：赤外線を使った無線インタフェース。障害物があると通信できない。

④USB 3.0：キーボードやプリンタなど，いろいろな周辺機器を有線でPCと接続する。

　　接続ケーブルなどの物理的な接続を必要としない規格は，無線インタフェースである①Bluetoothと③IrDAです。よって，正解はイです。

13-3 システム構成要素

13-3-1 システムの処理形態・利用形態

頻出度
★☆☆

情報システムの代表的な処理形態や利用形態について，種類や特徴を理解しましょう。

 ココを押さえよう

システムの処理形態に「集中処理」と「分散処理」があることや，それぞれの特徴（メリットとデメリット）を理解しておきましょう。
利用形態についても「バッチ処理」「リアルタイム処理」などの適切な説明を選べるようにしておきましょう。

■ システムの処理形態

情報システムの代表的な処理形態として，集中処理と分散処理があります。

①集中処理

1台のホストコンピュータにすべての処理を集中させ，端末のコンピュータは入出力だけを行う形態です。1台のコンピュータだけを管理すればよいので，運用管理やセキュリティ管理など，保守がしやすいという利点があります。しかし，ホストコンピュータに障害が起きると，システム全体が停止するおそれがあります。

②分散処理

ネットワークに接続した複数のコンピュータが，処理を分担して行う形態です。システムに障害が起きてもシステム全体の停止は回避でき，機能の拡張や増強に柔軟に対応できるという利点があります。しかし，管理すべきコンピュータが複数あるため，セキュリティ管理や保守が複雑になりがちです。障害が起きた際，その原因の特定も困難です。

 試験対策

集中処理と分散処理の特徴や，それぞれの利点と欠点を確認しておきましょう。

13

ハードウェアとコンピュータシステム

ストラテジ系　マネジメント系　テクノロジ系

■ 分散処理の分類

　分散処理システムは，構成（水平と垂直）と機能（機能と負荷）を組み合わせ，次のように分類することができます。

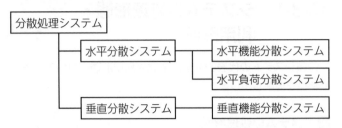

水平機能分散	業務別や用途別，データの種類別などで，コンピュータを分ける形態
水平負荷分散	アプリケーションを実行するとき，ほぼ対等な関係にある複数のコンピュータで処理を分担する形態
垂直機能分散	クライアントサーバシステム（次ページ参照）のように，上下の関係にある複数のコンピュータで処理を分担する形態

■ システムの利用形態

　情報システムの代表的な利用形態として，次のようなものがあります。

バッチ処理	データを蓄積しておき，特定のタイミングで一括して処理する形態。関連する複数の処理を1つの処理として，まとめて実行することもできる。給与計算や売上データの集計などに利用される
リアルタイム処理	データや処理要求が発生したら，直ちに処理して結果を返す形態。銀行のATMや予約システムなどで利用される
対話型処理	人とコンピュータが，ディスプレイなどを通じて，やり取りをしながら処理を進める形態

13-3-2 システムの構成

頻出度 ★★☆

情報システムには，システムの在り方や用途などによって，いろいろなシステム構成があります。代表的なシステム構成の種類や特徴について理解しましょう。

■ クライアントサーバシステム CHECK

クライアントサーバシステムは，ネットワークに接続しているコンピュータにサービスを提供する側（**サーバ**）と，サービスを要求する側（**クライアント**）に役割が分かれているシステムです。役割に応じて，次の表のようなサーバを設置し，ネットワークで連携します。

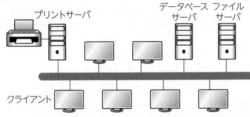

プリントサーバ　　データベース ファイル
　　　　　　　　サーバ　　 サーバ

クライアント

主なサーバの種類	内容
ファイルサーバ	ファイルを一括管理し，ファイル共有を可能にする
プリントサーバ	複数のクライアントでプリンタを共有できるように管理する
データベースサーバ	データベースの共有やアクセス制御を管理する
Webサーバ	Webサイトを管理する
メールサーバ	電子メールを管理する

●サーバの処理能力を向上させる方法

サーバの処理能力を向上させる方法には，大きく分けて**スケールアップ**と**スケールアウト**があります。スケールアップは，サーバを高性能のものに交換したり，CPUやメモリなどを性能の良いものにしたりして，サーバ自体の処理性能を高めます。一方，スケールアウトは，サーバの台数を増やして性能を高めます。

👆 **ココを押さえよう**

「クライアントサーバシステム」や「ピアツーピア」は情報システムの基礎知識として重要な用語です。「仮想化」は頻出されているので，技術の概要と特徴を確実に覚えましょう。「ライブマイグレーション」も要チェックです。

💡 **ワンポイント**

コンピュータをネットワークに接続せずに，単独で利用する形態のことを**スタンドアロン**といいます。

💡 **ワンポイント**

LANに直接接続して，複数のPCからファイル共有を可能にするファイルサーバ専用機のことを**NAS**（Network Attached Storage）といいます。NASは，「ナス」と読みます。

💡 **ワンポイント**

ブラウザでWebページを閲覧しているとき，ボタンをクリックするなどの操作を行うと，その操作結果がWebサーバから戻ってきます。このようなブラウザとWebサーバとのやり取りを行うシステムを**Webシステム**といいます。

ストラテジ系　マネジメント系　テクノロジ系

13 ハードウェアとコンピュータシステム

■ 仮想化

仮想化は，CPU，メモリ，ハードディスク，ネットワークなどのリソースを，物理的な構成にとらわれず，疑似的に分割・統合して利用する技術のことです。たとえば，実際は1台のコンピュータであるのに，論理的に分割することで，複数のコンピュータが存在するように動作させることが可能です。余っているリソースを有効活用し，運用の効率化やコスト低減を図ることができます。

参考

リソース(resource)は，直訳すると「資源」という意味です。

ワンポイント

仮想化の技術で作った環境にあるコンピュータのことをVM（Virtual Machine：仮想マシン）といいます。

●仮想化の種類

仮想化には，次のような種類があります。

ホスト型	ホストOSに仮想化ソフトウェアをインストールし，その上でゲストOSを動作させる
ハイパバイザ型	ハードウェアに，直接，「ハイパバイザ」という仮想化ソフトウェアをインストールし，その上でゲストOSを動作させる
コンテナ型	ホストOSに「コンテナエンジン」という管理ソフトウェアをインストールし，「コンテナ」と呼ぶ環境を作る。ゲストOSは使用しない

用語

ホストOS：コンピュータにもともとインストールされているOSのことです。ホストOSに対して，仮想化した環境上で動作するOSを**ゲストOS**といいます。

ワンポイント

システムやソフトウェア，データなどを別の環境に移したり，新しい環境に切り替えたりすることを**マイグレーション**といいます。

●ライブマイグレーション

サーバの仮想化技術において，あるハードウェアで稼働している仮想化されたサーバを停止することなく別のハードウェアに移動させ，移動前の状態から引き続きサーバの処理を継続させる技術のことです。

■ シンクライアント

　シンクライアントは，クライアントサーバシステムにおいて，クライアント側には必要最低限の機能しかもたせず，サーバ側でアプリケーションソフトウェアやデータを集中管理するシステムのことです。

■ VDI

　VDIは，サーバに仮想化されたデスクトップ環境を作り，ユーザーに提供する仕組みのことです。ユーザーはネットワーク経由でサーバに接続し，仮想化されたデスクトップ環境を呼び出して作業します。シンクライアントの方式の1つで，ユーザーが使う端末にはデータが残りません。

VDI
Virtual Desktop
Infrastructure

参考
VDIは**デスクトップ仮想化**ともいいます。

■ ピアツーピア

　ピアツーピアは，接続し合っているコンピュータがそれぞれ対等な関係にあり，お互いが機能を提供し合うシステムです。

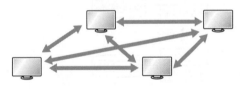

■ グリッドコンピューティング

　グリッドコンピューティングは，複数のコンピュータをLANやインターネットなどのネットワークで結び，あたかも一つの高性能コンピュータのように利用できるようにする方式のことです。

(ワンポイント)
グリッドコンピューティングと混同しやすいものに，クラスタがあります。
グリッドコンピューティングはネットワーク上から計算に使う資源を得るためのものです。対して，クラスタはシステム全体の可用性などを高めるためのものです。

13 ハードウェアとコンピュータシステム

ストラテジ系　マネジメント系　テクノロジ系

13-3-3　システムの冗長化

頻出度 ★★★

システムの冗長化とは，予備の設備や装置などを用意し，システムを多重化しておくことです。冗長化の仕組みをもつシステム構成について，種類や特徴を理解しましょう。

■ 冗長構成のシステム

冗長化されたシステム構成として，デュアルシステムとデュプレックスシステムがあります。また，冗長化されていないシンプレックスシステムがあります。

①デュアルシステム

2つのシステムで全く同じ処理を行い，結果を相互にチェックすることによって，結果の信頼性を保証するシステムです。また，1つのシステムに障害が発生しても，もう一方のシステムで処理を続けることができます。

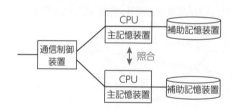

②デュプレックスシステム

通常使用される主系と，待機している従系の2つから構成されるシステムです。主系に障害が発生した場合，従系に切り替えて処理を継続します。

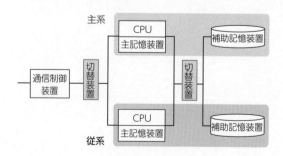

ココを押さえよう

いずれも重要な用語ばかりです。「デュアルシステム」と「デュプレックスシステム」を区別できるようにしておきましょう。「RAID」については，用語や説明を選ぶだけでなく，RAIDを構成するHDDの記憶容量を計算する問題も出題されています。RAIDの種類と仕組みをしっかり理解しておく必要があります。

ワンポイント

信頼性を向上するため，設備や装置などを，複数備えている構成のことを冗長構成といいます。

　また，デュプレックスシステムでは，従系の待機の仕方によって，次のような方式があります。

●コールドスタンバイ

　主系に障害が発生してから，主系と同じプログラムを起動します。その分，切り替えに時間がかかります。

●ホットスタンバイ

　主系と同じ状態で起動して待機します。主系に障害が発生したとき，迅速に切り替えることができます。

③シンプレックスシステム

　処理装置が二重化されていない，1系統だけのシステムです。障害が発生するとシステム全体に影響するため，信頼性は高くありません。

■ クラスタ

　クラスタは，複数のコンピュータをネットワークで接続し，全体を1台の高性能のコンピュータであるかのように利用するシステムです。いずれかのコンピュータに障害が発生した場合には，他のコンピュータに処理を肩代わりさせることで，システム全体として処理を停止させないようにします。

試験対策

コールドスタンバイやホットスタンバイはシラバスVer.5.0で追加された用語ですが，過去問題でよく出題されています。それぞれの特徴を覚えておきましょう。

参考

クラスタは，「クラスタリング」や「コンピュータクラスタ」とも呼ばれます。

13　ハードウェアとコンピュータシステム

ストラテジ系　マネジメント系　テクノロジ系

RAID
Redundant Arrays of
Inexpensive Disks

★参考

RAIDは、「レイド」と読み
ます。

試験対策

RAIDは、**ストライピング**
や**ミラーリング**という用語
で出題されることがありま
す。これらの用語も覚えて
おきましょう。

ワンポイント

記憶容量が同じ2台のハー
ドディスクに、ストライピ
ングまたはミラーリングで
データを記録した場合、ミ
ラーリングで保存できる
データ量はストライピング
の1/2になります。

RAID

　RAIDは、複数のハードディスクに分散してデータを書き込む
ことで、耐故障性を高めたり、書込みの高速化を図ったりする
技術です。データの書込み方によって、次のような種類があり
ます。

①RAID0

　2台以上のハードディスクに、1つのデータを分割して書き込
みます。書込みの高速化は図れますが、1台でもハードディスク
が故障すると、データを読み出せなくなるため、信頼性は低い
です。**ストライピング**とも呼ばれます。

②RAID1

　2台以上のハードディスクに、同じデータを並列して書き込み
ます。1台のハードディスクが故障しても、ほかのハードディス
クからデータを読み出すことができます。**ミラーリング**とも呼
ばれます。

③RAID5

　3台以上のハードディスクに、分割したデータと、誤りを訂正
するためのパリティ情報を書き込みます。複数のハードディス
クに分散して記録したパリティ情報によって、1台のハードディ
スクが故障してもデータを復旧することができます。また、書
込みの高速化も図れます。

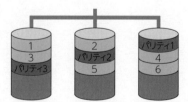

ハードディスク1　ハードディスク2　ハードディスク3

13-3-4　システムの信頼性設計 頻出度 ★★☆

　システム障害の影響を最小限に抑えたり，ヒューマンエラー（人的なミス）を回避したりなど，システムの信頼性を向上するための，信頼性設計の考え方を理解しましょう。

■ 信頼性設計の考え方

　システムの信頼性の向上を目的とした，代表的なシステムの構成や信頼性設計として，次のようなものがあります。

①フォールトトレラント (fault tolerant)

　システムに障害が発生しても，システムを継続できるようにしておく，という技術や考え方です。たとえば，システムを二重化する方法などがあります。**フォールトトレランス** (fault tolerance)ともいいます。

②フェールソフト (fail soft)

　障害が発生したとき，システムがすべて停止しないように，必要最低限の機能を維持して，処理を続けるようにする考え方です。

③フェールセーフ (fail safe)

　障害が発生したとき，被害を最小限にとどめて，システムをできるだけ安全な状態にしようとする考え方です。状況によっては，処理を停止することも考慮に入れます。

④フールプルーフ (fool proof)

　人間がシステムの操作を誤らないように，または，誤った操作を行っても故障や障害が発生しないように，対策を行っておくことです。

⑤フォールトアボイダンス (fault avoidance)

　高品質・高信頼性の部品を使用したり，十分なテストを実施したりすることで，機器などの故障が発生する確率を下げ，全体としての信頼性を上げるという考え方です。

ココを押さえよう

「フォールトトレラント」や「フェールソフト」などを区別できるようにしておくことが大切です。「フールプルーフ」は特によく出題されているので，必ず覚えましょう。

試験対策

フォールトトレラント，フェールソフト，フェールセーフはよく似た用語ですが，故障が発生したときの対応が次のように異なることを覚えておきましょう。

・**フォールトトレラント**：
　本来の機能すべてを維持し，処理を続行する

・**フェールソフト**：
　全面停止とせず，必要最小限の機能を維持する

・**フェールセーフ**：
　安全な状態に固定し，その影響を限定する

ワンポイント

故障した箇所を切り離し，残った部分を利用し，処理能力を落とした状態でシステムの稼働を続けることを**フォールバック**や**縮退運転**といいます。

ストラテジ系

マネジメント系

テクノロジ系

13 ハードウェアとコンピュータシステム

ココを押さえよう

稼働率はよく出題されています。しっかり確認しておきましょう。稼働率を求める計算問題も出題されます。直列システムと並列システムの計算式も覚えておきましょう。「TCO」も要チェックです。

13-3-5　システムの評価指標

頻出度
★★★

　システムの性能や信頼性を図る指標や，システムの経済性の評価について理解しましょう。

■ システムの性能指標

　システムの性能を評価する指標として，次のようなものがあります。

用語

ジョブ：コンピュータが行う処理の単位のことです。

①ターンアラウンドタイムと応答時間　CHECK

　ターンアラウンドタイムは，システムに処理の依頼（ジョブの投入）をしてから，処理した結果がすべて返ってくるまでの時間のことです。**応答時間（レスポンスタイム）**は，システムへの入力が終わったときから，結果の出力が始まるまでの時間のことです。

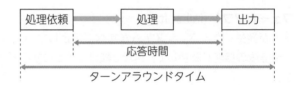

②スループット

　システムが単位時間当たりに処理できる仕事の量のことです。一定時間にどれだけの処理を行うことができるかを示すもので，たとえば，バッチ処理では単位時間当たりのジョブ数を出します。

ワンポイント

実際にシステムを稼働させて，CPUやメモリなどの利用状況を測定，監視することを**モニタリング**といいます。

③ベンチマーク

　システム性能を評価するためのプログラムを実行し，それをもとに，処理時間などの性能を評価，比較します。

■システムの信頼性指標

システムの信頼性を評価する指標として、次のようなものがあります。

①MTBF 🔍CHECK

故障が直ってから次に故障が起きるまでの、システムが稼働している時間の平均値です。「システムの稼働時間の合計÷故障回数」で求め、MTBFが大きいとシステムの信頼性が高いといえます。**平均故障間隔**ともいいます。

②MTTR 🔍CHECK

故障した際、修理して再びシステムが稼働するまでにかかった時間の平均値です。「システムの故障時間の合計÷故障回数」で求め、MTTRが小さいと修理しやすく、保守性が高いといえます。**平均修復時間**や**平均修理時間**ともいいます。

③稼働率 🔍CHECK

全運転時間の中で、システムが正常に稼働している割合のことです。稼働率が高いほど、信頼できるシステムといえます。稼働率は、次の計算式で求めます。

$$稼働率 = \frac{MTBF}{MTBF + MTTR}$$

（例）

$$MTBF = \frac{30 + 40 + 56}{3} = 42$$

$$MTTR = \frac{15 + 10 + 8}{3} = 11$$

$$稼働率 = \frac{42}{42 + 11} ≒ 0.792$$

試験対策
稼働率に関する問題は頻出です。用語を覚えるだけでなく、計算式から稼働率を求められるようにしておきましょう。

スペル
MTBF
Mean Time Between Failure

スペル
MTTR
Mean Time To Repair

ワンポイント
システムを評価する項目のことをRASIS（レイシス）といい、次の頭文字を並べたものです。また、信頼性、可用性、保守性の3項目で示す場合もあり、RAS（ラス）といいます。
・Reliability（信頼性）：システムの故障のしにくさ。MTBFで表す。
・Availability（可用性）：システムが使用できる可能性。稼働率で表す。
・Serviceability（保守性）：システムの保守のしやすさ。MTTRで表す。
・Integrity（保全性）：データの矛盾の起こりにくさ。
・Security（機密性）：情報漏えいや不正アクセスなどのしにくさ。

参考
一定期間に故障が発生する割合を故障率といいます。

ストラテジ系　マネジメント系　テクノロジ系

13 ハードウェアとコンピュータシステム

■ システムの稼働率

複数の装置から構成されるシステムの場合，各装置の稼働率からシステム全体の稼働率を求めます。その際，直列システムと並列システムによって，計算の仕方が異なります。

ワンポイント

直列システムの場合，装置がどれか1つでも故障すると，システム全体が稼働しなくなります。そのため，稼働率が同じ装置でシステムを構成した場合，並列システムの稼働率の方が直列システムよりも稼働率が高くなります。

●直列システムの稼働率

装置aの稼働率 × 装置bの稼働率

●並列システムの稼働率

1 −（1 − 装置aの稼働率）×（1 − 装置bの稼働率）

■ システムの経済性の評価

システムを導入するに当たり，初期コストや運用コスト（ランニングコスト）など，コスト面での評価も必要になります。その際には，システムの導入から廃棄までにかかる費用として**TCO**（Total Cost of Ownership）を重視します。TCOは，システム導入時に発生する費用と，導入後に発生する運用費・管理費の総額で，運用後のサポートやユーザー教育などの費用もすべて含まれます。

試験対策

TCOは頻出の用語です。システム導入から運用・保守・教育までを含む総コストであることを覚えておきましょう。

■ バスタブ曲線

バスタブ曲線は，システムの故障率と時間経過の関係を表した図です。システムの使用初期は故障率が高く，徐々に低下していきます。やがて，故障率がほぼ一定の安定した状態になり，ライフサイクルの終盤になると故障率が増加します。

参考
バスタブ曲線の例

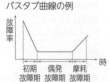

演習問題

問1　主系と従系のコンピュータシステム　　　CHECK ▶ □□□

通常使用される主系と，その主系の故障に備えて待機しつつ他の処理を実行している従系の二つから構成されるコンピュータシステムはどれか。

ア　クライアントサーバシステム　　　イ　デュアルシステム
ウ　デュプレックスシステム　　　　　エ　ピアツーピアシステム

問2　複数のハードディスクへの書込み方式　　　CHECK ▶ □□□

複数のハードディスクに同じ内容を書き込み，信頼性を向上させる方式はどれか。

ア　ストライピング　　　　　　　　　イ　フラグメンテーション
ウ　マルチコア　　　　　　　　　　　エ　ミラーリング

問3　システムの信頼性設計　　　CHECK ▶ □□□

システムや機器の信頼性に関する記述のうち，適切なものはどれか。

ア　機器などに故障が発生した際に，被害を最小限にとどめるように，システムを安全な状態に制御することをフールプルーフという。
イ　高品質・高信頼性の部品や素子を使用することで，機器などの故障が発生する確率を下げていくことをフェールセーフという。
ウ　故障などでシステムに障害が発生した際に，システムの処理を続行できるようにすることをフォールトトレランスという。
エ　人間がシステムの操作を誤らないように，又は，誤っても故障や障害が発生しないように設計段階で対策しておくことをフェールソフトという。

問4　MTBFの計算　　　　　　　　　　　　　　　　　　　CHECK ▶ □□□

　あるコンピュータシステムの故障を修復してから60,000時間運用した。その間に100回故障し，最後の修復が完了した時点が60,000時間目であった。MTTRを60時間とすると，この期間でのシステムのMTBFは何時間となるか。

　ア　480　　　　　　　**イ**　540　　　　　　　**ウ**　599.4　　　　　　　**エ**　600

問5　TCOの費用　　　　　　　　　　　　　　　　　　　　CHECK ▶ □□□

　コンピュータシステムに関する費用 a〜c のうち，TCOに含まれるものだけを全て挙げたものはどれか。

a　運用に関わる消耗品費
b　システム導入に関わる初期費用
c　利用者教育に関わる費用

　ア　a, b　　　　　**イ**　a, b, c　　　　　**ウ**　a, c　　　　　**エ**　b, c

解答と解説

問1 　　　　　　　　　　　　　　　　（平成29年秋期　ITパスポート試験　問87）
《解答》ウ

　　主系と従系のシステムを準備しておき，通常使用する主系に障害が発生したら従系に切り替えるコンピュータシステムのことをデュプレックスシステムといいます。よって，正解はウです。
ア　クライアントサーバシステムは，ネットワークに接続しているコンピュータにサービスを提供する側（サーバ）と，サービスを要求する側（クライアント）に役割が分かれているシステムです。
イ　デュアルシステムは，2つのシステムで常に同じ処理を行い，結果を相互にチェックすることによって処理の正しさを確認する方式です。
エ　ピアツーピアシステムは，ネットワークに接続しているコンピュータ同士がサーバの機能を提供し合い，対等な関係でデータ処理を行うシステムです。

問2 　　　　　　　　　　　　　　　　（平成24年秋期　ITパスポート試験　問55）
《解答》エ

　　複数のハードディスクに分散してデータを書き込むことで，信頼性を向上させる技術をRAIDといいます。2台以上のハードディスクに同じデータを並列して書き込む方式をRAID1といい，ミラーリングとも呼ばれます。よって，正解エです。
ア　ストライピングは，2台以上のハードディスクに1つのデータを分割して書き込む技術です。RAID0に該当します。
イ　フラグメンテーションは，ハードディスクに記録される際，1つのファイルが分割され，不連続な領域に記録されてしまうことです。
ウ　マルチコアは，CPUを収める1つのパッケージ内に，2つ以上の演算処理回路（コア）が入っているCPUのことです。

問3 (平成27年春期 ITパスポート試験 問64)

《解答》ウ

ア フールプルーフではなく，フェールセーフの説明です。

イ フェールセーフではなく，フォールトアボイダンスの説明です。

ウ 正解です。フォールトトレランス（フォールトトレラント）は，システムの一部に障害が発生しても，継続してシステムが稼働できるようにしておくことです。

エ フェールソフトではなく，フールプルーフの説明です。

問4 (平成26年春期 ITパスポート試験 問69)

《解答》イ

コンピュータシステムの全運用時間は60,000時間，MTTR（平均修理時間）は60時間，故障回数は100回です。これよりシステムを修理していたのは60×100＝6,000時間で，正常に稼働していた時間は60,000－6,000＝54,000時間になります。

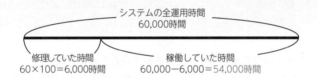

MTBF（平均故障間隔）は「稼働していた時間÷故障回数」で求められるので，54,000÷100＝540時間となります。よって，正解は**イ**です。

問5 (平成27年秋期 ITパスポート試験 問53)

《解答》イ

TCO（Total Cost of Ownership）は，システムの導入から，運用や保守，管理，教育など，導入後にかかる費用まで含めた総額のことです。問題文のコンピュータシステムに関するa〜cの費用は，すべてTCOに含まれます。よって，正解は**イ**です。

第14章 ソフトウェア

本章の学習ポイント

- OS（Operating System）の必要性や機能を理解し，代表的なOSを覚える
- ルートディレクトリ，絶対パスと相対パスなど，ファイル管理の考え方を理解する
- バックアップの必要性，取得方法，世代管理などの基本的な考え方を理解する
- 文書作成ソフト，表計算ソフトなどの特徴と基本操作を理解する
- OSS（オープンソースソフトウェア）の特徴や，OSやメールソフトなどの種類を理解する

シラバスにおける本章の位置付け

ストラテジ系	大分類1：企業と法務	
	大分類2：経営戦略	
	大分類3：システム戦略	
マネジメント系	大分類4：開発技術	
	大分類5：プロジェクトマネジメント	
	大分類6：サービスマネジメント	
テクノロジ系	大分類7：基礎理論	
	大分類8：コンピュータシステム	→ 本章の学習 **中分類17：ソフトウェア**
	大分類9：技術要素	

14-1 OS（オペレーティングシステム）

スペル

OS
Operating System

試験対策

ソフトウェアの分類は、基
本ソフトウェア（OS）と応
用ソフトウェアの2つに分
ける場合があります。
なお、ITパスポートなどの
情報処理技術者試験では
「ミドルウェア」も問題に出
てくるので、ミドルウェア
があることや位置づけを
知っておきましょう。

ワンポイント

基本ソフトウェアやミドル
ウェアのおおまかな位置付
けは、次のようになります。

応用ソフトウェア
ミドルウェア
基本ソフトウェア
ハードウェア

また、基本ソフトウェアと
ミドルウェアをまとめて、
システムソフトウェアと呼
びます。

参考

応用ソフトウェアは、いわ
ゆる「アプリ」と呼ばれるも
のです。

14-1-1　OSの基礎

OSは、コンピュータを動かすために欠かせないソフトウェア
です。OSの役割や機能などについて、理解しましょう。

■ソフトウェアの分類

コンピュータにおける物理的な装置や機器であるハードウェ
アに対して、コンピュータを動かすプログラムやデータを**ソフト
ウェア**といいます。ソフトウェアは、大きく次の3つに分類する
ことができます。

①OS

コンピュータ全体を管理し、コンピュータを動作させるため
の土台となるソフトウェアです。**オペレーティングシステム**や
基本ソフトウェアともいいます。

ハードウェアと応用ソフトウェアを仲介し、コンピュータの
もつ資源（メモリやファイル、周辺装置など）の管理や制御を
行うなど、コンピュータを動かすために欠かせない存在です。
WindowsやMac OSなどの種類があり、スマートフォンのOS
にはiOSやAndroidがあります。

②ミドルウェア

OSとアプリケーションソフトウェアの間で動作するソフト
ウェアのことです。いろいろな分野で、共通で使用する基本処
理機能を提供します。代表的なものとして、データベース管理
システムやWebサーバソフトウェアなどがあります。

③アプリケーションソフトウェア

特定の目的に応じて利用するソフトウェアのことです。ワー
プロソフトや表計算ソフト、メールソフトなど、多くの種類があ
ります。**応用ソフトウェア**とも呼ばれます。

アプリケーションソフトウェアを導入するときは、OSの種類
やバージョンに合ったものを選ぶようにします。

■ OSの機能

OSの代表的な機能として，次のようなものがあります。

①マルチタスク

複数のタスクにCPUの処理時間を順番に割り当てて，タスクを並行して実行する機能です。たとえば，ワープロソフトと表計算ソフトを起動して操作している場合，人間にはソフトが同時に動作しているように見えていますが，実際は2つのソフトのプログラムを少しずつ互い違いに実行しています。

②スプーリング

プリンタへの出力において，ハードディスクに出力データを一時的に書き込み，プリンタの処理速度に合わせて少しずつ出力処理を行わせる機能です。CPUはプリンタの処理が終わるのを待たずに解放されるため，システム全体でCPUを効率的に利用することができます。**スプール**ともいいます。

③周辺機器の管理

デバイスドライバによって，プリンタやディスプレイなど，接続している周辺機器の管理や制御を行います。周辺機器を接続したとき，自動的にデバイスドライバをインストールする**プラグアンドプレイ**機能をもちます。

④その他の機能

機能	説明
ユーザー管理	ユーザーアカウントやアクセス権の設定，プロファイルの情報など，コンピュータを利用するユーザーの管理
ファイル管理	補助記憶装置にファイルを書き込んだり，読み出したりなど，アプリケーションソフトウェアで作成したファイルを管理
APIの提供	アプリケーションソフトウェアが共通で利用できる機能を提供
操作環境の提供	ユーザーがコンピュータを操作するためのGUIなどの環境を提供

用語

タスク：コンピュータが実行する処理の単位のことです。**プロセス**と呼ぶ場合もあります。

参考

マルチタスクに対して，1つのタスクしか実行できないことを**シングルタスク**といいます。現在のOSはマルチタスクですが，かつてのOSはシングルタスクであり，ワープロソフトを終了してから表計算ソフトを起動する，という使い方でした。

ワンポイント

1つのアプリケーションプログラムの中で，並列処理が可能な部分を「**スレッド**」という単位で複数に分け，それらを並列して処理する方式を**マルチスレッド**といいます。

参考

デバイスドライバは，コンピュータに接続した周辺装置を管理，制御するソフトウェアです（336ページ参照）。

ワンポイント

ユーザーごとに異なる属性や設定情報などを集めたものを**プロファイル**といいます。

参考

APIについては，134ページを参照してください。

参考

OSには，グラフィカルなGUIで操作するものと，キーボードから命令を入力するCUIがあります（GUIやCUIについては386ページ参照）。

14 ソフトウェア

ワンポイント

仮想記憶において，主記憶装置と，ハードディスクの仮想記憶領域との間でデータの入れ替えを行うことを**スワッピング**といいます。頻繁にスワッピングが起きると，処理効率は低下します。

ワンポイント

2種類のOSを組み込んでおく場合を，**デュアルブート**といいます。

スペル

BIOS
Basic Input Output System

参考

BIOSは，「バイオス」と読みます。

試験対策

近年のパソコンはBIOSから後継機能となる「UEFI」に置き換わっています。試験では「BIOS」が出題されているので，覚えておきましょう。

■ 仮想記憶

仮想記憶は，ハードディスクなどの補助記憶装置の一部を，仮想的に主記憶装置として使う仕組みのことです。見かけ上，主記憶装置の容量を増やすことで，「実際の主記憶装置よりも容量の大きいプログラムを実行できる」「主記憶装置に格納できない，複数のプログラムを同時に実行できる」といった利点があります。しかし，処理速度が遅くなるため，処理性能は低下します。

■ マルチブート

マルチブートは，1台のPCに複数のOSをインストールしておき，PCを起動するときに，どちらのOSからでも起動できるように設定することです。

■ BIOS

コンピュータに電源を入れると，最初に**BIOS**が実行されます。BIOSは周辺装置の基本的な入出力を制御するプログラムで，周辺装置が正常であることを確認したら，OSを呼び出します。

その後，デバイスドライバの読込み，ウイルス対策ソフトなどの常駐アプリケーションソフトの読込みが順に実行されます。

■ 外部記憶装置からの起動

PCのOSには，PC内部のハードディスクやSSDからではなく，CD-ROMやUSBメモリなどの外部記憶装置を利用して起動できるものもあります。

14-1-2　OSの種類

頻出度
★★☆

OSには，「Windows」や「Android」など，様々な種類があります。代表的なOSや，それぞれの特徴を理解しましょう。

■ OSの種類

代表的なOSとして，次のようなものがあります。

種類	説明
Windows	マイクロソフト社が開発したOS。PC用のOSで，Windows 10やWindows 11などのバージョンがある
Mac OS	アップル社が開発したMacintosh用のOS。早くからGUI環境を採用した
Chrome OS	グーグル社が開発したOS。アプリの操作など，主なことはWebサービスで行うようになっている
UNIX	AT&T社のベル研究所が開発したOS。基本はCUI環境だが，GUI環境にすることもできる
Linux	UNIX互換で開発されたOS。OSSであり，ソースコードが公開されている
iOS	アップル社が開発した携帯端末用のOSで，同社のiPhoneなどの製品に搭載されている
Android	グーグル社が開発した携帯端末用のOS。LinuxをベースとしたOSSであり，ソースコードが公開されている

なお，OSの種類によって，機能や管理方法，ユーザインタフェースなどが異なります。たとえば，対応している**文字コード**が異なるOS間でデータをやり取りするときは，コード変換が必要になります。

ココを押さえよう

代表的なOSと特徴を確認しておきましょう。「Linux」と「Android」がOSS (オープンソースソフトウェア) であることは必ず覚えましょう。

 参考

UNIXは「ユニックス」，Linuxは「リナックス」と読みます。

 参考

OSS (オープンソースソフトウェア) については，380ページを参照してください。

 参考

文字コードは，コンピュータで文字を表現するためのコードのことです。「11-2-1 情報に関する理論」の「■文字の表現」(284ページ)を参照してください。

ストラテジ系　マネジメント系　テクノロジ系

14
ソフトウェア

演習問題

問1 CPUを効率的に利用する機能 CHECK ▶ □□□

プリンタへの出力処理において，ハードディスクに全ての出力データを一時的に書き込み，プリンタの処理速度に合わせて少しずつ出力処理をさせることで，CPUをシステム全体で効率的に利用する機能はどれか。

ア アドオン   **イ** スプール
ウ デフラグ   **エ** プラグアンドプレイ

問2 OSに関する記述 CHECK ▶ □□□

OSに関する記述のうち，適切なものはどれか。

ア 1台のPCに複数のOSをインストールしておき，起動時にOSを選択できる。
イ OSはPCを起動させるためのアプリケーションプログラムであり，PCの起動後は，OSは機能を停止する。
ウ OSはグラフィカルなインタフェースをもつ必要があり，全ての操作は，そのインタフェースで行う。
エ OSは，ハードディスクドライブだけから起動することになっている。

問3 PCの起動で実行される順序 CHECK ▶ □□□

利用者がPCの電源を入れてから，そのPCが使える状態になるまでを四つの段階に分けたとき，最初に実行される段階はどれか。

ア BIOSの読込み
イ OSの読込み
ウ ウイルス対策ソフトなどの常駐アプリケーションソフトの読込み
エ デバイスドライバの読込み

解答と解説

問1　　　　　　　　　　　　　　　　　　（平成27年春期　ITパスポート試験　問80）
《解答》イ

　スプールは，出力データをハードディスクなどに一時的に書き込み，少しずつ処理することです。たとえば，スプールしないで印刷を行うと，CPUはプリンタにデータが送信されるのを待ち続けるため，その間は別の操作をほとんど行えません。スプールを用いるとプリンタに合わせて処理され，CPUを効率的に使用できます。よって，正解はイです。

ア　アドオンは，アプリケーションソフトウェアの機能を強化するプログラムを後から組み込むことです。

ウ　デフラグ（デフラグメンテーション）は，ファイルの断片化を解消することです。

エ　プラグアンドプレイは，パソコンに周辺機器を接続したとき，デバイスドライバのインストールや設定を自動的に行う機能です。

問2　　　　　　　　　　　　　　　　　　（平成25年秋期　ITパスポート試験　問70）
《解答》ア

　1つのPCに複数のOSをインストールしておき，起動するときに選べるようにすることをマルチブートといいます。通常，1つのPCには1つのOSをインストールしますが，マルチブートにすると1台のPCで異なるOSを使い分けることができます。よって，正解はアです。

イ　OSはPCの動作に必要なものであり，PCを終了するまでメモリ管理やファイル管理，入出力管理などを行います。

ウ　OSのインタフェースは，GUIだけでなく，キーボードから命令を入力して実行するCUIのものもあります。

エ　起動に必要なファイルが保存されているCD-ROMやUSBメモリなどからも，OSを起動することができます。

問3　　　　　　　　　　　　　　　　　　（平成28年春期　ITパスポート試験　問85）
《解答》ア

　パソコンに電源を入れると，最初にBIOS（Basic Input Output System）が実行されます。BIOSは周辺装置の基本的な入出力を制御するプログラムで，周辺装置が正常であることを確認したら，OSを呼び出します。よって，正解はアです。

14-2　ファイルシステム

14-2-1　ファイル管理

ファイル管理のための基本的な機能や使い方などについて理解しましょう。

ココを押さえよう

相対パスや絶対パスによる，ファイルの指定方法がよく出題されています。ファイルやディレクトリの場所の示し方を理解しておきましょう。「ルートディレクトリ」「サブディレクトリ」などの意味も要チェックです。

テキストファイル：文字情報だけを記録したファイルのことです。文字以外の情報を含む，テキストファイル以外のものをバイナリファイルといいます。

ディレクトリは「フォルダ」ともいいます。

参考
ネットワークを介して，複数の利用者がファイルを共有することができます。その際，参照，更新，削除などの操作を制限するために，アクセス権を設定します。アクセス権については，「18-3-5 利用者認証・生体認証」も参照してください。

■ファイルの拡張子

拡張子は，ファイル名の「.」に続く，3文字または4文字の文字列のことです。たとえば，「住所録.txt」の場合，「txt」が拡張子で，テキストファイルであることを示しています。このように拡張子を見て，ファイルの種類を識別することができます。

■ファイル管理

ファイルを管理するとき，一般的なシステムでは**ディレクトリ**を使用します。ディレクトリはファイルを入れる整理箱のようなもので，複数のファイルを入れることができます。また，ディレクトリの中に，別のディレクトリを入れることもできます。

次の図のように，ディレクトリはツリー状の階層構造になっています。階層において，最上位にあるディレクトリを**ルートディレクトリ**，ディレクトリの中にあるものを**サブディレクトリ**といいます。また，そのとき，操作対象になっているディレクトリを**カレントディレクトリ**といいます。

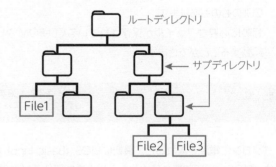

ストラテジ系　マネジメント系　テクノロジ系

■ 絶対パスと相対パス

パスは，起点となるディレクトリから，目的のディレクトリやファイルまでの経路を示すものです。パスの指定方法には，**絶対パス**と**相対パス**の2種類があります。絶対パスはルートディレクトリ，相対パスはカレントディレクトリを起点として経路を表します。パスを表記するときには，次の記号を使用します。

記号	内容
/	ディレクトリとディレクトリの区切り，先頭にある場合はルートディレクトリを表す
..	相対パスで1つ上の階層のディレクトリを表す
.	相対パスでカレントディレクトリを表す

※実際にシステムでパス指定するときは，これらの記号は半角で指定します。

●絶対パス　ルートディレクトリを起点に経路を表す

(例)「File1」を指定する場合

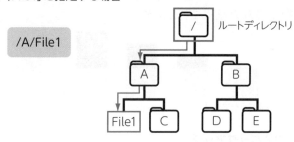

/A/File1

●相対パス　カレントディレクトリを起点に経路を表す

(例) カレントディレクトリである「E」から「File1」を指定する場合

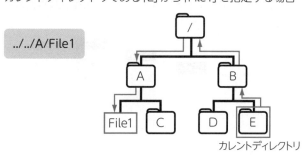

../../A/File1

カレントディレクトリ

ワンポイント

「/」は，「¥」で表すことがあります。

試験対策

正しいパス指定を選ぶ問いに解答できるように，パス指定の記述のルールを覚えましょう。

14 ソフトウェア

参考

絶対パスを表す場合，最初にルートディレクトリを示す「/」を指定します。それ以降はディレクトリとディレクトリの間を「/」で区切り，経路を順に表していきます。

参考

左の例で相対パスを表す場合，まず，カレントディレクトリから2つ上の階層にあるルートディレクトリに移動するので，「../../」と表します。その後に，ルートディレクトリから「File1」までの経路を続けて指定します。

14-2-2　ファイルのバックアップ

頻出度 ★★★

　ファイルのバックアップの必要性や,バックアップ方法など
について理解しましょう。

■ バックアップ CHECK

　システムの誤操作や障害,災害などによるファイルの損壊に
備えて,重要なファイルをコピーしておくことを**バックアップ**と
いいます。バックアップの方法には,次のような種類があります。

①フルバックアップ

　すべてのデータをバックアップします。

②差分バックアップ

　前回のフルバックアップから,変更があった部分だけをバッ
クアップします。フルバックアップから時間がたつほど,バック
アップするデータ量は大きく,バックアップにかかる時間も長
くなります。データの復元は,フルバックアップと差分バックアッ
プの2つのファイルで行えます。

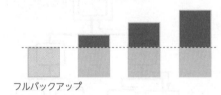

フルバックアップ

ワンポイント

バックアップを使って,
データを復元することを
「リストア」といいます。

ワンポイント

バックアップにかかる時間
が長いのは,次の順です。
　フルバックアップ
　　↓
　差分バックアップ
　　↓
　増分バックアップ

リストアの時間が長いの
は,次の順です。
　増分バックアップ
　　↓
　差分バックアップ
　　↓
　フルバックアップ

③増分バックアップ

　前回のバックアップから,変更があった部分だけをバックアッ
プします。バックアップするデータ量は少なく,バックアップに
かかる時間は短くて済みますが,データの復元には時間がかか
ります。

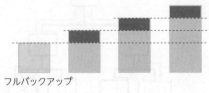

フルバックアップ

●バックアップの注意点

　バックアップを行う場合，次のような注意点があります。

> ・バックアップを保存する記憶媒体は，余裕をもって，すべてのデータを保存できるものを選ぶ
> ・毎日や毎週など，定期的にバックアップする
> ・業務の終了後や休日など，日常の業務が影響しない時間に実施する
> ・バックアップは基本的に2つ作成し，災害などに備えるため，地理的に離れた場所で別々に保管する（**遠隔地バックアップ**）
> ・バックアップした記憶媒体によって，温度や湿度，振動，紫外線の影響などに注意し，適切な場所で保管する。盗難・紛失などの安全面にも考慮する
> ・バックアップの破損や紛失に備えて，**世代管理**を行う

■ アーカイブ

　アーカイブは「保存記録」や「書庫」などの意味がある単語で，ITの分野では重要なデータを長期保管に適した場所に保存しておくことです。複数のファイルを1つにまとめることや，まとめたファイルを指すこともあります。

ストラテジ系

マネジメント系

テクノロジ系

📖 用語

世代管理：以前にバックアップしたデータを段階的に保管します。直前にバックアップしたデータに何らかの支障が生じた場合でも，その前の世代のデータで復元することができます。何世代まで保存するかは，システムや利用方法によって決めます。

スペル

アーカイブ
archive

14

ソフトウェア

演習問題

　図に示すような階層構造をもつファイルシステムにおいて，＊印のディレクトリ（カレントディレクトリ）から"..¥..¥DIRB¥Fn.txt"で指定したときに参照されるファイルはどれか。ここで，図中の☐☐☐☐はディレクトリ名を表し，ファイルの指定方法は次のとおりである。

［指定方法］

(1) ファイルは"ディレクトリ名¥…¥ディレクトリ名¥ファイル名"のように，経路上のディレクトリを順に"¥"で区切って並べた後に"¥"とファイル名を指定する。

(2) カレントディレクトリは"."で表す。

(3) 1階層上のディレクトリは".."で表す。

(4) 始まりが"¥"のときは，左端のルートディレクトリが省略されているものとする。

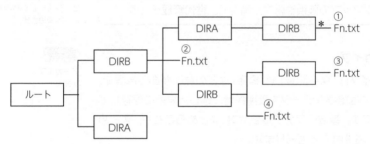

　ア　①のFn.txt　　　イ　②のFn.txt　　　ウ　③のFn.txt　　　エ　④のFn.txt

　多くのファイルの保存や保管のために，複数のファイルを一つにまとめることを何と呼ぶか。

　ア　アーカイブ　　　　　　　　　　イ　関係データベース
　ウ　ストライピング　　　　　　　　エ　スワッピング

解答と解説

問1 .... (平成28年秋期 ITパスポート試験 問75)

《解答》エ

　＊印のディレクトリを起点として「"..¥..¥DIRB¥Fn.txt"」と指定した場合，まず，2階層上のディレクトリ（下図で★印のディレクトリ）に上がります。そこから，「DIRB」ディレクトリの中にある，④のFn.txtを参照します。よって，正解は**エ**です。

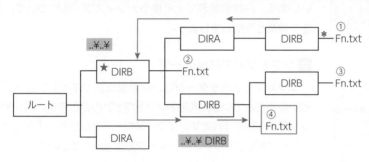

問2 .... (令和3年 ITパスポート試験 問83)

《解答》ア

　アーカイブは，複数のファイルを1つにまとめる処理のことです。まとめたファイルを指すこともあります。よって，正解は**ア**です。

イ 関係データベースは，複数の表でデータを管理するデータベースです。リレーショナルデータベースともいいます。

ウ ストライピングは，2台以上のハードディスクに1つのデータを分割して書き込むことによって，書込みの高速化を図る技術です。

エ スワッピングは，主記憶の容量不足が起きたとき，主記憶の内容を補助記憶に退避したり，また主記憶に戻したりする動作のことです。

14-3 オフィスツールとOSS

14-3-1　オフィスツール

　文書作成ソフトや表計算ソフト，プレゼンテーションソフト
など，ビジネスで利用するソフトウェアを「オフィスツール」と
いいます。日常の業務でよく使うオフィスツールについて，機
能や特徴を理解しましょう。

■ソフトウェアパッケージ

　ソフトウェアパッケージは，家電量販店やネットショップな
どで販売されている，既製のソフトウェアのことです。パッケー
ジソフトとも呼ばれます。オフィスツールをはじめ，様々なソフ
トウェアがソフトウェアパッケージで提供されています。

■文書作成ソフト

　文書作成ソフトは，文書を作成するためのソフトウェアです。
文章を入力するだけでなく，文字の装飾，表の作成，図や画像
の埋め込み，校正支援，印刷なども行えます。また，文書作成
ソフトの特徴的な機能として，次のようなものがあります。

機能	内容
禁則処理	句読点などの禁則処理文字を，適切な位置に自動調整して配置する機能
タブ	スペースを入力し，あらかじめ決まった位置に行頭や項目などを揃える機能
インデント	段落の行頭を下げたり，行末の位置を上げたりする機能
差込み印刷	文書の一部に，個別のデータを取り込んで印刷する機能。たとえば，案内文書の宛名の位置に，住所録データから顧客の氏名を差し込んで印刷する
均等割り付け	特定の文字列を，指定した幅の中に等間隔に配置する

■ 表計算ソフト

表計算ソフトは，数値データを集計するためのソフトウェアです。効率よく集計表を作成したり，複雑な計算を自動処理したりすることができます。条件に合うデータだけを抽出して表示する機能(**オートフィルター**)，入力したデータをもとにグラフを作成する機能，クロス集計表を作成する機能(**ピボットテーブル**)なども備えています。

■ プレゼンテーションソフト

プレゼンテーションソフトは，発表(プレゼンテーション)などで使う資料を作成するためのソフトウェアです。発表の際，資料をスクリーンやディスプレイに映し出したり，資料を印刷したりすることもできます。資料には，表や画像，グラフなどを埋め込んだり，背景を見映えよくデザインしたりなど，便利な編集機能が用意されています。

■ Web ブラウザ

Web ブラウザは，インターネット上の Web サイトを閲覧するためのソフトウェアです。Web サイトを構成する個々のページのことを Web ページといいます。HTML 言語で記述されており，Web ブラウザを使うことで，レイアウトが整ったページとして見ることができます。代表的なものとして，Microsoft Edge，Google Chrome，Safari などがあります。

● Web サイトの検索

Web サイトの検索は，**検索エンジン**を使って行います。検索エンジンとは，インターネット上にある情報を検索する機能や，それを提供している検索サイトのことです。代表的なものに Google や Yahoo! などがあり，**サーチエンジン**ともいいます。

実際に検索するときには，調べたい情報に関するキーワードを入力し，検索を実行します。その際，論理演算の and 条件や or 条件，not 条件でキーワードを指定すると，検索する情報を絞り込むことができます。

 参考

表計算ソフトの詳細については，「14-3-2 表計算ソフト」を参照してください。

ワンポイント

ワープロソフトやプレゼンテーションソフトで作成した文書に貼り付けて，表現力を向上させる画像データのことを**クリップアート**といいます。

ワンポイント

フォント(文字の字体)には，文字の幅が固定されている**等幅フォント**と，文字によって幅が異なる**プロポーショナルフォント**があります。

等幅フォント

> やさしいデザイン

プロポーショナルフォント

> やさしいデザイン

また，文字の形成方法によって，次の2つに分けることができます。
ビットマップフォント
ドット(点)の集合で，文字を表したフォント。拡大すると，ギザギザが目立ちます。
アウトラインフォント
文字の輪郭線の情報を数式化することで，表示したフォント。拡大しても，輪郭線が滑らかです。

ワンポイント

Web ブラウザなどで先頭の数文字を入力すると，過去の入力に基づいて，入力候補の文字列の一覧が表示されます。この機能を**オートコンプリート**といいます。

ストラテジ系 マネジメント系 テクノロジ系

14 ソフトウェア

ココを押さえよう

オフィスツールで最も出題頻度が高いのは表計算ソフトです。特にセル参照で「$」の付け方が正しい計算式を選ぶ問題がよく出題されています。計算式のルールや主な関数を理解しておきましょう。

14-3-2　表計算ソフト

頻出度
★★★

　表計算ソフトの基本的な使い方として，計算式やセル参照，関数について理解しましょう。

■表計算ソフトの画面構成

　表計算ソフトは，ワークシートと呼ぶ表をもとに操作します。ワークシート上の1つ1つのマス目を**セル**といい，セルB2のように，行と列でセルの位置を指定することができます。また，セルの範囲はセルD6 〜 E8のように指定します。

行

	A	B	C	D	E	F
1						
2		セルB2				
3						
4						
5						
6				セルD6 〜 E8		
7						
8						
9						
10						

列

 試験対策

実際の表計算ソフトでは，セルに計算式を入力するとき「=」が必要ですが，試験では「=」を省いて出題されることがあります。

参考

表計算ソフトには，計算機能以外に，データを並べ替えたり，必要なデータを検索，抽出したり，数値からグラフなどを作成することもできます。

■計算式の入力

　表計算ソフトでは，セルに計算式を入力することで，四則演算やべき乗の計算が行えます。計算式を入力したセルには，計算結果が表示されます。

	A	B	C
1			
2	前期	後期	合計
3	4	6	4+6
4			

→

	A	B	C
1			
2	前期	後期	合計
3	4	6	10
4			

●算術演算子

四則計算やべき乗の計算式を入力するときは，次の算術演算子を使用します。計算の優先順位は，数学と同じです。（　）で囲んで，優先順位を指定することもできます。

演算子	意味	優先順位
＋	加算	3
－	減算	
＊	乗算	2
／	除算	
＾	べき乗	1

参考

べき乗の計算は，たとえば「2の3乗」として「2^3」を入力すると，「2×2×2＝8」が計算されます。

■ セル参照を使った計算式 CHECK

計算式で「A3+B3」のようにセル番地を指定すると，そのセルの値が参照されて計算されます。このように，ほかのセルの値を参照することを**セル参照**といいます。

	A	B	C
1			
2	前期	後期	合計
3	4	6	A3+B3
4			

➡

	A	B	C
1			
2	前期	後期	合計
3	4	6	10
4			

ワンポイント

下図では，「価格」を求めるには，「原価」を参照する必要があります。しかし，「原価」を求めるには「価格」を参照するため，計算することができません。このような参照を**循環参照**といい，通常はエラーになります。

	A	B	C
1	価格	利益	原価
2	B2+C2	500	A2-B2

セル参照を使った計算式では，セルの数値を変更すると，自動的に再計算されて計算結果が更新されます（**再計算機能**）。たとえば，下表のセルA3の値を「4」から「8」に変更すると，自動的にセルC3の値が「10」から「14」になります。

	A	B	C
1			
2	前期	後期	合計
3	**8**	6	A3+B3
4			

➡

	A	B	C
1			
2	前期	後期	合計
3	**8**	6	14
4			

■計算式の複写

表計算ソフトでは，セルに入力している計算式を複写して，ほかのセルに入力することができます。その際，コピー先に合わせて，自動的にセル番地が調整されます。このようなセル参照を**相対参照**といいます。

	A	B	C	D
1	商品名	単価	個数	価格
2	ノート	200	3	B2＊C2
3	ペン	140	5	
4	消しゴム	100	2	
5				

計算式を下のセルに複写する

	A	B	C	D
1	商品名	単価	個数	価格
2	ノート	200	3	B2＊C2
3	ペン	140	5	B3＊C3
4	消しゴム	100	2	B4＊C4
5				

行番号が自動調整される

しかし，計算式によっては，自動調整されると不都合な場合があります。このようなときはセル番地に「$」を付けると，その箇所は変更されません。このようなセル番地を固定しておくセル参照を**絶対参照**や**複合参照**といいます。たとえば，下表のセルD4に「B2＊C2＊B$1」という数式を入力して下のセルに複写すると，「$」が付いている行番号は変更されません。

	A	B	C	D
1	掛け率	0.9		
2				
3	商品名	単価	個数	価格
4	ノート	200	3	B4＊C4＊B$1
5	ペン	140	5	B5＊C5＊B$1
6	消しゴム	100	2	B6＊C6＊B$1
7				

「$」が付いている箇所は，行番号が自動調整されない

■関数

　表計算ソフトには，よく使う計算やデータの処理を効率よく行うことができる**関数**という機能があります。関数を入力するときは，次のような関数の書式に従って指定します。

> **関数の書式**　関数名（引数1，引数2，……）

※「関数名」には，「合計」や「平均」など，あらかじめ定められている関数の名前を入力します。

※「引数」には，関数での処理に必要な数値やセル参照，セルに付けた範囲名，論理式などを指定します。指定する内容は，関数によって異なります。

●関数の使用例

	A	B	C	D
1		筆記	実技	合計
2	青山	40	20	合計(B2～C2)
3	黒田	30	25	合計(B3～C3)
4	緑川	20	15	合計(B4～C4)
5				
6	平均	平均(B2～B4)	平均(C2～C4)	
7	最大値	最大(B2～B4)	最大(C2～C4)	
8	最小値	最小(B2～B4)	最小(C2～C4)	
9				

⬇

	A	B	C	D
1		筆記	実技	合計
2	青山	40	20	60
3	黒田	30	25	55
4	緑川	20	15	35
5				
6	平均	30	20	
7	最大値	40	25	
8	最小値	20	15	
9				

> **📖 用語**
>
> **引数**：関数名に続けて，カッコ内に指定する値のことです。関数の種類ごとに，定められている書式に従って，関数の処理に必要な数値やセル範囲などを指定します。

> **⭐参考**
>
> 左の「●関数の使用例」では，「合計」「平均」「最大」「最小」の4つの関数を使用しています。
>
> これらの関数の機能は，次のとおりです。
>
> ・**合計 (B2 ～ C2)**
>
> 　セルB2からC2までのセルの値の合計を求めている
>
> ・**平均 (B2 ～ B4)**
>
> 　セルB2からB4までのセルの値の平均を求めている
>
> ・**最大 (B2 ～ B4)**
>
> 　セルB2からB4までのセルから最大値を求めている
>
> ・**最小 (B2 ～ B4)**
>
> 　セルB2からB4までのセルから最小値を求めている

●主な関数

主な関数として，次のようなものがあります。

関数	説明
合計 (セル範囲)	合計を求める
平均 (セル範囲)	平均を求める
最大 (セル範囲)	最大値を求める
最小 (セル範囲)	最小値を求める
個数 (セル範囲)	空白でないセルの個数を求める
整数部 (値)	正の数の場合：小数点以下を切り捨てて，整数を求める 負の数の場合：0（ゼロ）から遠い整数を求める たとえば，「整数部(3.8)」は「3」，「整数部(－3.8)」は「－4」が求められる
剰余 (値1, 値2)	値1を値2で割ったときの余りを求める。たとえば，「剰余(10,3)」は「1」が求められる

■ IF関数

IF関数は，指定した条件を満たすか，満たさないかによって，異なる結果を返す関数です。引数「論理式」は，比較演算子を使って条件を指定します。また，条件を満たすとき返す値を「真の場合」に，条件を満たさないとき返す値を「偽の場合」に指定します。

> IF関数の書式　　IF（論理式，真の場合，偽の場合）

（例）　「得点」の値が60以上の場合は「OK」，そうでない場合は「補講」と表示する

【指定する計算式】　IF（B2>=60 ,"OK" , "補講"）

	A	B	C
1		得点	判定
2	北原	70	OK
3	西島	40	補講
4	東山	60	OK
5	南	85	OK

セルC2に，上の計算式を入力し，下のセルに複写する

■関数のネスト

　関数の引数に，別の関数を指定することを**関数のネスト**といいます。

●IF 関数のネストの例

　IF 関数に，IF 関数を組み合わせると，3 段階以上の複雑な条件処理を行うことができます。

☆参考
関数のネストは，関数の入れ子と呼ぶこともあります。

(例)　「得点」の値が 80 以上は「〇」，60 以上は「△」，そうでない場合は「補講」と表示する

⏺ワンポイント
関数のネストでは，IF 関数と別の関数を組み合わせたり，IF 関数以外の関数を組み合わせたりすることもできます。

【指定する計算式】

IF（**B2>=80** ,"〇", IF（**B2>=60**, "△" , "補講"）)
　　1つ目の条件　　　　　2つ目の条件

	A	B	C
1		得点	3段階判定
2	北原	70	△
3	西島	40	補講
4	東山	60	△
5	南	85	〇

セルC2に，上の計算式を入力し，下のセルに複写する

　複雑な処理をする場合，下の計算式のように，計算式で使う値をセルに入力しておき，セル参照で指定することがあります。

【指定する計算式】

IF（**B5>=C$1** ,"〇", IF（**B5>=C$2**, "△" , "補講"）)

	A	B	C
1		基準1	80
2		基準2	60
3			
4		得点	3段階判定
5	北原	70	△
6	西島	40	補講
7	東山	60	△
8	南	85	〇

セルC5に，上の計算式を入力し，下のセルに複写するその際，「基準1」の「80」，「基準2」の「60」のセルは，「$」を付けて固定しておく

14-3-3 オープンソースソフトウェア (OSS)

頻出度 ★★★

OSSの特徴や種類，利用する際の注意点などを理解しましょう。

OSSの特徴

オープンソースソフトウェア（OSS）は，ソフトウェアのソースコードが無償で公開され，ソースコードの改変や再配布も認められているソフトウェアのことです。主な特徴として，次のようなものがあります。

・ソースコードを入手できる（ソースコードの公開）
・販売または無料で配布することを制限してはならない（再配布の制限の禁止）
・派生ソフトウェアの作成，配布が許可されている
・個人やグループ，利用する分野を差別してはならない

なお，OSSは誰でも自由に利用できますが，全く制限がないわけではありません。OSSの著作権は放棄されておらず，OSSを利用するときは，その利用条件を定めた**OSSライセンス**に従う必要があります。

OSSの種類

代表的なOSSとして，次のようなものがあります。

分野	OSSの種類
プログラム言語	Java　Ruby　Perl　PHP
OS	Linux　Android
Webサーバ	Apache
データベース管理システム	MySQL　PostgreSQL
アプリケーション	Firefox（Webブラウザ） Thunderbird（メールソフト） OpenOffice（オフィスツール）

演習問題

問1 表計算ソフトの計算式　　　　　　　　　　　CHECK ▶ □□□

　表計算ソフトを用いて，天気に応じた売行きを予測する。表は，予測する日の天気（晴れ，曇り，雨）の確率，商品ごとの天気別の売上予測額を記入したワークシートである。セルE4に商品Aの当日の売上予測額を計算する式を入力し，それをセルE5～E6に複写して使う。このとき，セルE4に入力する適切な式はどれか。ここで，各商品の当日の売上予測額は，天気の確率と天気別の売上予測額の積を求めた後，合算した値とする。

	A	B	C	D	E
1	天気	晴れ	曇り	雨	
2	天気の確率	0.5	0.3	0.2	
3	商品名	晴れの日の売上予測額	曇りの日の売上予測額	雨の日の売上予測額	当日の売上予測額
4	商品A	300,000	100,000	80,000	
5	商品B	250,000	280,000	300,000	
6	商品C	100,000	250,000	350,000	

ア　B2 * B4 + C2 * C4 + D2 * D4
イ　B$2 * B4 + C$2 * C4 + D$2 * D4
ウ　$B2 * B$4 + $C2 * C$4 + $D2 * D$4
エ　B2 * B4 + C2 * C4 + D2 * D4

問2 OSS　　　　　　　　　　　CHECK ▶ □□□

OSS（Open Source Software）に関する記述のうち，適切なものはどれか。

ア　ソースコードに手を加えて再配布することができる。
イ　ソースコードの入手は無償だが，有償の保守サポートを受けなければならない。
ウ　著作権が放棄されているので，無断で利用することができる。
エ　著作権を放棄しない場合は，動作も保証しなければならない。

解答と解説

《解答》イ

　セルE4に入力する計算式は，セルE5とE6に複写したとき，複写先に合わせて「商品A」「商品B」「商品C」の売上予測額と「天気の確率」が参照されるように，参照を固定する「$」を付ける必要があります。

　選択肢の計算式を確認すると，「$」が付いている位置だけが異なります。また，「B2 * B4」は「0.5×300,000」，「C2 * C4」は「0.3×100,000」，「D2 * D4」は「0.2×80,000」で，「天気の確率」と「商品A」の天気ごとの売上予想額をかけ算しています。

　もし，セルE4に「$」を付けない数式を入力し，そのままセルE6に複写すると，次のように行番号が2つ大きくなります。そのため，セルE6では「天気の確率」のセルが参照されなくなってしまいます。

セルE4　＝B2 * B4 ＋ C2 * C4 ＋ D2 * D4
セルE6　＝B4 * B6 ＋ C4 * C6 ＋ D4 * D6　　　　複写する
　　　　「天気の確率」のセルが参照されていない

「天気の確率」のセルが参照されるようにするには，セルE6で誤ってずれてしまった行番号に「$」を付けます。これによって，複写したときに行番号が固定されて，セルE6の計算式でも「天気の確率」のセルが参照されます。また，この計算式は，正しく商品Cの「当日の売上予測額」を求めるものです。よって，正解はイです。

セルE4　＝B$2 * B4 ＋ C$2 * C4 ＋ D$2 * D4
セルE6　＝B$2 * B6 ＋ C$2 * C6 ＋ D$2 * D6　　　　複写する
　　　　行番号が固定されて，「天気の確率」のセルが参照される

《解答》ア

　OSS（Open Source Software）は，ソフトウェアのソースコードが無償で公開され，ライセンス条件に従ってソースコードの改変や再配布も認められているソフトウェアのことです。よって，正解はアです。

イ　基本的にOSSにサポートはありません。有償で販売されているOSSについては，サポートが提供されている場合があります。

ウ　OSSの著作権は放棄されていません。

エ　OSSの動作は無保証です。

第15章 情報デザインと情報メディア

本章の学習ポイント

- デザインの原則，シグニファイア，UXデザイン，ユニバーサルデザインなど，情報デザインのための手法を理解し，重要な用語を覚える
- ヒューマンインタフェースの特徴と，その代表的なインタフェースであるGUIについて，各構成要素の特徴を理解する
- WebデザインやCSS（スタイルシート）について理解する
- コンピュータで扱う音声，静止画，動画などの代表的なファイル形式の種類や特徴，情報の圧縮・伸張について理解する
- グラフィックス処理における色の表現，画像の品質などを理解する
- マルチメディア技術の応用分野を覚える

シラバスにおける本章の位置付け

ストラテジ系	大分類1：企業と法務	
	大分類2：経営戦略	
	大分類3：システム戦略	
マネジメント系	大分類4：開発技術	
	大分類5：プロジェクトマネジメント	
	大分類6：サービスマネジメント	
テクノロジ系	大分類7：基礎理論	
	大分類8：コンピュータシステム	
	大分類9：技術要素	

本章の学習
中分類19：情報デザイン
中分類20：情報メディア

15-1 情報デザイン

ココを押さえよう

情報デザインはシラバスVer.6.0で追加された項目なので，新しい用語が多いです。
情報デザインやユニバーサルデザインについて理解し，関連の用語を覚えましょう。特に「UXデザイン」は要チェックです。

試験対策

シラバスVer.6.3で追加された，情報デザインに関する用語に「LATCH」があります。確認しておきましょう（522ページ参照）。

15-1-1　情報デザイン

頻出度 ★★★

　情報デザインは，相手にとってわかりやすく，正確に情報を伝えるため，情報を適切に整理，表現することです。情報デザインによって，目的や受け手の状況に応じて，正確に情報を伝えたり，操作性を高めたりするための考え方や手法を理解しましょう。

■ デザインの原則（近接，整列，反復，対比） V6

　文章や画像などを配置する際，デザインの代表的なルール（**デザインの原則**）として，次の4つがあります。

近接	関連する情報は近づけて配置し，異なる要素は離しておく
整列	右揃え，左揃え，中央揃えなど，意図的に整えて配置する
反復	フォント，色，線などのデザイン上の特徴を，一定のルールで繰り返す
対比	要素ごとの大小や強弱を明確にする。見出しは本文よりも太くする

■ 情報デザイン関連の用語

　情報デザインの考え方や手法に関する用語として，次のようなものがあります。

①シグニファイア V6

　利用者に適切な行動を誘導する，役割をもたせたデザインのことです。たとえば，駅などにあるゴミ箱は，缶やビンの投入口は丸く，新聞や雑誌は平たく，その他のゴミは大きめに設計されています。

　このデザインによって，意識して行動するのではなく，自然にゴミを分別して捨てることができるように誘導されています。

②構造化シナリオ法

　デザインの要件を定義する際, デザインしたものが利用される場面を具体的に想定し, 要件を定義する手法を**シナリオ法**といいます。**構造化シナリオ法**は, 利用者にもたらされる価値を記載した「バリューシナリオ」, 価値を満たすための利用者の活動を記載した「アクティビティシナリオ」, 利用者の詳しい具体的な行動を記載した「インタラクションシナリオ」の3段階に分けてシナリオを考えます。

⭐参考
構造化シナリオ法の3段階を日本語で表すと, 「価値のシナリオ」→「行動のシナリオ」→「操作のシナリオ」になります。

③UX デザイン

　UXは, ユーザーがシステムや製品, サービスなどを利用した際に得られる体験や感情などを示す用語です。「使ってよかった」「楽しかった」など, ユーザーに満足度の高いUXを提供できるようにデザイン (設計や企画など) することを**UX デザイン**といいます。

UX
User Experience

■ ユニバーサルデザイン

　ユニバーサルデザインは, 文化, 言語, 年齢および性別の違いや, 障害の有無や能力の違いなどにかかわらず, できる限り多くの人が支障なく利用できることを目指した設計・デザインのことです。

⭐参考
Webサイトについてもユニバーサルデザインの観点が必要とされ, Webアクセシビリティを高めることが求められています (390ページ参照)。

●ピクトグラム

　非常口や車いすのマークなどに使われている, 絵文字や記号のことです。「絵文字」や「絵単語」とも呼ばれ, 誰にでもわかりやすいように単純な構図でデザインされています。

⭐参考
ピクトグラムの例

●インフォグラフィックス

　「インフォメーション (情報)」と「グラフィックス (視覚表現)」を組み合わせた造語で, データを直感的に把握できるように表現する手法や表現した図のことです。従来の図表よりも, 見映えのよい, 工夫されたデザインで作成されます。

⭐参考
たとえば, リンゴの生産量を示す場合, 地図上で生産地にリンゴのイラストを置くとともに, 量の違いがわかるようにリンゴの大きさを変える, といった感覚的に伝わる表現をします。

ストラテジ系　マネジメント系　テクノロジ系

15
情報デザインと情報メディア

15-1-2　インタフェース設計

頻出度 ★★☆

ヒューマンインタフェースの特徴や，その代表的なインタフェースであるGUI，画面設計などについて理解しましょう。

■ ヒューマンインタフェース

ヒューマンインタフェースは，人とコンピュータシステムの接点となる部分のことです。具体的には，コンピュータの操作画面や操作方法，帳票のレイアウトなど，利用者が，直接，システムに接するところです。**ユーザインタフェース**ともいいます。

● ジェスチャーインタフェース

手や指，体の動きなどの身振りによって，コンピュータやスマートフォンなどを操作するユーザインタフェースの総称です。

● VUI（Voice User Interface）

音声によって，操作を行うユーザインタフェースのことです。話しかけることだけで，指示命令を行うことができます。

■ ユーザビリティとアクセシビリティ 🔍CHECK

ユーザビリティは，機器やソフトウェア，Webサイトなどの使いやすさを示す用語です。また，年齢や身体障害の有無に関係なく，誰でも容易にPCやソフトウェア，Webページなどを利用できることを**アクセシビリティ**といいます。

ユーザビリティとアクセシビリティを確保，向上することが，誰もが使いやすいユニバーサルデザインの実現につながります。

■ GUI 🔍CHECK

GUIは，操作の対象がアイコンなどの絵で表示されるヒューマンインタフェースです。機能や操作方法を直感的に理解し，マウスなどのポインティングデバイスを使って実行することができます。

なお，GUIに対して，文字だけが表示される画面で，キーボードから命令を入力して操作するユーザインタフェースを**CUI**といいます。

ココを押さえよう

「ヒューマンインタフェース」「ユーザビリティ」「アクセシビリティ」は重要な用語です。しっかり理解しておきましょう。「GUI」もよく出題されています。用語を覚えて，部品についても名称と用途を確認しておきましょう。

ワンポイント

タッチパネルで複数個所に同時に触れて操作するものを**マルチタッチインタフェース**といいます。主な操作に，2本の指を広げる**ピンチイン**や，その2本の指を狭める**ピンチアウト**があります。ほかにも，画面を軽く叩く**タップ**，画面をなぞる**スワイプ**，さっと払う**フリック**，長押しする**ロングプレス**など，様々な操作が行えます。

参考

ユーザビリティやアクセシビリティは，IT分野以外でも幅広く使われています。たとえば，アクセシビリティでは，「車椅子用のスロープがある」といった建物や製品，サービスなどの利用しやすさを示すときにも用いられます。

スペル

GUI
Graphical User Interface

スペル

CUI
Character User Interface

●GUIの主な部品

GUIで使用される代表的な部品として，次のようなものがあります。

部品	用途
テキストボックス	文字列や数値を入力する
チェックボックス	複数項目の中から，該当するものを選択する。複数選択が可能
ラジオボタン	複数の項目の中から，1つだけを選択する
リストボックス	複数の項目（一覧）を表示し，その一覧から該当するものを選択する
プルダウンメニュー	特定の箇所をクリックし，表示されたメニューから項目を選択する
ポップアップメニュー	特定の操作（右クリックなど）で，表示されたメニューから項目を選択する
コマンドボタン	ボタンに割り当てられている処理を実行する

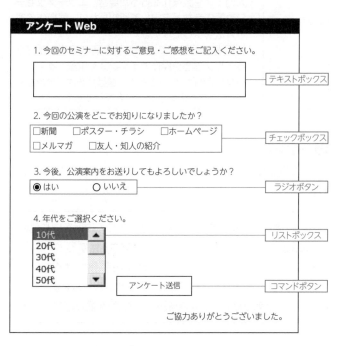

🎯 ワンポイント

チェックボックスは，チェックの有無によって，項目が有効か，無効かを指定するときにも使用します。

🎯 ワンポイント

テキストボックスとリストボックスを組み合せたものを「コンボボックス」といいます。一覧に選択する項目がないときは，テキストボックスに入力します。

🎯 ワンポイント

利用者が操作しやすいように，画面上で確認できるヘルプ機能を備えておくことも重要です。たとえば，マウスポインターを合わせると補足説明が小さく表示されるようにします（**ツールチップ**）。

🎯 ワンポイント

マウスポインターを合わせたとき，文字の色や画像の表示が切り替わることを**ホバー（ロールオーバー）**といいます。

🎯 ワンポイント

画像を縮小して表示したものを**サムネイル**といいます。限られた範囲に，多くの画像をコンパクトに表示することができます。たとえば，ファイルを開かなくても，どのような動画や画像なのかを示すときに利用されます。

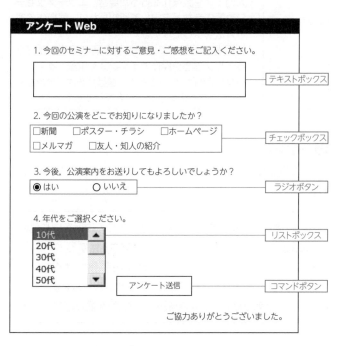

15 情報デザインと情報メディア

■ 画面設計

入力画面の設計では，次のようなことに留意して設計する必要があります。

参考

人間の視線は，左から右，上から下に動くのが一般的です。入力の流れが自然になるようにするには，この流れに従った項目の配置にします。

ワンポイント

色を使う場合は，多くの種類の色を使いすぎず，色の使用方法にルールを設けます。

ワンポイント

キー操作で入力項目を順に移動できるような設計にしておくと，習熟者は効率よくデータを入力することができます。

項目の配置	・各画面のレイアウトや操作方法を統一する ・入力する順序に従って，項目を左から右，上から下へ配置する ・関連する項目は隣接して配置する ・項目数が多いときは，グルーピングや階層化を行い，選択しやすくする ・オプションなどの設定は，入力が必要な場合にだけ表示されるようにする
自動化	・商品番号を入力すると対応する商品名が自動入力されるなど，入力の自動化を図る ・基本となる値がある場合は，その値を最初から入力しておく
操作支援	・初心者向けのGUIとは別に，習熟者が素早く操作できるような仕組みも設け，選べるようにしておく ・入力ミスや誤操作を行った場合，エラーメッセージや警告音などを出して通知したり，誤操作の対処方法を示したりする ・利用者が画面上で操作方法を調べることができるヘルプ画面や操作ガイダンスを用意する ・処理に時間がかかるとき，進捗状況や「お待ちください」などのメッセージを表示する

■ 帳票設計

帳票画面を設計する際の留意点として，次のようなことがあります。

・各帳票で，共通するタイトルや日付などの項目を同じ位置に配置するなど，統一感のあるレイアウトにする
・商品番号と商品名など，関連する項目を隣接させる
・見やすい文字のサイズやフォントを決め，ルールを統一する
・余分な情報は除いて，必要最小限の情報を盛り込む　など

15-1-3 Webデザイン

頻出度 ★★☆

利用しやすいWebサイトにするには，Webデザインが重要です。ここでは，Webデザインについて学習します。

■ Webデザイン

Webサイトのレイアウトや配色などをデザインすることを**Webデザイン**といいます。Webデザインでは，画面の見た目だけでなく，閲覧のしやすさや，使いやすさ（**ユーザビリティ**）の観点が必要です。たとえば，次のようなことがあります。

- ・CSSを利用して，デザインや色調に統一性をもたせる
- ・Webサイトが見やすい文字のサイズや色にする
- ・プッシュボタンやメニューなどを，迷わずに操作できるように配置する
- ・操作方法をわかりやすく，覚えやすいようにする
- ・目的の情報に効率よくたどり着けるようにする

また，Webサイトの見え方は，利用者が閲覧に使用する端末（PCやタブレットなど）や画面のサイズ，Webブラウザの種類などで異なることにも留意します。

■ CSS

CSSは，Webページの色やフォント，レイアウトなどの見栄えを指定するものです。色や書式などのスタイルを定義し，HTMLと組み合わせて利用します。Webサイト全体や複数のWebページの色調やデザインに統一性をもたせたい場合，CSSを用いると効果的です。**スタイルシート**ともいいます。

CSSの例

```
h2 {
  font-size : 20px;
  color : blue;
}
```

h2タグの文字が20px（ピクセル），青色で表示される

ココを押さえよう

WebデザインやWebアクセシビリティについて，ユーザビリティの観点から理解しておくことが大切です。具体的にどのような工夫がされているか，確認しておきましょう。「CSS」（スタイルシート）は頻出の用語なので，必ず覚えましょう。

ワンポイント

PCやスマートフォンなど，利用者が閲覧に使用する端末に合わせて，Webページのレイアウト・デザインを自動調整して表示させる方法のことを**レスポンシブWebデザイン**といいます。

ワンポイント

URLにアクセスしたときに，別のURLに転送させる仕組みを**リダイレクト**といいます。WebサイトのリニューアルでURLを変更したときや，PC用サイトとスマートフォン用サイトのURLが異なるときなどに使用します。

スペル
CSS
Cascading Style Sheets

参考
CSSは，HTMLの記述に組み合わせて（304ページ参照），適用するスタイルを記述して指定します。

ストラテジ系 マネジメント系 テクノロジ系

15 情報デザインと情報メディア

■ Webアクセシビリティ

Webアクセシビリティは,年齢や身体障害の有無などに関係なく,誰もが容易にWebサイトを閲覧,利用できることです。

Webアクセシビリティを実現・向上する具体的な方法としては,音声読み上げソフトでスムーズに読み進められるレイアウトにする,画像に音声読み上げされる説明を付ける,色だけで目立たせずに「重要」といった文字を添える,などがあります。

■ モバイルファースト

モバイルファーストは,Webサイトの制作において,スマートフォンで利用しやすいサイト構成や画面デザインにすることです。従来はPC向けのサイトを先に作っていましたが,スマートフォンの普及によって,スマートフォン向けのサイトを優先的に制作するという意味で使われることもあります。

 ココを押さえよう

シラバスVer.6.0で追加
された項目(用語)です。
基本的な考え方を確認し
ておきましょう。

15-1-4 人間中心設計

頻出度
★★☆

ユーザビリティの向上を目的とした,人間中心設計の考え方を理解しましょう。

■ 人間中心設計 V6

人間中心設計とは,製品やサービスなどを開発する際,利用者の使いやすさを中心において,デザインや設計を行うという考え方です。

JIS Z 8530: 2021では,人間中心設計を「システムの利用に焦点を当て,人間工学(ユーザビリティを含む)の知識及び技法を適用することによって,インタラクティブシステムをより使いやすくすることを目的とするシステムの設計及び開発へのアプローチ」と定義しています。

演習問題

問1 プルダウンメニュー CHECK ▶ □□□

PCの操作画面で使用されているプルダウンメニューに関する記述として，適切なものはどれか。

ア エラーメッセージを表示したり，少量のデータを入力したりするために用いる。

イ 画面に表示されている複数の選択項目から，必要なものを全て選ぶ。

ウ キーボード入力の際，過去の入力履歴を基に次の入力内容を予想し表示する。

エ タイトル部分をクリックすることで選択項目の一覧が表示され，その中から一つ選ぶ。

問2 オンラインヘルプ CHECK ▶ □□□

オンラインヘルプに関する記述として，適切なものはどれか。

ア 1台のPCだけでは処理に長時間掛かるような大量の仕事を，ネットワークに接続された多数のPCに分散して並列に処理させることによって，高速な処理を実現すること

イ PC本体，周辺機器にトラブルが発生したとき，利用者が対応方法などを問い合わせるサポート窓口のこと

ウ アプリケーションソフトの操作が複雑であっても，質問に答えていく対話形式によって簡単に操作が行えるようにする機能のこと

エ ハードウェア，ソフトウェアの操作についての説明などを，印刷物としてではなく，PCの画面で検索，ハイパリンクなどを利用して閲覧できる機能やサービスのこと

問3 インタフェース設計 CHECK ▶ □□□

文化，言語，年齢及び性別の違いや，障害の有無や能力の違いなどにかかわらず，できる限り多くの人が快適に利用できることを目指した設計を何というか。

ア バリアフリーデザイン **イ** フェールセーフ

ウ フールプルーフ **エ** ユニバーサルデザイン

解答と解説

問1 (平成25年春期 ITパスポート試験 問65)
《解答》エ

　プルダウンメニューはGUI (Graphical User Interface) の部品の1つで，特定の箇所をクリックするとメニューが表示され，その中から項目を1つ選択します。よって，正解はエです。
ア　ダイアログボックスに関する説明です。
イ　チェックボックスに関する説明です。
ウ　オートコンプリートに関する説明です。

問2 (平成24年秋期 ITパスポート試験 問74)
《解答》エ

　オンラインヘルプとは，パソコンや周辺機器，ソフトウェアの操作についての説明を，PC上の画面で確認できる機能やそのサービスのことです。よって，正解はエです。
ア　分散コンピューティングに関する説明です。
イ　サービスデスク (またはヘルプデスク) に関する記述です。
ウ　オンラインヘルプは，PC上で操作方法を閲覧する機能であり，対話形式で操作を進める機能ではありません。

問3 (平成27年秋期 ITパスポート試験 問61)
《解答》エ

　ユニバーサルデザイン (Universal Design) とは，文化，言語，年齢及び性別の違いや，障害の有無，能力の違いなどにかかわらず，誰もが利用することができる設計・デザインのことです。よって，正解はエです。
ア　バリアフリーデザインとは，高齢者や障害者などが社会生活を送る上で，生活の支障となる物理的な障害や精神的な障壁を取り除くことに配慮したデザインのことです。
イ　フェールセーフは，機器などに故障が発生した際に，被害を最小限にとどめるように，システムを安全な状態に制御することです。
ウ　フールプルーフは，人間がシステムの操作を誤らないように，または誤っても故障や障害が発生しないように，設計段階で対策しておくことです。

ストラテジ系 マネジメント系 テクノロジ系

15-2 情報メディア

15-2-1 マルチメディア技術

頻出度 ★★☆

情報メディアは，Web サイトやテレビなど，情報を伝える媒体や仕組みのことです。情報メディアの活用に必要なマルチメディア技術や主なファイル形式などについて理解しましょう。

■ マルチメディア

マルチメディアとは，文字，音声，画像，動画など，いろいろな種類のデータを組み合わせて表現したものや，それを実現する技術やシステムのことです。マルチメディアで提供されるサービスには，**Web コンテンツ**や**ハイパーメディア**など，様々なものがあります。

● ストリーミング

インターネット上から動画や音声などのコンテンツをダウンロードしながら，順に再生することです。

■ デジタルコンテンツの著作権保護

動画や音楽などのデジタルデータで表現されるコンテンツについて，著作権を保護するために次のような技術があります。

DRM	デジタルデータで表現されたコンテンツの著作権を保護し，不正な利用が行われないようにするため，コンテンツの利用や複製を制御・制限する技術の総称。**デジタル著作権管理**ともいう
CPRM	コピーワンス（1度だけ録画可能）の番組を，DVD などに記録するときに使われる，複製を制御する技術

■ エンコードとデコード

動画や音声などのデータを，目的に適した形式に変換することを**エンコード**（符号化）といい，エンコードされたデータをもとに戻すことを**デコード**（復号）といいます。

ココを押さえよう

音声，静止画，動画のファイル形式がよく出題されています。拡張子と合わせて覚えましょう。「ストリーミング」「DRM」「CPRM」も要チェックです。

用語
Web コンテンツ：Web サイトで提供・配信される情報やデータの総称です。

用語
ハイパーメディア：文字に，画像や映像，音声を関連付けた形態で提供できる情報媒体のことです。

ワンポイント
有料デジタル放送のスクランブルを解除するために使用されるカードのことを **B-CAS カード**といいます。NHK や BS・地上波の無料民間放送も，不正コピー防止など番組の著作権保護のために，放送の視聴には B-CAS カードが必要です。

スペル
DRM
Digital Rights Management

スペル
CPRM
Content Protection for Recordable Media

参考
動画を配信するときはエンコードを行い，データを圧縮してファイルサイズを小さくします。

15 情報デザインと情報メディア

■ラスタデータとベクタデータ V6

コンピュータで扱う画像データは，ラスタデータとベクタデータに大きく分けることができます。

①ラスタデータ

色付きの点の集まりで表現した画像のことです。画素（ピクセル）の点ごとに，色の種類や明るさを調節できますが，画像を拡大すると輪郭にジャギ（ギザギザ）が現れます。**ビットマップデータ**とも呼ばれます。

②ベクタデータ

点を結んだ線や面を計算処理して表現した画像のことです。図形の輪郭線などのデータを記録し，拡大してもジャギは現れず，画質が維持されます。

ラスタデータ　　　　　　　　ベクタデータ

■マルチメディアのファイル形式

音声や静止画，動画の代表的なファイル形式には，次のようなものがあります。

①音声のファイル形式

参考
MP3は，MPEG-1の音声の部分を利用した圧縮方式のことです。

参考
可逆／非可逆圧縮方式とは，ファイルのデータ容量を小さくする技術方式のことです。詳細は396ページを参照してください。

ワンポイント
音声データをデジタル化する代表的な変換方法として，PCM（Pulse Code Modulation：パルス符号変調）があります。標本化（サンプリング）→量子化→符号化の手順で行われます。詳細については，282ページを参照してください。

形式	内容	拡張子
MP3	国際規格の音声ファイルの圧縮方式。インターネットの音楽配信や，携帯音楽プレイヤーなどで利用される。非可逆圧縮方式	.mp3
WAV	マイクロソフト社とIBM社によって開発された，Windowsの標準的な音声のファイル形式	.wav
MIDI	電子楽器の演奏用データのファイル形式。演奏情報として，音の高さや大きさ，音色などが数値化して記録されている	.midi
AAC	MPEG-2やMPEG-4の音声フォーマットに用いられている音声ファイルの圧縮方式。音声配信や音声記録などにも活用されている	.aac

②静止画のファイル形式

形式	内容	拡張子
GIF	256色まで表現できる。表現できる色数は少ないが，データ容量が軽く，Webページのボタンやイラストなどで利用される。可逆圧縮方式	.gif
PNG	GIFの後継となる形式で，フルカラー（1,677万色）の表現ができる。可逆圧縮方式	.png
JPEG	フルカラー（1,677万色）の表現ができ，デジタルカメラの画像など，写真のデータに適している。非可逆圧縮方式	.jpg .jpeg
BMP	Windowsの標準的な画像のファイル形式。圧縮されていないため，容量が大きくなり，Webサイトの表示には不向き	.bmp
TIFF	解像度や色数，符号化方式などの形式が属性情報（タグ）にあり，この情報に基づいて画像が再生される	.tif
EPS	PostScriptで作成されたデータを保存するファイル形式。ベクタデータとラスタデータの両方を含むことができる。Encapsulated PostScriptの略称	.eps

ワンポイント

文書作成ソフトや表計算ソフトなどで作成した文書を，コンピュータの機種やOS，環境が異なっても，文書の内容を同じように表示させることができるファイル形式のことを**PDF**といいます。

用語

PostScript：Adobe社が開発したページ記述言語。主に出版やデザインの業界で利用され，高画質で正確な印刷を行うことができます。

③動画のファイル形式

形式	内容	拡張子
MPEG	国際規格の動画ファイルの圧縮方式。次の3つの形式がある。いずれも，非可逆圧縮方式 **MPEG-1**：CD-ROMなどへの保存に利用される **MPEG-2**：DVDビデオやデジタル放送で利用される	.mpg .mpeg
MPEG	**MPEG-4**：インターネット配信，Blu-ray Discへの保存，スマートフォンの撮影動画などで利用される。携帯電話など，低速な通信回線での利用を目的に開発された	.mp4
AVI	Windowsの標準的な動画のファイル形式	.avi

ワンポイント

動画は，複数の静止画を連続して切り替えることで，動いているように見えています。この静止画のことを**フレーム**といい，1秒当たりのフレームの数を**フレームレート**といいます。

●H.264 V6

　動画データの圧縮処理に使用されている圧縮符号化方式です。従来よりも圧縮率が高く，拡張子は「.mp4」になります。MPEG-4の映像部分に関する規格であり，正式名称を「H.264/MPEG-4 AVC」といいます。

ワンポイント

H.264の後継の規格で，さらに圧縮率を高めたものとして「H.265」があります。

ストラテジ系　マネジメント系　テクノロジ系

15 情報デザインと情報メディア

■ データの圧縮と伸張

データの**圧縮**は，ファイルのデータ容量を小さくする技術のことです。また，圧縮したファイルをもとに戻すことを**伸張**といいます。圧縮の方式には，次の2つがあります。

可逆圧縮方式	圧縮したファイルを，元通りに復元することができる
非可逆圧縮方式	圧縮時にデータの一部を間引きしているため，圧縮ファイルを元通りに復元できない

また，**ファイル圧縮ソフト**などを使って，ファイルやフォルダを圧縮することができます。複数のファイルを1つにまとめて圧縮することもでき，代表的な圧縮ファイルの形式に**ZIP**があります。可逆圧縮方式なので，圧縮前の状態に復元することができます。

●ランレングス法やハフマン法　V6

ランレングス法やハフマン法は，どちらもデータを可逆圧縮する符号化方式です。

ランレングス法では，データ中で同じ文字が繰り返されるとき，繰返し部分をその反復回数と文字の組に置き換えて，文字列を短くします。たとえば，「AAAAABBBBB」という文字列を「A5B5」のように表現した場合，10文字分を4文字分で表せるので，もとの40％に圧縮されたことになります。

AAAAABBBBB　➡　A5B5
10文字　　　　　　4文字

ハフマン法は，データ中で文字列の出現頻度を求め，よく出る文字列には短い符号，あまり出ない文字列には長い符号を割り当てることで，全体のデータ量を減らします。

文字	A	B	C	D	E
符号	000	001	010	011	100

⬇

文字	A	B	C	D	E
出現頻度	26%	25%	24%	13%	12%
符号	00	01	10	110	111

ワンポイント

圧縮してデータ容量を小さくすることで，ファイルが扱いやすくなり，たとえば，ファイル送信でネットワーク負荷を軽減できる，保存に必要な容量を節約できるなど，いろいろな利点があります。

参考

圧縮したファイルをもとに戻すことを，一般的に**解凍**や**展開**といいます。

試験対策

ラングレングス法やハフマンはシラバスVer.6.0で追加された新しい用語ですが，基本情報技術者試験などでは以前からよく出題されています。符号化の仕方を確認しておきましょう。

参考

右の図の場合，A，B，C，D，Eという5種類の文字を表すためには，3ビット必要で，「文字数×3ビット」がデータの大きさになります。文字列の出現頻度に合わせて割り当てる符号を変えると，「文字数×3ビット」よりもデータ量を減らすことができます。

15-2-2　グラフィックス処理

 頻出度 ★★★

マルチメディアの表現技術として，色の表現や属性，画像の品質など，グラフィックス処理の特徴を理解しましょう。

■ 色の表現

ディスプレイでカラー表示したり，プリンタでカラー印刷したりするとき，コンピュータでは色が「光の3原色（RGB）」や「色の3原色（CMY）」で表現されています。

①光の3原色（RGB）

赤（Red），緑（Green），青（Blue）の3色のことで，ディスプレイやプロジェクタなどで利用されます。3色をすべて100％で重ねると白色になり，このような混色で色を表現することを**加法混色**といいます。

②色の3原色（CMY）

シアン（Cyan），マゼンタ（Magenta），イエロー（Yellow）の3色のことで，プリンタなどの印刷物で利用されます。3色をすべて100％で重ねると黒色になり，このような混色で色を表現することを**減法混色**といいます。

ただし，実際の印刷ではCMYの3色では完全な黒色を表現できないため，黒色のインクを加えた4色（**CMYK**）で表します。

■ 色の3属性

色の3属性とは，色相，明度，彩度のことをいいます。これらを組み合わせることで，色の印象を調整することができます。

属性	説明
色相	色合い。「赤み」，「黄み」，「青み」など，どのような種類の色なのかを表す
明度	色の明るさの度合い。明度が高い場合は明るい色，低い場合は暗い色になる
彩度	色の鮮やかさの度合い。彩度が高い場合は鮮やかな色，低い場合はくすんだ色になる

ストラテジ系／マネジメント系／テクノロジ系

ココを押さえよう

「光の3原色」「色の3原色」は，よく出題されています。構成する色の種類や性質などをしっかり覚えましょう。グラフィックソフトウェアのペイント系とドロー系も要チェックです。

試験対策

「光の3原色」と「RGB」のどちらの表記も覚えておきましょう。

試験対策

色の組合せや，3色を混ぜると何色になるか，という問題が出題されています。解答できるように覚えておきましょう。

参考

シアンは青緑，マゼンタは赤紫，イエローは黄色です。

参考

CMYKの「K」は，「Key Plate」という画像の輪郭や文字などを表現する黒インク用の印刷板のことです。黒（Black）を示すという場合もあります。

15　情報デザインと情報メディア

■ 画像の品質

画像の品質を表す用語として，次のようなものがあります。

用語

ppi（pixel per inch）：
1インチ当たりの画素の数
を表す単位です。

参考

解像度は，プリンタやディ
スプレイ，イメージスキャ
ナなどの性能を表すとき
にも利用されます。プリン
タの出力やイメージスキャ
ナの読み取りはdpi，ディ
スプレイはピクセルまたは
ドット数で表します。

用語	説明
ピクセル (pixel)	画像を構成する点（**画素**）のことで，画像の最小単位。たとえば，640×480ピクセルであれば，横に640個，縦に480個の画素が並び，約30万個の画素で構成されている
解像度	画像をどれだけ細かく表現できるかを示す値。**dpi**や**ppi**の単位が使われ，数値が大きいほど，密度が高く，きめ細かく表すことができる
階調	色や明るさの濃淡を段階で表現したもの。階調が多いほど，色や明るさの変化を滑らかなグラデーションで表すことができる

■ グラフィックスソフトウェア

　グラフィックスソフトウェアは，画像や図形などを描画，加工するためのアプリケーションソフトウェアのことです。次のようにペイント系とドロー系に分類されます。

種類	説明
ペイント系	キャンバスに筆で描くように，コンピュータ上で画像を描くソフトウェア。小さな点の集合である**ラスタ形式**の画像データを扱うのに適している
ドロー系	開始点と終了点，角度などを指定し，線や面を組み合わせて画像を描くソフトウェア。**ベクタ形式**の画像データを扱うのに適している

15-2-3　マルチメディア技術の応用

頻出度 ★★☆

マルチメディア技術は，様々な分野で利用されています。代表的な分野について理解しましょう。

■ マルチメディア技術を応用した分野

マルチメディア技術を応用した代表的な分野として，次のようなものがあります。

①コンピュータグラフィックス

コンピュータを使って，作成した静止画や動画の総称です。また，これらを作成，加工する技術を指すこともあります。**CG**ともいいます。映画やゲームなどの映像をはじめ，様々な分野で利用されています。

②仮想現実（VR）

コンピュータグラフィックスや音響技術などを使って，現実感を伴った仮想的な世界をコンピュータで作り出す技術のことです。**VR**や**バーチャルリアリティ**ともいいます。医療や教育，商品のプロモーション，ゲームなど，様々な分野で幅広く利用されています。

③拡張現実（AR）

現実世界の要素，たとえば実際の風景を写しているカメラ映像などに，コンピュータが作り出す情報を重ね合わせて表示する技術のことです。**AR**ともいいます。たとえば，購入前の家具を自分の部屋に配置した状態を表示するなど，仮想現実と同様に様々な分野で利用されています。

④複合現実（MR）

現実の世界と，CGによる仮想世界を融合させる技術のことです。実在の空間に立体映像が映し出された世界を，ゴーグル型の端末（ヘッドマウントディスプレイ）などを使って体験できます。**MR**ともいいます。

ココを押さえよう

「VR」や「AR」について適切な記述を選ぶ問題が出題されています。他の用語についても，名称と基本的な技術内容を確認しておきましょう。

スペル
CG
Computer Graphics

参考

仮想現実（VR）や拡張現実（AR），複合現実（MR）など，現実世界と仮想世界を融合し，新しい映像や体験を実現する技術の総称を**XR**や**クロスリアリティ**といいます。

スペル
VR
Virtual Reality

スペル
AR
Augmented Reality

スペル
MR
Mixed Reality

 試験対策

シラバスVer.6.3では，「メタバース」という用語が追加されています（522ページ参照）。

ストラテジ系　マネジメント系　テクノロジ系

15 情報デザインと情報メディア

⭐ 参考

気象予測や天文学など，大
規模な演算を行うシミュ
レーションではスーパコン
ピュータが使用されます。

⭐ 参考

シミュレーションのための
装置やソフトウェア，シス
テムなどを**シミュレーター**
といいます。

⑤コンピュータシミュレーション

　コンピュータを使って，ある現象を作り出し，模擬的に実験することです。惑星の進化や大規模災害など，規模が大きすぎる，危険が伴うなど，実際の実験が難しい状況をコンピュータ上で再現して検証するときなどに利用されています。

⑥プロジェクションマッピング

　建物や物体などの立体物に，コンピュータグラフィックスを用いた映像などを投影し，様々な視覚効果を出す技術のことです。

⑦4K ／ 8K

　現行のハイビジョンを超える超高画質の映像を実現する，次世代の映像規格です。もともと4Kや8Kは映像の解像度で，4Kは3840×2160ピクセル，8Kは7680×4320ピクセルです。横方向の解像度が約4000，8000であることから，「4K」，「8K」といわれます。

演習問題

問1　マルチメディアのファイル形式　　　　　　　　　CHECK ▶ ☐☐☐

　シンセサイザなどの電子楽器とPCを接続して演奏情報をやり取りするための規格はどれか。

ア AVI　　　　　**イ** BMP　　　　**ウ** MIDI　　　　**エ** MP3

問2　DRM（Digital Rights Management）　　　　　CHECK ▶ ☐☐☐

　デジタルコンテンツで使用されるDRM（Digital Rights Management）の説明として，適切なものはどれか。

ア 映像と音声データの圧縮方式のことで，再生品質に応じた複数の規格がある。
イ コンテンツの著作権を保護し，利用や複製を制限する技術の総称である。
ウ デジタルテレビでデータ放送を制御するXMLベースの記述言語である。
エ 臨場感ある音響効果を再現するための規格である。

問3　拡張現実（AR）　　　　　　　　　　　　　　　CHECK ▶ ☐☐☐

　拡張現実（AR）に関する記述として，適切なものはどれか。

ア 実際に搭載されているメモリの容量を超える記憶空間を作り出し，主記憶として使えるようにする技術
イ 実際の環境を捉えているカメラ映像などに，コンピュータが作り出す情報を重ね合わせて表示する技術
ウ 人間の音声をコンピュータで解析してデジタル化し，コンピュータへの命令や文字入力などに利用する技術
エ 人間の推論や学習，言語理解の能力など知的な作業を，コンピュータを用いて模倣するための科学や技術

解答と解説

問1　　　　　　　　　　　　　　　　　　　　（平成24年春期　ITパスポート試験　問64）
《解答》ウ

　MIDIは，電子楽器同士または電子楽器とPCを接続し，演奏情報をやり取りするための規格です。MIDIに保存されているのはPCや電子楽器が認識できる演奏情報で，実際の音ではありません。よって，正解は**ウ**です。
ア　AVIは，Windowsが標準でサポートしている動画のファイル形式です。
イ　BMPは，Windowsが標準でサポートしている画像のファイル形式です。
エ　MP3は音楽データのファイル形式です。

問2　　　　　　　　　　　　　　　　　　　　（平成27年秋期　ITパスポート試験　問46）
《解答》イ

　DRM（Digital Rights Management）は，デジタルデータとして表現されるコンテンツの著作権を保護し，利用や複製を制限する技術の総称です。よって，正解は**イ**です。
ア　MPEGの説明です。
ウ　BML（Broadcast Markup Language）の説明です。データ放送で配信される情報，たとえばリモコンのdボタンを押すと表示されるニュースや天気予報などは，BMLを使って制作されています。
エ　5.1チャンネルサラウンドの説明です。

問3　　　　　　　　　　　　　　　　　　　（平成28年春期　ITパスポート試験　問100）
《解答》イ

　拡張現実（AR）は，実際に存在するものに，コンピュータが作り出す情報を重ね合わせて表示する技術です。拡張技術を利用することで，たとえば，衣料品を仮想的に試着したり，過去の建築物を3次元CGで実際の画像上に再現したりなどすることができます。よって，正解は**イ**です。
ア　仮想記憶に関する記述です。
ウ　音声認識技術に関する記述です。音声によって，コンピュータへの命令や文字入力などを行う技術です。
エ　人工知能（AI）に関する記述です。

第16章 データベース

本章の学習ポイント

- データベースの種類と特徴，及びデータベース管理システム（DBMS）の目的や代表的な機能を理解する
- 関係データベースの表（テーブル）について，レコード，主キー，外部キー，インデックスなどの重要用語を覚え，正規化の目的や必要性を理解する
- 関係データベースの関係演算や並べ替えなどを理解する
- トランザクション処理，同時実行制御（排他制御），障害回復のリカバリ機能について必要性と機能を理解する

シラバスにおける本章の位置付け

ストラテジ系	大分類1：企業と法務
	大分類2：経営戦略
	大分類3：システム戦略
マネジメント系	大分類4：開発技術
	大分類5：プロジェクトマネジメント
	大分類6：サービスマネジメント
テクノロジ系	大分類7：基礎理論
	大分類8：コンピュータシステム
	大分類9：技術要素

→ 本章の学習
中分類21：データベース

16-1 データベース

16-1-1　データベース方式

頻出度
★★☆

データベースやデータベース管理システム（DBMS）について，基本的な知識を学習しましょう。

■ データベース

データベースとは，一定の目的に基づいて収集された，データの集まりのことです。単にデータを集めるだけでなく，効率よくデータを利用できるように，一定の規則に従ってデータを整理しながら蓄積します。

データベースには，データを格納・管理する形式によって，いくつかの種類があります。代表的なものは，次のとおりです。

①関係データベース（リレーショナルデータベース）

行と列からなる表にデータを格納し，表と表を関連付けてデータベースを構築します。

②階層型データベース

ツリー構造のデータベースです。親データと，その下にある子データが，1対多の関係で構成されます。

③ネットワーク型データベース（網型データベース）

複数の親データに，複数の子データをもつ場合がある構造のデータベースです。

■ データベース管理システム（DBMS）👉CHECK

データベース管理システムは，データベースを安全かつ効率よく管理，運用するためのシステムです。売上や在庫，顧客情報など，様々なデータを一元的に管理し，必要なときに取り出して利用することができます。データの損失を防ぎ，正しく維持する機能も備えています。しばしば英単語を略して，**DBMS**と表記されます。

　データベース管理システムの主な特徴として，次のようなものがあります。

主な特徴	内容
データの一元管理	データをひとまとめで統合的に管理し，データの冗長性を排除する。保守作業も行いやすい
データの整合性の維持	あるデータを変更すると，関連するデータも自動更新される。同じデータを同時に更新しようとした場合，排他制御機能により，矛盾が生じるのを防ぐ
障害回復（リカバリ機能）	データベースに障害が起きたとき，データを正しい状態に復元する
機密保護	アクセス権を設定することで，利用者が扱えるデータや操作を限定し，データの漏えいや損失を防ぐ
データの独立性	プログラムとデータが分かれているので，データ構造を変更しても，プログラムへの影響を抑えられる。異なるアプリケーションで，データを共有して利用することもできる

●レプリケーション

　DBMSにおいて，可用性や性能の向上を図る手法にレプリケーションがあります。別のサーバにデータの複製を作成し，同期をとる機能で，もとのサーバに障害が起きても別サーバで運用を継続することができ，もとのサーバと別のサーバで処理を分散させることもできます。

RDBMS

　RDBMSは，関係データベース（リレーショナルデータベース）のDBMSのことです。関係データベースは複数の表でデータを蓄積・管理し，SQLという言語を使ってデータの抽出や結合などを行います。

NoSQL

　NoSQLは，関係データベース以外の，データベース管理システムの総称です。ビッグデータの処理・管理には，事前にデータの構造をきちんと定義しておく関係データベースよりも，

参考

冗長は，「じょうちょう」と読みます。データの冗長性を排除するとは，データの重複をなくす，という意味です。

参考

排他制御とは，複数の利用者が同時に同じデータを更新しようとしたとき，データに矛盾が起きることを防ぐため，利用者のデータへのアクセスを一時的に制限する機能です。詳細は，416ページを参照してください。

試験対策

データベース管理システムがもつ機能かどうかを判断できるように，データベース管理システムの特徴を確認しておきましょう。

スペル

RDBMS
Relational DataBase Management System

用語

SQL：関係データベースにおいて，データの定義や操作などを行うための言語。

スペル

NoSQL
Not only SQL

NoSQLが向いているといわれています。代表的な種類として，次のようなものがあります。

スペル
KVS
Key-Value Store

①キーバリューストア (KVS)

1の項目 (key) に対して1つの値 (value) をとり，これらをセットで格納します。たとえば，キーが社員番号「H001」，値が「氏名：試験花子，年齢:23，入社日:2020/4/1」のように，値には様々な複数のデータを保存できます。また，キーは識別できるように一意にします。**KVS**ともいいます。

②ドキュメント指向データベース

1件分のデータを「ドキュメント」としてもちます。ドキュメントのデータ構造は自由で，XMLやJSONなどの階層構造のデータをそのまま格納することができます。

③グラフ指向データベース

ノード（頂点），リレーション（線），プロパティ（属性）から構成された構造をしています。ノードとリレーションはプロパティをもつことができ，ノード間をリレーションでつないでデータの関係性を表現します。

参考
グラフ指向データベースはグラフ理論に基づくデータベースです。リレーションのことを「リレーションシップ」や「エッジ」ということもあります。

16-1-2 データベース設計 頻出度 ★★★

関係データベースについて，データを格納する表の構成や設計方法などを理解しましょう。

■表 (テーブル) の構成

関係データベースは，次のような表（テーブル）でデータを管理し，1行ごとに1件分のデータを入力します。

ココを押さえよう
「主キー」「外部キー」「正規化」は必ず覚えましょう。用語の意味だけでなく，主キーを指定する目的，正規化の目的，正規化により得られる効果なども問われます。関係データベースの表（テーブル）を設計する基本的なプロセスや考え方を理解しておく必要があります。

試験対策
表の構成要素には，いくつかの呼び方があります。ITパスポート試験では，右表に記載している名称を覚えておきましょう。

列（フィールド，項目）

項目名 商品コード	商品名	販売価格	在庫数
A02	冷蔵庫	180,000	4
A05	電子レンジ	22,000	13
B01	コーヒーメーカー	6,400	17

行（レコード）

■ 主キーと外部キー CHECK

主キーは，表の中で1件ずつのレコードを識別するための列 (項目) のことです。たとえば，次の社員表では「社員番号」，部署表では「部署番号」が主キーになります。レコードを特定できるように，主キーの列には重複した値や空白の値をもつことができません。

また，社員表の「部署番号」は，部署表の主キーである「部署番号」を参照します。このように，ほかの表の主キーを参照する項目を**外部キー**といいます。

社員表

社員番号	社員名	部署番号
1001	佐藤　花子	8
1002	鈴木　一郎	5
1003	高橋　二郎	4

主キー　　　　　　　　外部キー

部署表

部署番号	部署名
4	総務
8	営業
5	製造

主キー

なお，複数の列を組み合わせて，主キーとすることがあります。次の受験表の場合，「社員番号」「試験ID」「試験日」の列から行を特定できます。

社員表

社員番号	社員名	部署番号
1001	佐藤　花子	8
1002	鈴木　一郎	5
1003	高橋　二郎	4

試験種別表

試験ID	試験種別
S01	ITパスポート
S02	基本情報技術者

受験表

社員番号	試験ID	試験日	合否
1001	S01	2018/4/16	合
1002	S02	2018/4/16	否
1003	S01	2018/4/16	否
1001	S02	2018/10/15	合
1003	S01	2018/10/15	合

ワンポイント

インデックスは，必要に応じて設定します。また，表内の複数の列に設定することができます。

■ インデックス

インデックスは，表内のデータを高速に検索するための仕組みです。書籍の索引に当たるもので，データベースで大量のデータを格納している場合，インデックスを設定しておくと，目的のデータを高速に検索することができます。

■ データ分析・設計

データベースを構築するときには，データベースを利用する業務や目的を明確にし，データベースに必要とされるデータをすべて洗い出します。

まず，業務内容を分析し，業務の流れや扱っているデータなどを把握します。次に，データベースに保存するデータの項目を決め，それをもとに表 (テーブル) を設計します。その際，データの重複がないデータ構造の表にするため，**データの正規化を**行い，表を関連付けるために主キーや外部キーの項目を定めます。こうした項目間の関係を明らかにして整理するときに，**E-R図**が利用されます。

参考

データの正規化については，次ページで説明しています。E-R図については，「6-1-2 業務プロセス」を参照してください。

ワンポイント

計算で得られる情報は，表の項目に含めません。たとえば，商品の価格と販売数量は表に保存しますが，「価格×販売数量」で求められる金額はデータベースに保存しません。必要なときは，データを取り出してから演算処理を行います。

● データクレンジング

データベースなどに保存しているデータの中から，データの誤りや重複，表記の揺れなどを探し出し，適切な状態に修正してデータの品質を高めることを**データクレンジング**といいます。

■ データの正規化

データの正規化とは，表内に重複するデータがないように，関連する情報ごとに表を分割することです。たとえば，次の「商品仕入先表」は，仕入先の情報が重複しています。このような場合，仕入先に「市川商事」が「市川本舗」のような変更があったときは，この仕入先名を1つずつ変更する必要があります。仕入先を記載している表がほかにもあれば，それらも修正しなければなりません。このとき，操作ミスがあると，データに矛盾が生じてしまいます。

そこで，「商品仕入先表」を正規化して，「商品表」と「仕入先表」に分割します。分割した表ごとに主キー，表を関連付ける外部キーを設定します。正規化することで，前述の仕入先の変更も，仕入先表の1か所だけを修正すればよいので，データの更新ミスを防ぎ，データの一貫性を確保できます。

参考
正規化された表を**正規形**，正規化されていない表を**非正規形**といいます。

ワンポイント
表を設計する際，部署番号や商品Noなどの**コード設計**も行います。連番を振ったり，名称に関する文字をコードに組み込んだり，管理しやすいコードを作成します。

商品仕入先表

商品No	商品	価格	仕入先No	仕入先
S-01	長財布	12,800	101	市川商事
S-03	コインケース	1,000	101	市川商事
B-01	手さげバッグ	3,400	102	ナガノ物産
B-04	トートバッグ	5,600	102	ナガノ物産
C-02	カードケース	2,200	101	市川商事

 表を分割し，重複データを取り除く

試験対策
過去問題で，表分割して正規化する問題がよく出題されています。正規化するときのポイントとして，次のことを覚えておきましょう。
・重複するデータがないように，表を分割
・複数の表を連結できるように，共通の項目を用意
・正規化した表には，表内のレコードを一意に特定できる主キーが必要

商品表

商品No	商品	価格	仕入先No
S-01	長財布	12,800	101
S-03	コインケース	1,000	101
B-01	手さげバッグ	3,400	102
B-04	トートバッグ	5,600	102
C-02	カードケース	2,200	101

↑　　　　　　　　　↑
主キー　　　　　　外部キー

仕入先表

仕入先No	仕入先
101	市川商事
102	ナガノ物産

↑
主キー

表を連結するため，共通の項目（仕入先No）を設ける

16-1-3 データ操作

頻出度
★★★

　関係データベースにおいて，表のデータを活用するために，必要なデータ操作を理解しましょう。

■ 関係演算

　関係演算とは，表から目的とするデータを取り出す操作のことで，次のような方法があります。

①選択

1つの表から，条件を満たす行を取り出します。

商品番号	商品名	単価
A01	ノート	200
A02	ペン	140
A03	消しゴム	100
A04	はさみ	350

商品番号	商品名	単価
A01	ノート	200
A04	はさみ	350

「単価」が200以上の行だけを取り出す

②射影

1つの表から，条件を満たす列を取り出します。

商品番号	商品名	単価
A01	ノート	200
A02	ペン	140
A03	消しゴム	100
A04	はさみ	350

商品名	単価
ノート	200
ペン	140
消しゴム	100
はさみ	350

「商品名」と「単価」の列だけを取り出す

③結合

複数の表を，共通する列で連結します。

日付	商品番号	数量
4月5日	A02	3
4月7日	A04	1
4月8日	A01	6
⋮	⋮	⋮

商品番号	商品名	単価
A01	ノート	200
A02	ペン	140
A03	消しゴム	100
A04	はさみ	350

日付	商品番号	商品名	数量	単価
4月5日	A02	ペン	3	140
4月7日	A04	はさみ	1	350
4月8日	A01	ノート	6	200
⋮	⋮	⋮	⋮	⋮

「商品番号」で2つの表を結ぶ

ワンポイント

データ操作には，次のようなものもあります。
・**挿入**：表にデータを挿入する
・**削除**：表からデータを削除する
・**変更**：表のデータを変更する

集合演算

集合演算とは，集合の考えを用いてデータを取り出す操作のことで，次のような方法があります。

演算	説明
和	2つの表から，すべての行を取り出す
差	2つの表で，一方の表だけにある行を取り出す
積	2つの表から，両方にある行を取り出す

並べ替え

指定した項目を基準にして，表のデータを並べ替えることができます。数値や日付の項目について，昇順，降順を指定した場合，次のような順になります。

試験対策

並べ替えは**ソート**ともいい，「降順でソートしたとき」というように出題されることがあります。

昇順

数値	日付
小さい数	古い日付
↓	↓
大きい数	新しい日付

降順

数値	日付
大きい数	新しい日付
↓	↓
小さい数	古い日付

演習問題

問1 関係データモデル CHECK ▶ ☐☐☐

データベースの論理的構造を規定した論理データモデルのうち，関係データモデルの説明として適切なものはどれか。

ア データとデータの処理方法を，ひとまとめにしたオブジェクトとして表現する。
イ データ同士の関係を網の目のようにつながった状態で表現する。
ウ データ同士の関係を木構造で表現する。
エ データの集まりを表形式で表現する。

問2 DBMSの機能 CHECK ▶ ☐☐☐

次のa～dのうち，DBMSに備わる機能として，適切なものだけを全て挙げたものはどれか。
a ウイルスチェック
b データ検索・更新
c テーブルの正規化
d 同時実行制御

ア a, b, c   **イ** a, c   **ウ** b, c, d   **エ** b, d

問3 正規化 CHECK ▶ ☐☐☐

関係データベースの表を正規化することによって得られる効果として，適切なものはどれか。

ア 使用頻度の高いデータを同じ表にまとめて，更新時のディスクアクセス回数を減らすことができる。
イ データの重複を排除して，更新時におけるデータの不整合の発生を防止することができる。
ウ 表の大きさを均等にすることで，主記憶の使用効率を向上させることができる。
エ 表の数を減らすことで，問合せへの応答時間を短縮することができる。

問4　主キー　　　　　　　　　　　　CHECK ▶ ☐☐☐

関係データベースにおける主キーに関する記述のうち，適切なものはどれか。

ア　主キーに設定したフィールドの値に1行だけならNULLを設定することができる。
イ　主キーに設定したフィールドの値を更新することはできない。
ウ　主キーに設定したフィールドは他の表の外部キーとして参照することができない。
エ　主キーは複数フィールドを組み合わせて設定することができる。

問5　データ操作　　　　　　　　　　　CHECK ▶ ☐☐☐

表1と表2に，ある操作を行って表3が得られた。行った操作だけを全て挙げたものはどれか。

表1

品名コード	品名	価格	メーカ
001	ラーメン	150	A社
002	うどん	130	B社

表2

品名コード	棚番号
001	1
002	5

表3

品名	価格	棚番号
ラーメン	150	1
うどん	130	5

ア　結合　　　　　　　　　　　イ　結合，射影
ウ　結合，選択　　　　　　　　エ　選択，射影

解答と解説

（平成26年秋期 ITパスポート試験 問74）
《解答》エ

　論理データモデルとは，データベースで実際にどのようにデータを管理，格納するのかを図や表で表現したものです。また，関係データモデルは，複数の表を用いてデータの集まりと，表の関係を表現する方法です。よって，正解は**エ**です。

ア　オブジェクト指向データモデルの説明です。

イ　ネットワークデータモデルの説明です。

ウ　階層型データモデルの説明です。

（平成28年秋期 ITパスポート試験 問77）
《解答》エ

　DBMS（DataBase Management System：データベース管理システム）は，データベースを安全かつ効率よく管理，運用するためのシステムです。DBMSに備わる機能として適切かどうかを判定すると，次のようになります。

×a　DBMSにウイルスチェックの機能はありません。

○b　DBMSでは，データベースにデータを追加したり，蓄積しているデータを検索や更新，削除したりすることができます。

×c　テーブルの正規化は表を設計することで，DBMSの機能ではありません。

○d　同時実行制御（排他制御）は，データ更新などの複数のトランザクションを並行処理する際，データの整合性を維持するための仕組みです

　適切なのは，b，dです。よって，正解は**エ**です。

（平成26年秋期 ITパスポート試験 問68）
《解答》イ

　関係データベースで表を正規化する目的は，データの重複がなく，整理されたデータ構造の表を設計することです。正規化した表によってデータを管理することで，データの更新時に不整合などの矛盾が生じるのを防ぎ，データの一貫性を確保することができます。よって，正解は**イ**です。

問4　　　　　　　　　　　　　　　（平成28年秋期　ITパスポート試験　問95）
《解答》エ

　関係データベースでは，表の中でレコードを一意に特定するため，列（項目）に主キーを設定します。複数の列を組み合わせて，主キーとすることもできます。よって，正解は**エ**です。

ア　主キーの列は，NULL（空白の値）をもつことができません。

イ　主キーに設定したフィールドの値は，表内で値が重複しなければ更新できます。

ウ　主キーに設定したフィールドは，ほかの表の外部キーから参照することができます。

問5　　　　　　　　　　　　　　　（平成28年春期　ITパスポート試験　問95）
《解答》イ

　関係データベースの表について，行を抽出する操作を選択，列を取り出す操作を射影，複数の表を結び付けることを結合といいます。本問の場合，表1と表2を「品名コード」で結合し，その後「品名」，「価格」及び「棚番号」の列を抽出（射影）して，表3を得ることができます。よって，正解は**イ**です。

表1

品名コード	品名	価格	メーカ
001	ラーメン	150	A社
002	うどん	130	B社

表2

品名コード	棚番号
001	1
002	5

⬇ 「品名コード」で表を結合

品名コード	品名	価格	メーカ	棚番号
001	ラーメン	150	A社	1
002	うどん	130	B社	5

⬇ 「品名」「価格」「棚番号」の列を抽出（射影）

表3

品名	価格	棚番号
ラーメン	150	1
うどん	130	5

16-2 トランザクション処理

16-2-1 同時実行制御（排他制御）

頻出度 ★★★

　データの整合性を確保するために必要な同時実行制御（排他制御）やトランザクション処理について，機能の概要を理解しましょう。

■ 同時実行制御（排他制御）

　同時実行制御は，複数の利用者が同時に同じデータを更新しようとしたとき，データに矛盾が起きることを防ぐため，利用者のデータへのアクセスを一時的に制限する機能です。**排他制御**ともいい，**ロック**をかけて，ある利用者が参照，更新しているデータを，ほかの利用者は使えないようにします。

✍ **試験対策**

ITパスポートでは「排他制御」の表記で出題されることが多いです。

■ トランザクション処理 CHECK

　トランザクションとは，切り離せない連続する複数の処理を，ひとまとめで管理するときの処理の単位です。たとえば，銀行の処理でAさんがBさんに振込みをする場合，Aさんの口座の金額を減らし，振込先であるBさんの口座の金額を増やします。2つの口座での処理を1つにまとめ，トランザクションとすることで，処理が分断されて不整合が生じるのを防ぎます。

👆 **ワンポイント**

ロックには，データの閲覧も更新も禁止する**占有ロック**と，データの更新だけを禁止する**共有ロック**があります。また，ロックを解除することを**アンロック**といいます。

👆 **ワンポイント**

トランザクションが正常に処理されたときに，データベースへの更新を確定させることを**コミット**といいます。

■ デッドロック CHECK

　デッドロックは，複数のトランザクションが，排他制御のロックによって，互いに相手の処理が終わるのを待っている状態のことです。

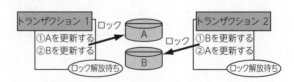

ストラテジ系 マネジメント系 テクノロジ系

■ ACID特性

ACID特性は，データベースのトランザクション処理で必要とされる，次の4つの性質のことです。

原子性 (Atomicity)	トランザクションは，完全に実行されるか，全く実行されないか，どちらかでなければならない
一貫性 (Consistency)	整合性の取れたデータベースに対して，トランザクション実行後も整合性が取れている
独立性 (Isolation)	同時実行される複数のトランザクションは互いに干渉しない
耐久性 (Durability)	いったん終了したトランザクションの結果は，その後，障害が発生しても，結果は失われずに保たれる

試験対策
耐久性は「永続性」と呼ばれることもあります。試験対策としては「耐久性」を覚えておきましょう。

■ 2相コミットメント

2相コミットメントは，分散データベースシステムにおいて，一連のトランザクション処理を行う複数サイトに更新処理が確定可能かどうかを問い合わせ，すべてのサイトが確定可能である場合，更新処理を確定する方式です。

16-2-2 障害回復 頻出度 ★★★

16 データベース

障害時などのデータ回復を実現するために必要なリカバリ機能について，機能の概要を理解しましょう。

■ リカバリ機能

データベースに対して更新処理を行うと，その内容がトランザクションごとに更新記録として**ログファイル**に保存されます。たとえば，ある値を更新した場合，更新前のデータの値（**更新前ログ**）と，更新後のデータの値（**更新後ログ**）がログファイルに記録されます。データベースに障害が発生したときは，このログファイルを使って，データベースを復旧します。代表的な障害回復の方法として，次の2通りがあります。

ココを押さえよう
「ログファイル」を使ってリカバリすることや，その方法として「バックワードリカバリ（ロールバック）」「フォワードリカバリ（ロールフォワード）」を覚えておきましょう。

参考
リカバリ（recovery）とは，回復という意味です。

参考
トランザクション処理においてログは，データベースに加えられた変更を記録したものです。ログファイルは，**ジャーナルファイル**ともいいます。

①バックワードリカバリ

　バックワードリカバリ（ロールバック）は、トランザクション処理でエラーが発生したとき、更新前ログを使って、そのトランザクションが行われる前の状態に戻します。

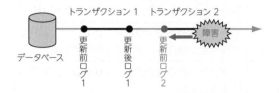

②フォワードリカバリ

　フォワードリカバリ（ロールフォワード）は、バックアップファイルで一定の時点まで復元した後、更新後ログを使って、障害が発生する直前の状態に戻します。

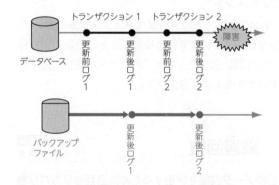

■ チェックポイント

　データベースの更新において、トランザクションがコミットしたら、即時、ログファイルに更新情報が書き出されます。しかし、ハードディスク上のデータ更新は、すぐに行われるわけではありません。後から、特定の間隔で主記憶（メモリ）からハードディスクに書き込まれます。このタイミングや処理のことを**チェックポイント**といいます。

演習問題

| 問1 | 排他制御 | CHECK ▶ □□□ |

　複数の利用者がデータベースの同じレコードを更新するときに，データの整合性を保つために行う制御として，適切なものはどれか。

ア　正規化　　　　　　　　　　　イ　タイマ監視
ウ　ロールフォワード　　　　　　エ　ロック／アンロック

| 問2 | ACID特性 | CHECK ▶ □□□ |

トランザクション処理のACID特性に関する記述として，適切なものはどれか。

ア　索引を用意することによって，データの検索時の検索速度を高めることができる。
イ　データの更新時に，一連の処理が全て実行されるか，全く実行されないように制御することによって，原子性を保証することができる。
ウ　データベースの複製を複数のサーバに分散配置することによって，可用性を高めることができる。
エ　テーブルを正規化することによって，データに矛盾や重複が生じるのを防ぐことができる。

解答と解説

　データベースの排他制御機能では，複数の利用者が同時に同じデータを更新しようとしたとき，ロックをかけて別の利用者の操作を制限します。また，アンロックはロックを解放することです。よって，正解はエです。
ア　正規化は，データの重複がなく，整理されたデータ構造の表を作成することです。
イ　タイマ監視は，デッドロックの発生を調べる方法です。
ウ　ロールフォワードは，データベースに障害が発生したとき，障害直前の状態までデータを復元することです。

　ACID特性は，トランザクション処理において必要とされる「原子性（Atomicity）」「一貫性（Consistency）」「独立性（Isolation）」「耐久性（Durability）」という4つの性質のことです。イの「原子性を保証することができる」は，ACID特性の原子性に関する記述です。よって，正解はイです。
ア　インデックスに関する記述です。
ウ　レプリケーションに関する記述です。
エ　正規化は，データベースを構築する際，データの重複がなく，整理されたデータ構造の表を作成することです。

第17章 ネットワーク

本章の学習ポイント

- LANやWANの分類を理解し, ネットワークを構築する主な接続装置の種類や特徴, 無線LANに関する用語を覚える
- IoTデバイスやIoTサーバなどを接続する, IoTネットワークの構成や通信方式を理解する
- 通信プロトコルの必要性やネットワークアーキテクチャを理解し, 代表的な通信プロトコルの種類や特徴を覚える
- インターネットの基本的な仕組み, 電子メールやRSSなどのサービス, モバイル通信の概要を理解する

シラバスにおける本章の位置付け

ストラテジ系	大分類1：企業と法務	
	大分類2：経営戦略	
	大分類3：システム戦略	
マネジメント系	大分類4：開発技術	
	大分類5：プロジェクトマネジメント	
	大分類6：サービスマネジメント	
テクノロジ系	大分類7：基礎理論	
	大分類8：コンピュータシステム	
	大分類9：技術要素	➡ 本章の学習 **中分類22：ネットワーク**

17-1 ネットワーク方式

ココを押さえよう

「WAN」はよく出題されています。「LAN」と「WAN」の違いを理解し、区別できるようにしておくことが重要です。LANの接続形態も、名称と特徴を確認しておきましょう。「Wi-Fi」も要チェックです。

17-1-1　ネットワークの基礎　頻出度 ★★☆

職場や家庭などで利用するネットワークについて、種類や特徴を理解しましょう。LANの規格や接続形態などについても学習します。

■ ネットワークの構成

代表的なネットワークとして、次のようなものがあります。

① LAN

同じ建物や敷地など、比較的狭い限られた範囲内でのネットワークのことです。オフィスや学校、一般家庭などで幅広く使用されていて、**構内通信網**ともいいます。

LANの接続方法には、コンピュータや通信装置などをケーブルでつなぐ**有線LAN**と、電波や赤外線などで接続する**無線LAN**があります。

② WAN

本社と支社のような、地理的に離れているLANとLANを結んだネットワークのことです。接続には、主に電気通信事業者の通信回線を利用します。**広域通信網**ともいいます。

③ インターネット

世界中のLANやWANを相互に接続した、世界規模のネットワークのことです。インターネットに接続するには、一般的に**インターネットサービスプロバイダ(ISP)** と契約します。

④ イントラネット

インターネットの技術を利用して構築された組織内ネットワークのことです。

スペル

LAN
Local Area Network

★参考
同じLAN内に、有線LANと無線LANを混在させることもできます。

スペル

WAN
Wide Area Network

用語
インターネットサービスプロバイダ：インターネット接続事業者のことです。プロバイダやISPともいいます。ISPは、「Internet Service Provider」の略です。

ワンポイント
イントラネットを拡張し、特定の企業間で情報のやり取りをできるようにした企業間ネットワークのことを**エクストラネット**といいます。

LANの規格

LANの代表的な規格として，次のようなものがあります。

種類	説明
イーサネット	最も普及しているLANの規格。ツイストペアケーブルや光ファイバケーブルなどを使用して接続する
IEEE 802.11	無線LANの国際標準規格。IEEE 802.11a，IEEE 802.11b，IEEE 802.11g，IEEE 802.11nなどがあり，それぞれ周波数や通信速度が定められている

●Wi-Fi

IEEE 802.11伝送規格に準拠し，異なるメーカの無線LAN対応製品について，相互接続性が認証されていることを示すブランド名です。

スペル

Wi-Fi
WirelessFidelity

ワンポイント

Wi-Fiには「Wi-Fi 4」「Wi-Fi 5」「Wi-Fi 6」「Wi-Fi 6E」といった呼称があり，たとえばWi-Fi 4は「IEEE 802.11n」のように，それぞれが該当する無線LANの規格と対応しています。また，数値が大きいほど，通信速度が向上しています。

LANの接続形態

LANの物理的な接続形態として，次のようなものがあります。

バス型

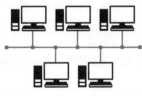

1本のケーブルに通信機器を接続する

スター型

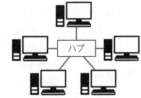

ハブ（集線装置）を中心に，放射線状に通信機器を接続する

リング型

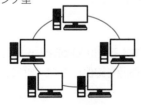

リング状に通信機器を接続する

メッシュ型

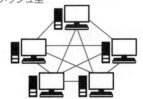

網の目状に通信機器を接続する

ココを押さえよう

ネットワークの基本として重要な用語が多いです。それぞれの用語をしっかり確認しておきましょう。特に無線LANは頻出なので，機能や仕組みを理解しておくことが大切です。

 参考

無線LANに接続する場合は，**無線LANカード**を使用します。

スペル

NIC
Network Interface Card

 参考

NICは「ニック」と読みます。

 参考

ツイストペアケーブルの先にある端子を**モジュラージャック**といいます。

スペル

PoE
Power over Ethernet

17-1-2　ネットワークの構成要素

頻出度 ★★☆

ネットワークを構成する代表的な接続装置について，種類や特徴を理解しましょう。

■ ネットワークの構成機器

ネットワークの構築に使用する機器として，次のようなものがあります。

①ネットワークインタフェースカード

コンピュータをネットワークに接続するための，LANケーブルの差込口をもった装置のことです。現在の多くのコンピュータには，あらかじめ内蔵されています。**NIC**や**LANカード**などともいいます。

②LANケーブル

コンピュータや通信装置を，ネットワークに接続するときに使うケーブルです。次のような種類があります。

種類	説明
ツイストペアケーブル	2本の電線をより合わせたものを，何組か束ねたケーブル。LAN用のケーブルとして普及している
光ファイバケーブル	データを光信号で伝送するケーブル。電磁波の影響を受けず，長距離伝送が可能。データの減衰も少ない

●LANポート

コンピュータや通信装置(ハブやルータなど)にある，LANケーブルの差込口のことを**LANポート**といいます。

●PoE CHECK

LANケーブルを介して端末に給電する技術を**PoE**といいます。たとえば，無線LANのルータを，電源を確保しにくい場所に設置するときに使用します。

③ハブ

　複数のコンピュータや通信装置をまとめて接続する集線装置です。複数のLANポートをもち，その数だけ，LANケーブルを接続できます。

④リピータ

　ケーブルを流れる信号の増幅などを行い，伝送距離を延長する装置です。同等のものに**リピータハブ**があります。

⑤ブリッジ

　LAN同士を接続する装置です。MACアドレスをもとに，もう一方のLANにデータを流すかどうかを判断します。同等のものに**スイッチングハブ**，**L2スイッチ**があります。

⑥ルータ

　LAN同士や，LANとWANを接続する装置です。IPアドレスをもとに，データ転送の最適な経路を判断する**ルーティング機能**をもちます。同等のものに**L3スイッチ**があります。

⑦ゲートウェイ

　使用している通信プロトコルが異なるネットワークの間を接続する装置です。

■MACアドレス

　MACアドレスは，NIC，リピータハブ，ブリッジ，ルータなどのネットワーク機器に付けられている識別番号です。工場で製品を製造するとき，1台ごとに世界で一意の重複しない番号が割り振られます。データを転送するとき，OSI基本参照モデルの第2層において，LAN内で次の送信先の機器を特定するのに使用されます。

ワンポイント

リピータの機能をもつものを**リピータハブ**，ブリッジの機能をもつものを**スイッチングハブ**といいます。
現在の主流はスイッチングハブで，スイッチや**L2スイッチ**ともいいます。
また，L2スイッチにルータの機能を備えたものを**L3スイッチ**といいます。

ワンポイント

OSI基本参照モデルにおいて(435ページ参照)，通信装置は次の階層に対応します。
第1層(物理層)
ハブ，リピータ，リピータハブ
第2層(データリンク層)
ブリッジ，スイッチングハブ，L2スイッチ
第3層(ネットワーク層)
ルータ，L3スイッチ
第4層(トランスポート層)
ゲートウェイ

ワンポイント

所属しているネットワークの内部から，別のネットワークに通信するとき，出入口の役割を果たすものを**デフォルトゲートウェイ**といいます。一般的には，ルータがデフォルトゲートウェイの役割を務めます。

試験対策

MACアドレスとIPアドレスの違いを理解しておきましょう。IPアドレスは送信相手のコンピュータを特定するもので，OSI基本参照モデルの第3層で使用されます。

17　ネットワーク

■ 無線LAN

　無線LANでは，ケーブルを使わずに，電波などによって無線通信を行います。無線LANを利用するためには，コンピュータなどの端末に**無線LANカード**を装着し，無線LANの**アクセスポイント**に接続します。

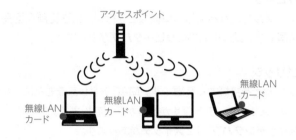

アクセスポイント

無線LANカード

無線LANカード

無線LANカード

●アクセスポイント 👆CHECK

　ノートパソコンやスマートフォンなどの無線端末を，ネットワークに接続するときの接続先となる機器や場所のことです。

●ESSID 👆CHECK

　無線LANにおけるネットワークの識別子です。複数のアクセスポイントが設置されている場合でも，ESSIDで接続するネットワークを区別することができます。**SSID**とも呼ばれます。

●Wi-Fi Direct（Wi-Fiダイレクト）

　無線LANルータを介さずに，パソコンやスマートフォン，プリンタ，テレビなどの機器同士を直接つなげる通信モードや規格のことです。

●メッシュ Wi-Fi

　ネットワークを網の目のように張り巡らせたネットワークのことです。家庭などで電波の届かない死角をなくし，家のどこにいてもWi-Fiに接続できるようにする仕組みや機器を指す場合もあります。

● WPS V6

無線LANへの接続設定を簡単に行うための規格です。パソコンやスマートフォンなどを無線LANルータに接続するとき，ボタンを押すだけで，接続や暗号化の設定を行うことができます。

スペル

WPS
Wi-Fi Protected Setup

●無線LANの周波数帯

無線LANが使用する電波の周波数帯（周波数の範囲）には，次のような種類があります。

種類	説明
2.4GHz帯	天井や家具などの障害物に強い。電子レンジやBluetoothなどの電波干渉を受けやすい
5GHz帯	天井や家具などの障害物に弱い。電波干渉が少ない
6GHz帯	2022年9月に認可された新しい周波数帯。チャネル数が多く，従来よりも受ける電波干渉が少ない
60GHz帯	電波の直進性が高いため，限定した範囲で高速通信させるのに適している

ワンポイント

一般の無線LANで使われているのは，2.4GHz帯と5GHz帯，6GHz帯です。各周波数帯は，**チャネル**と呼ぶ単位で周波数の幅が区切られていて，使うチャネルの番号をアクセスポイントに設定します。他の無線LANや家電製品などと電波干渉が生じて，通信速度などに支障が起きた場合は，アクセスポイントに設定したチャネルの番号を変更します。

■ VLAN V6

VLANとは，実際に機器を接続している形態に関係なく，機器をグループ化して仮想的なLANを構築する技術のことです。組織の体制に合わせて，柔軟に通信可能なグループ分けを行うことができます。仮想LANやバーチャルLANとも呼ばれます。

スペル

VLAN
Virtual LAN

17
ネットワーク

■ プロキシサーバ（Proxyサーバ）

プロキシサーバは，社内LANなどの内部ネットワークにあるPCに代わって，インターネットに接続するサーバのことです。内部ネットワークとインターネットとの境界に設置し，内部ネットワークのPCから外部のサーバへのアクセスを中継，管理して安全な通信を確保します。外部にアクセスしたときのデータを一定期間保存しておくキャッシュ機能によって，アクセスの高速化も図ります。

参考

Proxyは「代理」という意味で，プロキシサーバは「代理サーバ」ともいわれます。

参考
データを送る通信経路のことを**伝送路**といいます。

用語

伝送効率：実際にデータを送信できる速度の割合のことです。

試験対策

伝送時間を求める問題が出題されているので，計算式を覚えておきましょう。
単位を合わせることができるように，「1バイト＝8ビット」も覚えておく必要があります。

参考
一般的には，輻輳は，いろいろなものが1か所に集中するという意味です。

■ 伝送速度

　伝送速度は，1秒間に転送できるデータ量を表すものです。単位は**bps**（ビット／秒）で，**通信速度**ともいいます。たとえば，1Mbpsの場合，1秒間に1Mビットのデータを送ることができます。

●データを伝送するのに掛かる時間の算出

　データを伝送するのに掛かる時間（伝送時間）は，次の計算式で求めることができます。

> 伝送時間 ＝ 伝送するデータ量÷（伝送速度×伝送効率）

　たとえば，伝送するデータ量が100Mバイト，伝送速度が20Mbps，伝送効率が80％である場合，次のように計算します。

　　伝送時間＝100Mバイト÷（20Mbps×80％）
　　　　　　＝100Mバイト÷（20Mbps×0.8）
　　　　　　＝**800Mビット÷16Mbps**
　　　　　　＝**50秒**

　よって，伝送時間は50秒になります。

※伝送するデータ量は「バイト」，伝送速度は「ビット／秒」で単位が異なります。そのため，「1バイト＝8ビット」として，バイトかビットのどちらかに単位を揃える必要があります。ここでは，伝送するデータ量の100Mバイトを8倍して，ビットに揃えています。

■ ネットワークにおける輻輳

　ネットワークにおける輻輳とは，一斉に大量のアクセスが集中し，つながりにくい状態のことです。ネットワークの許容量を超えたことにより，通信速度が低下するなど，通信が困難になります。

■ SDN

SDNは，ソフトウェアによって，ネットワークの構築や設定などを，柔軟かつ動的に制御する考えや技術のことです。従来，ルータなどのネットワーク機器は，機器ごとに制御機能とデータ転送機能を備えていました。SDNは制御機能とデータ転送機能を分離して，機器ではデータ転送機能だけを行わせ，制御機能はソフトウェアで集中管理することにより，ネットワークの構成や設定などの変更に柔軟に対応することができます。

■ ビーコン

ビーコンは，電波を発信し，それを受信することで位置を特定したり，位置情報に関するサービスを提供したりする装置や設備のことです。通信にBLEという通信方式を使ったものをBLEビーコンといい，店舗に設置したビーコンから店舗付近の人のスマートフォンに商品情報を送信するなど，身近な多くのサービスで活用されています。

17-1-3 IoTネットワーク 頻出度 ★★☆

IoTネットワークの構成要素として，構成や通信方式について理解しましょう。

■ IoTネットワークの構成要素

IoTデバイスを接続する，IoTネットワークの代表的な構成や通信方式として，次のようなものがあります。

①LPWA

少ない電力消費で，km単位での広域な通信が行える無線通信技術の総称です。IoTシステム向けに使われる無線ネットワークで，一般的な電池で数年以上の運用が可能な省電力性と，最大で数十kmの通信が可能な広域性を有します。なお，携帯電話や無線LANと比べると通信速度は低速です。

SDN
Software-Defined
Networking

参考
SDNを利用することで，ケーブルをつなぎ替えたり，手作業で設定変更したりなどの物理的な作業を行う必要がなくなります。

ココを押さえよう
IoTネットワークは必ず出題されています。しっかり確認しておきましょう。特に「LPWA」は必修です。「エッジコンピューティング」「エネルギーハーベスティング」も要チェックです。

LPWA
Low Power Wide Area

試験対策
LPWAは頻出の用語です。IoTネットワークで使用されることや，省電力性や広域性などの特徴を覚えておきましょう。

ストラテジ系　マネジメント系　テクノロジ系

17 ネットワーク

②BLE

　Bluetoothのバージョン4.0から追加された、消費電力が低い通信方式です。低コストで、主に数m程度の近距離通信で使われています。

③エッジコンピューティング

　IoTデバイス（センサーや機器など）の近くにサーバを配置し、データ処理を行う方式のことです。端末の近くでデータを処理し、必要な情報のみ送信することで、IoTサーバの負荷低減や、データを整理して必要な情報のみを送信することで、通信の遅延や上位システムへの負荷を防ぎます。

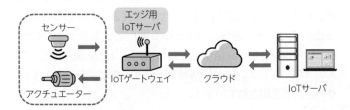

④IoTエリアネットワーク

　IoTデバイスとIoTゲートウェイの間を結んだネットワークのことです。IoTデバイスは多種多様で、それぞれの機器の要件に適した形でIoTエリアネットワークを構築します。

演習問題

問1　WANの説明　　　　　　　　　　　　　　CHECK ▶ ☐☐☐

WANの説明として，最も適切なものはどれか。

ア　インターネットを利用した仮想的な私的ネットワークのこと

イ　国内の各地を結ぶネットワークではなく，国と国を結ぶネットワークのこと

ウ　通信事業者のネットワークサービスなどを利用して，本社と支店のような地理的に離れた地点間を結ぶネットワークのこと

エ　無線LANで使われるIEEE 802.11規格対応製品の普及を目指す業界団体によって，相互接続性が確認できた機器だけに与えられるブランド名のこと

問2　ルータの説明　　　　　　　　　　　　　CHECK ▶ ☐☐☐

ルータの説明として，適切なものはどれか。

ア　LANと電話回線を相互接続する機器で，データの変調と復調を行う。

イ　LANの端末を相互接続する機器で，受信データのMACアドレスを解析して宛先の端末に転送する。

ウ　LANの端末を相互接続する機器で，受信データを全ての端末に転送する。

エ　LANやWANを相互接続する機器で，受信データのIPアドレスを解析して適切なネットワークに転送する。

問3　IoTシステム向けに使われる無線ネットワーク　　CHECK ▶ ☐☐☐

IoTシステム向けに使われる無線ネットワークであり，一般的な電池で数年以上の運用が可能な省電力性と，最大で数十kmの通信が可能な広域性を有するものはどれか。

ア　LPWA　　　　**イ**　MDM　　　　**ウ**　SDN　　　　**エ**　WPA2

解答と解説

　WAN（Wide Area Network）は，本社と支社のような地理的に離れたLAN同士を結ぶネットワークのことです。よって，正解は**ウ**です。

ア　VPN（Virtual Private Network）の説明です。

イ　インターネットの説明です

エ　Wi-Fiの説明です。

　ルータは，LANやWANを接続する機器で，受信したデータのIPアドレスを解析し，最適な経路にパケットを転送します（ルーティング機能）。よって，正解は**エ**です。

ア　モデムの説明です。

イ　ブリッジの説明です。

ウ　リピータの説明です。

　IoTシステム向けに使われる無線ネットワークは，LPWA（Low Power Wide Area）です。携帯電話や無線LANと比べて通信速度は低速ですが，10kmを超える長距離の通信も可能です。よって，正解は**ア**です。

イ　MDM（Mobile Device Management）は，企業や団体において，従業員に支給したスマートフォンなどのモバイル端末を監視，管理する手法です。

ウ　SDN（Software-Defined Networking）は，ソフトウェアによって，ネットワークの構成や設定などを，柔軟かつ動的に制御する技術の総称です。

エ　WPA2は，無線LANの暗号化方式です。

17-2 通信プロトコル

17-2-1 通信プロトコルの基礎 頻出度★★★

通信プロトコルの必要性や，インターネットで使用されている代表的な通信プロトコルの種類や特徴について理解しましょう。

■ 通信プロトコル

通信プロトコルは，ネットワーク上でコンピュータ同士がデータをやり取りするための取決め（通信規約）のことです。データの発信側と受信側が，通信プロトコルに従ってデータをやり取りすることで，異なるシステム環境間でもデータを通信することができます。

■ インターネットで使用される通信プロトコル

通信プロトコルでの取決めは多岐にわたり，いろいろな種類の通信プロトコルがあります。インターネットで使用される代表的なものは，次のとおりです。

種類	説明
HTTP	WebブラウザとWebサーバとの間で，HTMLなどのコンテンツの送受信を行う。「Hypertext Transfer Protocol」の略
HTTPS	HTTPにSSLによる暗号化機能を付加する。「Hypertext Transfer Protocol Secure」の略
FTP	ネットワークでファイルの転送を行う。「File Transfer Protocol」の略
Telnet	離れた場所にあるコンピュータを遠隔操作する
DHCP	コンピュータがネットワークに接続する際，IPアドレスなどの必要な情報を自動的に割り当てる。「Dynamic Host Configuration Protocol」の略
NTP	機器がもつ内部時計を，ネットワークを通じて正しい時刻へ同期する。「Network Time Protocol」の略

ココを押さえよう

通信プロトコルの名称と役割の正しい組合せを問う問題がよく出題されます。「NTPは時刻を同期する」のように，代表的なプロトコルを覚えましょう。
特に電子メールの「SMTP」「POP」「IMAP」は必修です。

用語

SSL：インターネット上でデータを暗号化して送受信する仕組みやプロトコルのことです（491ページ参照）。SSLは，「Secure Sockets Layer」の略です。

ストラテジ系 マネジメント系 テクノロジ系

17 ネットワーク

■ 電子メールで使用される通信プロトコル

電子メールで使用される通信プロトコルには，次のようなものがあります。

種類	説明
SMTP	電子メールをメールサーバに送信する。メールサーバ間の転送にも使われる。「Simple Mail Transfer Protocol」の略
POP	メールサーバから電子メールを受信する。「Post Office Protocol」の略
IMAP	メールサーバにアクセスし，電子メールを管理，操作する。「Internet Message Access Protocol」の略

参考

「POP3」や「IMAP4」のように数値が付くことがありますが，これはバージョンを示すものです。

ワンポイント

POPはサーバにあるメールをPCなどの端末にダウンロードして，メールを管理します。対して，IMAPはメールサーバ上でメールを管理し，PCやスマートフォンなど複数の端末で見ることができます。

ワンポイント

受信者のメールサーバに届いたメールは，メールサーバ上にあるメールボックスに保存されます。メールボックスに保存できるメールの容量には上限があり，この上限を超えると新しいメールを受信できなくなります。

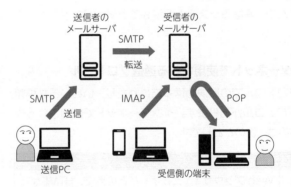

電子メールの通信プロトコルには，次のような電子メールで扱うデータ形式を拡張したものや，暗号化の機能を付加したものもあります。

種類	説明
MIME	電子メールでテキスト以外のデータ形式を扱えるようにする。「Multipurpose Internet Mail Extension」の略
S/MIME	電子メールを暗号化し，デジタル署名を付ける。「Secure / Multipurpose Internet Mail Extensions」の略
APOP	電子メールを受信する際，パスワードを暗号化してユーザー認証する。「Authenticated Post Office Protocol」の略

17-2-2　ネットワーク アーキテクチャ

頻出度 ★★☆

ネットワークアーキテクチャは，データ通信における，ネットワークの機能やプロトロルなどの構成を体系的に定めたものです。代表的なネットワークアーキテクチャであるOSI基本参照モデルやTCP/IPについて理解しましょう。

■ OSI基本参照モデル V6

OSI基本参照モデルは，データの流れや処理などによって，データ通信で使う機能や通信プロトコル（通信規約）を7つの階層に分けたものです。ISOが策定，標準化した規格で，各層の役割は次のとおりです。

階層	名称	役割
7	アプリケーション層	メールやファイル転送など，具体的な通信サービスの対応について規定
6	プレゼンテーション層	文字コードや暗号など，データの表現形式に関する方式を規定
5	セション層	通信の開始・終了の一連の手順を管理し，同期を取るための方式を規定
4	トランスポート層	送信先にデータが，正しく確実に伝送されるための方式を規定
3	ネットワーク層	通信経路の選択や中継制御など，ネットワーク間の通信で行う方式を規定
2	データリンク層	隣接する機器間で，データ送信を制御するためのことを規定
1	物理層	コネクタやケーブルなど，電気信号に変換されたデータを送ることを規定

この階層において，下の階層にあるほど，基本的な機能になります。また，データの流れは，送信側は上から順に処理を進め，受信側では上向きに処理されていきます。

送信側		受信側	
第7層	アプリケーション層	アプリケーション層	第7層
第6層	プレゼンテーション層	プレゼンテーション層	第6層
第5層	セション層	セション層	第5層
第4層	トランスポート層	トランスポート層	第4層
第3層	ネットワーク層	ネットワーク層	第3層
第2層	データリンク層	データリンク層	第2層
第1層	物理層	物理層	第1層

ココを押さえよう

OSI基本参照モデルやTCP/IP階層モデルは，ITパスポートではシラバスVer.6.0で追加された新しい項目ですが，基本情報技術者試験などでは以前からよく出題されています。
モデルの構造や，各層の名称と基本的な機能を覚えておきましょう。

参考

アーキテクチャ(architecture)には，建物や構造，構成などの意味があります。

試験対策

どの階層が出題されてもよいように，各階層の名称と特徴を確認しておこう。

ストラテジ系
マネジメント系
テクノロジ系

17
ネットワーク

■TCP/IP階層モデル　V6

インターネットでは，多くの様々なプロトコルが使われています。その中で「TCP」と「IP」という2つのプロトコルを中心とした，インターネットのデータ通信で標準的に利用するプロトコル群のことを**TCP/IP**といいます。

TCP/IP階層モデルは，ネットワークに必要な機能や通信プロトコルを4つの階層に定めたもので，OSI基本参照モデルと次のように対応します。

TCP
Transmission Control
Protocol

IP
Internet Protocol

ワンポイント

TCP/IPは複数のプロトコルの総称であり，「TCP」や「IP」というプロトコルも個別に存在します。TCPとIPを中心とするプロトコルの集まりであることから，TCP/IPと呼ばれるようになりました。

OSI基本参照モデル	TCP/IP階層モデル	
	階層名	主なプロトコル
第7層 アプリケーション層	アプリケーション層	DHCP　FTP　HTTP POP3　SMTP　IMAP MIME　TELNET
第6層 プレゼンテーション層		
第5層 セション層		
第4層 トランスポート層	トランスポート層	TCP　UDP
第3層 ネットワーク層	インターネット層	IP　ICMP
第2層 データリンク層	ネットワークインタフェース層	PPP
第1層 物理層		

■ポート番号

ポート番号とは，通信先のコンピュータで動作するアプリケーションを区別するための番号です。

TCP/IPでは，IPアドレスを使って，データの送信先のコンピュータを指定します。しかし，データを受け取る側のコンピュータでは，電子メールやWebブラウザなど，いろいろなアプリケーションが動作しています。そこで，ポート番号によって通信先のアプリケーションを特定します。

参考

代表的なポート番号として，次のようなものがあります。
25 : SMTP
53 : DNS
80 : HTTP
110 : POP3

演習問題

問1　電子メールの受信プロトコル　　　CHECK ▶ □□□

　電子メールの受信プロトコルであり，電子メールをメールサーバに残したままで，メールサーバ上にフォルダを作成し管理できるものはどれか。

ア IMAP4　　　**イ** MIME　　　**ウ** POP3　　　**エ** SMTP

問2　OSI基本参照モデル　　　CHECK ▶ □□□

　OSI基本参照モデルの第3層に位置し，通信の経路選択機能や中継機能を果たす層はどれか。

ア セション層　　　　　　　　　　**イ** データリンク層
ウ トランスポート層　　　　　　　**エ** ネットワーク層

問3　ポート番号によって識別されるもの　　　CHECK ▶ □□□

TCP/IPにおけるポート番号によって識別されるものはどれか。

ア LANに接続されたコンピュータや通信機器のLANインタフェース
イ インターネットなどのIPネットワークに接続したコンピュータや通信機器
ウ コンピュータ上で動作している通信アプリケーション
エ 無線LANのネットワーク

解答と解説

問1 （平成29年秋期 ITパスポート試験 問83）
《解答》ア

　電子メールの受信プロトコルには，IMAP4やPOP3があります。電子メールをメールサーバに残したままで，サーバ上でメールを保管・管理できるプロトコルはIMAP4です。よって，正解は**ア**です。

イ　MIMEは，画像や音声などのデータを添付ファイルで送受信できるようにするプロトコルです。

ウ　POP3は，メールサーバに保管されている電子メールを取り出すプロトコルです。

エ　SMTPは，電子メールを送信したり，サーバ間でメールを転送したりするためのプロトコルです。

問2 （平成27年秋期 基本情報技術者試験 午前問31）
《解答》エ

　OSI基本参照モデルは，データの流れや処理などによって，データ通信で使う機能や通信プロトコル（通信規約）を7つの階層に分けたものです。通信の経路選択機能や中継機能などの役割が該当するのは，第3層のネットワーク層です。よって，正解は**エ**です。

問3 （令和2年秋期 ITパスポート試験 問67）
《解答》ウ

　ポート番号は，通信先のコンピュータで動作しているアプリケーションソフトを識別するための番号です。データ通信において，通信先のコンピュータはIPアドレスによって特定されます。その後，ポート番号によって，電子メールやWebブラウザなど，どのアプリケーションと通信するかを識別します。よって，正解は**ウ**です。

ア　MACアドレスで識別されるものです。

イ　IPアドレスで識別されるものです。

エ　ESSIDで識別されるものです。

17-3 ネットワーク応用

17-3-1　インターネットの仕組み 頻出度★★★

　インターネットでデータ通信するときの基本的な仕組みを理解しましょう。

■ IPアドレス

　IPアドレスは，ネットワークに接続しているコンピュータや通信機器などに割り振られる識別番号です。データ通信する際のインターネット上での住所に当たるもので，1台1台に重複しない番号が付けられます。

　IPアドレスの番号は，**IPv4**では2進数の32桁の数値です。しかし，実際にIPアドレスを扱うときは，8桁ごとに区切って10進数に変換し，「192.168.1.2」のように，「.」(ピリオド)で区切った4つの文字を使います。

IPアドレスの例

2進数	11000000	10101000	00000001	00000010
10進数	192	168	1	2

■ ドメイン名

　ドメイン名は，人間がIPアドレスを扱いやすくするため，IPアドレスに特定の名称を付けて表したものです。WebサイトのURLやメールアドレスで使われ，IPアドレスの代わりにドメイン名でアクセスできるようになっています。

ドメイン名の例

URL　https://www.example.co.jp/index.html
　　　プロトコル　　ドメイン名　ファイル名

メールアドレス　info@example.co.jp
　　　　　　ユーザー名　ドメイン名

ココを押さえよう

「IPアドレス」と「ドメイン名」のいろいろな問題を解くときに欠かせない知識です。しっかり理解しておきましょう。「DNS」「グローバルIPアドレス」「プライベートIP」「NAT」も必修の重要な用語です。

ワンポイント

ネットワークに接続するコンピュータに，IPアドレスなどの必要な情報を自動的に割り当てる仕組みやプロトコルを**DHCP**(Dynamic Host Configuration Protocol)といい，その機能をもつサーバを**DHCPサーバ**といいます。

用語

IPv4：IPバージョン4のこと。32ビットなので，理論上は2^{32}(約43億)個のIPアドレスを供給できます。しかし，インターネットの普及により，IPアドレスの不足が懸念されるようになり(IPアドレスの枯渇問題)，その対策として，128ビットの**IPv6**が開発されました。IPv6が供給できるIPアドレスは2^{128}(約340澗(340兆の1兆倍の1兆倍))で無限に近く，セキュリティ性も強化されています。

参考

日本国内のドメイン名とIPアドレスは，「JPNIC」という機関によって一元管理されています。「Japan Network Information Center」の略です。

参考

右の「jp」というトップレベルドメインは日本を表しています。フランスは「fr」、ロシアは「ru」のように国ごとに決まっています。国の略称ではない「com」「net」「org」などのトップレベルドメインもあります。

ワンポイント

ドメイン名には、アルファベットや数字だけでなく、漢字や平仮名、カタカナを使うこともできます。

DNS
Domain Name System

NAT
Network Address Translation

NAPT
Network Address Port Translation

参考

NATは、「ナット」と呼びます。また、NAPTは「IPマスカレード」という名称で用いられることもあります。

●トップレベルドメイン

トップレベルドメインは、ドメイン名において「.」で区切られた最も右側の部分です。たとえば、「example.co.jp」の場合、「jp」がトップレベルドメインです。また、「co」が第2レベルドメイン、「example」が第3レベルドメインになります。

第3レベルドメイン　第2レベルドメイン　トップレベルドメイン

DNS

DNSは、IPアドレスとドメイン名を対応付けて、管理する仕組みのことです。この機能をもつサーバを**DNSサーバ**といいます。DNSサーバは、IPアドレスとドメイン名の対応情報をもち、IPアドレスとドメイン名を相互変換します。

IPアドレス
192.168.1.2　　　ドメイン名　example.co.jp
DNSが相互に変換する

グローバルIPアドレスとプライベートIPアドレス

IPアドレスには、インターネット上で利用可能な**グローバルIPアドレス**と、社内LANなどの組織内のネットワークだけで有効な**プライベートIPアドレス**があります。組織内のPCが外部のインターネットにアクセスする場合には、プライベートIPアドレスがグローバルIPアドレスに変換されます。このようにプライベートIPアドレスとグローバルIPアドレスを相互変換する技術として、**NAT**と**NAPT**（**IPマスカレード**）があります。

■ネットワークアドレスとホストアドレス

IPアドレスは，ネットワークアドレスとホストアドレスから構成されています。ネットワークアドレスは「どのネットワークに属しているか」，ホストアドレスは「ネットワーク内のどのPCや通信装置であるか」を示すのに使われます。

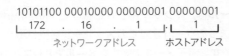

同じネットワークに接続しているコンピュータは，同じネットワークアドレスになります。ネットワークアドレスが異なるネットワークは，ルータを使って接続します。

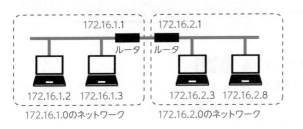

ワンポイント

同じネットワーク内にあるすべての端末に同時にデータを送信することを**ブロードキャスト**といいます。

また，ネットワーク内にある特定の複数端末に対して，同時にデータを送信することを**マルチキャスト**といいます。

■サブネットマスク

サブネットマスクは，IPアドレスの先頭から何ビットをネットワークアドレスに使用するかを定義するものです。次図のように「1」と「0」が連続する32ビットの情報で，ネットワークアドレスとホストアドレスを分割する位置を示します。

参考

左図のサブネットマスクは，「255.255.255.128」になります。

IPアドレスの後ろに，「192.168.1.1/25」のように，「/」（スラッシュ）とネットワークアドレスのビット数を表記して表す場合もあります。

ストラテジ系 マネジメント系 テクノロジ系

17 ネットワーク

ワンポイント

Webブラウザ上から操作できるメールサービスのことをWebメールといいます。メールソフトを使わずにメールを見ることができます。代表的なものにGmailやYahoo!メールなどがあります。

ワンポイント

電子メールは，添付ファイルを付けて送ることができます。文書や画像など，いろいろな複数のファイルを添付できますが，容量が大きいときは圧縮してから添付するようにします。

ワンポイント

To，Cc，Bccのいずれにも，複数の宛先を指定できます。なお，不特定多数の人にメールを送る際，Toを指定すると，個人情報の漏えいが発生してしまいます。ほかの受信者のメールアドレスが表示されないように送るときには，Bccを使います。

ワンポイント

返信メールのことを**リプライメール**(Reply Mail)といいます。

ワンポイント

広告や勧誘などの営利目的で，受信者の許可なく，無差別に大量に送付される迷惑メールのことを**スパムメール**といいます。

17-3-2　インターネットサービス

頻出度 ★★★

電子メールやWebなど，インターネットで利用される様々なサービスの特徴や留意点などを理解しましょう。

■電子メール

電子メールは，インターネットを通じて，特定の相手にメッセージを送ったり，自分宛てのメッセージを受け取ったりするサービスです。電子メールの宛先を**メールアドレス**といい，「@」（アットマーク）をはさんで，ユーザー名とドメイン名から構成されています。

メールアドレスの例　name @ example.co.jp
　　　　　　　　　　ユーザー名　　ドメイン名

●同報メール

同報メールは，同じメッセージを複数の人に一度に送るメールのことです。その際，宛先の指定方法として，次の3通りがあります。

指定方法	内容
To	本来の宛先の相手を指定する。指定したメールアドレスは，このメールの受信者全員に表示される
Cc	上司や同僚など，同じメッセージを参照して欲しい相手を指定する。指定したメールアドレスは，このメールの受信者全員に表示される。「carbon copy」の略
Bcc	ほかの受信者には知られずに，同じメッセージを参照して欲しい相手を指定する。指定したメールアドレスは，ほかの受信者には表示されない。「blind carbon copy」の略

●メーリングリスト

メーリングリストは，特定のメールアドレスに送信すると，あらかじめ登録しておいた複数の相手に，同じメールを送信できる仕組みです。グループで同じメールをやり取りする場合，その都度，複数の宛先を指定する手間を省くことができます。

●送信メッセージのテキスト形式とHTML形式

電子メールで送信するメッセージを作成するとき，テキスト形式かHTML形式を指定することができます。

指定方法	内容
テキスト形式	単に文字を入力するだけで，文字の修飾や画像などの挿入は行えない
HTML形式	文字を修飾したり，本文に図や画像を挿入したりなど，ホームページのように表すことができる

Web

Webとは，インターネット上でWebサーバによって公開されている情報を検索，閲覧するための仕組みです。簡単にいうと**ホームページ（Webページ）**を見るための技術で，WWWともいいます。ホームページで公開される文書や画像などの情報は，Webサーバに保存されています。WebブラウザからWebサーバに情報の要求を行うとWebサーバは要求された情報をWebブラウザに送信します。

●URL

Webサーバで公開されている情報の所在を示すものです。次のような書式で，データのやり取りに使うプロトコルに続けて，ドメイン名やファイル名などを「/」（スラッシュ）で区切って指定します。

★参考

テキスト形式もHTML形式も，メールの使用方法は同じです。たとえば，どちらの形式でも画像ファイルを添付したり，デジタル署名を付与したりすることができます。

スペル

Web
World Wide Web

用語

Webページ：Webサイトを構成する文書のことです。ページごと，HTML形式のファイルとして保存されています。

★参考

ホームページは，もともとはWebサイトの入り口のWebページのことを指していました。現在では，Webサイトと同じ意味で使われるようになっています。

★参考

Webブラウザは，URLを指定して，Webサーバに情報の送信を要求します。URLのプロトコルが「http」の場合，このときのデータのやり取りには，HTTPプロトコルが使われます。
なお，SSLの暗号化通信機能を付加したHTTPSプロトコルで通信を行う場合，URLの先頭の記述は「https://」になります。

★参考

ホスト名（サーバ名）とドメイン名をまとめて，ドメイン名と呼ぶこともあります。

●ハイパーリンク

　Webページには，クリックすると別の情報を表示することができる**ハイパーリンク**を含めることができます。ハイパーリンクは他の文書やファイルを参照するための情報で，単に**リンク**ともいいます。ハイパーリンクによって，インターネット上のWebページが相互に関連し合うことで，世界的な情報網が構築されています。

●CGI

　Webブラウザからの要求によって，Webサーバがプログラムを起動し，動的なWebページを生成する仕組みのことです。CGIを用いることで，来訪者カウンタ（アクセスカウンタ）や掲示板，アンケートなどがある動的なWebページを作成できます。

●Cookie

　Webサイトを訪れたユーザーのパソコンに，閲覧したときの情報を保存する仕組みです。Cookieの働きによって，たとえば利用者が過去に訪れたWebサイトを再訪したときに，その利用者に合わせた設定でWebページが表示されるなど，閲覧の利便性を高めることができます。

●RSS

　Webページの見出しやリンク，要約などを，定型に従って記述できる文書フォーマットの総称です。ニュースやブログなど，情報を頻繁に更新するWebサイトでは，最新記事のタイトルや概要などの情報を配信しています。RSSは，このような情報を記述するためのもので，まとめた情報を**フィード**といいます。

　フィードで提供される情報は，**RSSリーダ**というソフトウェアを使って取得します。気に入ったWebサイトのフィードをRSSリーダに登録しておくと，RSSリーダはWebサイトを巡回してフィードを取得し，更新情報のリンク一覧を表示します。

■ ファイル転送

ファイル転送は，インターネット上にあるコンピュータに接続し，ファイルのダウンロードやアップロードなどを行う仕組みです。たとえば，Webサイトからデータをダウンロードするときに利用します。ファイル転送では，一般的にFTPプロトコルがよく使われます。

■ オンラインストレージ

オンラインストレージは，インターネット上にあるファイルの保存領域のことです。ハードディスクやUSBメモリなどの代わりとして，同じようにファイルを保存することができます。インターネットに接続できる環境であれば，どこからでもPCやタブレットなどから利用することができます。

■ その他のサービス

種類	説明
電子掲示板	特定のテーマについて，参加者が意見を投稿したり，ほかの人の意見にコメントを付けたりすることができるサービス。不特定多数の人に意見を公開することができ，情報交換などに利用される
ブログ	日記のように，時系列で自分の意見や感想などを記録し，公開するWebサイトのこと。不特定多数の人に記事を公開し，読者からのコメントを受け付けることもできる。ウェブログ（Weblog）の略
SNS	インターネットを利用した，人と人のつながりや交流を目的としたサービスの総称。代表的なものとして，TwitterやFacebookなどがある。「Social Networking Service」の略

ワンポイント

通常，FTPでは，接続先のコンピュータの利用権限がある人だけが利用できます。パスワードなどが不要で，誰でも利用できるFTPのことを**anonymousFTP**といいます。anonymousは「アノニマス」と読みます。

参考

オンラインストレージには，制限された容量と機能の範囲内で，無料で利用できるサービスがあります。また，複数の利用者が同じファイルを共有して編集できるサービスもあります。

ワンポイント

公開されているWebページやWebサービスを組み合わせて，1つの新しいコンテンツを作成する手法を**マッシュアップ**といいます。たとえば，所在地を表すWebページ内に，他のWebサービスが提供する地図情報を組み込んで表示します。

ワンポイント

自分のブログの記事から，他人のブログの記事にリンクを張ったとき，相手に対してその旨が自動的に通知される機能のことを**トラックバック**といいます。このようなブログの記事同士を関連付ける仕組みを指すこともあります。

17-3-3　通信サービス

頻出度
★★☆

　インターネットに接続する方法として，いろいろな種類の通信サービスがあります。代表的な通信サービスの種類や特徴を理解しましょう。

■ 通信サービスの種類

　代表的な通信サービスとして，次のようなものがあります。

スペル

FTTH
Fiber to the Home

スペル

ONU
Optical Network Unit

①FTTH CHECK

　光ファイバを使って，通信事業者の基地局から家庭までを結ぶ通信サービスです。光通信とも呼ばれ，数Gbpsのデータ通信も可能です。FTTHを使用するには，光信号を変換する**メディアコンバータ**または**ONU**（光回線終端装置）という装置が必要です。

②CATV（ケーブルテレビ）

　ケーブルテレビの回線を利用してデータ通信を行うサービスです。CATVを使用するには，テレビ表示用の信号とデータ信号を分離する**分波器**や，信号を変換する**ケーブルモデム**という装置が必要です。

③その他の通信サービス

種類	説明
ADSL	アナログ電話回線で使われていない周波数帯域を使って，デジタル通信を行うサービス。音声信号とデータ信号を分離する**スプリッタ**や，信号を変換する**ADSLモデム**という装置が必要
ISDN	デジタル回線を使って，電話やFAX，データ通信などを1本の回線で提供するサービス。信号を変換する**ターミナルアダプタ（TA）**や，**DSU**という装置が必要
電話回線	一般の電話回線（アナログ回線）を通じて，インターネットに接続する。アナログ信号とデジタル信号を変換する**モデム（アナログモデム）**という装置が必要

試験対策

ISDNはサービス提供が終了し，ADSLも数年以内に終了の予定です。なお，過去問題では出題されている用語であり，実際の試験でも出題される可能性があるため，ひととおり確認しておきましょう。

■ブロードバンド

ブロードバンドは，FTTH，CATV，ADSLのような，高速で大容量のデータ通信が可能な通信回線やサービスのことです。ブロードバンドによるインターネット接続は，利用時間にかかわらず，利用料金は「月額2,000円」のように定額制で，常時接続が可能です。

なお，ブロードバンドに対して，低速なインターネット接続のことを**ナローバンド**といいます。

■IP電話 🔍CHECK

IP電話は，**VoIP**によって，インターネットのしくみを利用して音声通話を行うサービスです。VoIPは音声データをパケット化し，リアルタイムに送受信する技術（プロトコル）です。

■パケット交換方式

パケット交換方式は，データを**パケット**という一定の大きさに分割し，宛先や分割した順序，誤り検出符号などを記した情報を付けて送り出す通信方式です。インターネットでは，パケット交換方式が採用されています。

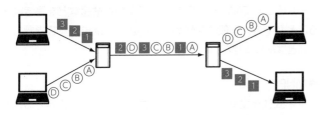

対して，通信相手との間に1対1で接続する回線を確保し，通信中は回線を占有する方式を**回線交換方式**といいます。

🔵 **ワンポイント**

インターネットとLANを接続するルータのことを**ブロードバンドルータ**といいます。

⭐ **参考**

接続時間やデータ量に応じて，利用料金が加算されることを従量制といいます。

🔵 **スペル**

VoIP
Voice over Internet Protocol

🔵 **ワンポイント**

IP電話は，組織内の閉じたネットワーク上にも構築することができます。閉じたネットワークとは，インターネットなどと接続しておらず，隔離された状態にあるネットワークのことです。

🔍 **用語**

パケット：ネットワークで通信するデータを一定の大きさに分割したものです。各パケットには，宛先，分割した順序などを記した情報も付加されています。

🔵 **ワンポイント**

パケット交換方式は複数の利用者が通信回線を共有して，通信回線を効率良く使用することができます。

ストラテジ系　マネジメント系　テクノロジ系

17 ネットワーク

17-3-4　モバイル通信サービス

頻出度 ★★☆

モバイル通信の概要や，モバイル通信を提供する事業者などについて理解しましょう。

■ モバイル通信

モバイル通信は，スマートフォンやタブレット，携帯電話などの持ち運びしやすい端末を利用して，無線でデータ通信を行うことです。これらの端末で**LTE**や**3G**などのモバイル通信を利用するには，端末にSIMカードを装着します。これにより，モバイル通信の電波が届く場所であれば，どこでもデータ通信や音声通話が可能になります。

● SIMカード

携帯電話会社が発行する，契約情報を記録したICカードのことです。携帯電話やスマートフォンなどの携帯端末に差し込んで使用します。

● eSIM

スマートフォンなどの端末にあらかじめ内蔵されているSIMカードのことです。利用者が自分で契約者情報などを書き換えることができ，一般のSIMカードのように端末から抜き差しすることはありません。

● MNP

携帯会社を変更するとき，電話番号を変えずに移転先の携帯電話会社のサービスを利用できる制度（携帯電話番号ポータビリティ）のことです。

■ 5G

5Gは，3G（第3世代）や4G（第4世代）に続く，最新の通信規格です。**第5世代移動通信システム**ともいいます。身の回りのあらゆる機器がネットに接続し，超高速な通信が可能となることで，仕事や暮らしを革新すると期待されています。

■ モバイル通信の事業者

モバイル通信を提供する事業者として，次のようなものがあります。

①MVNO

自社ではモバイル回線網をもたず，ほかの事業者のモバイル回線網を借用して，自社ブランドで通信サービスを提供する事業者です。**仮想移動体通信事業者**ともいいます。

②MNO

移動体通信の事業を行っている事業者のことです。代表的なMNOとして，NTTドコモやKDDI，ソフトバンクがあります。**移動体通信事業者**ともいいます。

■ モバイル通信関連の重要用語

モバイル通信に関する重要な用語として，次のようなものがあります。

①基地局

携帯電話端末と直接交信を行い，電話網との間の通信を中継する拠点のことです。基本的に，電波を発射するアンテナと送受信機で構成されています。規模によって，鉄塔タイプやビル設置タイプ，屋内基地局などの種類があります。

②ハンドオーバー

スマートフォンや携帯電話などで通信しながら移動しているとき，交信する基地局やアクセスポイントを切り替える動作のことです。電波強度が強い方に切り替えることで，通信を切断することなく，継続して使用できます。

③ローミング

契約している通信事業者のサービスエリア外でも，他の事業者の設備によってサービスを利用できるようにすることや，このようなサービスのことです。

スペル

MVNO
Mobile Virtual Network Operator

スペル

MNO
Mobile Network Operator

ワンポイント

仮想移動体通信事業者のために，モバイル回線網の調達や課金システムの構築，端末の開発支援サービスなどを行う事業者のことを**MVNE**（Mobile Virtual Network Enabler）といいます。**仮想移動体サービス提供者**ともいいます。

参考

携帯電話端末と基地局が電波で交信できる範囲が，いわゆる通話エリアになります。

ワンポイント

700MHz ～ 900MHzの周波数帯域を中心とする電波帯域を**プラチナバンド**といい，山や建物などの陰になっている場所にも電波が届きやすいという特徴があります。

17 ネットワーク

ストラテジ系｜マネジメント系｜テクノロジ系

MIMO
Multi-Input Multi-Output

④MIMO

　送信側と受信側に複数のアンテナをそれぞれ搭載し，データを同じ周波数帯域で同時に転送することによって，無線通信を高速化させる技術です。

⑤キャリアアグリゲーション

　複数の異なる周波数帯の電波を束ねることによって，無線通信の高速化や安定化を図る技術です。複数の異なる周波数帯を同時に使い，1つの通信回線としてデータの送受信を行うことで，より高速なデータ通信が可能になります。

■ テザリング

　テザリングは，スマートフォンなどの携帯端末を，アクセスポイントのように用いて，パソコンやゲーム機などをインターネットに接続する機能です。

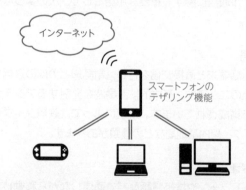

■ テレマティクス (Telematics)

　テレマティクスは，通信システムを搭載した自動車などの移動体で，速度や位置情報などのデータを外部とやり取りして，いろいろな機能やサービスの提供を行うことです。たとえば，車に搭載された機器から，急加速や急ブレーキなどの運転状況のデータを収集して，運転の安全性を診断したり，速度と位置情報から道路の渋滞状況を把握したりすることなどに利用されています。

参考
英単語の「aggregate」には，集めるという意味があります。

参考
テザリング機能を利用するとき，PCとスマートフォンの接続は，無線（Wi-FiやBluetoothなど）のほかに，有線（USBケーブル）で接続することもできます。

演習問題

問1　プライベートIPアドレス　　　　　　　　　　CHECK ▶ □□□

プライベートIPアドレスに関する記述として，適切なものはどれか。

ア　プライベートIPアドレスは，ICANN (The Internet Corporation for Assigned Names and Numbers) によって割り当てられる。
イ　プライベートIPアドレスは，PCやルータには割当て可能だが，サーバのように多数の利用者からアクセスされる機器には割り当てることはできない。
ウ　プライベートIPアドレスを利用した企業内ネットワーク上の端末から外部のインターネットへのアクセスは，NAT機能を使えば可能となる。
エ　プライベートIPアドレスを利用するためには，プロバイダ (ISP) に申請して承認を受ける必要がある。

問2　メールアドレスの記述場所　　　　　　　　　　CHECK ▶ □□□

一度に複数の相手に電子メールを送信するとき，電子メールを受け取った相手が自分以外の受信者のメールアドレスを知ることがないようにしたい。このとき，送信したい複数の相手のメールアドレスを記述する場所として適切なものはどれか。

ア　Bcc　　　　　　　　　　**イ**　Cc
ウ　To　　　　　　　　　　**エ**　ToとBccの両方

問3　cookieで得られる利便性　　　　　　　　　　CHECK ▶ □□□

cookieによって得られる利便性の例として，適切なものはどれか。

ア　あらかじめ読者として登録しておくと，登録したジャンルやし好に合った内容のメールだけが自動的に配信される。
イ　インターネットの検索エンジンで検索すると，検索結果に加えて，関連した内容の記事や広告も表示される。
ウ　自分のブログに他人のブログのリンクを張ったとき，相手に対してその旨が自動的に通知される。
エ　利用者が過去にアクセスしたWebサイトに再度アクセスしたときに，その利用者に合わせた設定でWebページが表示される。

解答と解説

問1　　　　　　　　　　　　　　　（平成28年秋期　ITパスポート試験　問72）
《解答》ウ

　プライベートIPアドレスは，組織内のネットワークだけで有効なIPアドレスです。対して，インターネット上で利用可能なものをグローバルIPアドレスといいます。NAT機能はプライベートIPアドレスとグローバルIPアドレスを相互交換する機能で，企業内ネットワーク上の端末から外部のインターネットへのアクセスを可能にします。よって，正解は**ウ**です。
ア，エ　プライベートIPアドレスは，その組織のネットワーク管理者が設定します。
イ　サーバにも，プライベートIPアドレスを割り当てることができます。

問2　　　　　　　　　　　　　　　（平成27年秋期　ITパスポート試験　問78）
《解答》ア

　ToやCcにメールアドレスを記述した場合，そのメールの受信者全員がお互いのメールアドレスを知ることができます。Toの受信者か，Ccの受信者かは関係ありません。対して，Bccに記述した場合，このメールアドレスはほかの受信者には公開されません。同じBccの受信者同士でも，誰がメールを受け取ったのかがわかりません。よって，正解は**ア**です。

問3　　　　　　　　　　　　　　　（平成26年秋期　ITパスポート試験　問81）
《解答》エ

　cookie（クッキー）は，Webサイトを訪れたユーザーのパソコンに，サーバがユーザーに関する情報を保存する仕組みです。サーバはクッキーによってユーザーを識別し，Webサイトの訪問時間や訪問回数，どのWebページを閲覧したかといった情報を得ることができます。よって，正解は**エ**です。
　アはメールマガジン，**イ**は検索連動型広告，**ウ**はブログのトラックバック機能の説明です。

第18章 情報セキュリティ

本章の学習ポイント

- 情報セキュリティにおける脅威と脆弱性を理解する
- 人的,技術的,物理的脅威の種類や特徴を理解し,代表的な攻撃手法を覚える
- 情報セキュリティにおけるリスクマネジメントやリスク対応,情報セキュリティマネジメント,情報セキュリティポリシーを理解する
- 情報セキュリティに関する代表的な組織や機関,制度を覚える
- 人的,技術的,物理的セキュリティ対策の種類や特徴,暗号技術の基本的な仕組み,デジタル署名などの認証技術,生体認証を理解する

シラバスにおける本章の位置付け

ストラテジ系	大分類1:企業と法務	
	大分類2:経営戦略	
	大分類3:システム戦略	
マネジメント系	大分類4:開発技術	
	大分類5:プロジェクトマネジメント	
	大分類6:サービスマネジメント	
テクノロジ系	大分類7:基礎理論	
	大分類8:コンピュータシステム	
	大分類9:技術要素	→ 本章の学習 **中分類23:セキュリティ**

18-1 情報セキュリティ

18-1-1 情報セキュリティの概要

　情報セキュリティの基本的な概念や目的，情報資産，情報セキュリティに対する脆弱性や脅威について理解しましょう。

■ 情報セキュリティ

　情報セキュリティとは，企業や個人が保有している情報資産を守り，安全な状態で維持することです。個人情報や機密情報が外部に漏れたり，重要データが損失したりなど，情報資産の管理に不備があった場合，重大かつ深刻な事態が発生します。また，悪意のある第三者から，不正アクセスやサービス妨害などの攻撃を受けることもあります。このような不測の事態から情報資産を守り，コンピュータやインターネットを安心して使用できるようにするため，情報セキュリティの必要性が求められています。

■ 情報資産

　情報資産とは，企業や組織にとって守るべき価値をもつ情報のことです。具体的には，顧客情報や営業情報，知的財産関連情報，人事情報などがあります。

　また，これらの情報を記録したファイルや電子メール，データを保存しているハードディスクやCD-ROMなどの記憶媒体，紙の印刷物，情報を扱うハードウェアやソフトウェア，ネットワークも情報資産に含まれます。さらに，特許，ノウハウ，人が保有する知識や技能といったものも情報資産です。

　情報セキュリティ対策では，組織内にどのような情報資産があり，どのようなリスクがあるかを把握することが重要になります。

ココを押さえよう

情報セキュリティにおける「脅威」と「脆弱性」を理解し，脅威には「人的脅威」「技術的脅威」「物理的脅威」があることを確認しておきましょう。「ソーシャルエンジニアリング」は頻出されているので，必ず覚えましょう。「不正のトライアングル」も要チェックです。

参考

一般的に情報セキュリティは「情報の機密性，完全性及び可用性を維持すること」と定義されています。この3つの要素は情報セキュリティの三要素ともいわれます。詳細については，「18-2-2 情報セキュリティマネジメント」を参照してください。

■脅威と脆弱性

　脅威は，情報資産を脅かし，損害を与える要因となるもののことです。システムや組織に危害を与える事故の潜在的原因で，たとえば，不正アクセス，情報漏えいなどです。いろいろな種類の脅威があり，**物理的脅威**，**技術的脅威**，**人的脅威**の3つに分類することができます。

　脆弱性は，コンピュータシステムや組織に内在する弱さのことです。システムの**セキュリティホール**やプログラムの**バグ**（不具合）は脆弱性そのものです。また，システム上の問題点だけでなく，組織で行動規範を整備していない，従業員に行動規範を徹底していないなど，人的脆弱性（人為的脆弱性）も存在します。

●セキュリティホール

　プログラムの不具合や設計ミスが原因で生じた，システムやネットワークに存在する弱点や欠陥のことです。コンピュータウイルスや不正アクセスの攻撃対象として狙われます。

　セキュリティホールが発見された場合，この問題を修正するためのプログラム（**セキュリティパッチ**）が開発元などから配布されるので，速やかにセキュリティパッチを適用してセキュリティホールを修正します。セキュリティパッチが配布されているのに適用しないでいると，この脆弱性を狙った攻撃を受けるおそれがあります。

●シャドーIT

　会社が許可していないIT機器やネットワークサービスなどを，業務で使用する行為や状態のことです。たとえば，会社が許可していない私用のオンラインストレージ上に業務ファイルを保存して作業するなどの行為がこれに当たります。情報漏えいや，コンピュータウイルスに感染するリスクが大きくなります。

試験対策
情報セキュリティを脅かす脆弱性として「セキュリティホール」があること，それを修正するものが「セキュリティパッチ」であることを覚えておきましょう。セキュリティパッチは，「パッチ」という用語でも出題されています。

ワンポイント
セキュリティホールが発見されたとき，セキュリティパッチが配布される前に，この脆弱性に対して行われる攻撃を「ゼロデイ攻撃」といいます。

18　情報セキュリティ

脅威の種類と特徴

情報セキュリティに対する脅威は，人的脅威，技術的脅威，物理的脅威に分類することができます。

①人的脅威

人が原因で起きる脅威のことです。代表的な人的脅威には，次のようなものがあります。

●ソーシャルエンジニアリング 👆CHECK

人間の心理や習慣などの隙を突き，パスワードや機密情報を不正に入手することです。入力しているパスワードや暗証番号を肩越しに盗み見る**ショルダーハック（ショルダーハッキング）**や，会話を盗み聞く，ごみ箱の書類から情報を盗むなどの手口があります。

●クラッキング

不正にシステムに侵入し，データの破壊や改ざんなどを行うことです。クラッキングを行う人をクラッカーといいます。

●なりすまし 👆CHECK

悪意のある第三者が，正当な利用者であるかのように振る舞って，システムを利用したり，情報をやり取りしたりなどする行為のことです。

●ビジネスメール詐欺（BEC）

巧妙に細工したメールのやり取りにより，企業の担当者をだまして，攻撃者の用意した口座へ送金させる詐欺の手口です。**BEC**とも呼ばれます。

●ダークウェブ

通常のGoogleやYahoo!などの検索エンジンで見つけることができず，一般的なWebブラウザでは閲覧できないWebサイトのことです。匿名性が高く，違法な物品の売買など，犯罪の温床になっています。

②技術的脅威

ITを使った技術的な手段による脅威のことです。代表的なものとして、ネットワークなどから侵入するコンピュータウイルスがあります。実際に目で見て確認できないため、検知しにくく、セキュリティ対策を行うことが重要です。

③物理的脅威

火災や地震などの災害で直接的に情報資産が損害を受ける脅威のことです。ほかに侵入者による機器の破壊や盗難、停電や落雷、機器の故障、データの破壊などがあります。

■不正のトライアングル

不正のトライアングル理論では、不正行為は**機会**、**動機**、**正当化**の3つの要素がすべて揃ったときに発生すると考えられています。

機会
不正行為の実行を可能、または容易にする環境
(例) 情報システムなどの技術や物理的な環境、組織のルールなど

動機
不正行為に至るきっかけ、原因
(例) 処遇への不満やプレッシャー（業務量、ノルマ等）など

正当化
自分勝手な理由付け、倫理観の欠如
(例) 都合の良い解釈や他人への責任転嫁など

参考
技術的脅威の具体的な種類については、「18-1-2 技術的脅威の種類と特徴」や「18-1-3 サイバー攻撃の種類と特徴」を参照してください。

ストラテジ系　マネジメント系　テクノロジ系

18 情報セキュリティ

18-1-2 技術的脅威の種類と特徴

頻出度 ★★★

マルウェアや不正プログラムなど，情報資産を脅かす代表的な技術的脅威の種類と特徴について理解しましょう。

■ マルウェア

マルウェアは，悪意のあるプログラムやソフトウェアの総称です。マルウェアに侵入されたコンピュータシステムは，利用者が意図しない不正な振る舞いをするようになります。コンピュータウイルスをはじめ，いろいろな種類のマルウェアがあります。

■ マルウェア・不正プログラムの種類

代表的なマルウェアや不正プログラムとして，次のようなものがあります。

①コンピュータウイルス

下表の「自己伝染」「潜伏」「発病」のいずれか1つ以上の機能をもつ，悪質なプログラムのことです。ファイルの削除やデータの改ざん，PCの乗っ取りなど，利用者が意図しない不正な動作を引き起こします。

自己伝染	自らの機能によってほかのプログラムに自らをコピー，またはシステム機能を利用して自らをほかのシステムにコピーすることにより，ほかのシステムに伝染する機能
潜伏	発病するための特定時刻，一定時間，処理回数等の条件を記憶させて，発病するまで症状を出さない機能
発病	プログラム，データなどのファイルの破壊を行ったり，設計者の意図しない動作をするなどの機能

②マクロウイルス

表計算ソフトや文書作成ソフトのマクロ機能を利用して作られたコンピュータウイルスです。これらのソフトウェアのファイルを開くとウイルスが実行されて感染します。

ストラテジ系 マネジメント系 テクノロジ系

③ボット (BOT)

感染したPCを攻撃者が遠隔地から不正に操作し，攻撃などの動作を可能にする不正プログラムです。ワームの一種で，次々とコンピュータに感染するという特徴もあります。利用者は感染したことに気づきにくく，知らない間にDDoS攻撃などの踏み台として使われてしまうこともあります。

④スパイウェア

利用者が気づかないうちにインストールされ，利用者の個人情報やアクセス履歴などの情報を収集し，外部に送信する不正プログラムです。

⑤ランサムウェア

感染すると勝手にファイルやデータの暗号化などを行って，正常にデータにアクセスできないようにし，もとに戻すための代金を利用者に要求する不正プログラムです。盗んだデータを暴露する脅迫も行われています（523ページ参照）。

⑥ワーム

ネットワークを通じて，自己増殖して感染を拡大させる不正プログラムです。自分自身の複製を電子メールに添付して勝手に送信したり，ネットワーク上のほかのコンピュータに自分自身をコピーしたりして，自己増殖を図ります。

⑦トロイの木馬

無害なソフトウェアを装ってコンピュータに侵入し，システムの破壊や個人情報の詐取など，悪意のある動作をする不正プログラムです。侵入後も密かに動作し，裏で不正な振る舞いをします。

●RAT

コンピュータを遠隔操作するリモートツールの総称ですが，情報セキュリティでは，この機能を悪用したマルウェア（バックドアとして機能するトロイの木馬）を指します。

ワンポイント

ボットに感染したPCやIoT機器などの集まりを**ボットネット**といいます。数千～数十万の端末で構成されていることもあり，攻撃者の指令によって特定のサーバへの一斉攻撃や迷惑メールの送信などを行います。

ワンポイント

「ウイルスに感染している」「ハードディスクにエラーが見つかりました」といった偽の警告メッセージを表示する不正プログラムを**偽セキュリティ対策ソフト型ウイルス**といいます。解決策として製品購入をせまり，クレジットカード番号などを入力させて，金銭をだまし取ることを目的としています。

スペル

RAT
Remote Administration Tool
または
Remote Access Tool

参考

RATは「ラット」と読みます。マルウェアを指す場合，「Remote Access Trojan」（Trojanは「トロイの木馬」）を意味します。

18 情報セキュリティ

■ファイルレスマルウェア V6

ファイルレスマルウェアは，実行ファイルを使用せずに，OSに備わっている機能を利用して行われるサイバー攻撃のことです。従来のマルウェアとは異なり，ハードディスクなどに実行ファイルを保存せず，メモリ上でのみ不正プログラムを展開します。そのため，従来のマルウェアよりも検知が困難で，攻撃に気づきにくいという特徴があります。ファイルレス攻撃ともいいます。

■キーロガー

キーロガーは，キーボードから入力される内容を記憶する不正プログラム，また，その仕組みのことです。スパイウェアの一種で，キーボードから入力したパスワードや暗証番号などを盗むことを目的としています。

■ガンブラー

ガンブラーは，正規のWebサイトを改ざんし，そのWebサイトを閲覧するとコンピュータウイルスに感染させようとする仕組みのことです。まず，攻撃者は企業などの正規のWebサイトを改ざんします。このWebサイトを利用者が閲覧すると，勝手に悪意のあるWebサイトに接続され，スパイウェアなどのマルウェアが利用者のコンピュータにダウンロードされます。

試験対策
シラバスVer.6.3では，ガンブラーの用語は削除されています。

参考
SPAMは「スパム」と読みます。

■SPAM

SPAMは，もともと無差別かつ大量に送付される迷惑メールのことでしたが，現在はインターネット上での様々な迷惑行為を指します。代表的なスパムとして，SNSやブログのコメント欄，掲示板への書込みで，本来の話題を無視して広告宣伝したり，ほかのサイトに誘導したりする行為があります。

■ ファイル交換ソフトウェア

ファイル交換ソフトウェアは，多数の人とファイルをやり取りできるソフトウェアのことです。公開したいフォルダを設定すると，そのフォルダ内のファイルが共有されます。しかし，誤った設定や，コンピュータウイルスへの感染によって，情報漏えいが起きることがあります。

■ アドウェア 🔲CHECK

アドウェアは，コンピュータの画面に強制的に広告を表示させるソフトウェアのことです。執拗に繰り返して広告を表示したり，画面の目立つ位置に広告を表示したりなど，コンピュータが使いにくくなる場合が多くあります。

■ 攻撃の準備

サイバー攻撃をするための不正な仕組みとして，次のようなものがあります。

①バックドア

一度，侵入に成功したコンピュータシステムに作っておく，不正な入り口のことです。バックドアにより，容易に再び同じコンピュータに侵入することができます。

②ルートキット

攻撃者がPCへの侵入後に利用するために，ログの消去やバックドアなどの攻撃ツールをパッケージ化して隠しておく仕組みのことです。

③ポートスキャン 🔲CHECK

攻撃者がシステムに侵入する事前準備として，通信で使用するポートに次々とアクセスし，攻撃の侵入口として使えそうなポートがないかどうかを調べることです。

🔵ワンポイント

USBメモリなどの外部記憶媒体をPCに接続したときに，その媒体中のプログラムや動画などを自動的に実行したり再生したりするOSの機能を**オートラン**といい，マルウェア感染の要因となります。

⭐参考

アドウェアによる広告には，「スパイウェアに感染しています」といった警告を表示して使用者の不安をあおり，セキュリティソフトの購入を促すものがあります。

🔵ワンポイント

攻撃を行う前に，弱点や攻撃の足掛かりを見つける事前準備のことを**フットプリンティング**といいます。

⭐参考

ポートスキャンにおけるポートは，通信するデータが出入りするポート番号のことで(436ページ参照)，ケーブルをつなぐための差込口ではありません。なお，システム管理者によって，稼働しているサービスの状態を確認するときにもポートスキャンは行われます。

18-1-3　サイバー攻撃の種類と特徴　頻出度★★★

　サイバー攻撃の概要や，代表的なサイバー攻撃の種類や特徴について理解しましょう。

■ サイバー攻撃

　サイバー攻撃は，コンピュータやネットワークに不正に侵入し，データの詐取や破壊，改ざんなどを行ったり，システムを機能不全に陥らせたりする攻撃の総称です。様々な攻撃手法があり，情報セキュリティ対策を行うためには，各手法を理解しておく必要があります。

■ パスワードクラック

　パスワードクラックは，コンピュータシステムを利用するのに必要なパスワードを割り出そうとする攻撃です。攻撃手法として，次のようなものがあります。

①辞書攻撃

　辞書ファイルに記録されている用語を次々と試して，パスワードを破ろうとする攻撃です。辞書ファイルとは，一般の辞書に載っている用語や，パスワードに使われそうな用語を大量に記録しているデータのことです。

②ブルートフォース攻撃

　数字や文字の組合せを次々と試して，パスワードを破ろうとする攻撃です。**総当たり攻撃**ともいいます。ブルートフォース(brute force)は，「力ずく」という意味です。パスワードの桁数が短く，使われている文字種が少ないパスワードの場合，ブルートフォース攻撃で破られる可能性が高くなります。

③パスワードリスト攻撃

　流出したアカウント情報リスト（ネットサービスへログインするためのIDやパスワードなどを含んだ利用者情報リスト）を入手し，これを利用してWebサイトへの不正ログインを図る攻撃です。**クレデンシャルスタッフィング**ともいいます。

標的型攻撃

標的型攻撃は，最初から特定の企業や個人にターゲットを絞って行われる攻撃です。たとえば，実在する組織の名前を使ってなりすましで電子メールを送り，添付ファイルからウイルスに感染させたり，メールに記載したURLから悪意のあるWebサイトに誘導したりします。攻撃手法として，次のようなものがあります。

①水飲み場型攻撃

標的の企業や利用者がよく使うWebサイトを改ざんして，標的がそのWebサイトにアクセスしたとき，マルウェアが感染するように仕掛けをしておく攻撃です。

②やり取り型攻撃

標的とする相手と通常のやり取りを何回か行った後，ウイルスに感染する添付ファイル付きの電子メールを送り付ける攻撃のことです。

フィッシング詐欺

フィッシング詐欺は，金融機関や有名企業などを装って，電子メールなどを使って利用者を偽のサイトへ誘導し，個人情報やクレジットカード番号，暗証番号などを不正に取得する詐欺行為のことです。

プロンプトインジェクション攻撃 V6

プロンプトインジェクション攻撃は，チャットボットのような対話型AIを狙った攻撃で，AIの開発者が想定していない悪意のある質問をして，AIに不適切な回答や動作を起こさせます。

敵対的サンプル V6

敵対的サンプルは，AIが誤った判定を引き起こすように，人が認識できないノイズや微小な変化を加えた画像などのサンプルデータや，このサンプルを利用した攻撃のことです。

ワンポイント

標的型攻撃において，高度な技術が使われ，対応が難しく執拗な攻撃を**APT**（Advanced Persistent Threat）**攻撃**といいます。

また，標的型攻撃では，フィッシングやソーシャルエンジニアリングといった手法もとられます。

試験対策

フィッシング詐欺は頻出の用語なので，必ず覚えておきましょう。過去に「フィッシング」という用語で出題されたこともあります。

ワンポイント

Webサイトの画像や，電子メールに記載されているURLなどをクリックするだけで，料金の支払を求めてくる詐欺を**ワンクリック詐欺**といいます。

参考

プロンプトインジェクション攻撃や敵対的サンプルは，生成AIに関する攻撃手法です。

ストラテジ系　マネジメント系　テクノロジ系

18　情報セキュリティ

■ Webサイトに関する攻撃手法

Webサイトで行われる攻撃手法として，次のようなものがあります。

① クロスサイトスクリプティング 〔CHECK〕

Webサイトの掲示板やアンケートなど，利用者が書き込める入力欄から，悪意のあるスクリプトを埋め込む攻撃です。その結果，そのサイトにアクセスした利用者を不正なサイトに誘導したり，Cookieなどの情報を盗み出したりします。

② クロスサイトリクエストフォージェリ

ユーザーがWebサイトにログインしている状態で，攻撃者によって細工された別のWebサイトを訪問してリンクをクリックなどすると，ログインしているWebサイトへ強制的に悪意のあるリクエストが送信されてしまう攻撃です。悪意のあるリクエスト送信によって，ネットショップでの強制購入，会員情報の変更や退会，記事の投稿など，ユーザーが意図しない処理が行われてしまいます。

③ クリックジャッキング

Webサイトのコンテンツ上に，透明化した標的サイトのコンテンツを配置しておき，Webサイトでの操作に見せかけて，標的サイト上で不正な操作を行わせる攻撃です。

④ ドライブバイダウンロード

利用者がWebサイトを閲覧したときに，その利用者の意図にかかわらず，マルウェアをダウンロードさせて感染させる攻撃手法です。

⑤ SQLインジェクション 〔CHECK〕

データベースに連携しているWebサイトにおいて，掲示板やアンケートなど，利用者が書き込める入力欄から悪意のあるSQLコマンドを入力し，サーバ内のデータを不正に盗み出す攻撃です。

⑥ディレクトリトラバーサル 🔲CHECK

　Webサイトにおいて，「../info/passwd」などのパス名から
ファイル名を指定し，非公開のファイルなどに不正にアクセス
する攻撃です。

■ 通信に関する攻撃手法

　通信でのやり取りで行われる攻撃手法として，次のようなも
のがあります。

①中間者 (Man-in-the-middle) 攻撃

　クライアントとサーバとの通信の間に不正な手段で割り込み，
通信内容の盗聴や改ざんを行う攻撃です。密かに行われる攻撃
のため，ユーザーが攻撃されていることに気づきにくいという
特徴があります。対策として，通信内容を暗号化する，デジタ
ル証明書によって本人確認を行う，脆弱性のあるアプリを使用
しないなどがあります。

②MITB（Man-in-the-browser）攻撃

　主にインターネットバンキングを対象とした攻撃で，マルウェ
アなどでブラウザを乗っ取り，正式な取引画面の間に不正な画
面を介在させ，振込先の情報を書き換えて，攻撃者の指定した
口座に送金させるなどの不正操作を行います。

③第三者中継

　メールサーバに第三者からの関係のないメールが送り付けら
れ，別の第三者に中継して送信してしまうことを，メールの**第
三者中継**といい，迷惑メール送信の踏み台に利用されるおそれ
があります。**オープンリレー**ともいいます。

④IPスプーフィング 🔲CHECK

　送信元を示すIPアドレスを偽装することや，偽装して攻撃を
行うことです。送信元を隠蔽し，攻撃対象のネットワークへの
侵入を図ります。

🔶 ワンポイント

SSL/TLSを用いると，中間者攻撃による通信データの漏えいや改ざんを防止し，サーバ証明書によって偽りのWebサイトの見分けが容易になります。

☆ 参考

英単語の「spoofing」には「だます」という意味があり，「spoofinging」は相手をだます行為，つまり「なりすまし」のことです。

ストラテジ系／マネジメント系／テクノロジ系

18 情報セキュリティ

⑤キャッシュポイズニング

　DNSの仕組みを悪用した攻撃で，**DNSキャッシュポイズニング**ともいいます。DNSサーバのキャッシュ情報を作為的に変更することにより，利用者が正しいドメイン名を指定しても，そのWebサイトに到達できないようにしたり，誤った別のWebサイトへ誘導したりします。

⑥セッションハイジャック 🔲CHECK

　サーバとクライアント間で交わされるセッションを乗っ取り，通信当事者になりすまして，不正行為を働く攻撃です。たとえば，正規のサーバになりすまして，クライアントの情報を盗んだり，クライアントを不正なWebサイトに誘導したりします。

⑦リプレイ攻撃

　ログイン情報をネットワーク上で盗聴し，それをそのまま送り付けることで，不正ログインを試みる攻撃です。ログイン情報が暗号化されていた場合でも，解読の必要がなく，そのまま使用されてしまいます。

■DoS攻撃

　DoS攻撃は，Webサイトやメールなどのサービスを提供しているサーバに，大量のデータを送り付けるなどして過剰な負荷を与えたり，サーバ等の脆弱性をついたりすることによって，サービスの運用や提供を妨げる攻撃です。

●DDoS攻撃 🔲CHECK

　踏み台とする複数のコンピュータやIoT機器などから，同時にDoS攻撃を行うことを**DDoS攻撃**といいます。

　DDoS攻撃の例として，まず，脆弱性のある1台のIoT機器がボットに感染し，他の多数のIoT機器にボットの感染が拡大していき，ある日時に感染した多数のIoT機器から特定のWebサイトに一斉に大量のアクセスを行ってサービスを停止に追い込みます。

📝スペル
DoS
Denial of Service

⭐参考
DoS攻撃は，**サービス妨害攻撃**や**サービス拒否攻撃**ともいいます。

📝スペル
DDoS
Distributed Denial of Service

📖試験対策
DoS攻撃やDDoS攻撃はよく出題されるので，必ず覚えておきましょう。

●踏み台

PCやIoT機器などが攻撃者によって乗っ取られ，サイバー攻撃の中継地点として利用されてしまうことです。攻撃に使われるPCなどの機器を指すこともあります。複数の機器を経由することで，攻撃元の特定が困難になります。

●メールボム

営業妨害や嫌がらせを目的として，特定のメールアドレスに大量のメールを送り付ける攻撃です。ボムとは「bomb」（爆弾）のことで，**メール爆弾**ともいわれます。

■ バッファオーバーフロー攻撃

バッファオーバーフロー攻撃は，プログラムが用意している入力用のデータ領域（バッファ）を超えるサイズのデータを送り付ける攻撃です。バッファからデータがあふれ，その際の処理を利用して，攻撃者が仕込んだ不正なプログラムが実行されてしまいます。**BOF攻撃**ともいいます。

■ クリプトジャッキング

クリプトジャッキングは，マルウェアなどで他人のコンピュータを勝手に使って，暗号資産（仮想通貨）をマイニングする行為のことです。クリプトジャッキングされると，処理速度の大幅な低下，過負荷による熱暴走やシャットダウンなどの被害が生じます。

■ ゼロデイ攻撃

ゼロデイ攻撃は，OSやアプリケーションソフトに脆弱性（セキュリティホール）があることが判明したとき，修正プログラムや対処法がベンダから提供されるより前に，その脆弱性を突いて行われる攻撃です。

ワンポイント

バッファオーバーフロー攻撃は，OSやアプリケーションソフトのセキュリティホールを突いて行われます。パッチを適用し，脆弱性を修正することが，攻撃を回避する有効な手段です。

スペル

BOF
Buffer Overflow

用語

マイニング：暗号資産の取引に関連する情報をPCなどを使って計算し，その取引を承認する行為のことです。膨大な量の計算が必要となるため，その報酬として暗号資産を得られます。

18 情報セキュリティ

ストラテジ系　マネジメント系　テクノロジ系

演習問題

問1　物理的脅威の事例　　　　　　　　　　CHECK ▶ □□□

セキュリティ事故の例のうち，原因が物理的脅威に分類されるものはどれか。

ア　大雨によってサーバ室に水が入り，機器が停止する。
イ　外部から公開サーバに大量のデータを送られて，公開サーバが停止する。
ウ　攻撃者がネットワークを介して社内のサーバに侵入し，ファイルを破壊する。
エ　社員がコンピュータを誤操作し，データが破壊される。

問2　ソーシャルエンジニアリングの事例　　　CHECK ▶ □□□

情報セキュリティにおけるソーシャルエンジニアリングの例として，適切なものはどれか。

ア　社員を装った電話を社外からかけて，社内の機密情報を聞き出す。
イ　送信元IPアドレスを偽装したパケットを送り，アクセス制限をすり抜ける。
ウ　ネットワーク上のパケットを盗聴し，パスワードなどを不正に入手する。
エ　利用者が実行すると，不正な動作をするソフトウェアをダウンロードする。

問3　マルウェアの分類　　　　　　　　　　CHECK ▶ □□□

マルウェアに関する説明a〜cとマルウェアの分類の適切な組合せはどれか。

a　感染したコンピュータが，外部からの指令によって，特定サイトへの一斉攻撃，スパムメールの発信などを行う。
b　キーロガーなどで記録された利用者に関する情報を収集する。
c　コンピュータシステムに外部から不正にログインするために仕掛けられた侵入路である。

	a	b	c
ア	スパイウェア	トロイの木馬	バックドア
イ	スパイウェア	バックドア	トロイの木馬
ウ	ボット	スパイウェア	バックドア
エ	ボット	トロイの木馬	スパイウェア

ストラテジ系 | マネジメント系 | テクノロジ系

問4 バッファオーバフロー CHECK ▶ □□□

情報セキュリティにおける脅威であるバッファオーバフローの説明として，適切なものはどれか。

ア 特定のサーバに大量の接続要求を送り続けて，サーバが他の接続要求を受け付けることを妨害する。

イ 特定のメールアドレスに大量の電子メールを送り，利用者のメールボックスを満杯にすることで新たな電子メールを受信できなくする。

ウ ネットワークを流れるパスワードを盗聴し，それを利用して不正にアクセスする。

エ プログラムが用意している入力用のデータ領域を超えるサイズのデータを入力することで，想定外の動作をさせる。

問5 ゼロデイ攻撃 CHECK ▶ □□□

ゼロデイ攻撃の説明として，適切なものはどれか。

ア TCP/IPのプロトコルのポート番号を順番に変えながらサーバにアクセスし，侵入口と成り得る脆弱なポートがないかどうかを調べる攻撃

イ システムの管理者や利用者などから，巧妙な話術や盗み見などによって，パスワードなどのセキュリティ上重要な情報を入手して，利用者になりすましてシステムに侵入する攻撃

ウ ソフトウェアに脆弱性が存在することが判明したとき，そのソフトウェアの修正プログラムがベンダから提供される前に，判明した脆弱性を利用して行われる攻撃

エ パスワードの割り出しや暗号の解読を行うために，辞書にある単語を大文字と小文字を混在させたり数字を加えたりすることで，生成した文字列を手当たり次第に試みる攻撃

18 情報セキュリティ

解答と解説

問1 (平成21年秋期 ITパスポート試験 問66)

《解答》ア

　情報セキュリティにおける脅威には,大きく分けて物理的,人的,技術的の3つがあります。物理的脅威とは,火災や地震などの災害で,直接的に情報資産が損害を受ける脅威のことです。選択肢の中では,アの大雨による被害が該当します。よって,正解はアです。
　イ,ウは技術的脅威,エは人的脅威に該当します。

問2 (平成28年春期 ITパスポート試験 問86)

《解答》ア

　ソーシャルエンジニアリングは,人間の習慣や心理などの隙を突いて,パスワードや機密情報を不正に入手することです。人的な行動によってセキュリティ上の重要な情報を収集する手口には,なりすましやショルダーハッキングなどがあります。選択肢の中では,アの社員になりすまして社内の機密情報を聞き出す事例がソーシャルエンジニアリングに該当します。イ,ウ,エは技術的な要素を含んでいるのでソーシャルエンジニアリングではありません。よって,正解はアです。

問3 (平成26年春期 ITパスポート試験 問61)

《解答》ウ

　マルウェアは,不正な動作を行う悪意のあるソフトウェアの総称です。aは「外部からの指令によって」攻撃を行うので,ボットの説明です。bのキーロガーは,キーボードから入力したパスワードや暗証番号などを盗むスパイウェアです。cの攻撃者が設定した不正な侵入口はバックドアです。よって,正解はウです。
　なお,トロイの木馬は,問題のないプログラムを装ってコンピュータに侵入し,密かにデータの破壊などを行う不正プログラムです。

問4 （平成26年秋期 ITパスポート試験 問59）

《解答》エ

　バッファオーバフローは，許容量を超えるデータを意図的に入力し，プログラムを強制終了させたり，不正なプログラムを実行させたりする攻撃のことです。よって，正解は**エ**です。

ア DoS（Denial of Service）攻撃の説明です。

イ メールボムの説明です。

ウ なりすましの説明です。

問5 （平成25年秋期 ITパスポート試験 問74）

《解答》ウ

　ソフトウェアに脆弱性があることが判明したとき，そのソフトウェアの修正プログラムがベンダから提供されます。ゼロデイ攻撃は，修正プログラムが提供される前に，判明した脆弱性を突いて行われる攻撃です。よって，正解は**ウ**です。

ア ポートスキャンの説明です。

イ ソーシャルエンジニアリングの説明です。

エ 辞書攻撃の説明です。

18-2 情報セキュリティ管理

18-2-1 リスクマネジメント

頻出度 ★★★

情報セキュリティにおけるリスクマネジメントの基本的な知識について理解しましょう。

リスクマネジメント

情報セキュリティにおけるリスクとは，脅威が情報資産の脆弱性に付け込み，その結果，組織に損害が発生する可能性のことです。**リスクマネジメント**は，このようなリスクを組織的に管理し，リスクの発生による損害の回避や低減を図る取組みのことです。

リスクマネジメントを実施する流れは，次のとおりです。このうち，リスク特定，リスク分析，リスク評価を網羅するプロセス全体のことを**リスクアセスメント**といい，リスク分析を行い，算定されたリスクについてリスク評価を行います。

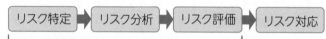

①リスク特定

情報の機密性，完全性，可用性の喪失に伴うリスクを特定し，リスクの一覧を作成します。

②リスク分析

特定したリスクについて，リスクが実際に生じた場合に起こり得る結果や，リスクの発生頻度を分析し，その結果からリスクレベルを決定します。

③リスク評価

リスク分析で決定したリスクレベルと**リスク基準**を比較し，リスクの優先順位付けを行います。リスク基準は，リスクの重大性を評価するための目安とする条件のことです。

ココを押さえよう

リスク対応について，たとえば「リスク低減に該当する事例はどれか」といった問題がよく出題されています。対策方法と事例を確認しておきましょう。

試験対策

リスクアセスメントは必修の用語です。「リスク特定」「リスク分析」「リスク評価」の3つのプロセスを実施することを覚えておきましょう。

ワンポイント

JIS Q 27000:2019（情報セキュリティマネジメントシステム－用語）では，リスク特定などの用語を，次のように定義しています。

・**リスク特定**
リスクを発見，認識及び記述するプロセス（注記：リスク特定には，リスク源，事象，それらの原因及び起こり得る結果の特定が含まれる）

・**リスク分析**
リスクの特質を理解し，リスクレベルを決定するプロセス（注記：リスク分析は，リスクの算定を含む）

・**リスク評価**
リスクとその大きさが，受容可能か又は許容可能かを決定するために，リスク分析の結果をリスク基準と比較するプロセス

・**リスク対応**
リスクを修正するプロセス

④リスク対応

リスクアセスメントの結果を考慮して，リスクへの具体的な対策を決定，実行します。

■ リスク対応

リスク対応では，リスク源の除去や起こりやすさを変えるなどの対策を講じます。次のような対策方法があります。

①リスク回避 CHECK

リスクが発生する原因を排除します。
(例) リスクの原因となる業務を廃止する
インターネットからの不正アクセスを防ぐため，インターネットへの接続を止める

②リスク低減 (リスク軽減) CHECK

対策を講じて，リスクの発生確率を下げたり，リスクを許容できる程度に小さくしたりします。
(例) 保守点検を徹底し，機器が故障しにくくする

③リスク共有 (リスク移転) CHECK

ほかの企業など，第三者にリスクを引き受けてもらいます。
(例) 保険に加入し，損失が充当されるようにする情報システムの運用を他社に委託する

④リスク保有 (リスク受容) CHECK

特に対策を講じないで，そのままにしておきます。
(例) 損失額や発生率が小さいので，対策を行わない

⭐ 参考

リスク対応で行う対策には，左の「■リスク対応」のような対策方法があります。

🔵 ワンポイント

リスクマネジメントにおいて，様々な関係者 (ステークホルダー) が対話や情報交換を行い，情報を共有することを**リスクコミュニケーション**といいます。

🔵 ワンポイント

リスクの原因や損失を受ける情報資産を分散し，リスクの影響を軽減させることを**リスク分散**といいます。

ストラテジ系 マネジメント系 テクノロジ系

18 情報セキュリティ

18-2-2 情報セキュリティマネジメント 頻出度 ★★★

情報セキュリティマネジメントの基本的な知識と，情報セキュリティポリシーについて理解しましょう。

■ 情報セキュリティの要素

情報セキュリティとは，情報の**機密性**，**完全性**，**可用性**を確保することです。この3つの要素は情報セキュリティの三要素といわれます。

> **機密性** (Confidentiality)
> 許可された人だけがアクセスできること
> **機密性を損なう事例**：不正アクセス，情報漏えい
> **機密性の技術的対策**：アクセス制御，パスワード認証
>
> **完全性** (Integrity)
> 内容が正しく，完全な状態で維持されていること
> **完全性を損なう事例**：データの改ざんや破壊，誤入力
> **完全性の技術的対策**：デジタル署名
>
> **可用性** (Availability)
> 必要なときに，いつでもアクセスして使用できること
> **可用性を損なう事例**：システムの故障，障害の発生
> **可用性の技術的対策**：システムの二重化，RAID，UPS

ココを押さえよう

情報セキュリティの三要素をはじめ，重要な用語が多いです。特に「ISMS」「情報セキュリティポリシー」は頻出なので，確実に理解しておきましょう。情報セキュリティ組織・機関についても出題が増えてきています。

参考

情報セキュリティの三要素は，頭文字から「CIA」と略されます。これらは，情報セキュリティの三大要素ともいわれます。

試験対策

情報セキュリティの三大要素について，「可用性が損なわれる事象はどれか」「完全性を高める例はどれか」といった問題がよく出題されます。事例を参考にして，解答できるようにしておきましょう。

ワンポイント

ISMS（情報セキュリティマネジメントシステム）に関する用語を定めたJIS Q 27000：2019では，次のように定義されています。

・機密性
認可されていない個人，エンティティ又はプロセスに対して，情報を使用させず，また，開示しない特性

・完全性
正確さ及び完全さの特性

・可用性
認可されたエンティティが要求したときに，アクセス及び使用が可能である特性

情報セキュリティの要素として，さらに次の4つを加えることもあります。

真正性 (Authenticity)

利用者，プロセス，システム，情報などが，主張どおりであることを確実にすることです。たとえば，パスワード認証やICカード，デジタル署名などによって，確実に利用者本人であることを認証できるようにします。

責任追跡性 (Accountability)

利用者，プロセス，システムなどの動作について，動作内容と動作主を追跡できることです。たとえば，情報システムやデータベースなどへのアクセスログを記録しておき，いつ，だれがアクセスしたか，どのデータを更新したかなどを追跡できるようにします。

否認防止 (Non-repudiation)

ある活動または事象が起きたことを，後になって否認されないように証明できることです。たとえば，電子文書にデジタル署名とタイムスタンプを付けて，電子文書をいつ，誰が署名したかを立証できるようにします。

信頼性 (Reliability)

情報システムでの処理や操作が，期待される結果となることです。たとえば，情報システムで処理を行ったとき，システムの障害や不具合の発生が少なく，達成水準を満たす結果が得られるようにします。

ワンポイント

JIS Q 27000：2019（真正性，否認防止，信頼性），JIS Q 13335-1:2006（責任追跡性）では，次のように定義されています。

・真正性
エンティティは，それが主張するとおりのものであるという特性

・責任追跡性
あるエンティティの動作が，その動作から動作主のエンティティまで一意に追跡できることを確実にする特性

・否認防止
主張された事象又は処置の発生，及びそれを引き起こしたエンティティを証明する能力

・信頼性
意図する行動と結果とが一貫しているという特性

■ 情報セキュリティマネジメント 🔍CHECK

情報セキュリティマネジメントは，企業や組織において，情報セキュリティの維持，改善を図る取組みです。この活動を，組織的に効率よく管理する仕組みを**ISMS（情報セキュリティマネジメントシステム）**といいます。

ISMSでは，**PDCAサイクル**を繰り返すことによって，情報セキュリティの継続的な維持，改善を図ります。

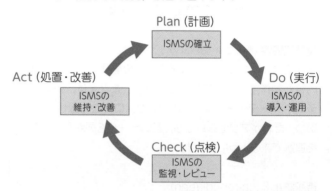

Plan …… 情報セキュリティ対策の計画や目標を策定する
Do ……… 計画に基づき，セキュリティ対策を導入・運用する
Check … 実施した結果の監視・点検を行う
Act ……… 情報セキュリティ対策の見直し・改善を行う

■ ISMS適合性評価制度

ISMS適合性評価制度とは，企業が構築しているISMSが，ISMS認定基準に適合していることを評価して認定する制度です。一般財団法人日本情報経済社会推進協会（JIPDEC）が主管し，JIPDECから認定を受けた認証機関によって審査されます。審査の結果，認証されると，**ISMS認証**を取得することができます。

● ISMSクラウドセキュリティ認証

通常のISMS認証（JIS Q 27001）に加えて，クラウドサービス固有の管理策（ISO/IEC 27017）が適切に導入，実施されていることを認証するものです。

■情報セキュリティポリシー 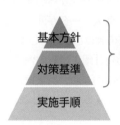 CHECK

　情報セキュリティポリシーは，企業などの組織における，情報セキュリティに関する方針や行動指針などをまとめた文書です。組織の活動内容や規模，持っている情報資産などを考慮し，それぞれの組織に合った情報セキュリティポリシーを作成します。

　一般的に情報セキュリティポリシーに関する文書は，次図のように**情報セキュリティ基本方針**，**情報セキュリティ対策基準**，**情報セキュリティ実施手順**の3つで構成されています。これらは階層構造になっており，上位の文書から順に策定します。

```
       基本方針    ┐
                  ├ 情報セキュリティポリシー
       対策基準    ┘
     実施手順
```

●情報セキュリティ基本方針 CHECK

　情報セキュリティについての基本的な取り組みや考え方を示したものです。「なぜ情報セキュリティが必要であるのか」「どのような方針で情報資産を取り扱うのか」など，情報セキュリティの目標や，目標を達成するためにとるべき行動を記載し，組織の内外に公表します。

●情報セキュリティ対策基準 CHECK

　情報セキュリティ基本方針に基づいて，情報セキュリティ対策に関して守るべき規則や判断基準を示したものです。「人的対策」「情報資産管理」「IT機器利用」などの区別ごと，規則やその適用範囲，対象者などを定めます。

●情報セキュリティ実施手順 CHECK

　情報セキュリティ対策基準に定めた事項を，どのように実施していくかという手順を示したものです。組織の人々が使用するマニュアルで，情報セキュリティ対策における必要な手続を詳細かつ明確に記載します。

ワンポイント
ISMSのPDCAサイクルにおいて，情報セキュリティポリシーの策定はPlan（計画）で実施します。

試験対策
情報セキュリティポリシーを表すための文書に正式な決まりはありません。ITパスポート試験では，ここで説明している3つの文書がよく出題されています。

参考
情報セキュリティ基本方針と情報セキュリティ対策基準の2つを合わせて，情報セキュリティポリシーと呼ぶ場合が多いようです。また，情報セキュリティ基本方針だけを指して，情報セキュリティポリシーと呼ぶ場合もあります。

ワンポイント
情報セキュリティ基本方針は，組織のトップ（経営者など）が情報セキュリティに本格的に取り組むという姿勢を組織内外に宣言，公表するものです。

ワンポイント
情報セキュリティ実施手順の内容は，基本的に外部には公開しません。

■ 個人情報保護

　情報セキュリティの取組みとして，個人情報保護は欠かせません。個人情報保護のための法律や制度として，次のようなものがあります。

①安全管理措置

　個人情報保護法では，取り扱う個人情報の安全管理のために，個人情報取扱事業者に対して**安全管理措置**を講じることを求めています（同第23条）。個人データの取り扱いにかかわる規律の整備や，組織的・人的・物理的・技術的な観点から必要かつ適切な安全措置を実施します。その際，個人データが漏えい等した場合に，本人が被る権利利益の侵害の大きさを考慮します。なお，個人情報保護委員会が公開している「個人情報の保護に関する法律についてのガイドライン（通則編）」には，安全管理措置の具体的な手法について「講じなければならない措置」と「手法の例示」が記載されています。

参考

「個人情報の保護に関する法律についてのガイドライン（通則編）」は，個人情報保護委員会のWebサイトからダウンロードすることができます（https://www.ppc.go.jp/personalinfo/legal/）。

参考

プライバシーマーク（見本）

10123456(01)

②プライバシーマーク制度

　個人情報の取扱いが適切である事業者を認定する制度です。第三者機関が審査し，基準に適合した事業者には**プライバシーマーク**の使用が認められます。認定を受けた事業者は，取引先や消費者などに個人情報の取扱いが適切であることをアピールし，社会的信用の向上を図ることができます。

③プライバシポリシー（個人情報保護方針）

　個人情報を扱う事業者が，個人情報保護に関する考えや取組みを宣言することです。個人情報の収集や利用，安全管理など，個人情報の取り扱いに関する方針を文書にまとめて公開します。

④サイバー保険

　サイバー攻撃によって生じた費用や損害を補償する保険です。保険によっては，サイバー攻撃だけでなく，ほかのセキュリティ事故に起因した各種損害を包括的に補償するものもあります。

■ 情報セキュリティ組織・機関

情報セキュリティに関する組織や機関，関連する制度として，次のようなものがあります。

①J-CSIP（サイバー情報共有イニシアティブ）

IPAが情報ハブ（集約点）となって，参加組織間で情報共有を行い，サイバー攻撃対策につなげていく取組みです。重工や重電など，重要インフラで利用される機器の製造業者を中心に，サイバー攻撃に関する情報共有と早期対応の場を提供します。

②サイバーレスキュー隊 (J-CRAT)

IPAが設置した組織で，標的型サイバー攻撃の被害の低減と，被害の拡大防止を目的とした活動を行います。標的型サイバー攻撃特別相談窓口を設けて，広く一般から相談や情報提供を受け付け，提供された情報を分析して調査結果による助言を実施します。

③JVN

日本で使用されているソフトウェアなどの脆弱性関連情報と，その対策情報を提供しているポータルサイトです。JPCERT/CC（一般社団法人JPCERTコーディネーションセンター）とIPAが共同運営しています。公開している脆弱性関連情報には，「JVN#12345678」や「JVNVU#12345678」などの形式の，脆弱性情報を特定するための識別番号が割り振られています。

④SECURITY ACTION

中小企業自らが情報セキュリティ対策に取り組むことを自己宣言する制度です（セキュリティ対策自己宣言）。IPAが創設した制度で，宣言を行った中小企業には，取組み段階に応じて「一つ星」または「二つ星」のロゴマークが提供されます。

参考
IPAは「独立行政法人 情報処理推進機構」の略称です。

スペル
J-CSIP
Initiative for Cyber Security Information sharing Partnership of Japan

参考
J-CSIPは「ジェイシップ」と読みます。

スペル
J-CRAT
Cyber Rescue and Advice Team against targeted attack of Japan

参考
J-CRATは「ジェイクラート」と読みます。

スペル
JVN
Japan Vulnerability Notes

参考
SECURITY ACTIONの制度の紹介や申込方法は，IPAの次のWebサイトで公開されています。
https://www.ipa.go.jp/security/security-action/

📖スペル

CSIRT
Computer Security
Incident Response Team

✏️試験対策

CSIRTは「シーサート」と読みます。過去問題でよく出題されているので，必ず覚えておきましょう。

📖スペル

CISO
Chief Information
Security Officer

📖スペル

SOC
Security Operation
Center

⭐参考

SOCは「ソック」と読みます。

⭐参考

本制度は，通商産業省（現在の経済産業省）が1996年に告示した「コンピュータ不正アクセス対策基準」に基づき始まった制度です。

⭐参考

本制度は，通商産業省（現在の経済産業省）が1990年に告示した「コンピュータウイルス対策基準」に基づき始まった制度です。

✏️試験対策

シラバスVer.6.3では，「ISMAP（政府情報システムのためのセキュリティ評価制度）」という用語が追加されています（523ページ参照）。

⑤CSIRT 🔍CHECK

　企業や行政機関などの組織内に設置される，コンピュータセキュリティインシデントに対応するための組織の総称です。情報の漏えいなどのセキュリティ事故が発生したとき，調査して対応活動を行います。

⑥情報セキュリティ委員会

　企業や組織において，情報セキュリティマネジメントに関する意思決定を行う最高機関のことです。情報セキュリティ最高責任者（CISO）を中心に，経営陣や各部門の責任者が参加します。

⑦SOC

　24時間365日休むことなくネットワークやセキュリティ機器などを監視し，サイバー攻撃の検出や分析，対応策のアドバイスなどを行う組織のことです。

⑧コンピュータ不正アクセス届出制度

　不正アクセスが判明した場合，不正アクセスの被害情報をIPAに届け出る制度です。被害情報の届け出は，情報産業や企業の情報部門，個人ユーザーなど，広く受け付けられています。届け出された情報は，不正アクセス被害の実態を把握し，その防止に向けた啓発のために用いられます。

⑨コンピュータウイルス届出制度

　コンピュータウイルスを発見，またはコンピュータウイルスに感染した場合に，ウイルス名や発見年月日などをIPAに届け出る制度です。届け出された情報は，コンピュータウイルスの感染被害の拡大と再発防止に役立てられます。

⑩ソフトウェア等の脆弱性関連情報に関する届出制度

　経済産業省の「ソフトウェア製品等の脆弱性関連情報に関する取扱規程」に基づく制度で，ソフトウェア製品やウェブアプリケーションに脆弱性を発見した場合，その情報を受付機関のIPAに届け出る制度です。

演習問題

問1　リスク低減の事例　　　　　　　　　　　CHECK ▶ □□□

　セキュリティリスクへの対応には，リスク移転，リスク回避，リスク受容及びリスク低減がある。リスク低減に該当する事例はどれか。

　ア　セキュリティ対策を行って，問題発生の可能性を下げた。
　イ　問題発生時の損害に備えて，保険に入った。
　ウ　リスクが小さいことを確認し，問題発生時は損害を負担することにした。
　エ　リスクの大きいサービスから撤退した。

問2　完全性が保たれなかった事例　　　　　　　CHECK ▶ □□□

　情報セキュリティにおける機密性・完全性・可用性に関する記述のうち，完全性が保たれなかった例はどれか。

　ア　暗号化して送信した電子メールが第三者に盗聴された。
　イ　オペレータが誤ってデータ入力し，顧客名簿に矛盾が生じた。
　ウ　ショッピングサイトがシステム障害で一時的に利用できなかった。
　エ　データベースで管理していた顧客の個人情報が漏えいした。

問3　ISMS適合性評価制度　　　　　　　　　　CHECK ▶ □□□

　ISMS適合性評価制度において，組織がISMS認証を取得していることから判断できることだけを全て挙げたものはどれか。

　a　組織が運営するWebサイトを構成しているシステムには脆弱性がないこと
　b　組織が情報資産を適切に管理し，それを守るための取組みを行っていること
　c　組織が提供する暗号モジュールには，暗号化機能，署名機能が適切に実装されていること

　ア　a　　　　　**イ**　b　　　　　**ウ**　b, c　　　　　**エ**　c

問4 **PDCAモデルのプロセス** CHECK ▶ ☐☐☐

PDCAモデルに基づいてISMSを運用している組織において，サーバ運用管理手順書に従って定期的に，"ウイルス検知用の定義ファイルを最新版に更新する"作業を実施している。この作業は，PDCAモデルのどのプロセスで実施されるか。

ア P **イ** D **ウ** C **エ** A

問5 **情報セキュリティポリシーの文書** CHECK ▶ ☐☐☐

情報セキュリティポリシーに関する文書を，基本方針，対策基準及び実施手順の三つに分けたとき，これらに関する説明のうち，適切なものはどれか。

ア 経営層が立てた基本方針を基に，対策基準を策定する。
イ 現場で実施している実施手順を基に，基本方針を策定する。
ウ 現場で実施している実施手順を基に，対策基準を策定する。
エ 組織で規定している対策基準を基に，基本方針を策定する。

問6 **セキュリティ事故対応を行う組織** CHECK ▶ ☐☐☐

コンピュータやネットワークに関するセキュリティ事故の対応を行うことを目的とした組織を何と呼ぶか。

ア CSIRT **イ** ISMS **ウ** ISP **エ** MVNO

解答と解説

問1	(平成28年秋期　ITパスポート試験　問62)

《解答》ア

　セキュリティリスクへの対応を行うことで，リスク発生による損害を回避，低減を図ります。リスク低減では，リスクの発生確率を下げたり，リスクの損失をできるだけ小さくしたりする対策を講じます。よって，正解は**ア**です。

　なお，**イ**はリスク移転，**ウ**はリスク受容，**エ**はリスク回避に該当します。

問2	(平成28年秋期　ITパスポート試験　問87)

《解答》イ

　情報セキュリティにおける完全性は，内容が正しく，完全な状態で維持されていることです。完全性を損なう事例としては，データの改ざんや破壊，誤入力などがあります。よって，正解は**イ**です。

　なお，**ア**と**エ**は機密性，**ウ**は可用性を損なう事例です。

問3	(平成29年秋期　ITパスポート試験　問80)

《解答》イ

　ISMS適合性評価制度は，企業などの組織において，情報セキュリティマネジメントシステムが適切に構築，運用され，ISMS認定基準の要求事項に適合していることを，特定の第三者機関が審査して認定する制度です。a〜cについて，組織がISMS認定を取得していることから，判断できることかどうかを判定すると，次のようになります。

×a　ISMS認証を取得していることで，システムに脆弱性がないことを判断することはできません。

○b　情報セキュリティの取組みなので，ISMS認証を取得していることで判断できます。

×c　暗号モジュールについて保証するのは，暗号モジュール試験及び認証制度です。

　判断できるのは，bだけです。よって，正解は**イ**です。

ISMS (Information Security Management System) は情報セキュリティマネジメントシステムのことで，情報セキュリティの確保，維持を図る取組みです。ISMSにおいては，PDCAサイクルの「Plan（計画）」「Do（実行）」「Check（点検）」「Act（処置・改善）」というサイクルを繰り返して，継続的な維持・改善を図ります。出題の作業は，サーバ運用管理手順書に従って定期的作業を実施しているので，PDCAサイクルの「Do」に該当します。PDCAは各プロセスの頭文字を集めたものなので，「Do」のプロセスは「D」になります。よって，正解は**イ**です。

情報セキュリティポリシーは，組織における情報セキュリティの方針や行動指針を明確にし，文書化したものです。「基本方針」「対策基準」「実施手順」の3つの文書で構成する場合，最初に経営陣が中心となって基本方針をまとめ，それに基づいて対策基準を作成します。そして，対策基準に基づき，実施手順を定めます。よって，正解は**ア**です。

CSIRT (Computer Security Incident Response Team) は，国レベルや企業・組織内に設置され，コンピュータセキュリティインシデントに関する報告を受け取り，調査し，対応活動を行う組織の総称です。よって，正解は**ア**です。

イ ISMS (Information Security Management System) は情報セキュリティマネジメントシステムの略称で，情報セキュリティを確保，維持するための組織的な取組みのことです。

ウ ISP (Internet Services Provider) は，インターネットに接続するためのサービスを提供する事業者のことです。

エ MVNO (Mobile Virtual Network Operator) は，大手通信事業者から携帯電話などの通信基盤を借りて，自社ブランドで通信サービスを提供する事業者のことです。

18-3 情報セキュリティ対策・実装技術

18-3-1 情報セキュリティ対策の種類

頻出度 ★★★

情報セキュリティ対策は，人的，技術的，物理的に分類することができます。それぞれの基本的な考え方や対策方法を理解しましょう。

■ 人的セキュリティ対策

人的セキュリティ対策は，人による過失，盗難，不正行為など，人的脅威による被害が発生することを防ぐ対策です。

人的セキュリティ対策の例

> ・「組織における内部不正防止ガイドライン」の活用
> ・情報セキュリティ啓発 (教育，訓練，資料配布など)
> ・情報セキュリティポリシーや社内規定，マニュアルの遵守
> ・アクセス権の管理　など

■ 技術的セキュリティ対策

技術的セキュリティ対策は，コンピュータウイルスや不正アクセスなど，技術的脅威による被害が発生することを防ぐ対策です。

技術的セキュリティ対策の例

> ・ウイルス対策ソフト (マルウェア対策ソフト) の導入
> ・ウイルス定義ファイル (マルウェア定義ファイル) の更新
> ・電子メール・Web ブラウザのセキュリティ設定
> ・脆弱性管理 (OS アップデート，セキュリティパッチの適用など)

 ココを押さえよう

情報セキュリティ対策の「人的」「技術的」「物理的」の分類について，「物理的対策の例として適切なものはどれか」といった問題が出題されています。これらの対策の基本的な考え方を理解し，判別できるようにしておくことが大切です。
物理的セキュリティ対策の「アンチパスバック」「クリアデスク」は覚えておきましょう。

用語

組織における内部不正防止ガイドライン：IPA が作成，公開しているガイドラインで，内部不正防止の重要性や対策の体制，関連する法律などの概要を説明したものです。IPA のサイトからダウンロードすることができます。

参考

技術的セキュリティ対策の具体的な種類については，「18-3-2　情報セキュリティの対策方法・技術」を参照してください。

18 情報セキュリティ

試験対策

シラバス Ver.6.3 では，技術的セキュリティ対策に関する用語が追加されています (523 ページ参照)。

■物理的セキュリティ対策

物理的セキュリティ対策は，災害や不審者の侵入など，物理的脅威による被害が発生することを防ぐ対策です。

物理的セキュリティ対策の例

・ICカードを用いた入退室の管理
・**セキュリティケーブル**を使った防犯対策
・耐震耐火設備，UPS（無停電電源装置）の設置

①入退室管理

重要な設備や機密情報がある建物・部屋への入退室は，入室権限を管理し，**ICカード**などを用いて許可された人だけが入室できるようにします。入退室した人物や時刻を記録，保存し，**監視カメラ**による監視や**施錠管理**などの対策も行います。

●アンチパスバック

入室記録がない人の退出を許可しない仕組みのことです。共連れしたり，退出する人とすれ違いで入室したりすると，入室記録が残りません。このような人の退出を許可せず，書類などの持出しや情報漏えいなどを防ぎます。

②クリアデスク，クリアスクリーン

クリアデスクとは，席を離れる際，机の上に書類や記憶媒体などを放置しておかないことです。**クリアスクリーン**は，パソコンのもとを離れる際，画面を他の人がのぞき見したり，操作したりできる状態で放置しないことです。

③遠隔バックアップ

災害などの不測の事態に備えて，重要なデータの複製（バックアップ）を地理的に遠く離れた場所に保管することです。**遠隔地バックアップ**ともいいます。

用語

セキュリティケーブル：パソコン，周辺機器などの盗難や不正な持出しを防止するため，これらのIT機器を机や柱などにつなぎ留める金属製の器具のこと。セキュリティワイヤともいいます。

参考

1人のIDカードで複数の人が入室することを共連れ（ともづれ）といいます。

ワンポイント

入退室管理として**インターロック**があります。2つの扉のうち，一方が開くと他方は施錠して，2つの扉を同時に開かないようにします。

18-3-2　情報セキュリティの対策方法・技術

頻出度 ★★★

　情報セキュリティを守る対策には，様々なものがあります。代表的なものについて理解しましょう。

■ マルウェア・不正プログラムへの対策

　コンピュータウイルスなど，マルウェアや不正プログラムへの対策として，次のような方法があります。

①ウイルス対策ソフトウェアの導入

　コンピュータにウイルス対策ソフトを導入し，常に稼働させておきます。ウイルス対策ソフトウェアは，**ウイルス定義ファイル（パターンファイル）**をもとにウイルスを検出し，ウイルス定義ファイルにないものは検出できません。そのため，ウイルス定義ファイルは，常に最新の状態にしておきます。

②セキュリティパッチの適用

　OSやアプリケーションソフトにセキュリティホールが発見された場合，それを修正する**セキュリティパッチ（修正モジュール）**が配布されます。OSやソフトウェアのアップデートを行い，セキュリティパッチを適用します。

●ウイルス感染したときの対応

　コンピュータウイルスへの感染が疑われる場合，すぐにコンピュータをネットワークから切り離し，速やかにシステム管理者に連絡します。そのまま，使い続けてしまうと，ネットワークを通じて感染が拡大します。ネットワークから切り離すには，LANケーブルを抜いたり，無線LANを無効にしたりします。

ココを押さえよう

情報セキュリティの対策方法・技術は出題割合が高く，大部分の用語が過去問題で出題されています。いずれも重要な用語なので，1つ1つをていねいに確認して覚えましょう。

用語

ウイルス対策ソフトウェア：コンピュータウイルスなどのマルウェアを検出，駆除するソフトウェアです。電子メールなど，外部から受け取るデータにコンピュータウイルスが含まれていないかをチェックし，ウイルスに感染している場合は除去します。マルウェア対策ソフトウェアともいいます。

試験対策

パッチ（patch）のもとの意味は，洋服などに空いた穴をふさぐ当て布のことです。ソフトウェアの不具合を修正するためのファイルとして，**パッチファイル**という用語も覚えておきましょう。

ワンポイント

組織のPCでマルウェアが発見され，そのマルウェアが他のPCにも存在するかどうかを調べる方法として，そのマルウェアと同じハッシュ値のファイルを探す方法があります。

■ネットワークセキュリティ

企業内LANなどのネットワークにおける主なセキュリティ対策として，次のようなものがあります。

①ファイアウォール

内部ネットワークとインターネットなどの外部ネットワークの間に設置し，内部ネットワークへの不正侵入などを防ぐ仕組みのことです。ファイアウォールが備える代表的な機能として，**パケットフィルタリング**があります。

●パーソナルファイアウォール

PCとインターネットの間の通信を制御するソフトウェアで，個人や家庭で使うPCを防御することを目的としたファイアウォールです。

②WAF

「Web Application Firewall」という名前のとおり，Webアプリケーションが起因となる攻撃を防ぐファイアウォールです。特徴的なパターンが含まれるかなど，Webアプリケーションへの通信内容を検査し，不正な通信を遮断するシステムや装置のことです。従来のファイアウォールでは対応できない，Webアプリケーションの脆弱性を悪用した攻撃を防御することができます。

③IDS（侵入検知システム）とIPS（侵入防止システム）

IDSは，サーバやネットワークを監視し，不正な通信や攻撃と思われる異常な挙動を検知したとき，管理者に通知するシステムです。

また，IDSの機能に加えて，不正な通信や攻撃を検知したとき，それらを遮断して防御するシステムをIPSといいます。

なお，ファイアウォールやWAF，IDS・IPSは防御できる範囲がそれぞれ異なり，組み合わせることでセキュリティを強化することができます。

参考
ファイアウォール (Firewall) とは,防火壁という意味です。

用語
パケットフィルタリング：パケットの中のIPアドレスやTCPポート番号を調べ，許可されたパケットだけを内部ネットワークに通過させる機能。パケットフィルタリング機能は，ルータも備えています。

WAF
Web Application Firewall

参考
WAFは「ワフ」と読みます。

ワンポイント
WAFで防げる攻撃として，SQLインジェクションやクロスサイトスクリプティングなどがあります。

IDS
Intrusion Detection System

IPS
Intrusion Prevention System

ワンポイント
IDSやIPSで防げる攻撃として，DoS攻撃やDDoS攻撃などがあります。

④ SIEM

サーバやネットワーク機器などのログデータを一括管理，分析して，セキュリティ上の脅威を発見し，通知するセキュリティ管理システムです。ファイアウォールやIDS・IPS，様々な機器から集められたログを総合的に分析し，管理者による分析を支援します。

⑤ DMZ

インターネットからも，内部ネットワークからも隔離されたネットワーク上の領域のことです。外部に公開するWebサーバやメールサーバをDMZに設置することで，これらのサーバが不正アクセスを受けても内部ネットワークへの被害を防ぐことができます。

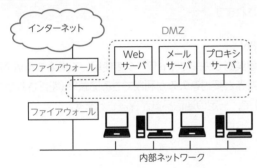

⑥ 検疫ネットワーク

セキュリティに問題があるPCを，社内ネットワークなどに接続させないことを目的とした仕組みです。たとえば，外出先から持ち帰ったPCをまず検査専用のネットワークに接続し，問題なければ，社内ネットワークに接続できるようになります。

⑦ ペネトレーションテスト

コンピュータやネットワークのセキュリティ上の脆弱性を発見するため，システムを実際に攻撃し，侵入を試みるテスト手法です。「侵入テスト」や「侵入実験」とも呼ばれます。

スペル

SIEM
Security Information and Event Management

ワンポイント

SIEMでは，ファイアウォールやIDS・IPSなどのログを自動収集し，リアルタイムで一元管理します。また，各機器のログを個別に見るのではなく，集約して全体の状況を把握できるというメリットがあります。

スペル

DMZ
DeMilitarized Zone

参考

DMZは，「非武装地帯」ともいいます。

ワンポイント

インターネットなど，外部ネットワークでの通信の安全性を確保するものとしてVPNがあります。詳細については，490ページを参照してください。

ストラテジ系　マネジメント系　テクノロジ系

18
情報セキュリティ

VPN
Virtual Private Network

参考

専用線は**専用回線**や**専用ネットワーク**ともいいます。また，専用線に対して，インターネットなどの不特定多数の人が共有するネットワークを**公衆回線**や**公衆ネットワーク**といいます。なお，公衆回線は一般の電話回線（アナログ回線やISDN）を指す場合があります。

ワンポイント

通信事業者の閉鎖網を利用して，遠隔地にあるLAN同士を，あたかも1つのLANであるかのように接続させるサービスのことを**広域イーサネット**といいます。

試験対策

インターネットVPNとIP-VPNを比べる問題が出題されたことがあります。たとえば，IP-VPNとインターネットVPNは，どちらも盗聴や改ざんを防止しますが，IP-VPNの方がより安全性が高いです。それぞれの特徴を確認しておきましょう。

⑧ **VPN**

通信事業者（回線事業者）から借り受け，契約者が独占的に使用する通信回線を**専用線**といいます。情報漏えいや盗聴がされにくく，大容量のデータ送信も安定して行えます。

VPNは，共用のネットワークに接続された端末同士を，暗号化や認証によってセキュリティを確保して，あたかも専用線で結んだように利用できる技術です。専用線を導入するより低いコストで，データ通信におけるセキュリティを確保することができます。

● **インターネットVPN**

一般的なインターネットを使用して構築するVPNです。安価ですが，通信速度や通信品質は使っているインターネット環境に左右されます。

● **IP-VPN**

通信事業者がもつネットワークを使用して構築するVPNです。通信事業者と契約者のみが利用できる閉鎖網（閉ざされたネットワーク）で，一定の通信品質が保証されます。

■ DLP

　DLPは，情報システムにおいて機密情報や重要データを監視し，情報漏えいやデータの紛失を防ぐ仕組みのことです。情報漏えい対策ともいいます。たとえば，機密情報を外部に送ろうとしたり，USBメモリにコピーしようとすると，警告を発令したり，その操作を自動的に無効化させたりします。

■ MDM

　MDMは，会社や団体が，自組織の従業員に貸与する携帯端末（スマートフォンやタブレットなど）に対して，セキュリティポリシーに従った設定をしたり，利用可能なアプリケーションや機能を制限したりなど，携帯端末の利用を一元管理・監視する仕組みのことです。**モバイルデバイス管理**ともいいます。

■ SSL/TLS　

　SSL/TLSとは，主にWebサーバとWebブラウザ間の通信データを暗号化する仕組みです。**SSL**と**TLS**はどちらも暗号化に用いる技術（プロトコル）で，TLSはSSLが発展したものです。

　SSL/TLSによる通信では，Webサーバの正当性を証明するサーバ証明書を用います。これにより，アクセスしたWebサイトが偽のサイトでないことが証明されます。また，通信データが暗号化されるので，第三者にデータを盗み見されることを防止できます。

　個人情報やクレジットカードの番号などを入力するようなショッピングサイトなどではSSL/TLSが利用されています。アクセスしたWebサイトのURLが「http」ではなく，「https」と表示されていれば，SSL/TLSを利用しているWebサイトであることを確認できます。なお，現在はTLSが使用されていますが，SSLの名称がよく知られているため，実際はTLSでも「SSL」や「SSL/TLS」と表記します。

スペル
DLP
Data Loss Prevention

スペル
MDM
Mobile Device Management

スペル
SSL
Secure Sockets Layer

スペル
TLS
Transport Layer Security

試験対策
SSL/TLSは過去問題で頻出の用語です。しっかり覚えておきましょう。「SSL」という単独の表記でも出題されます。

用語
サーバ証明書：Webサーバの正当性を証明するために，認証局が発行する電子証明書です。サーバ証明書には，SSL/TLSの暗号化に使う鍵が含まれており，この鍵を用いてWebサーバとWebブラウザ間の通信データが暗号化されます。

18 情報セキュリティ

ストラテジ系　マネジメント系　テクノロジ系

■デジタルフォレンジックス

デジタルフォレンジックスは，不正アクセスやデータ改ざんなどに対して，犯罪の法的な証拠を確保できるように，原因究明に必要なデータの保全，収集，分析をすることです。

■ブロックチェーン

ブロックチェーンは，取引の台帳情報を一元管理するのではなく，ネットワーク上に分散して管理する分散台帳技術の1つです。一定期間内の取引記録をまとめた「ブロック」を，ハッシュ値によって相互に関連付けて連結することで，取引情報が記録されています。改ざんが非常に困難で，暗号資産(仮想通貨)の基盤技術です。

■耐タンパ性

タンパ(tamper)は「許可なくいじる，不正に変更する」といった意味です。**耐タンパ性**は，IT機器やソフトウェアなどの内部構造を，外部から不正に読出し，改ざんするのが困難になっていることです。また，その度合いや強度のことで，「耐タンパ性が高い」のようにいいます。

■セキュアブート

セキュアブートは，PCの起動時にOSやドライバのデジタル署名を検証し，許可されていないものを実行しないようにすることによって，OS起動前のマルウェアの実行を防ぐ技術です。

■TPM

データを暗号化するためのセキュリティチップを**TPM**といいます。暗号化に使う鍵やデジタル署名などの情報をチップの内部に記憶しており，外部から内部の情報の取出しを困難にします。

■ 電子透かし

電子透かしは，画像や動画，音声などのデータに，作成日や著作者名などの情報を埋め込む技術です。データの改ざんや著作権侵害の防止に利用されます。

■ PCI DSS

PCI DSSは，クレジットカードの会員データを安全に取り扱うことを目的として，技術面及び運用面の要件を定めたクレジットカード業界のセキュリティ基準です。「Payment Card Industry Data Security Standard」の頭文字をつないでいます。

スペル

PCI DSS
Payment Card Industry
Data Security Standard

■ インターネット利用環境におけるセキュリティ対策

インターネットの利用環境について，次のようなセキュリティ対策があります。

①コンテンツフィルタリング

好ましくないWebサイトへのアクセスを制限することです。たとえば，犯罪に関する有害なWebサイト，職務や教育上において不適切なWebサイトなどが対象となります。制限するWebサイトを，URLによって判断する機能を**URLフィルタリング**といいます。

②ペアレンタルコントロール

子供のPCやスマートフォン，ゲームなどの利用について，保護者が監視・制限する取組みのことです。また，そのための機能や設定を指すこともあります。

ストラテジ系

マネジメント系

テクノロジ系

18

情報セキュリティ

■無線LANでのセキュリティ対策

無線LANのセキュリティ対策として、次のようなものがあります。

①MACアドレスフィルタリング V6

各端末がもつMACアドレスを使って、無線LANへの接続を制限できる仕組みです。接続を許可する端末のMACアドレスを、あらかじめアクセスポイントに登録しておきます。

②ESSIDのステルス機能

使っているESSIDを知られないようにする機能です。アクセスポイントは一定間隔で自身のESSIDを発信しています。ステルス機能はESSIDの発信を停止して、外部からわからないようにします。

③ANY接続拒否

無線LANに接続する端末で、接続先のSSID（ESSID）が空白や「ANY」の設定になっている場合、電波が届く範囲内にあるアクセスポイントをすべて検出し、この中から接続先を選択することができます。これをANY接続といいます。**ANY接続拒否**はアクセスポイント側でANY接続を拒否する設定を行うことで、不明な端末からの接続を禁止します。

④通信の暗号化

無線LANの暗号化方式には、**WPA2**、**WPA**、**WEP**などがあります。これらを利用して、端末とアクセスポイントとの間の通信を暗号化し、データの盗聴を防止します。

●PSK

無線LANの暗号化通信で、アクセスポイントとPCなどの端末に設定し、事前に共有しておく符号です。アクセスポイントへの接続を認証するときに用いる符号（パスフレーズ）であり、この符号に基づいて、接続する端末ごとに通信の暗号化に用いる鍵が生成されます。事前共有鍵や事前共有キーともいいます。

ストラテジ系 マネジメント系 テクノロジ系

■ IoTシステムのセキュリティ

IoTシステムのセキュリティを確保するため，IoTシステムや IoT機器の設計・開発について策定された指針やガイドラインがあります。

IoTセキュリティガイドライン	関係者が取り組むべきIoTのセキュリティ対策の認識を促すことを目的として，IoT機器やシステム，サービスの提供にあたってのライフサイクル（方針，分析，設計，構築・接続，運用・保守）における指針を定めたもの
コンシューマ向けIoTセキュリティガイド	実際のIoTの利用形態を分析し，IoT利用者を守るためにIoT製品やシステム，サービスを提供する事業者が考慮しなければならない事柄をまとめたもの

参考
「IoTセキュリティガイドライン」は経済産業省及び総務省が作成したもので，総務省のWebサイトからダウンロードすることができます。
「コンシューマ向けIoT セキュリティガイド」はJNSA（日本ネットワークセキュリティ協会）が作成したもので，同協会のWebサイトからダウンロードすることができます。

■ セキュリティバイデザイン (Security by Design) と プライバシーバイデザイン (Privacy by Design)

セキュリティバイデザインとは，システムや製品などを開発する際，開発初期である企画・設計段階からセキュリティを確保する方策のことです。

また，開発の初期段階から，個人情報の漏えいやプライバシー侵害を防ぐための方策に取り組むことを**プライバシーバイデザイン**といいます。

参考
セキュリティバイデザインは，IoTシステムなどの設計，構築及び運用に際しての基本原則とされています。

18 情報セキュリティ

■ その他のセキュリティ対策

その他のセキュリティ対策や関連するものとして，次のようなものがあります。

対策	説明
ハードディスクパスワード	ハードディスクにパスワードを設定する機能。PCの起動時など，ハードディスクを利用するときはパスワードを入力する必要があるため，PCの不正利用を防止できる
BIOSパスワード	OSより先に実行される，BIOSプログラムにパスワードを設定する機能。BIOSパスワードを設定すると，PCに電源を入れた際，すぐにパスワードが要求され，パスワードを入力しないとPCを起動することができない
コールバック	出先などの社内にいる利用者から接続要求があったとき，いったん回線を切り，システム側から利用者の端末につなぎ直す仕組みのこと。正当な利用者であることを確認できる
アクセス制御	システムやネットワーク，データなどにアクセスできるユーザーを制御・管理することや，その機能。正当なユーザーだけにアクセスを許可することで，サイバー攻撃や内部不正によるリスクの低減を図る

18-3-3 暗号技術

頻出度
★★★

情報セキュリティを維持するために必要な，暗号化の種類や基本的な仕組み，特徴などを理解しましょう。

■ 暗号化

暗号化とは，データを暗号文に変換して，第三者に解読できないようにすることです。データが盗まれてしまっても，データの内容を知られることはありません。また，暗号化されたデータをもとに戻すことを**復号**といいます。

■ 共通鍵暗号方式と公開鍵暗号方式

データを安全にやり取りするための暗号方式として，共通鍵暗号方式と公開鍵暗号方式があります。どちらも，「鍵」と呼ぶ特殊なデータを利用して暗号化と復号を行います。

①共通鍵暗号方式

共通鍵暗号方式は，送信者と受信者が同じ鍵（**共通鍵**）を使って，暗号化と復号を行う暗号方式です。

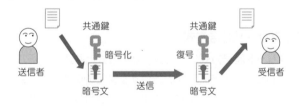

・公開鍵暗号方式に比べて，暗号化と復号の処理が速い
・通信相手ごと，異なる共通鍵を用意する必要がある
・最初に共通鍵を相手に渡すとき，共通鍵が漏えいする危険性がある

ココを押さえよう

「共通鍵暗号方式」「公開鍵暗号方式」はよく出題されています。それぞれの暗号方式を確実に理解しておきましょう。「ハイブリッド暗号方式」も要チェックです。

ワンポイント

共通鍵暗号方式の場合，複数人で通信するときは，その組合せの数だけ，共通鍵が必要になります。たとえば，4人の場合は，必要な鍵の個数は6個です（下図を参照）。

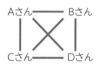

n人で通信する場合に必要な鍵の個数は，次の計算式で求めることができます。

$$\text{共通鍵の個数} = \frac{n(n-1)}{2}$$

ストラテジ系 マネジメント系 テクノロジ系

18
情報セキュリティ

②公開鍵暗号方式 🔲CHECK

　公開鍵暗号方式は，**公開鍵**と**秘密鍵**という2種類の鍵を使う暗号方式です。公開鍵と秘密鍵はペアで生成し，公開鍵で暗号化したデータは，そのペアとなる秘密鍵でしか復号できません。また，秘密鍵は本人だけが所持して厳重に管理し，ペアの公開鍵だけを通信相手に配布します。

　データ通信するときは，送信者は「受信者の公開鍵」で暗号化して送信します。受信者は，受け取った暗号文を「受信者の秘密鍵」で復号します。

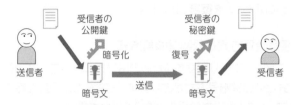

・多数の相手と通信するのに適している
・公開鍵を配布しやすく，鍵の管理が容易である
・共通鍵暗号方式に比べて，暗号化と復号の処理が遅い

■ ハイブリッド暗号方式

　ハイブリッド暗号方式は，公開鍵暗号方式と共通鍵暗号方式を組み合わせた暗号方式です。送信する文書の暗号化は，共通鍵暗号方式で行います。暗号化に用いた共通鍵は，公開鍵暗号方式の受信者の公開鍵で暗号化して通信相手に送ります。

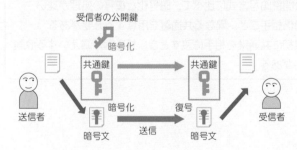

■ ディスク暗号化

ディスク暗号化は、ハードディスクやSSDなどのディスク全体を丸ごと暗号化する機能のことです。ノート型PCが盗まれた場合でも、ハードディスクなどからデータを読み出すことはできないため、情報漏えいを防ぐことができます。

ワンポイント

ファイルやフォルダ単位でデータを暗号化することを**ファイル暗号化**といいます。

18-3-4 認証技術とデジタル証明書 頻出度 ★★★

認証技術であるデジタル署名やタイムスタンプ (時刻認証) の概要を理解しましょう。デジタル証明書についても学習します。

ココを押さえよう

「デジタル署名」「デジタル証明書」は大変よく出題されています。どういう技術か、確実に理解しておきましょう。

■ デジタル署名

デジタル署名は、紙の文書に署名をするように、データに添付して本人であることを示すものです。

公開鍵暗号方式の技術を応用し、送信する文書から取り出したハッシュ値を、送信者の秘密鍵で暗号化します。これがデジタル署名になり、文書に添付して送ります。受信後、受け取った文書から生成したハッシュ値と、デジタル署名から復号したハッシュ値を比較します。一致すれば、文書は改ざんされていないことになります。このようにデジタル署名を付けることで、「送信者が本人であること」と「通信中にデータが改ざんされていないこと」を確認、証明できます。

試験対策

デジタル署名は「電子署名」ともいいます。電子署名という用語で出題されることもあるので覚えておきましょう。

ワンポイント

開発者がソフトウェアに付けるデジタル署名のことを**コード署名**といいます。ソフトウェアの配布元を明確にし、プログラムが改ざんされていないことを確認することができます。

ワンポイント

ハッシュ関数は、データに一定の演算を行い、規則性のないハッシュ値を生成します。同じデータからは、常に同じハッシュ値が出力されます。また、ハッシュ値から、もとのデータを復元することはできません。

ワンポイント

暗号化機能や署名機能などのセキュリティ機能を、ハードウェアやソフトウェアに実装したものを**暗号モジュール**といいます。

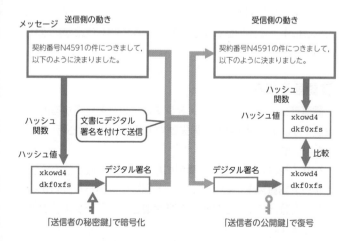

■ デジタル証明書（電子証明書）

デジタル証明書（電子証明書） とは，配布する公開鍵が本人のものであることを証明するものです。公開鍵は不特定の人に配布するものなので，たとえば，Aさんと，Aさんになりすました人が公開鍵を配布した場合，どちらがAさんの本物の公開鍵かわかりません。

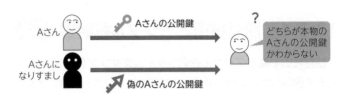

そこで，公開鍵の正しい所有者であることを証明する証明書を **認証局（CA）** で発行してもらいます。デジタル証明書を付けて公開鍵を配布することで，公開鍵が本人のものであることが証明されます。

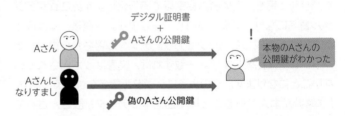

このような公開鍵暗号方式を利用し，認証局やデジタル証明書などによって実現される社会的な基盤を **PKI**（公開鍵基盤）といいます。

■ 認証局（CA）

認証局 は申請者を認証し，デジタル証明書を発行する第三者機関です。デジタル証明書の失効や更新などの管理も行い，**CA** ともいいます。

複数の認証局が階層的な構成になっており，最上位の認証局を **ルート認証局** といいます。ルート認証局は自らを証明するために，自分自身に対して **ルート証明書** というデジタル証明書を発行します。

●CRL（証明書失効リスト）

　認証局が失効させたデジタル証明書のリストのことです。有効期限が残っていても，秘密鍵が漏えいしたおそれがあるなどの理由により認証局はデジタル証明書の効力を停止することがあります。利用者はCRLにより，デジタル証明書が失効していないかどうかを確認することができます。

●サーバ証明書

　Webサイトの運営者の身元を証明するデジタル証明書です。認証局に発行してもらい，Webサーバに登録して使用します。サーバ証明書を確認することで，認証済みの安全なサイトなのか，身元が確認できない危険性のあるサイトなのかを見分けることができます。

●クライアント証明書

　サーバに対して，クライアント側であるコンピュータやユーザーの認証を行うデジタル証明書です。認証局に発行してもらい，利用者が操作するコンピュータやスマートフォンなどに導入して使用します。

■ タイムスタンプ（時刻認証）

　タイムスタンプ（時刻認証） は，電子データが，ある日時に確かに存在していたこと，及びその日時以降に改ざんされていないことを証明する技術です。タイムスタンプを適用することで，たとえば「電子商取引における取引時刻」「診察記録を記載した電子カルテが改ざんされていないこと」などを証明することができます。

参考

認証局はサーバ証明書が申請された際，申請した運営者（組織）が実際に存在しているか，ドメイン名を使用する権利をもっているかなどの審査を行います。

18-3-5 利用者認証・生体認証

頻出度 ★★★

利用者が本人であることを確認する利用者認証について理解しましょう。

■ 利用者認証

利用者認証は、正規の権限をもつ利用者であることを識別するための技術です。認証の手法として、次のような種類があります。

知識による認証	本人のみが知っている情報に基づいて認証する （例）パスワード　ニーモニック認証　パターン認証
所有物による認証	本人のみが所持するものによって認証する （例）ICカード　社員証
身体的特徴による認証	本人の身体的特徴や行動的特徴によって認証する生体認証のこと （例）指紋　静脈　虹彩　声紋　音声　署名

ワンポイント

認証の段階が2つであるものを**2段階認証**といいます。多要素認証とは異なり、同じ種類の要素を組み合わせたものも含みます。たとえば、「身体的特徴」の指紋と署名による認証は2段階認証ですが、2要素認証ではありません。

ワンポイント

CAPTCHA認証では、たとえば複数の写真の中から屋外の写真だけを選ばせたり、機械が読み取れないような文字（下図を参照）を用いて認証します。

試験対策

シラバスVer.6.3では、利用者認証の技術に関する用語が追加されています（524ページ参照）。

●多要素認証

「知識」「所有物」「身体的特徴」の種類について、複数の種類の要素を組み合わせる認証方法のことです。たとえば、「知識」のパスワードと、「身体的特徴」の指紋を組み合わせます。

要素が2つの場合は、**2要素認証**といいます。

●CAPTCHA（キャプチャ）認証

コンピュータではなく、人間が行っていることを確認するため、コンピュータによる判別が難しい課題を解かせる認証方法です。

●ニーモニック認証

ログインの際、画面に表示される複数の画像の中から、あらかじめ登録しておいた画像を選択する認証方法です。たとえば、複数の写真の中から親族など本人に関係がある画像だけを選ばせることによって認証します。

●パターン認証

スマートフォンなどで画面に表示された点を、あらかじめ登録しておいた順序でなぞる認証方法です。

■ ユーザーIDとパスワードの管理

　ユーザーIDは，利用者を識別するためのもので，通常はシステム管理者が発行，管理します。パスワードは利用者が設定し，ユーザーIDとパスワードを使って，認証を行います。パスワードを設定するときには，次のような点に注意します。

- ・パスワードは，文字と数字，記号を混在させて設定する
- ・名前や誕生日など，他人に推測されやすいものを設定しない
- ・設定したパスワードは他の人に見られないように管理する
- ・電子メールで送る，電話で伝えるなど，漏えいする可能性があることは避ける
- ・長期間，同じパスワードを使い続けない
- ・複数のサービスなどで同じIDやパスワードを使い回さない

ワンポイント

ユーザーIDとパスワードによる認証の後，さらにメールやSMS（Short Message Service）に送られてくるセキュリティコードなどで認証を行うことを**2段階認証**といいます。ユーザー認証を2段階にすることで，セキュリティを高めることができます。

●ワンタイムパスワード

　一定時間内に，1回だけ使用できるパスワードです。その都度，新しいパスワードに変わるので，安全度を高めることができます。

●パスワードポリシー

　パスワードを設定する際，パスワードに含める文字の種類・記号，パスワードの長さなど，一定の条件を付けることです。

■ SMS認証

　SMS認証は，スマートフォンや携帯電話のSMS（ショートメッセージサービス）を使って，本人確認を行う認証方法のことです。

スペル
SMS
Short Message Service

■ シングルサインオン

　シングルサインオンは，一度の認証で，許可されている複数のサーバやアプリケーションなどを利用できる仕組みのことです。利用者の利便性を高め，複数の認証やアクセス制御を統合して管理することができます。

生体認証（バイオメトリクス認証） CHECK

生体認証は，個人の身体的特徴や，署名などの行動的特徴による認証方法です。**バイオメトリクス認証**ともいいます。個人がもっている特性を利用して認証するので，パスワードを覚えたり，本人確認のためのICカードを携帯したりする必要がありません。身体的特徴の主な認証方法には，次のようなものがあります。

種類	認証の特徴
静脈パターン認証	手のひらや指などの静脈パターンで認証する
虹彩認証	目の虹彩（瞳孔より外側のドーナツ状に見える部分）の模様で認証する
声紋認証	声を周波数分析した声紋の特徴で認証する
顔認証	目や鼻の形，位置など，顔面の特徴で認証する
網膜認証	目の網膜（目の眼底にある膜）の毛細血管のパターンで認証する

ワンポイント

本人拒否率と他人受入率は，一方を高くすると，もう一方が低くなるトレードオフの関係にあります。

参考

本人拒否率は，FRR (False Rejection Rate)，他人受入率はFAR (False Acceptance Rate)ともいいます。

●本人拒否率，他人受入率 CHECK

生体認証の精度を示す基準で，本人拒否率は本人なのに本人ではないと認識される確率，他人受入率は他人なのに本人であると認識される確率です。

アクセス管理

ファイルやフォルダについてセキュリティを確保するため，誰が，どのデータを，どのように利用できるかを管理することを**アクセス管理**といいます。ファイルやフォルダに対して，グループ単位または個人単位で，「参照」「更新」「削除」などのアクセス権を設定します。

	参照	更新	削除
Aさん	1	1	1
Bさん	1	1	0
Cさん	1	0	0

1：権限あり　0：権限なし

演習問題

問1　物理的セキュリティ対策の不備　　　　CHECK ▶ □□□

　物理的セキュリティ対策の不備が原因となって発生するインシデントの例として，最も適切なものはどれか。

ア　DoS攻撃を受け，サーバが停止する。
イ　PCがコンピュータウイルスに感染し，情報が漏えいする。
ウ　社員の誤操作によって，PC内のデータが消去される。
エ　第三者がサーバ室へ侵入し，データを盗み出す。

問2　ウイルス感染防止の対策　　　　CHECK ▶ □□□

　情報セキュリティに関する対策a〜dのうち，ウイルスに感染することを防止するための対策として，適切なものだけを全て挙げたものはどれか。

a　ウイルス対策ソフトの導入
b　セキュリティパッチ（修正モジュール）の適用
c　ハードディスクのパスワード設定
d　ファイルの暗号化

ア　a, b　　　　イ　a, b, c　　　　ウ　a, d　　　　エ　b, c

問3　デジタルフォレンジックス　　　　CHECK ▶ □□□

　情報セキュリティにおけるデジタルフォレンジックスの説明として，適切なものはどれか。

ア　2台の外部記憶装置に同じデータを書き込むことで，1台が故障しても可用性を確保する方式
イ　公衆回線網を使用して構築する，機密性を確保できる仮想的な専用ネットワーク
ウ　コンピュータに関する犯罪や法的紛争の証拠を明らかにする技術
エ　デジタル文書の正当性を保証するために付けられる暗号化された情報

問4 無線LANのセキュリティ対策 CHECK ▶ ☐☐☐

無線LANのセキュリティを向上させるための対策はどれか。

ア ESSIDをステルス化する。

イ アクセスポイントへの電源供給はLANケーブルを介して行う。

ウ 通信の暗号化方式をWPA2からWEPに変更する。

エ ローミングを行う。

問5 公開鍵暗号方式の特徴 CHECK ▶ ☐☐☐

公開鍵暗号方式と比べた場合の, 共通鍵暗号方式の特徴として適切なものはどれか。

ア 暗号化と復号とでは異なる鍵を使用する。

イ 暗号化や復号を高速に行うことができる。

ウ 鍵をより安全に配布することができる。

エ 通信相手が多数であっても鍵の管理が容易である。

問6 デジタル署名のある電子メール CHECK ▶ ☐☐☐

PKIにおいて, デジタル署名をした電子メールに関する記述として, 適切なものだけを全て挙げたものはどれか。

a 送信者が本人であるかを受信者が確認できる。

b 電子メールが途中で盗み見られることを防止できる。

c 電子メールの内容が改ざんされていないことを受信者が確認できる。

ア a, b **イ** a, c **ウ** b, c **エ** a, b, c

| 問7 | バイオメトリクス認証の例 | CHECK ▶ □□□ |

バイオメトリクス認証の例として，適切なものはどれか。

ア 画面に表示された九つの点のうちの幾つかを一筆書きで結ぶことによる認証
イ 個人ごとに異なるユーザーIDとパスワードによる認証
ウ 署名の字体，署名時の書き順や筆圧などを読取り機で識別させることによる認証
エ 複数のイラストの中から自分の記憶と関連付けておいた組合せを選ぶことによる認証

| 問8 | アクセス権の設定 | CHECK ▶ □□□ |

　所属するグループ又はメンバに設定した属性情報によって，人事ファイルへのアクセス権を管理するシステムがある。人事部グループと，所属するメンバA～Dの属性情報が次のように設定されているとき，人事ファイルを参照可能な人数と更新可能な人数の組合せはどれか。

［属性情報の設定方式］
(1) 属性情報は3ビットで表される。
(2) 各ビットは，左から順に参照，更新，削除に対応し，1が許可，0が禁止を意味する。
(3) グループの属性情報は，メンバの属性情報が未設定の場合にだけ適用される。

［属性情報の設定内容］
人事部グループ：100
メンバA：100，メンバB：111，メンバC：110，メンバD：未設定

	参照可能な人数	更新可能な人数
ア	3	1
イ	3	2
ウ	4	1
エ	4	2

解答と解説

問1 (平成26年秋期 ITパスポート試験 問80)

《解答》エ

物理的セキュリティ対策は，災害や不審者の侵入など，物理的脅威による被害が発生することを防ぐ対策です。具体的な対策として，入退室の管理，監視カメラによる監視，耐震・耐火設備，UPS（無停電電源装置）の設置などがあります。インシデントはITサービスを阻害する現象や事案のことで，選択肢のインシデントの例のうち，物理的セキュリティ対策の不備が原因で発生するのは，エの「第三者がサーバ室へ侵入し，データを盗み出す。」が適切です。よって，正解はエです。

ア DoS攻撃はサーバに大量のデータを送り，サーバを機能不全にする攻撃です。よって，技術的セキュリティ対策の不備です。

イ コンピュータウイルスに感染していることが原因なので，技術的セキュリティ対策の不備です。

ウ 社員の誤操作が原因なので，人的セキュリティ対策の不備です。

問2 (平成26年春期 ITパスポート試験 問82)

《解答》ア

情報セキュリティに関する対策a〜dについて，ウイルスの感染を防止する対策として適切かどうかを判定すると，次のようになります。

○a 正しい。ウイルス対策ソフトはコンピュータウイルスの検知，駆除を行うソフトウェアで，コンピュータへのウイルスの侵入も防止します。

○b 正しい。セキュリティパッチは，セキュリティホールを修正するプログラムです。セキュリティパッチを適用することで，ウイルスが侵入する危険性を減らせます。

×c ハードディスクにパスワード設定を行うと，盗難にあってもデータを読み出せないようにできます。しかし，ウイルスの侵入を防ぐ機能はありません。

×d 暗号化したファイルにも，ウイルスは感染します。

ウイルス感染の防止対策として適切なのは，aとbです。よって，正解はアです。

問3　　　　　　　　　　　（平成29年春期　ITパスポート試験　問61）
《解答》ウ

　デジタルフォレンジックスは，コンピュータに関する犯罪（不正アクセスやデータ改ざん
など）に対して，犯罪の法的な証拠を確保できるように，原因究明に必要なデータの保全，
収集，分析をすることです。よって，正解は**ウ**です。
　なお，**ア**はミラーリング，**イ**はVPN（Virtual Private Network），**エ**はデジタル署名の
説明です。

問4　　　　　　　　　　　（平成27年秋期　ITパスポート試験　問56）
《解答》ア

　ESSIDとは，無線LANのアクセスポイントを識別するための番号です。アクセスポイン
トは一定間隔で自身のESSIDを発信し，周囲にあるスマートフォンなどの端末にはESSID
が表示されます。ESSIDのステルス化を行うと，外部の端末に識別番号が表示されないよ
うになり，セキュリティを高める効果があります。よって，正解は**ア**です。
イ　LANケーブルを介して，アクセスポイントに不正アクセスされるおそれがあります。
ウ　WEPとWPA2はどちらも無線LANの暗号化方式で，WPA2の方がWEPよりも強力
　　な暗号化方式です。
エ　無線LANの場合，ローミングは複数のアクセスポイントへの接続を自動的に切り替え
　　る機能です。

問5　　　　　　　　　　　（平成28年秋期　ITパスポート試験　問97）
《解答》イ

　共通鍵暗号方式と公開鍵暗号方式の特徴を比較すると，次のようになります。選択肢の
中で，共通鍵暗号方式の特徴は**イ**だけで，**ア**，**ウ**，**エ**は公開鍵暗号方式の特徴です。よって，
正解は**イ**です。

	共通鍵暗号方式	公開鍵暗号方式
使用する鍵	共通鍵	公開鍵と秘密鍵
鍵の配布	注意が必要	安全に配布できる
暗号化と復号の処理時間	速い	遅い
鍵の管理	通信相手ごとに，それぞれ鍵を用意する	通信相手が増えても，管理するのは自身の秘密鍵だけ

問6　(平成28年秋期　ITパスポート試験　問55)

《解答》イ

　PKI（公開鍵基盤）において，デジタル署名は，紙の文書に署名をするように，送信者が本人であることを示す情報のことです。電子メールでデータを送る際，デジタル署名を付けることで，なりすましを防ぐことができます。また，送信前と送信後の文書から生成したハッシュ値を比べることにより，送信途中で文書が改ざんされていないことも確認できます。

　aとcは，デジタル署名に関する記述として適切です。bの電子メールが途中で盗み見られることは，デジタル署名で防止できることではありません。よって，正解は**イ**です。

問7　(平成29年秋期　ITパスポート試験　問95)

《解答》ウ

　バイオメトリクス認証は，個人の指紋や光彩などの身体的特徴や，音声や署名などの行動的特徴に基づいてユーザー認証を行います。選択肢の中では，署名の字体や書き順，筆圧といった人の行動的特徴で認証している**ウ**が該当します。ア，イ，エは，本人しか知り得ない記憶による認証です。よって，正解は**ウ**です。

問8　(平成28年秋期　ITパスポート試験　問99)

《解答》エ

　本問のアクセス権を表にすると，次のようになります。アクセス権が未設定のメンバDには，人事グループのアクセス権が適用されます。

	参照	更新	削除
メンバA	1	0	0
メンバB	1	1	1
メンバC	1	1	0
メンバD	1	0	0

←人事グループのアクセス権が適用される

　「1」が許可を意味するので，参照可能な人数は4名，更新可能な人数は2名です。よって，正解は**エ**です。

シラバス Ver.6.3 の対策講座

ITパスポート試験のシラバス Ver.6.3 では，近年の技術動向・環境変化などを踏まえて，約100個の用語が追加されました。ここでは，追加された用語の中でも，重要なものを紹介します。なお，追加された用語の中で，すでに試験で出題されているものや，本文にある関連用語と一緒に解説した方がよいものは，本文に掲載しています。

シラバス Ver.6.3 は2024年10月の試験から適用されます。受験時期が該当する方は，この対策講座を読んで，新しい用語を確認しておきましょう。

ストラテジ系

■ 企業経営に関する用語

● MVV（ミッション，ビジョン，バリュー）

MVVは「Mission（ミッション）」「Vision（ビジョン）」「Value（バリュー）」の略称で，企業経営の中核となる方向性を示すものです。ミッションは企業が果たすべき使命や役割，ビジョンは企業が目指す理想像，バリューにはミッションやビジョンを実現するための具体的な行動指針や行動基準を定義します。

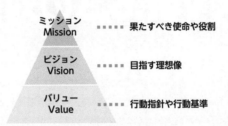

● パーパス経営

パーパス（purpose）は「目的」や「意図」という意味ですが，ビジネスでは「企業の存在意義」を示す言葉として使われています。パーパス経営は，自社が「社会的に何のために存在するのか」「どのような社会貢献の役割を担うか」といったことを定義し，それに基づいた経営を行うことです。

● 人的資本経営

人材がもつ知識や能力などを，投資して価値を高めることができる「資本」として捉えることを人的資本といいます。人的資本経営は，人的資本の価値を最大限に引き出し，企業の価値向上につなげる経営のあり方です。従来，職業訓練や研修などで人材にお金をかけることはコストとみなしてきました。人的資本経営では，新たな価値を創造する投資であり，企業の持続的成長を実現していきます。

■ リスキリング

リスキリングは，新しい職業に就くためや，今の職業で必要とされるスキルの大幅な変化に適応するために，新しいスキルを習得することです。単なる学び直しではなく，技術革新やDX推進などの時代の変化にともない，新たに必要とされるスキルの獲得を目的としています。

◾ リーダーシップの在り方

● コンティンジェンシー理論

　コンティンジェンシー理論は，すべての状況に適応できる唯一最適なリーダーシップのスタイルは存在せず，環境や状況によって望ましいリーダーシップのスタイルは異なるというリーダーシップ論です。

● シェアードリーダーシップ

　シェアードリーダーシップは，特定の1人がリーダーになるのではなく，チームのメンバー全員がリーダーとしての役割を担い，リーダーシップを発揮します。

● サーバントリーダーシップ

　サーバントリーダーシップは，リーダーは「まず相手に奉仕し，その後相手を導く」というものです。リーダーはメンバーの話をよく聞き，成長を支援します。

◾ GXに関する用語

● GX（グリーントランスフォーメーション）

　化石燃料は消費するときに，地球温暖化の最大の原因である，二酸化炭素などの温室効果ガスを排出します。**GX**(Green Transformation:**グリーントランスフォーメーション**)は，化石燃料をできるだけ使わず，太陽光や風力，水素などのクリーンなエネルギーを活用していくための変革や，その実現に向けた活動のことです。カーボンニュートラルや温室効果ガス削減に取組み，化石燃料ではなくクリーンエネルギーを利用する経済や社会システムへの変革を目指します。

● GX推進法

　GX推進法は，GXの実現に向けた取組みや方針などを示した法律です。正式名称を「脱炭素成長型経済構造への円滑な移行の推進に関する法律案」といいます。具体的な取組みとして，GX推進戦略の策定・実行，GX経済移行債の発行，成長志向型カーボンプライシングの導入，GX推進機構の設立などが規定されています。**カーボンプライシング**は，企業などの排出する二酸化炭素に価格をつけ，金銭的な負担を課すことです。

● カーボンニュートラル

　カーボンニュートラルは，温室効果ガスの排出量を，森林の吸収量や技術によって除去した量を差し引き，全体としてゼロになっている状態のことです。カーボン(carbon)は「炭素」，ニュートラル(neutral)は「中立的」という意味があります。

■ 適格請求書等保存方式（インボイス制度）

　事業者が消費税を納めるとき，売上で受け取った消費税から仕入れにかかった消費税を差し引きます。これを消費税の仕入税額控除といいます。**適格請求書等保存方式**は消費税の仕入税額控除の方式を定めたもので，**インボイス制度**と呼ばれています。売り手は買い手に消費税額などを伝えるために，一定の事項を記載した適格請求書（インボイス）を発行し，双方が保存することで仕入税額控除が適用されるようになります。

■ 忘れられる権利（消去権）

　インターネット上に掲載，拡散された情報はずっと残り続けます。**忘れられる権利**は，一定の要件の下，インターネット上に残っている個人に関する情報を削除することや，検索結果に表示されなくすることを求める権利です。**消去権**ともいいます。一般データ保護規則（GDPR）には，忘れられる権利が明文化されています。

■ 労働関連法規

　労働者の安全，心身の健康，雇用の安定化，職業生活の向上を目的として，労働安全衛生法，労働施策総合推進法（パワハラ防止法）などの法律があります。

● 労働安全衛生法

　労働安全衛生法は，職場における労働者の安全と健康を確保するとともに，快適な職場環境の形成を促進することを目的とする法律です。安全衛生管理体制の確立，労働災害防止のための具体的な措置，安全衛生教育の実施，健康診断・ストレスチェックの実施など，様々なルールが定められています。

● 労働施策総合推進法（パワハラ防止法）

　労働施策総合推進法は，労働者が能力を有効に発揮できるようにし，職業の安定と経済的・社会的地位の向上を図ることを目的とする法律です。労働者の多様な事情に応じて，安定的な雇用や職業生活の充実，生産性の向上を図るための施策を定めています。パワーハラスメントの防止に関する規定が設けられていることから**パワハラ防止法**とも呼ばれています。

■ 標準化の規格
● ISO 30414（内部及び外部人的資本報告の指針）

　ISO 30414（内部及び外部人的資本報告の指針）は，人的資本の情報開示に関する国際規格です。社内外のステークホルダーに向けて人的資本への取組みを情報開示するためのガイドラインで，情報開示するときの具体的な項目や指標が示されています。

● JIS Q 31000（リスクマネジメント）

　リスクを組織的に管理し，リスクの発生による損害の回避や低減を図る取組みを**リスクマネジメント**といいます。**JIS Q 31000** はリスクマネジメントに関する JIS 規格で，あらゆる業態・規模の組織においてリスクに対する最適な対応を行うための指針を示すものです。

■ マーケティングに関する用語

● CX（Customer Experience：顧客体験）

　CX（**カスタマーエクスペリエンス**）は，顧客が商品やサービスを知って興味を持った段階から，購入，利用，アフターフォローまでのすべてを通じて得る体験のことです。**顧客体験**ともいいます。なお，似た用語に **UX** がありますが（116 ページ参照），CX における購入や利用などの部分的な体験がそれぞれ UX になります。

● カスタマージャーニーマップ

　カスタマージャーニー（customer journey）は直訳すると「顧客の旅」という意味で，顧客が商品・サービスを知ってから購入，使用に至る道筋のことです。これを図で表現し，可視化したものを**カスタマージャーニーマップ**といいます。ペルソナ（人物像）を設定し，時系列に「認知」「検討」「購入」「利用」などのプロセスを定めて，それぞれ行動や心理を書き込みます。顧客が何を考えて，どのような行動を経て購入に至るのかを把握するのに役立てます。

■ 目標設定フレームワーク

　目標設定フレームワークは，目標達成に向けて必要な要素を整理し，目標を設定・管理する手法のことです。様々な種類があり，状況や目的に応じて使い分けることで，効果的な目標を設定できます。

● GROW モデル

　GROW モデルは，Goal（目標の設定），Reality（現状の把握），Resource（資源の発見），Options（選択肢の創出），Will（意志の確認）の要素で構成された，コーチングでよく用いられている手法です。各要素について思考・議論を行い，達成したい目標と現状のギャップを明確にします。そして，ギャップを埋めるため方法を考え，「いつから始めるか」「どれから取り組むか」などの実行することを明確にします。

●SMART

SMART は，Specific（具体的な），Measurable（測定可能な），Achievable（達成可能な），Relevant（関連性のある），Time bound（期限のある）という5つの要素に沿って，目標を立てる手法です。「具体的な目標であるか」「達成できる目標であるか」などを確認しながら，適切で明確な目標を設定することができます。

●KPIツリー

KPIツリーは，KGIを頂点として，KGIの達成に必要な要因（KPI）を細分化してツリー構造で表現したものです。目標達成までの道筋や指標が可視化され，わかりやすくなります。

■ SECI（Socialization（共同化），Externalization（表出化），Combination（連結化），Internalization（内面化））モデル

言語や図表で表現された知識を「形式知」といい，それに対して知識やノウハウなどの形式化されていない知識を「暗黙知」といいます。SECIモデル（セキモデル）は個人が持つ経験やスキルなどの暗黙値を形式知に変換するフレームワークで，ナレッジマネジメントの基礎となる理論です。共同化（Socialization），表出化（Externalization），連結化（Combination），内面化（Internalization）の4つのプロセスがあり，これらのプロセスを繰り返すことにより，暗黙知が形式知に変換され，組織の新しい知識を創造していくことができます。

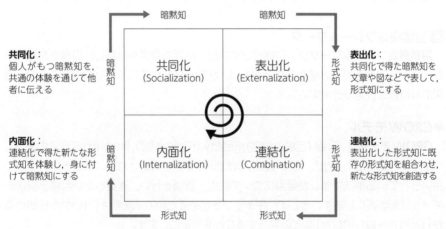

■ 行政分野におけるシステム

● デジタルガバメント

デジタルガバメントは，デジタル技術を活用し，行政サービスをより簡単に利用できるように，現在の行政のあり方そのものを変革する取組みのことです。単に情報システムを構築する，手続きをオンライン化するということではなく，Society 5.0時代にふさわしい行政サービスを国民一人一人が享受できるようにすることを目的としています。

● ガバメントクラウド

ガバメントクラウドは，国の行政機関や地方自治体の情報システムについて，共通的な基盤・機能を提供するクラウドサービスの利用環境です。デジタル社会の形成に向けた基本的な施策として，デジタル庁はガバメントクラウドの整備，運用を進めています。

● ベースレジストリ

ベースレジストリは，公的機関などで登録・公開され，様々な場面で参照される，人，法人，土地，建物，資格等の社会の基本データであり，正確性や最新性が確保された，社会の基幹となるデータベースのことです。対象となるデータはデジタル庁が指定したもので，商業・法人登記簿，電子国土基本図（地図情報），郵便番号，法令などがあります。

● e-Gov

e-Gov（イーガブ）は，行政サービス・施策に関する情報の案内，行政機関への電子申請などのサービスを提供する，デジタル庁が運営するWebサイトです。

出典：https://www.e-gov.go.jp/

●電子自治体，電子申請，電子調達

地方自治体では，コンピュータやネットワークなどの情報通信技術をあらゆる分野に活用し，住民や企業の事務負担の軽減，利便性の向上，事務の簡素化・合理化などを図っています。たとえば，オンライン化されたサービスとして**電子申請**や**電子調達**があります。電子申請では，従来は紙を使った申請や届け出などの手続を，インターネットを利用し，どこからでも行うことができます。電子調達も同様に，調達における入札の手続をインターネットで行えます。**電子自治体**は，こうした自治体のあり方や取組み，システム，サービスなどを示すものです。

■ 電子商取引に関する用語

●OMO（Online Merges with Offline）

OMOは，オンラインとオフラインを融合したサービスを提供するマーケティング手法です。実店舗とオンラインショップの境界を無くし，顧客はオンライン，オフラインを意識せずに，一貫したサービスと体験を得ることができます。代表的なサービスとして，スマホで注文して店舗で商品を受けとるモバイルオーダーがあります。

●NFT（Non-Fungible Token）

NFTは「代替不可能なトークン」と呼ばれる，ブロックチェーンに記録されるデジタルデータです。トークンごとに固有のIDを持ち，世界に同じものは存在せず，データの改ざんも不可能です。こうした特徴から，デジタルアートなどのデジタルコンテンツに紐づけして，デジタルコンテンツが本物であることや所有権を証明する技術に用いられています。

●中央銀行発行デジタル通貨（CBDC）

中央銀行は国の金融機構の中核となる銀行のことで，日本では日本銀行が該当します。**中央銀行発行デジタル通貨**（**CBDC**：Central Bank Digital Currency）は，中央銀行が発行する電子的なお金のことで，日本銀行ではCBDCを次の3点を満たすものであると定義しています。

(1) デジタル化されていること
(2) 円などの法定通貨建てであること
(3) 中央銀行の債務として発行されること

なお，現時点で日本ではCBDCは発行されておらず，CBDCに求められる機能や特性が技術的に実現可能かどうかを検証するための概念実証が行われています。

■ 自動運転レベル

運転者ではなくシステムが，運転操作に関わる認知，判断，操作の全てを代替して行い，車両を自動で走らせることを**自動運転**といいます。

自動運転レベルは自動運転化されている度合いを示すもので，レベル0〜5までの6段階があります。レベル0は自動運転化技術が何もない状態，レベル1とレベル2は部分的かつ持続的に自動化した状態で，自動運転ではなく運転支援に当たります。レベル3以上が自動運転で，レベル3は加速・操舵・制動を全てシステムが行い，システムが要請したときのみ運転者が対応する状態です。レベル4は決められた制限下において人が関与せずに完全自動走行する状態，レベル5は制限なく完全自動走行する状態です。

■ クラウドサービスの提供形態

● パブリッククラウド

パブリッククラウドは幅広く様々なユーザーに提供されるクラウドサービスで，提供されるリソースを他のユーザーと共有して利用します。

● プライベートクラウド

プライベートクラウドは，特定のユーザーがリソースを占有して利用するクラウドサービスのことです。クラウドサービス提供事業者からサービスの提供を受ける形態と，自分でクラウド環境の構築・運用を行う形態があります。

● ハイブリッドクラウド

ハイブリッドクラウドは，パブリッククラウドとプライベートクラウドを組み合わせて利用する形態です。オンプレミスを組み合わせる場合もあります。

● マルチクラウド

マルチクラウドは，異なるクラウドサービス提供事業者からサービスの提供を受けて，複数のクラウドサービスを併用して利用する形態です。

■ マネージドサービス

マネージドサービスは，サーバやクラウドサービス，セキュリティなど，ITに関わるインフラ環境の運用・保守などの業務を専門業者にアウトソーシングできるサービスのことです。

マネジメント系

■ MLOps

MLOpsは，DevOps の考え方を機械学習の分野に適用したもので，機械学習の開発担当者，運用担当者，データサイエンティストなどが密接に連携し，機械学習モデルの開発からサービスへの実装や運用を効率的に進める手法です。機械学習 (Machine Learning) と運用 (Operations) を合わせた造語で，「エムエルオプス」と読みます。

■ アジャイルに関する用語

● ユーザーストーリー

ユーザーストーリーは，エンドユーザーの視点からソフトウェアに求める要件を定義することです。「何を求めているのか」「どういう目的で必要なのか」といったことを，一般的なわかりやすい言葉で記載します。

● ふりかえり (レトロスペクティブ)

アジャイルでは，**イテレーション**と呼ぶ短い間隔で開発工程を繰り返し，ソフトウェアを段階的に開発していきます。**ふりかえり (レトロスペクティブ)** は，イテレーションの最後に行う活動で，今回のよかったことや問題点，次回の施策などを話し合います。

● 継続的インテグレーション (CI)

継続的インテグレーションは，作成したコードの結合とテストを継続的に繰返し行うことです。単体テストを通ったコードを頻繁に結合していくことで，早い段階で結合の問題を発見することができます。XP（エクストリームプログラミング）のプラクティスの1つで，**CI**（Continuous Integration）ともいいます。

● スクラムチーム (プロダクトオーナー，スクラムマスター，開発者)

スクラムチームはスクラムの基本単位で，プロダクトオーナー1人，スクラムマスター1人，複数の開発者で構成されます。

まず，**プロダクトオーナー**は開発の方向性を定める人で，スクラムチームから生み出されるプロダクト (製品やサービス) の価値を最大化することの結果に責任を持ち，プロダクトバックログを定義して優先順位を決定します。**スクラムマスター**は全体を支援・マネジメントする人で，チームのコーチやファシリテータとしてスクラムが円滑に進むように支援します。**開発者**は実際に開発作業に携わる人々です。

●プロダクトバックログ

　プロダクトバックログはプロダクトの開発・改善に必要なタスクや要求事項をまとめ，優先順位を付けて並べたリストです。最も重要な項目は一番上に表示されます。

●スプリントバックログ

　スプリントバックログは，スクラムにおける作成物の1つで，スプリントごとに達成すべき作業項目をまとめたリストです。

◼ SLO，SLI

　サービスマネジメントにおいて，サービスの提供者と利用者の間ではサービスレベルを定めた**SLA**（Service Level Agreement：サービスレベル合意書）を取り交わします（234ページ参照）。SLOやSLIもサービスレベルに関連する用語です。

●SLO（Service Level Objective）

　SLOは，サービス提供者がサービスレベルの目標・評価基準を定めたものです。**サービスレベル目標**ともいいます。サービスの提供者の「目標」として設定するものなので，一般的にはSLAよりも厳しい水準で設定されます。

●SLI（Service Level Indicator）

　SLIは，SLOを達成しているかを判断するため，その指標とする数値を定めたものです。**サービスレベル指標**ともいいます。

◼ AIOps

　AIOpsは，AI（人工知能）やビッグデータを活用して，IT運用の自動化や効率化を図る手法や考えのことです。従来，人が判断・対応していたことが，AIOpsの導入によって迅速かつ正確に行えるようになります。「Artificial Intelligence for IT Operations」の略で，「エーアイオプス」と読みます。

◼ ITマネジメント

　経営目標を達成するために，経営方針及びITガバナンスの方針に基づき，情報技術の最適な活用について策定したものをIT戦略といいます。**ITマネジメント**は，IT戦略で定めた各目標を達成するために，IT システムの利活用に関するコントロールを実行し，その結果を経営者に報告するための体制を整備・運用する活動です。

テクノロジ系

■ GPGPU

　GPGPUは，GPUの機能を画像処理以外の目的に応用することや，その技術です。たとえば，AI開発や科学技術計算などに利用されています。「General-purpose computing on graphics processing units」の略で，「GPUによる汎用計算」という意味です。

■ OSS（オープンソースソフトウェア）のライセンスに関する用語

● コピーレフト

　コピーレフトは，「著作権を保持したままで，すべての利用者にプログラムの複製や改変，再配布を認め，また，そのプログラムから派生した二次著作物（派生物）にはオリジナルと同じ配布条件を適用する」という考え方です。

● GPL（GNU General Public License）

　GPLはOSSで用いられる代表的なライセンスです。コピーレフト型で「著作権表示」「誰でも自由に複製，改変，配布できる」「無保証」「派生物に同一ライセンスを適用」といった規定があります。

■ LATCH（Location, Alphabet, Time, Category, Hierarchy）の法則

　LATCHの法則は情報を整理する手法で，Location（場所），Alphabet（アルファベット・あいうえおの順），Time（時間），Category（カテゴリー），Hierarchy（階層）を基準にして整理します。LATCHは「ラチ」や「ラッチ」と読みます。

■ メタバース

　メタバースは，インターネットを通じてアクセスするデジタルな仮想空間や，その関連サービスのことです。自分の分身のアバターを使って，他のユーザーとの交流をはじめ，様々な体験が可能です。メタバースの活用は，実在都市と連動したまちづくり，仮想オフィスでの会議，仮想空間での音楽ライブなど，多岐にわたります。

■ WiMAX

　WiMAXは無線通信技術の規格の1つで，半径10数Kmの広範囲において高速データ通信が可能です。「Worldwide Interoperability for Microwave Access（広域帯移動無線アクセスシステム）」の略で，「ワイマックス」と読みます。

◾ ISMAP（政府情報システムのためのセキュリティ評価制度）

ISMAP（政府情報システムのためのセキュリティ評価制度）は，政府が求めるセキュリティ要求を満たしているクラウドサービスをあらかじめ評価・登録することにより，政府のクラウドサービス調達におけるセキュリティ水準の確保を図り，政府機関などへのクラウドサービスの円滑な導入に資することを目的とする制度です。

ISMAP は「Information system Security Management and Assessment Program」の略で，「イスマップ」と読みます。

◾ EDR（Endpoint Detection and Response）

ネットワークに接続されている PC，スマートフォン，サーバなどのデバイスをエンドポイントといいます。**EDR**は，エンドポイントで動作する OS やアプリケーションの挙動を監視し，悪意のある攻撃を示す異常な挙動や活動の兆候を検知する仕組みです。また，マルウェア感染後には被害を抑える対応を行います。従来のようなパターンファイルで既知のマルウェアを検知する仕組みとは異なり，既知のマルウェアだけでなく，未知のマルウェアに対しても有効です。

◾ 二重脅迫（ダブルエクストーション）

二重脅迫（ダブルエクストーション）は，ランサムウェアの攻撃で用いられる手口です。ランサムウェアは，データを暗号化し，その解除のために身代金を要求します。さらに二重脅迫では，身代金を支払わない場合，盗んだ機密情報などの重要データを公開すると脅迫します。

◾ ランサムウェア対策

● 3-2-1 ルール

3-2-1 ルールは，データのバックアップに関するルールです。まず，オリジナルデータから，2 つ以上のコピーを作成します。そして，コピーしたデータを，異なる媒体に保存します。コピーしたデータのうち，1 つを物理的に離れた遠隔地で保管します。このようにデータを保存する媒体や保管場所を分けることで，データを安全に保つことができます。

● WORM（Write Once Read Many）機能

WORM 機能は，一度データを書き込んだら変更や削除ができないようにする仕組みや機能のことです。「Write Once Read Many」の略で，書き込みは 1 回だけ，読み取りは何回でも可能という意味です。

●イミュータブルバックアップ

　イミュータブルバックアップは，バックアップしたデータを変更不可能な状態にして保護する機能です。イミュータブル (Immutable) は「不変」や「変化しない」という意味で，ランサムウェアなどの攻撃によってバックアップしたデータが変更されることを防ぎます。

■ リスクベース認証

　リスクベース認証は，利用者の行動パターンや位置情報などから，普段と異なる利用と判断した場合，追加の本人認証を要求する認証方法です。

■ 利用者認証のために利用される技術
●パスワードレス認証

　パスワードレス認証は，パスワードを使わずに，顔や指紋での生体情報やPINなどによって本人を確認する認証方法です。

●EMV 3-D セキュア（3D セキュア 2.0）

　EMV 3-D セキュアは，インターネット上でクレジットカード決済を行うときの本人認証サービスです。本人ではない，第三者によるクレジットカードの不正利用を防止します。**3D セキュア 2.0**ともいいます。

■ トラストアンカー（信頼の基点）

　トラストアンカーは，インターネットなどでの電子的な認証を行ったとき，「正しい通信相手である」「信頼できる存在である」などが証明され，信頼が確保される基点のことです。**信頼の基点**ともいいます。たとえば，デジタル証明書の有効性を検証する場合，このデジタル証明書から出発して順にたどって，自分が信用するCAまでを結びます。この場合，CAがトラストアンカーになります。

付録

模擬問題

- 模擬問題
- 解答と解説

Q 問題

問1　最終製品の納期と製造量に基づいて，製造に必要な構成部品の在庫量の最適化を図りたい。この目的を実現するための施策として，最も適切なものはどれか。

 ア　CRMシステムの構築   イ　MRPシステムの構築
 ウ　POSシステムの構築   エ　SFAシステムの構築

問2　グリーンITの考え方に基づく取組みの事例として，適切なものはどれか。

 ア　LEDの青色光による目の疲労を軽減するよう配慮したディスプレイを使用する。
 イ　サーバ室の出入口にエアシャワー装置を設置する。
 ウ　災害時に備えたバックアップシステムを構築する。
 エ　資料の紙への印刷は制限して，PCのディスプレイによる閲覧に留めることを原則とする。

問3　単価200円の商品を5万個販売したところ，300万円の利益を得た。固定費が300万円のとき，商品1個当たりの変動費は何円か。

 ア　60   イ　80   ウ　100   エ　140

問4　BPRに関する記述として，適切なものはどれか。

 ア　業務の手順を改めて見直し，抜本的に再設計する考え方
 イ　サービスの事業者が利用者に対して，サービスの品質を具体的な数値として保証する契約
 ウ　参加している人が自由に書込みができるコンピュータシステム上の掲示板
 エ　情報システムを導入する際に，ユーザーがベンダに提供する導入システムの概要や調達条件を記述した文書

問5　TOBの説明として，最も適切なものはどれか。

ア　経営権の取得や資本参加を目的として，買い取りたい株数，価格，期限などを公告して不特定多数の株主から株式市場外で株式を買い集めること

イ　経営権の取得を目的として，経営陣や幹部社員が親会社などから株式や営業資産を買い取ること

ウ　事業に必要な資金の調達を目的として，自社の株式を株式市場に新規に公開すること

エ　社会的責任の遂行を目的として，利益の追求だけでなく社会貢献や環境へ配慮した活動を行うこと

問6　部品製造会社Aでは製造工程における不良品発生を減らすために，業績評価指標の一つとして歩留り率を設定した。バランススコアカードの四つの視点のうち，歩留り率を設定する視点として，最も適切なものはどれか。

ア　学習と成長　　　イ　業務プロセス　　　ウ　顧客　　　エ　財務

問7　定義すべき要件を業務要件とシステム要件に分けたとき，業務要件に当たるものはどれか。

ア　オンラインシステムの稼働率は99%以上とする。

イ　情報漏えいを防ぐために，ネットワークを介して授受するデータを暗号化する。

ウ　操作性向上のために，画面表示にはWebブラウザを使用する。

エ　物流コストを削減するために出庫作業の自動化率を高める。

問8　UX（User Experience）の説明として，最も適切なものはどれか。

ア　主に高齢者や障害者などを含め，できる限り多くの人が等しく利用しやすいように配慮したソフトウェア製品の設計

イ　顧客データの分析を基に顧客を識別し，コールセンターやインターネットなどのチャネルを用いて顧客との関係を深める手法

ウ　指定された条件の下で，利用者が効率よく利用できるソフトウェア製品の能力

エ　製品，システム，サービスなどの利用場面を想定したり，実際に利用したりすることによって得られる人の感じ方や反応

問9 ソフトウェアパッケージに添付した取扱説明書の内容を保護する権利はどれか。

    ア 意匠権   **イ** 商標権   **ウ** 著作権   **エ** 特許権

問10 情報システム戦略策定の主たる目的として，適切なものはどれか。

    ア 新たに構築する業務と情報システムに対する要件を明確にし，それを基にIT化の範囲を決定してその具体的機能を明示する。

    イ 経営戦略に基づいた情報システム全体のあるべき姿を明確にして，組織としての情報システム全体の最適化方針を決定する。

    ウ 情報システム開発のために，組織として開発方法と管理方法を決定し，それらに基づいて開発と管理の標準手順を設定する。

    エ 対象とする業務の情報システム構築に関する要求事項を整理し，そのシステム化の方針と構築のための実施計画を作成する。

問11 顧客の購買行動を分析する手法の一つであるRFM分析で用いる指標で，Rが示すものはどれか。ここで，括弧内は具体的な項目の例示である。

    ア Reaction（アンケート好感度）   **イ** Recency（最終購買日）

    ウ Request（要望）   **エ** Respect（ブランド信頼度）

問12 利用者と提供者をマッチングさせることによって，個人や企業が所有する自動車，住居，衣服などの使われていない資産を他者に貸与したり，提供者の空き時間に買い物代行，語学レッスンなどの役務を提供したりするサービスや仕組みはどれか。

    ア クラウドコンピューティング   **イ** シェアリングエコノミー

    ウ テレワーク   **エ** ワークシェアリング

問13 自社が保有する複数の事業への経営資源の配分を最適化するために用いられるPPMの評価軸として，適切なものはどれか。

    ア 技術と製品   **イ** 市場成長率と市場シェア

    ウ 製品と市場   **エ** 強み・弱みと機会・脅威

問14 不正アクセス禁止法において，規制されている行為はどれか。

ア ウイルスに感染した個人所有のPCから会社へメールを送信して，ウイルスを社内へ広めた。
イ 会社でサーバにアクセスして，自宅で業務を行うための情報をUSBメモリにダウンロードして持ち帰った。
ウ 会社の不法行為を知って，その情報を第三者の運営するWebサイトの掲示板で公開した。
エ 他人のネットワークアクセス用のIDとパスワードを，本人に無断でアクセス権限のない第三者に教えた。

問15 デザイン思考の例として，最も適切なものはどれか。

ア Webページのレイアウトなどを定義したスタイルシートを使用し，ホームページをデザインする。
イ アプローチの中心は常に製品やサービスの利用者であり，利用者の本質的なニーズに基づき，製品やサービスをデザインする。
ウ 業務の迅速化や効率化を図ることを目的に，業務プロセスを抜本的に再デザインする。
エ データと手続を備えたオブジェクトの集まりとして捉え，情報システム全体をデザインする。

問16 性別，年齢，国籍，経験などが個人ごとに異なるような多様性を示す言葉として，適切なものはどれか。

ア グラスシーリング　　　　　　　　　**イ** ダイバーシティ
ウ ホワイトカラーエグゼンプション　　**エ** ワークライフバランス

問17 X社のシステム部門に所属しているA氏は，自社の会計システムの再構築プロジェクトの責任者を任された。システムの再構築を，企画プロセス，要件定義プロセス，開発プロセスの順で進めるとき，企画プロセスにおけるシステム化計画の立案作業でA氏が実施する作業として，適切なものはどれか。

ア 画面，帳票などのユーザインタフェース要件を確定する。
イ システムに対する制約条件や業務要件について，関係者の合意を得る。
ウ 提案依頼書を作成し，ベンダ企業に提案書の提出を求める。
エ 品質，コスト，納期の目標値と優先順位を設定する。

問18 トレーサビリティに該当する事例として，適切なものはどれか。

　ア　インターネットやWebの技術を利用して，コンピュータを教育に応用する。
　イ　開発部門を自社内に抱えずに，開発業務を全て外部の専門企業に任せる。
　ウ　個人の知識や情報を組織全体で共有し，有効に活用して業績を上げる。
　エ　肉や魚に貼ってあるラベルをよりどころに生産から販売までの履歴を確認できる。

問19 情報を活用できる環境や能力の差によって，待遇や収入などの格差が生じることを表すものはどれか。

　ア　情報バリアフリー　　　　　　　　イ　情報リテラシ
　ウ　デジタルディバイド　　　　　　　エ　データマイニング

問20 国際標準化機関に関する記述のうち，適切なものはどれか。

　ア　ICANNは，工業や科学技術分野の国際標準化機関である。
　イ　IECは，電子商取引分野の国際標準化機関である。
　ウ　IEEEは，会計分野の国際標準化機関である。
　エ　ITUは，電気通信分野の国際標準化機関である。

問21 財務諸表のうち，“営業活動”，“投資活動”，“財務活動”の三つの活動区分に分けて表すものはどれか。

　ア　キャッシュフロー計算書　　　　　イ　損益計算書
　ウ　貸借対照表　　　　　　　　　　　エ　有価証券報告書

問22 個人情報を他社に渡した事例のうち，個人情報保護法において，本人の同意が必要なものはどれか。

　ア　親会社の新製品を案内するために，顧客情報を親会社へ渡した。
　イ　顧客リストの作成が必要になり，その作業を委託するために，顧客情報をデータ入力業者へ渡した。
　ウ　身体に危害を及ぼすリコール対象製品を回収するために，顧客情報をメーカへ渡した。
　エ　請求書の配送業務を委託するために，顧客情報を配送業者へ渡した。

問23 IoTに関する事例として，最も適切なものはどれか。

- **ア** インターネット上に自分のプロファイルを公開し，コミュニケーションの輪を広げる。
- **イ** インターネット上の店舗や通信販売のWebサイトにおいて，ある商品を検索すると，類似商品の広告が表示される。
- **ウ** 学校などにおける授業や講義をあらかじめ録画し，インターネットで配信する。
- **エ** 発電設備の運転状況をインターネット経由で遠隔監視し，発電設備の性能管理，不具合の予兆検知及び補修対応に役立てる。

問24 コーポレートガバナンスを強化するための施策として，最も適切なものはどれか。

- **ア** 業務の執行を行う執行役が，取締役の職務の適否を監査する。
- **イ** 社外取締役の過半数に，親会社や取引先の関係者を登用する。
- **ウ** 独立性の高い社外取締役を登用する。
- **エ** 取締役会が経営の監督と業務執行を一元的に行って内部統制を図る。

問25 ある業務システムの新規開発を計画している企業が，SIベンダに出すRFIの目的として，適切なものはどれか。

- **ア** 業務システムの開発のための契約を結ぶのに先立って，ベンダの開発計画とその体制が知りたい。
- **イ** 業務システムの開発を依頼してよいベンダか否かを判断するための必要な情報を得たい。
- **ウ** 業務システムの開発を依頼するに当たって，ベンダの正式な見積り金額を知りたい。
- **エ** 業務システムの開発をベンダに依頼するに当たって，ベンダとの間に機密保持契約を結びたい。

問26 不正競争防止法の営業秘密に該当するものはどれか。

- **ア** インターネットで公開されている技術情報を印刷し，部外秘と表示してファイリングした資料
- **イ** 限定された社員の管理下にあり，施錠した書庫に保管している，自社に関する不正取引の記録
- **ウ** 社外秘としての管理の有無にかかわらず，秘密保持義務を含んだ就業規則に従って勤務する社員が取り扱う書類
- **エ** 秘密保持契約を締結した下請業者に対し，部外秘と表示して開示したシステム設計書

問27 MOT（Management of Technology）の目的として，適切なものはどれか。

ア　企業経営や生産管理において数学や自然科学などを用いることで，生産性の向上を図る。
イ　技術革新を効果的に自社のビジネスに結び付けて企業の成長を図る。
ウ　従業員が製品の質の向上について組織的に努力することで，企業としての品質向上を図る。
エ　職場において上司などから実際の業務を通して必要な技術や知識を習得することで，業務処理能力の向上を図る。

問28 ワークフローシステムの活用事例として，最も適切なものはどれか。

ア　機器を購入するに当たり，申請書類の起案からりん議決裁に至るまでの一連の流れをネットワーク上で行う。
イ　資材調達，生産，販売，物流などの情報を一貫して連携することで，無駄な在庫を削減する。
ウ　自社と得意先との間で，見積書や注文書などの商取引の情報をネットワーク経由で相互にやり取りする。
エ　自動車工場の生産ラインにおいて，自工程の生産状況に合わせて，必要な部品を必要なだけ前工程から調達する。

問29 "モノ"の流れに着目して企業の活動を購買，製造，出荷物流，販売などの主活動と，人事管理，技術開発などの支援活動に分けることによって，企業が提供する製品やサービスの付加価値が事業活動のどの部分で生みだされているかを分析する考え方はどれか。

ア　コアコンピタンス　　　　　　　イ　バリューチェーン
ウ　プロダクトポートフォリオ　　　エ　プロダクトライフサイクル

問30 企業の商品戦略上留意すべき事象である"コモディティ化"の事例はどれか。

ア　新商品を投入したところ，他社商品が追随して機能の差別化が失われ，最終的に低価格化競争に陥ってしまった。
イ　新商品を投入したところ，類似した機能をもつ既存の自社商品の売上が新商品に奪われてしまった。
ウ　新商品を投入したものの，広告宣伝の効果が薄く，知名度が上がらずに売上が伸びなかった。
エ　新商品を投入したものの，当初から頻繁に安売りしたことによって，目指していた高級ブランドのイメージが損なわれてしまった。

問31 情報システムのサービスを行っているA社は，B社に対して表に示す分担で施設や機器などを提供する契約を締結した。A社が提供するサービスの内容として，適切なものはどれか。

対象となる情報資産	A社	B社
コンピュータや通信機器を設置する施設	○	
設置するコンピュータや通信機器	○	
コンピュータ上で稼働する業務アプリケーション		○

ア SaaS
ウ ハウジングサービス
イ システム開発の受託
エ ホスティングサービス

問32 労働者派遣に関連する記述のうち，派遣先の企業が行わなければならないことはどれか。

ア 派遣労働者からの苦情に対する適切かつ迅速な処理
イ 派遣労働者に対する給与や勤務時間の明示
ウ 派遣労働者のキャリアに関する助言，指導
エ 派遣労働者の雇用の安定を図るために必要な措置

問33 RPA（Robotic Process Automation）の事例として，最も適切なものはどれか。

ア 高度で非定型な判断だけを人間の代わりに自動で行うソフトウェアが，求人サイトにエントリーされたデータから採用候補者を選定する。
イ 人間の形をしたロボットが，銀行の窓口での接客など非定型な業務を自動で行う。
ウ ルール化された定型的な操作を人間の代わりに自動で行うソフトウェアが，インターネットで受け付けた注文データを配送システムに転記する。
エ ロボットが，工場の製造現場で組立てなどの定型的な作業を人間の代わりに自動で行う。

問34 コンカレントエンジニアリングの説明として，適切なものはどれか。

ア 既存の製品を分解し，構造を解明することによって，技術を獲得する手法
イ 仕事の流れや方法を根本的に見直すことによって，望ましい業務の姿に変革する手法
ウ 条件を適切に設定することによって，なるべく少ない回数で効率的に実験を実施する手法
エ 製品の企画，設計，生産などの各工程をできるだけ並行して進めることによって，全体の期間を短縮する手法

問35～問54までは，マネジメント系の問題です。

問35　SLAの中に含めるサービスレベルに関する条文の例として，最も適切なものはどれか。ここで，甲は委託者，乙は提供者とする。

- **ア**　乙が監視するネットワークにおいて回線異常を検知した場合には，検知した異常の内容を60分以内に甲に報告するものとする。
- **イ**　乙は別に定める秘密事項を第三者に開示しないものとする。ただし，事前に甲から書面による承諾を得た場合はこの限りではない。
- **ウ**　作成されたプログラムなどに瑕疵(かし)があった場合，乙は別に定めるプログラムなどの検収のための引渡しの日から1年間の瑕疵担保責任を負うものとする。
- **エ**　納入物に関する著作権は乙に留保される。ただし，甲は本件ソフトウェアの著作物の複製品を，著作権法の規定に基づいて複製，翻案することができる。

問36　プロジェクトにおけるリスクには，マイナスのリスクとプラスのリスクがある。スケジュールに関するリスク対応策のうち，プラスのリスクへの対応策に該当するものはどれか。

- **ア**　インフルエンザで要員が勤務できなくならないように，インフルエンザが流行する前にメンバ全員に予防接種を受けさせる。
- **イ**　スケジュールを前倒しすると全体のコストを下げられるとき，プログラム作成を並行して作業することによって全体の期間を短縮する。
- **ウ**　突発的な要員の離脱によるスケジュールの遅れに備えて，事前に交代要員を確保する。
- **エ**　納期遅延の違約金の支払に備えて，損害保険に加入する。

問37　ホワイトボックステストのテストケース作成に関する記述のうち，適切なものはどれか。

- **ア**　入力条件が数値である項目に対して，文字データを設定してテストケースを作成する。
- **イ**　入力データと出力データを関係グラフで表現し，その有効な組合せをテストケースとして作成する。
- **ウ**　人の体重を入力するテストで，上限値を300kg，下限値を500gと設定してテストケースを作成する。
- **エ**　プログラムの全ての分岐経路を少なくとも1回実行するようにテストケースを作成する。

問38 内部統制を機能させるための方策として，適切なものはどれか。

ア 業務範囲や役割分担を示す職務記述書を作成しない。
イ 後任者への引継ぎ書を作成しない。
ウ 購買と支払の業務を同一人に担当させない。
エ システム開発と運用の担当を分離しない。

問39 セキュリティワイヤの用途として，適切なものはどれか。

ア 火災が発生した場合に重要な機器が焼失しないようにする。
イ 事務室に設置されているノート型PCの盗難を防止する。
ウ 社外で使用するノート型PCの画面の盗み見を防止する。
エ 停電が発生した場合でもシステムに代替電力を供給する。

問40 ITガバナンスの実現を目的とした活動の事例として，最も適切なものはどれか。

ア ある特定の操作を社内システムで行うと，無応答になる不具合を見つけたので，担当者
　　ではないが自らの判断でシステムの修正を行った。
イ 業務効率向上の経営戦略に基づき社内システムをどこでも利用できるようにするために，
　　タブレット端末を活用するIT戦略を立てて導入支援体制を確立した。
ウ 社内システムが稼働しているサーバ，PC，ディスプレイなどを，地震で机やラックから
　　転落しないように耐震テープで固定した。
エ 社内システムの保守担当者が，自己のキャリアパス実現のためにプロジェクトマネジメン
　　ト能力を高める必要があると考え，自己啓発を行った。

問41 システム開発プロセスには，システム要件定義，ソフトウェア要件定義，ソフトウェア方式
　　設計，ソフトウェア詳細設計などがある。システム要件定義で実施する作業として，適切なも
　　のはどれか。

ア 応答時間の目標値の決定
イ データベースのレコード及び主キーの決定
ウ データを処理するアルゴリズムの決定
エ プログラム間でやり取りされるデータの形式の決定

問42 メールシステムに関するサービスマネジメントのPDCAサイクルのうち，C（Check）に該当するものはどれか。

　ア　メールシステムの応答時間を短縮するために，サーバ構成の見直しを提案した。
　イ　メールシステムの稼働率などの目標値を設定し，必要な資源を明確にした。
　ウ　メールシステムの障害回数や回復時間を測定して稼働率を算出し，目標値との比較を行った。
　エ　メールシステムの設計内容に従って，ファイルの割当てなどのシステムのセットアップ作業を実施した。

問43 プロジェクトが発足したときに，プロジェクトマネージャがプロジェクト運営を行うために作成するものはどれか。

　ア　提案依頼書　　　　　　　　　　イ　プロジェクト実施報告書
　ウ　プロジェクトマネジメント計画書　　エ　要件定義書

問44 図に示す情報システムライフサイクルのうち，システム監査の監査対象として適切な工程はどれか。ここで，各矢印は監査対象の範囲を示す。

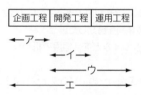

問45 20本のプログラムを作成するに当たり，プログラム1本につき，作業期間が1日，コストが4万円と見積もり，作成に着手した。開始からの10日間で8本作成し，累積コストは36万円になっていた。残りのプログラムは未着手である。このままの生産性で進めると，見積りに対する超過コストは最終的に何万円になるか。

　ア　4　　　　　　　　　イ　6　　　　　　　　　ウ　10　　　　　　　　　エ　18

問46 PMBOKについて説明したものはどれか。

ア　システム開発を行う組織がプロセス改善を行うためのガイドラインとなるものである。

イ　組織全体のプロジェクトマネジメントの能力と品質を向上し，個々のプロジェクトを支援することを目的に設置される専門部署である。

ウ　ソフトウェアエンジニアリングに関する理論や方法論，ノウハウ，そのほかの各種知識を体系化したものである。

エ　プロジェクトマネジメントの知識を体系化したものである。

問47 社内で開発したソフトウェアの本番環境への導入に関する記述のうち，最も適切なものはどれか。

ア　開発したソフトウェアの規模によらず必ず導入後のシステム監査を行い，監査報告書を作成する必要がある。

イ　ソフトウェア導入に当たっては，実施者，責任者などの実施体制を明確にしておく必要がある。

ウ　ソフトウェア導入は開発作業に比べて短期間に実施できるので，導入手順書を作成する必要はない。

エ　ソフトウェア導入はシステム部門だけで実施する作業なので，作業結果を文書化して利用部門に伝える必要はない。

問48 部門サーバに対するファシリティマネジメントにおける環境整備の実施事項として，適切なものはどれか。

ア　ウイルス対策ソフトを導入した。

イ　定められた時刻にバックアップが実施されるなどの自動運転機能を設けた。

ウ　設置場所は水漏れのおそれのある配水管の近くを避けた。

エ　ネットワークを介して伝送する情報などを暗号化する機能を設けた。

問49　アジャイル開発の特徴として，適切なものはどれか。

- **ア**　各工程間の情報はドキュメントによって引き継がれるので，開発全体の進捗が把握しやすい。
- **イ**　各工程でプロトタイピングを実施するので，潜在している問題や要求を見つけ出すことができる。
- **ウ**　段階的に開発を進めるので，最後の工程で不具合が発生すると，遡って修正が発生し，手戻り作業が多くなる。
- **エ**　ドキュメントの作成よりもソフトウェアの作成を優先し，変化する顧客の要望を素早く取り入れることができる。

問50　プロジェクト・スコープ・マネジメントで実施する作業として，適切なものはどれか。

- **ア**　プロジェクトチームを編成し，要員を育成する。
- **イ**　プロジェクトに必要な作業を，過不足なく抽出する。
- **ウ**　プロジェクトのステークホルダを把握し，連絡方法を決定する。
- **エ**　プロジェクトのリスクを識別し，対策案を検討する。

問51　インシデント管理の目的について説明したものはどれか。

- **ア**　ITサービスで利用する新しいソフトウェアを稼働環境へ移行するための作業を確実に行う。
- **イ**　ITサービスに関する変更要求に基づいて発生する一連の作業を管理する。
- **ウ**　ITサービスを阻害する要因が発生したときに，ITサービスを一刻も早く復旧させて，ビジネスへの影響をできるだけ小さくする。
- **エ**　ITサービスを提供するために必要な要素とその組合せの情報を管理する。

問52　ソフトウェア開発とその取引の適正化に向けて，それらのベースとなる作業項目を一つ一つ定義し，標準化したものはどれか。

- **ア**　SLCP
- **イ**　WBS
- **ウ**　オブジェクト指向
- **エ**　データ中心アプローチ

問53 情報システムの利用者対応のため，サービスデスクの導入を検討している。サービスデスクにおけるインシデントの受付や対応に関する記述のうち，最も適切なものはどれか。

ア　利用者からの障害連絡に対しては，解決方法が正式に決まるまでは利用者へ情報提供を行わない。

イ　利用者からの障害連絡に対しては，障害の原因の究明ではなく，サービスの回復を主眼として対応する。

ウ　利用者からの問合せの受付は，利用者の組織の状況にかかわらず，電子メール，電話，FAXなどのうち，いずれか一つの手段に統一する。

エ　利用者からの問合せは，すぐに解決できなかったものだけを記録する。

問54 システム監査の実施内容に関する記述のうち，適切なものはどれか。

ア　ISO 9001に基づく品質マネジメントシステムを，品質管理責任者が構築し運営する。

イ　開発担当者が自ら開発したシステムの内容をテストする。

ウ　情報システムのリスクに対するコントロールが適切に整備・運用されているかを，監査対象から独立した第三者が評価する。

エ　専用のソフトウェアを使って，システム管理者がシステムのセキュリティホールを自ら検証する。

> **問55〜問100までは，テクノロジ系の問題です。**

問55 LPWAの特徴として，適切なものはどれか。

ア AIに関する技術であり，ルールなどを明示的にプログラミングすることなく，入力された
データからコンピュータが新たな知識やルールなどを獲得できる。

イ 低消費電力型の広域無線ネットワークであり，通信速度は携帯電話システムと比較して低
速なものの，一般的な電池で数年以上の運用が可能な省電力性と，最大で数十kmの通
信が可能な広域性を有している。

ウ 分散型台帳技術の一つであり，複数の取引記録をまとめたデータを順次作成し，直前の
データのハッシュ値を埋め込むことによって，データを相互に関連付け，矛盾なく改ざん
することを困難にして，データの信頼性を高めている。

エ 無線LANの暗号化方式であり，脆弱性が指摘されているWEPに代わって利用が推奨さ
れている。

問56 AIにおける基盤モデルの特徴として，最も適切なものはどれか。

ア "AならばBである"といったルールを大量に学習しておき，それらのルールに基づいた演
繹的な判断の結果を応答する。

イ 機械学習用の画像データに，何を表しているかを識別できるように "犬" や "猫" などの情
報を注釈として付与した学習データを作成し，事前学習に用いる。

ウ 広範囲かつ大量のデータを事前学習しておき，その後の学習を通じて微調整を行うことに
よって，質問応答や画像識別など，幅広い用途に適応できる。

エ 大量のデータの中から，想定値より大きく外れている例外データだけを学習させることに
よって，予測の精度をさらに高めることができる。

問57 シンクライアントの特徴として，適切なものはどれか。

ア 端末内にデータが残らないので，情報漏えい対策として注目されている。

イ データが複数のディスクに分散配置されるので，可用性が高い。

ウ ネットワーク上で，複数のサービスを利用する際に，最初に1回だけ認証を受ければすべ
てのサービスを利用できるので，利便性が高い。

エ パスワードに加えて指紋や虹彩による認証を行うので機密性が高い。

問58 ランサムウェアの説明として，適切なものはどれか。

ア ウイルスなどを検知して，コンピュータを脅威から守り，安全性を高めるソフトウェアの総称

イ 感染すると勝手にファイルやデータの暗号化などを行って，正常にデータにアクセスできないようにし，元に戻すための代金を利用者に要求するソフトウェア

ウ キーボード入力や画面出力といった入出力機能や，ディスクやメモリの管理などコンピュータシステム全体を管理するソフトウェア

エ ローマ字から平仮名や片仮名へ変換したり，仮名から漢字へ変換するなどコンピュータでの利用者の文字入力を補助するソフトウェア

問59 札幌にある日本料理の店と函館にある日本料理の店をまとめて探したい。検索条件を表す論理式はどれか。

ア （"札幌" AND "函館"）AND "日本料理"
イ （"札幌" AND "函館"）OR "日本料理"
ウ （"札幌" OR "函館"）AND "日本料理"
エ （"札幌" OR "函館"）OR "日本料理"

問60 プラグアンドプレイ機能によって行われるものとして，適切なものはどれか。

ア DVDビデオ挿入時に行われる自動再生
イ 新規に接続された周辺機器に対応するデバイスドライバのOSへの組込み
ウ 接続されている周辺機器の故障診断
エ ディスクドライブの定期的なウイルススキャン

問61 1台のコンピュータを論理的に分割し，それぞれで独立したOSとアプリケーションソフトを実行させ，あたかも複数のコンピュータが同時に稼働しているかのように見せる技術として，最も適切なものはどれか。

ア NAS　　　イ 拡張現実　　　ウ 仮想化　　　エ マルチブート

問62 複数のIoTデバイスとそれらを管理するIoTサーバで構成されるIoTシステムにおける,エッジコンピューティングに関する記述として,適切なものはどれか。

ア　IoTサーバ上のデータベースの複製を別のサーバにも置き,両者を常に同期させて運用する。

イ　IoTデバイス群の近くにコンピュータを配置して,IoTサーバの負荷低減とIoTシステムのリアルタイム性向上に有効な処理を行わせる。

ウ　IoTデバイスとIoTサーバ間の通信負荷の状況に応じて,ネットワークの構成を自動的に最適化する。

エ　IoTデバイスを少ない電力で稼働させて,一般的な電池で長期間の連続運用を行う。

問63 情報セキュリティマネジメントシステムを構築した企業において,情報セキュリティ方針を改訂したことを周知する範囲として,適切なものはどれか。

ア　機密情報を扱う部署の従業員

イ　経営者

ウ　全ての従業員及び関連する外部関係者

エ　セキュリティ管理者

問64 関係データベースの設計で用いられるE-R図が表現するものは何か。

ア　時間や行動などに応じて変化する状態の動き

イ　システムの入力データ,処理,出力データの関係

ウ　対象世界を構成する実体(人,物,場所,事象など)と実体間の関連

エ　データの流れに着目したときの,業務プロセスの動き

問65 IoTデバイスとIoTサーバで構成され,IoTデバイスが計測した外気温をIoTサーバへ送り,IoTサーバからの指示でIoTデバイスに搭載されたモータが窓を開閉するシステムがある。このシステムにおけるアクチュエーターの役割として,適切なものはどれか。

ア　IoTデバイスから送られてくる外気温のデータを受信する。

イ　IoTデバイスに対して窓の開閉指示を送信する。

ウ　外気温を電気信号に変換する。

エ　窓を開閉する。

問66 ファイルシステムに関する次の記述中のa〜cに入れる字句の適切な組合せはどれか。

　PCでファイルやディレクトリを階層的に管理するとき，最上位の階層に当たるディレクトリを ａ ディレクトリ，現時点で利用者が操作を行っているディレクトリを ｂ ディレクトリという。 ｂ ディレクトリを基点としてファイルやディレクトリの所在場所を示す表記を ｃ パスという。

	a	b	c
ア	カレント	ルート	絶対
イ	カレント	ルート	相対
ウ	ルート	カレント	絶対
エ	ルート	カレント	相対

問67 ISMSにおけるセキュリティリスクへの対応には，リスク移転，リスク回避，リスク受容及びリスク低減がある。リスク回避に該当する事例はどれか。

　ア　セキュリティ対策を行って，問題発生の可能性を下げた。
　イ　問題発生時の損害に備えて，保険に入った。
　ウ　リスクが小さいことを確認し，問題発生時は損害を負担することにした。
　エ　リスクの大きいサービスから撤退した。

問68 業務中に受信した電子メールの添付文書をワープロソフトで開いたら，ワープロソフトが異常終了した。受け取った電子メールがウイルスを含んでいた可能性が考えられる場合，適切な処置はどれか。

　ア　PCをネットワークから切り離した後，OSの再インストールをする。
　イ　PCをネットワークから切り離した後，速やかにシステム管理部門の担当者に連絡する。
　ウ　現象が再発するかどうか，必要ならワープロソフトを再インストールして現象を確かめる。
　エ　社員全員にウイルス発生の警告の電子メールを発信する。

問69 機械的な可動部分が無く，電力消費も少ないという特徴をもつ補助記憶装置はどれか。

　ア　CD-RWドライブ　　　　　　　イ　DVDドライブ
　ウ　HDD　　　　　　　　　　　　エ　SSD

問70 PCのOSに関する記述のうち，適切なものはどれか。

ア 1台のPCにインストールして起動することのできるOSは1種類だけである。

イ 64ビットCPUに対応するPC用OSは開発されていない。

ウ OSのバージョンアップに伴い，旧バージョンのOS環境で動作していた全てのアプリケーションソフトは動作しなくなる。

エ PCのOSには，ハードディスク以外のCD-ROMやUSBメモリなどの外部記憶装置を利用して起動できるものもある。

問71 ネットワークを構成する機器であるルータの機能の説明として，適切なものはどれか。

ア LANケーブル同士を接続し，ケーブルから受信した信号を増幅して他方のケーブルに送信する。

イ 異なるネットワークを相互接続し，パケットの中継を行う。

ウ 同一LAN内の機器を接続し，パケットの中継を行う。

エ 光ファイバのLANケーブルと銅線のLANケーブルを接続し，ケーブル上の信号を相互変換する。

問72 ワンタイムパスワードを用いることによって防げることはどれか。

ア 通信経路上におけるパスワードの盗聴

イ 不正侵入された場合の機密ファイルの改ざん

ウ 不正プログラムによるウイルス感染

エ 漏えいしたパスワードによる不正侵入

問73 情報セキュリティにおけるリスクアセスメントの説明として，適切なものはどれか。

ア PCやサーバに侵入したウイルスを，感染拡大のリスクを抑えながら駆除する。

イ 識別された資産に対するリスクを分析，評価し，基準に照らして対応が必要かどうかを判断する。

ウ 事前に登録された情報を使って，システムの利用者が本人であることを確認する。

エ 情報システムの導入に際し，費用対効果を算出する。

問74 ソーシャルエンジニアリングによる被害に結びつきやすい状況はどれか。

    ア   運用担当者のセキュリティ意識が低い。
    イ   サーバ室の天井の防水対策が行われていない。
    ウ   サーバへのアクセス制御が行われていない。
    エ   通信経路が暗号化されていない。

問75 バイオメトリクス認証はどれか。

    ア   個人の指紋や虹彩などの特徴に基づく認証
    イ   個人の知識に基づく認証
    ウ   個人のパターン認識能力に基づく認証
    エ   個人の問題解決能力に基づく認証

問76 あるオンラインストアは，商品の購入金額が5,000円未満の場合は送料800円が発生し，たとえば購入金額が2,000円のときは合計金額が2,800円になる。関数feeは，購入金額を表す0以上の整数を引数として受け取り，合計金額を返す。プログラム中の，a，bに入れる字句の適切な組合せはどれか。

[プログラム]
○整数型：fee（整数型：price）
  整数型：total
  total ←   a
  if (priceが5000未満)
      total ←   b
  endif
  return total

	a	b
ア	0	total + 800
イ	0	total + price +800
ウ	price	total + 800
エ	price	total + price +800

問77　OSS（Open Source Software）に関する記述のうち，適切なものはどれか。

　　ア　ソースコードは，一般利用者に開示されていない。
　　イ　ソースコードを再配布してはいけない。
　　ウ　ソフトウェアのセキュリティは，開発者によって保証されている。
　　エ　著作権は放棄されていない。

問78　IPネットワークを構成する機器①〜④のうち，受信したパケットの宛先IPアドレスを見て送信先を決定するものだけを全て挙げたものはどれか。

　　①　L2スイッチ
　　②　L3スイッチ
　　③　リピータ
　　④　ルータ

　　ア　①，③　　　　　　イ　①，④　　　　　　ウ　②，③　　　　　　エ　②，④

問79　手書き文字を読み取り，文字コードに変換したいときに用いる装置はどれか。

　　ア　BD-R　　　　　　イ　CD-R　　　　　　ウ　OCR　　　　　　エ　OMR

問80　関係データベースの主キーに関する記述のうち，適切なものはどれか。

　　ア　各表は，主キーだけで関係付ける。
　　イ　主キーの値として，同一のものがあってもよい。
　　ウ　主キーの値として，NULLをもつことができない。
　　エ　複数の列を組み合わせて主キーにすることはできない。

問81　OSI基本参照モデルの第3層に位置し，通信の経路選択機能や中継機能を果たす層はどれか。

　　ア　セション層　　　　　　　　　　イ　データリンク層
　　ウ　トランスポート層　　　　　　　エ　ネットワーク層

問82 情報システムに対する攻撃のうち，あるIDに対して所定の回数を超えてパスワードの入力を間違えたとき，当該IDの使用を停止させることが有効な防衛手段となるものはどれか。

ア DoS攻撃　　　　　　　　　　　イ SQLインジェクション
ウ 総当たり攻撃　　　　　　　　　エ フィッシング

問83 無線LANのアクセスポイントに備わるセキュリティ対策のうち，自身のESSIDの発信を停止するものはどれか。

ア MACアドレスフィルタリング　　イ WEP
ウ WPA　　　　　　　　　　　　　エ ステルス機能

問84 CPUの性能に関する記述のうち，適切なものはどれか。

ア 32ビットCPUと64ビットCPUでは，32ビットCPUの方が一度に処理するデータ長を大きくできる。
イ CPU内のキャッシュメモリの容量は，少ないほど処理速度が向上する。
ウ 同じ構造のCPUにおいて，クロック周波数を上げると処理速度が向上する。
エ デュアルコアCPUとクアッドコアCPUでは，デュアルコアCPUの方が同時に実行する処理の数を多くできる。

問85 関係データベースの"商品"表から価格が100円以上の商品の行（レコード）だけを全て抽出する操作を何というか。

商品

商品番号	商品名	価格（円）
S001	はさみ	200
S002	鉛筆	50
S003	ノート	120
S004	消しゴム	80
S005	定規	150

ア 結合　　　　イ 射影　　　　ウ 選択　　　　エ 和

問86 二つの2進数01011010との01101011を加算して得られる2進数はどれか。ここで，2進数は値が正の8ビットで表現するものとする。

ア 00110001　　イ 01111011　　ウ 10000100　　エ 11000101

問87 IPv4をIPv6に置き換える効果として，適切なものはどれか。

ア インターネットから直接アクセス可能なIPアドレスが他と重複しても，問題が生じなくなる。
イ インターネットから直接アクセス可能なIPアドレスの不足が，解消される。
ウ インターネットへの接続に光ファイバが利用できるようになる。
エ インターネットを利用するときの通信速度が速くなる。

問88 ソフトウェアの不具合を修正するために提供されるファイルのことを何と呼ぶか。

ア パターンファイル　　　　　　　イ バックアップファイル
ウ バッチファイル　　　　　　　　エ パッチファイル

問89 情報セキュリティの要素である機密性，完全性及び可用性のうち，完全性を高める例として，最も適切なものはどれか。

ア データの入力者以外の者が，入力されたデータの正しさをチェックする。
イ データを外部媒体に保存するときは，暗号化する。
ウ データを処理するシステムに予備電源を増設する。
エ ファイルに読出し用パスワードを設定する。

問90 拡張子"avi"が付くファイルが扱う対象として，最も適切なものはどれか。

ア 音声　　　　　　イ 静止画　　　　　ウ 動画　　　　　エ 文書

問91 情報の漏えいなどのセキュリティ事故が発生したときに，被害の拡大を防止する活動を行う組織はどれか。

    ア CSIRT   **イ** ISMS
    ウ MVNO   **エ** ディジタルフォレンジックス

問92 RSSの説明として，適切なものはどれか。

    ア Webサイトの色調やデザインに統一性をもたせるための仕組みである。
    イ Webサイトの見出しや要約などを記述するフォーマットであり，Webサイトの更新情報の公開に使われる。
    ウ Webページに小さな画像を埋め込み，利用者のアクセス動向の情報を収集するために用いられる仕組みである。
    エ 年齢や文化，障害の有無にかかわらず，多くの人が快適に利用できるWeb環境を提供する設計思想である。

問93 スパイウェアの説明はどれか。

    ア Webサイトの閲覧や画像のクリックだけで料金を請求する詐欺のこと
    イ 攻撃者がPCへの侵入後に利用するために，ログの消去やバックドアなどの攻撃ツールをパッケージ化して隠しておく仕組みのこと
    ウ 多数のPCに感染して，ネットワークを通じた指示に従ってPCを不正に操作することで一斉攻撃などの動作を行うプログラムのこと
    エ 利用者が認識することなくインストールされ，利用者の個人情報やアクセス履歴などの情報を収集するプログラムのこと

問94 電子商取引におけるディジタル署名で実現できることはどれか。

    ア 意図しない第三者が機密ファイルにアクセスすることの防止
    イ ウイルス感染していないファイルであることの確認
    ウ 盗聴による取引内容の漏えいの防止
    エ 取引相手の証明と，取引内容が改ざんされていないことの確認

付録 模擬問題

問95 DBMSにおいて，データへの同時アクセスによる矛盾の発生を防止し，データの一貫性を保つための機能はどれか。

ア 正規化　　　**イ** デッドロック　　**ウ** 排他制御　　　**エ** リストア

問96 PCやサーバ，通信機器，プリンタなどの間での通信を行う事例のうち，WANを利用する必要があるものはどれか。

ア 大阪支社内のLANに複数のPCと1台のファイルサーバを接続し，ファイルサーバに格納されたファイルを，そのLANに接続されたどのPCからでもアクセス可能とする。

イ 家庭内で，PCとプリンタをBluetoothで接続し，PCで作成した資料をプリンタで印刷する。

ウ サーバルーム内で，PCとWebサーバをハブに接続し，PCからWebサーバのメンテナンスを行う。

エ 福岡営業所内のLANに接続されたPCから，東京本社内のサーバにアクセスし，売上情報をアップロードする。

問97 プロトコルに関する記述のうち，適切なものはどれか。

ア HTMLは，Webデータを送受信するためのプロトコルである。

イ HTTPは，ネットワーク監視のためのプロトコルである。

ウ POPは，離れた場所にあるコンピュータを遠隔操作するためのプロトコルである。

エ SMTPは，電子メールを送信するためのプロトコルである。

問98 ディープラーニングに関する記述として，最も適切なものはどれか。

ア 営業，マーケティング，アフタサービスなどの顧客に関わる部門間で情報や業務の流れを統合する仕組み

イ コンピュータなどのディジタル機器，通信ネットワークを利用して実施される教育，学習，研修の形態

ウ 組織内の各個人がもつ知識やノウハウを組織全体で共有し，有効活用する仕組み

エ 大量のデータを人間の脳神経回路を模したモデルで解析することによって，コンピュータ自体がデータの特徴を抽出，学習する技術

問99 機械学習における教師あり学習の説明として，最も適切なものはどれか。

- **ア** 個々の行動に対しての善しあしを得点として与えることによって，得点が最も多く得られるような方策を学習する。
- **イ** コンピュータ利用者の挙動データを蓄積し，挙動データの出現頻度に従って次の挙動を推論する。
- **ウ** 正解のデータを提示したり，データが誤りであることを指摘したりすることによって，未知のデータに対して正誤を得ることを助ける。
- **エ** 正解のデータを提示せずに，統計的性質や，ある種の条件によって入力パターンを判定したり，クラスタリングしたりする。

問100 関数calcMeanは，要素数が1以上の配列dataArrayを引数として受け取り，要素の値の平均を戻り値として返す。プログラム中のa，bに入れる字句の適切な組合せはどれか。ここで，配列の要素番号は1から始まる。

［プログラム］
```
○実数型： calcMean(実数型の配列： dataArray)  /*関数の宣言*/
  実数型： sum, mean
  整数型： i
  sum ← 0
  for (iを1からdataArrayの要素数まで1ずつ増やす)
    sum ← [ a ]
  endfor
  mean ← sum ÷ [ b ]  /*実数として計算する*/
  return mean
```

	a	b
ア	sum ＋ dataArray[i]	dataArrayの要素数
イ	sum ＋ dataArray[i]	(dataArrayの要素数+1)
ウ	sum × dataArray[i]	dataArrayの要素数
エ	sum × dataArray[i]	(dataArrayの要素数+1)

A 解答と解説

問1
平成26年秋期 ITパスポート試験 問15 **《解答》イ**

製造に必要となる部品や資材の量を算出し，在庫数や納期などの情報も織り込んで，最適な発注量や発注時期を決定する手法をMRP（Material Requirements Planning）といい，実現するためにはMRPシステムを構築します。よって，正解は**イ**です。

- **ア** CRM（Customer Relationship Management）は，営業部門やサポート部門などで顧客情報を共有し，顧客との関係を深めることで，業績の向上を図る手法です。
- **ウ** POSシステムは，スーパーやコンビニのレジで商品の支払いをしたとき，リアルタイムで販売情報を収集し，在庫管理や販売戦略に活用するシステムのことです。
- **エ** SFA（Sales Force Automation）は，コンピュータやインターネットなどのIT技術を使って，営業活動を支援するシステムのことです。

問2
平成26年秋期 ITパスポート試験 問20 **《解答》エ**

グリーンITは，パソコンなどの情報通信機器の省エネや資源の有効利用だけでなく，それらの機器を利用することによって，社会の省エネを推進し，環境を保護していくという考え方です。選択肢の中で，**エ**の「資料の紙への印刷は制限」はペーパレス化を図っていて，グリーンITに基づく取組みとして適切です。よって，正解は**エ**です。

問3
平成23年秋期 ITパスポート試験 問6 **《解答》イ**

利益を求める計算式は，次のようになります。

利益＝単価×販売個数－固定費－変動費 ※「単価×販売個数」は売上高です。

問題文より「利益300万円」「単価200円」「販売個数5万個」「固定費300万円」を，上記の計算式に当てはめると，変動費が400万であることがわかります。

300万＝200×5万－300万－変動費 変動費＝400万

したがって，商品1個当たりの変動費は，400万円÷5万個＝80円になります。よって，正解は**イ**です。

問4
平成28年秋期 ITパスポート試験 問2 **《解答》ア**

BPR（Business Process Reengineering）とは，企業の業務効率や生産性を改善するため，既存の組織やビジネスルールを全面的に見直し，業務プロセスを抜本的に改革することです。よって，正解は**ア**です。

- **イ** SLA（Service Level Agreement）に関する記述です。
- **ウ** 電子掲示板（BBS：Bulletin Board System）に関する記述です。
- **エ** RFP（Request For Proposal）に関する記述です。

問5　　　　　　　　　　平成26年秋期　ITパスポート試験　問8　《解答》ア

　TOB (Take-Over Bid) とは，ある株式会社の株式について，買付け価格と買付け期間を公表し，不特定多数の株主から株式を買い集めることです。よって，正解は**ア**です。

　　イ　MBO (Management Buyout) の説明です。
　　ウ　株式公開の説明です。
　　エ　CSR (Corporate Social Responsibility) の説明です。

問6　　　　　　　　　　平成26年春期　ITパスポート試験　問23　《解答》イ

　バランススコアカード (BSC) とは，「財務」「顧客」「業務プロセス」「学習と成長」の4つの視点から，企業の業績を評価，分析する手法です。歩留り率は，生産した製品のうち，欠陥無しで製造・出荷できた製品の割合のことです。業務内容に関することなので，歩留り率を設定する視点は「業務プロセス」が適しています。よって，正解は**イ**です。

問7　　　　　　　　　　平成28年秋期　ITパスポート試験　問4　《解答》エ

　業務要件には，業務内容や業務特性 (ルール，制約など)，業務上実現すべき要件を定義します。選択肢の中で業務上の実現すべき要件に該当するのは，**エ**の「物流コストを削減するために出庫作業の自動化率を高める」だけです。ア，イ，ウは，すべてシステム要件に当たります。よって，正解は**エ**です。

問8　　　　　　　　　　令和2年秋期　ITパスポート試験　問18　《解答》エ

　UX (User Experience) とは，ユーザーがシステムや製品，サービスなどを利用した際に得られる体験や感情のことです。よって，正解は**エ**です。

　　ア　アクセシビリティに関する説明です。
　　イ　CRM (Customer Relationship Management) に関する説明です。
　　ウ　ソフトウェアの品質特性の使用性に関する説明です。

問9　　　　　　　　　　平成26年秋期　ITパスポート試験　問6　《解答》ウ

　ソフトウェアパッケージの取扱説明書は，プログラムやソフトウェアと同様に著作物として，著作権で保護されます。よって，正解は**ウ**です。

　　ア　意匠権は，商品の形状や模様，色彩などのデザインを保護する権利です。
　　イ　商標権は，商品に付けた商標 (商品名やトレードマーク) を保護する権利です。
　　エ　特許権は，技術的に高度な発明やアイディアを保護する権利です。

付録　模擬問題

問10 平成26年秋期　ITパスポート試験　問30 《解答》イ

　情報システム戦略策定の目的は，経営戦略に基づいて，情報システム全体のあるべき姿を明確にし，情報システム全体の最適化の方針や目標を決定することです。よって，正解はイです。
- ア　要件定義プロセスの目的です。
- ウ　情報システム戦略は，情報システム開発のための開発方法や管理方法を決めることではありません。
- エ　企画プロセスの目的です。

問11 平成27年春期　ITパスポート試験　問24 《解答》イ

　RFM分析では，「最終購買日(Recency)」「累計購買回数(Frequency)」「累計購買金額(Monetary)」の3つの指標から，顧客の購買行動を分析します。Rが示すものは，イの「Recency(最終購買日)」です。よって，正解はイです。

問12 令和2年秋期　ITパスポート試験　問31 《解答》イ

- ア　クラウドコンピューティングは，インターネットを通じて，サーバやソフトウェアなどのコンピュータ資源を利用する形態のことです。
- イ　正解です。シェアリングエコノミーは，個人や企業が所有する自動車や衣服などの使われていないものを，他人に貸し出すサービスや仕組みのことです。貸し出すものには，たとえば，語学レッスンで教師を務めるといった無形のものも含まれます。
- ウ　テレワークは，情報通信技術を活用した，場所や時間にとらわれない柔軟な働き方のことです。
- エ　ワークシェアリングは，従業員1人当たりの勤務時間短縮，仕事配分の見直しによる雇用確保の取組みのことです。

問13 平成29年秋期　ITパスポート試験　問29 《解答》イ

　PPM (Product Portfolio Management)とは，市場における製品や事業の位置付けを，市場成長率と市場シェア(市場占有率)を軸にしたマトリックス図を用いて分析する手法です。よって，正解はイです。
- ア　技術力資源分析の評価軸です。
- ウ　アンゾフの成長マトリクスの評価軸です。
- エ　SWOT分析の評価軸です。

問14 平成25年秋期　ITパスポート試験　問27 《解答》エ

　不正アクセス禁止法とは，「ネットワークを通じて不正にコンピュータにアクセスする行為」や「不正アクセスを助長する行為」を禁止し，罰則を定めた法律です。選択肢の中に，不正にコンピュータにアクセスする行為はありません。不正アクセスを助長する行為には，選択肢エだけが該当します。よって，正解はエです。

問15 令和元年秋期　ITパスポート試験　問30　《解答》イ

デザイン思考は，問題や課題に対して，デザイナーがデザインを行うときの考え方や手法で解決策を見出す方法論です。ユーザー中心のアプローチで，問題解決に取り組みます。よって，正解は**イ**です。

ア ホームページのデザインの例です。スタイルシートは，Webページの文字のフォントや色，箇条書きなどのデザインを管理するものです。
ウ BPR（Business Process Reengineering）の例です。
エ オブジェクト指向の例です。

問16 平成30年春期　ITパスポート試験　問7　《解答》イ

性別，年齢，国籍，経験などが，個人ごとに異なるような多様性を示す言葉は，ダイバーシティ（Diversity）です。よって，正解は**イ**です。

ア グラスシーリング（Glass ceiling）は，能力や成果のある人材が，性別や人種などによって，組織内で昇進を阻まれている状態のことです。
ウ ホワイトカラーエグゼンプション（White-collar Exemption）は，事務系の労働者を対象として，労働時間規制の適用を除外する制度のことです。
エ ワークライフバランス（Work-life balance）は仕事と生活の調和という意味で，仕事と仕事以外の生活を調和させ，その両方の充実を図るという考え方です。

問17 平成25年春期　ITパスポート試験　問5　《解答》エ

企画プロセスのシステム化計画の立案では，システム化計画及びプロジェクト計画を具体化し，利害関係者の合意を得ます。プロジェクト計画を立案する際には，プロジェクトの目標設定として，品質，コスト，納期の目標値と優先順位を設定します。よって，正解は**エ**です。

ア 開発プロセスで実施する作業です。
イ 要件定義プロセスで実施する作業です。
ウ 提案依頼書には再構築する会計システムの要件を記載するため，提案依頼書を作成するのは要件定義プロセス以降になります。

問18 平成26年春期　ITパスポート試験　問5　《解答》エ

トレーサビリティとは，肉や野菜などの生産・流通に関する履歴情報を記録し，後から追跡できるようにすることです。よって，正解は**エ**です。

ア e-ラーニングに関する事例です。
イ アウトソーシングに関する事例です。
ウ ナレッジマネジメント（Knowledge Management）に関する事例です。

問19　　　　　　　　　　　　　　平成27年秋期　ITパスポート試験　問16　《解答》ウ

ア　情報バリアフリーとは，高齢者や障害のある方も，誰もが情報機器を活用し，必要な情報を取得，発信できる環境にすることです。

イ　情報リテラシとは，パソコンやインターネットなどの情報技術を利用して，情報を活用することのできる能力のことです。

ウ　正解です。デジタルディバイドとは，パソコンやインターネットなどのITを利用できる環境や能力の違いによって，経済的や社会的な格差が生じることです。

エ　データマイニングとは，統計やパターン認識などを用いることによって，大量に蓄積されたデータの中に存在する，ある規則性や関係性を導き出す技術です。

問20　　　　　　　　　　　　　　　　　令和3年　ITパスポート試験　問2　《解答》エ

ア　ICANN(Internet Corporation for Assigned Names and Numbers)はインターネットで使用されるドメイン名やIPアドレス，プロトコルなどを管理する国際的な非営利団体です。

イ　IEC (International Electrotechnical Commission) は電気及び電子技術分野の標準化を行う国際標準化機関です。「国際電気標準会議」ともいいます。

ウ　IEEE (The Institute of Electrical and Electronics Engineers)は米国に本部をもつ，電気工学と電子工学に関する学会です。代表的な規格として，IEEE 802.3 （イーサネットのLAN）やIEEE 802.11 （無線LAN）などがあります。

エ　正解です。ITU (International Telecommunication Union) は電気通信分野の標準化を行う国際標準化機関です。「国際電気通信連合」ともいいます。

問21　　　　　　　　　　　　　　平成22年秋期　ITパスポート試験　問21　《解答》ア

　財務諸表とは，企業の経営成績や財務状態をまとめた書類のことで，代表的なものに損益計算書や貸借対照表などがあります。財務諸表のうち，"営業活動"，"投資活動"，"財務活動"の三つの活動区分に分けて表すものは，キャッシュフロー計算書です。よって，正解は**ア**です。

イ　損益計算書は，企業の収益と費用を表したものです。

ウ　貸借対照表は，企業の資産，負債，純資産を表したものです。

エ　有価証券報告書は，金融商品取引法に基づいて，企業の概況や財務諸表などを外部に開示する報告書です。

問22　　　　　　　　　　　　　　平成24年秋期　ITパスポート試験　問20　《解答》ア

　個人情報保護法は個人の権利と利益を保護するための法律で，個人情報取扱事業者の個人情報の取扱いについて，「あらかじめ本人の同意を得ないで，利用目的の達成に必要な範囲を超えて個人情報を取り扱ってはならない」という規定があります。**ア**の事例の場合，本来の利用目的以外で個人情報を利用しているので，本人の同意が必要です。よって，正解は**ア**です。

イ　単に顧客リストを作成するだけである場合，本人の同意は必要ありません。

ウ　人の生命，身体又は財産の保護のために緊急に必要がある場合，本人の同意は必要ありません。

エ　利用目的が明らかに業務処理上のことなので，本人の同意は必要ありません。

問23　　令和2年秋期　ITパスポート試験　問10　**《解答》エ**

　IoT（Internet of Things）は，自動車や家電などの様々な「モノ」をインターネットに接続し，ネットワークを通じて情報をやり取りすることで，自動制御や遠隔操作，監視などを行う技術のことです。よって，正解は**エ**です。
　　ア　SNS（Social Networking Service）に関する事例です。
　　イ　リスティング広告に関する事例です。
　　ウ　e-ラーニングの事例です。

問24　　平成27年秋期　ITパスポート試験　問19　**《解答》ウ**

　コーポレートガバナンス（Corporate Governance）とは「企業統治」と訳され，経営管理が適切に行われているかを監視し，企業活動の健全性を維持する仕組みのことです。コーポレートガバナンスを確保するには，客観的，中立的な立場で監視が行われることが重要です。選択肢の中で，利害関係やしがらみがなく，独立的な立場での監視が可能なのは**ウ**だけです。よって，正解は**ウ**です。

問25　　平成28年秋期　ITパスポート試験　問14　**《解答》イ**

　RFI（Request For Information）とは，新規開発を計画している業務システムについて，開発手段や技術動向などの情報提供を求める文書です。ベンダのRFIに対する回答から，ベンダがもっている技術や経験などを確認し，ベンダを選定するときに役立てます。よって，正解は**イ**です。
　　ア　RFP（Request For Proposal）の目的です。
　　ウ　RFQ（Request For Quotation）の目的です。
　　エ　ベンダにRFIを出すのは，システム開発の依頼先のベンダを決定するより前です。

問26　　平成21年春期　ITパスポート試験　問9　**《解答》エ**

　不正競争防止法では，事業活動に有用な技術や営業上の情報について，「秘密管理性」「有用性」「非公知性」の3つの要件を備えているものを営業秘密として保護します。
　　ア　インターネットで公開されている情報は，営業秘密に該当しません。
　　イ　不正取引の記録は有用な情報ではないため，営業秘密に該当しません。
　　ウ　社外秘として管理されていないものは，営業秘密に該当しません。
　　エ　正解です。営業秘密に該当します。

問27　　平成27年秋期　ITパスポート試験　問12　**《解答》イ**

　MOTとは，技術開発や技術革新（イノベーション）を自社のビジネスに結び付けて，事業を持続的に発展させていく経営の考え方のことです。「技術経営」とも呼ばれます。よって，正解は**イ**です。
　　ア　インダストリアルエンジニアリング（IE：Industrial Engineering）の目的です。
　　ウ　TQM（Total Quality Management）の目的です。
　　エ　OJT（On the Job Training）の目的です。

問28 平成22年秋期 ITパスポート試験 問6 《解答》ア

ワークフローシステムとは，申請書や稟議書を電子化し，りん議決裁までの一連の流れをネットワーク上で行うシステムのことです。よって，正解は**ア**です。

- **イ** SCM（Supply Chain Management）に関する説明です。
- **ウ** EDI（Electronic Data Interchange）に関する説明です。
- **エ** JIT（Just In Time）に関する説明です。

問29 平成22年春期 ITパスポート試験 問9 《解答》イ

- **ア** コアコンピタンスとは，他社にはまねができない，企業独自のノウハウや技術のことです。
- **イ** 正解です。バリューチェーンとは，企業が製品やサービスを提供する事業活動（製造，出荷物流，販売，人事管理，技術開発など）において，どこでどれだけの価値が生み出されているかを分析する手法です。
- **ウ** プロダクトポートフォリオとは，市場における製品や事業の位置付けを，市場成長率と市場占有率を軸にしたマトリックス図を用いて分析する手法です。
- **エ** プロダクトライフサイクルとは，製品を市場に投入し，やがて売れなくなって撤退するまでの流れを表したものです。

問30 平成27年春期 ITパスポート試験 問17 《解答》ア

コモディティ化とは，競合する商品間から機能や品質などの差別化する特性が失われ，価格や量，買いやすさを基準にして商品が選択されるようになることです。よって，正解は**ア**です。

- **イ** カニバリゼーションの事例です。
- **ウ** プロモーションにおいて留意すべき事例です。
- **エ** ブランディングにおいて留意すべき事例です。

問31 平成21年秋期 ITパスポート試験 問17 《解答》エ

A社が提供しているのは，「コンピュータや通信機器を設置する施設」と「設置するコンピュータや通信機器」です。コンピュータなどの機器とその設置場所の両方を提供するサービスは，ホスティングサービスが該当します。よって，正解は**エ**です。

- **ア** SaaSとは，クラウドコンピューティングでアプリケーションソフトを提供するサービスです。
- **イ** A社がB社に対して提供するサービスは，コンピュータなどの機器とその設置場所だけで，システム開発の受託はしてはいません。
- **ウ** ハウジングサービスとは，顧客が所有するサーバや通信機器の設置場所を提供するサービスです。

問32　　　　　　　　　　　　　　平成25年春期　ITパスポート試験　問20　《解答》ア

　労働者派遣とは，派遣会社と雇用契約した労働者を，ほかの企業に派遣する労働形態のことです。派遣労働者から苦情の申出があった場合，派遣先の企業は苦情の内容を派遣会社に通知するとともに，苦情の適切かつ迅速な処理を図る必要があります（労働者派遣法 第40条）。選択肢イ，ウ，エのような派遣労働者の労働契約や助言・指導などは，派遣会社に責任があります。よって，正解は**ア**です。

問33　　　　　　　　　　　　　　令和元年秋期　ITパスポート試験　問33　《解答》ウ

　RPA（Robotic Process Automation）とは，これまで人が行っていた定型的な事務作業を，認知技術（ルールエンジン，AI，機械学習など）を活用したソフトウェア型のロボットに代替させて，業務の自動化や効率化を図ることです。
- **ア，イ**　RPAを活用して自動化できるのは，定型的かつ繰り返し型の事務作業です。「非定型な判断」や「非定型な業務」はRPAの事例として適切ではありません。
- **ウ**　正解です。ルール化された定型的な事務作業に関する操作を，人間の代わりにソフトウェアが自動で行っているので，RPAの事例として適切です。
- **エ**　産業用ロボットに関する記述です。産業用ロボットは，人間の代わりに，作業現場で組立てや搬送などを行う機械装置（ロボット）です。

問34　　　　　　　　　　　　　　平成29年秋期　ITパスポート試験　問17　《解答》エ

　コンカレントエンジニアリング（Concurrent Engineering）は，設計から製造までのいろいろな工程をできるだけ並行して進めることにより，開発期間の短縮を図る手法です。よって，正解は**エ**です。
- **ア**　リバースエンジニアリングの説明です。
- **イ**　BPR（Business Process Reengineering）の説明です。
- **ウ**　実験計画法の説明です。

問35　　　　　　　　　　　　　　平成24年春期　ITパスポート試験　問30　《解答》ア

　SLA（Service Level Agreement）は，ITサービスの提供者と利用者の間で交わす合意書です。サービスレベル合意書ともいい，ITサービスの内容や範囲，料金などを記載します。よって，正解は**ア**です。
- **イ**　秘密保持契約（NDA）に関する条文の例です。
- **ウ**　請負契約に関する条文の例です。
- **エ**　ソフトウェアのライセンス契約に関する条文の例です。

付録　模擬問題

問36　　　　　　　　　　平成30年春期　ITパスポート試験　問47　《**解答**》**イ**

　プロジェクトにおけるリスクには，脅威となるマイナスのリスクと，好機となるプラスのリスクがあります。選択肢の中で好機となるものは，**イ**のスケジュールを前倒しすると全体のコストを下げられることです。全体の期間を短縮しようとすることは，好機の発生確率を高めることなので，プラスのリスクの強化に該当します。よって，正解は**イ**です。

　　ア　インフルエンザにより要員が欠勤してしまわないように，メンバ全員に予防接種を受けさせることは，マイナスのリスクの軽減に該当します。
　　ウ　突発的な要員の離脱によるスケジュールの遅れが発生しないように，事前に交代要員を確保しておくことは，マイナスのリスクの回避に該当します。
　　エ　違約金の支払いに備えて損害保険に加入することは，マイナスのリスクの転嫁に該当します。

問37　　　　　　　　　　平成25年春期　ITパスポート試験　問37　《**解答**》**エ**

　ホワイトボックステストでは，プログラム内部で命令や分岐条件が正しく動作するかどうかを検証するため，プログラムの分岐経路を検証できるテストケースを用意します。よって，正解は**エ**です。ア，イ，ウは，入力と出力だけに着目して行うブラックボックスのテストケースです。

問38　　　　　　　　　　平成29年秋期　ITパスポート試験　問54　《**解答**》**ウ**

　　ア　職務記述書を作成し，業務範囲や役割分担などを明確にしておく必要があります。
　　イ　引継ぎ書を作成しないと，円滑な引継ぎが行われず，業務に支障が生じるおそれがあります。
　　ウ　正解です。購買と支払を1人ではなく，複数人で担当することで，不正や誤りのリスクを減らすことができます。内部統制を機能させるための方策として適切です。
　　エ　システム開発と運用で担当を分離しないのは，内部統制を機能させるための方策として適切ではありません。

問39　　　　　　　　　　平成22年秋期　ITパスポート試験　問50　《**解答**》**イ**

　セキュリティワイヤとは，盗難や不正な持ち出しを防止するため，ノートパソコンなどのハードウェアを柱や机などに固定するための器具です。よって，正解は**イ**です。

　　ア　消火設備に関する説明です。
　　ウ　のぞき見防止効果のあるOAフィルタなどに関する説明です。
　　エ　UPS（Uninterruptible Power Supply）に関する説明です。

問40　　平成28年春期　ITパスポート試験　問35　《解答》イ

　ITガバナンスは，企業が競争優位性を構築するために，IT戦略の策定・実行をガイドし，あるべき方向へ導く組織能力のことです。選択肢**イ**の「タブレット端末を活用するIT戦略を立てて導入支援体制を確立した」は，ITガバナンスの実現を目的とした活動として適切です。よって，正解は**イ**です。

ア　担当者ではない人が勝手にシステムを修正することは，情報システムの運用・管理において適切な行為ではありません。
ウ　ファシリティマネジメントに関する活動です。
エ　ITガバナンスは組織的な活動であり，個人の能力の向上を目的としたものではありません。

問41　　平成22年秋期　ITパスポート試験　問49　《解答》ア

　システム要件定義では，システムに求める機能や要件，システム化目標や対象範囲などを明らかにします。選択肢の中で，これらに該当するのは**ア**の「応答時間の目標値の決定」だけです。よって，正解は**ア**です。

イ　ソフトウェア要件定義で実施する作業です。
ウ　ソフトウェア詳細設計で実施する作業です。
エ　ソフトウェア方式設計で実施する作業です。

問42　　平成26年秋期　ITパスポート試験　問36　《解答》ウ

　PDCAサイクルとは，Plan（計画），Do（実行），Check（評価），Act（改善）というサイクルを繰り返し，継続的な業務改善を図る管理手法です。

ア　サーバ構成の見直しを提案しているので，「Act（改善）」に該当します。
イ　目標値を設定するなどの計画を立てているので，「Plan（計画）」に該当します。
ウ　正解です。目標値との比較を行っているので，「Check（評価）」に該当します。
エ　システムのセットアップ作業を実施しているので，「Do（実行）」に該当します。

問43　　平成28年秋期　ITパスポート試験　問52　《解答》ウ

　プロジェクトが発足したとき，プロジェクトマネージャは，プロジェクトの実行，監視・コントロール，及び終結の方法を定めたプロジェクトマネジメント計画書を作成します。よって，正解は**ウ**です。

ア　提案依頼書は，情報システムを外部から調達するに当たり，ベンダ企業に情報システムに関する具体的な提案を求めるために作成する文書です。
イ　プロジェクト実施報告書は，プロジェクトを終結するときに作成します。
エ　要件定義書は，情報システムを開発するときに作成する文書です。

問44　　平成25年秋期　ITパスポート試験　問37　《解答》エ

　システム監査では，情報システムについて「問題なく動作しているか」「正しく管理されているか」「期待した効果が得られているか」など，情報システムの信頼性や安全性，有効性などを検証・評価します。システム監査の監査対象になるのは，企画から開発，運用，保守に至るすべての工程です。よって，正解は**エ**です。

問45 平成28年秋期 ITパスポート試験 問39 《解答》ウ

まず，20本のプログラムを作成するに当たり，1本のコストを4万円と見積もりしているので，当初の見積り額は4万×20本＝80万円です。

次に，作成したプログラム8本にかかった累積コストから，同じコストで20本を作成するのに，いくら必要なのかを求めます。8本作成して累積コストは36万かかったので，1本当たりのコストは36万÷8本＝4.5万です。20本を作成するのに，最終的に必要な額は4.5万×20本＝90万円になります。

当初の見積り額と，最終的に必要な額との差は90万−80万＝10万円です。よって，正解は**ウ**です。

問46 平成27年春期 ITパスポート試験 問41 《解答》エ

PMBOK（Project Management Body of Knowledge）とは，プロジェクトマネジメントの標準的な知識や技法をまとめたガイドラインです。プロジェクトマネジメントの知識を体系化したもので，世界標準として利用されています。よって，正解は**エ**です。

- **ア** CMMI（Capability Maturity Model Integration）の説明です。
- **イ** プロジェクトマネジメントオフィスの説明です。
- **ウ** SWEBOKの説明です。

問47 平成28年秋期 ITパスポート試験 問36 《解答》イ

開発したソフトウェアを本番環境に導入するときには，ソフトウェアの導入計画を作成し，作業の内容やスケジュール，実施者や責任者といった実施体制，現在の業務への影響などを明確にしておきます。よって，正解は**イ**です。

- **ア** ソフトウェアの本番環境に導入するときの一環として，システム監査を行う必要はありません。
- **ウ** ソフトウェア導入に当たり，導入手順書は作成する必要があります。
- **エ** ソフトウェア導入の作業には，システム部門だけでなく，利用者も参加します。また，導入時の作業結果は文書にまとめます。

問48 平成22年春期 ITパスポート試験 問39 《解答》ウ

ファシリティマネジメントとは，建物や設備などを最適な状態で保有，維持するという考え方や取組みです。サーバに対する環境整備の実施事項としては，選択肢の**ウ**だけが該当します。ア，イ，エはサーバで扱うデータを保護する対策であり，設備自体を保全する対策ではありません。よって，正解は**ウ**です。

問49 令和元年秋期 ITパスポート試験 問49 《解答》エ

アジャイル開発は，迅速かつ適応的にソフトウェア開発を行う，軽量な開発手法の総称です。ソフトウェアの作成を優先し，ドキュメントは価値がある必要なものだけを作成します。ユーザーの要求や仕様変更にも，柔軟な対応が可能です。よって，正解は**エ**です。

- **ア，ウ** ウォータフォールモデルの特徴です。
- **イ** スパイラルモデルの特徴です。

問50　　　　　平成25年秋期　ITパスポート試験　問32　《解答》イ

　プロジェクトスコープマネジメントでは，プロジェクトの達成に必要な成果物（成果物スコープ）と，成果物を作成するための作業内容（プロジェクトスコープ）を定義します。よって，正解はイです。

　　ア　プロジェクト資源マネジメントで実施する作業です。
　　ウ　プロジェクトコミュニケーションマネジメントで実施する作業です。
　　エ　プロジェクトリスクマネジメントで実施する作業です。

問51　　　　　平成30年秋期　ITパスポート試験　問49　《解答》ウ

　ITサービスマネジメントで行うインシデント管理の目的は，ITサービスを阻害する問題が発生したとき，一刻も早くITサービスを復旧させることです。よって，正解はウです。

　　アはリリース及び展開管理，イは変更管理，エは構成管理の目的です。

問52　　　　　平成22年春期　ITパスポート試験　問37　《解答》ア

　　ア　正解です。SLCP(Software Life Cycle Process)は共通フレームとも呼ばれ，ソフトウェア開発とその取引について，基本となる作業項目や用語を定義し，標準化したものです。
　　イ　WBS (Work Breakdown Structure)は，プロジェクトにおいて必要となる作業を洗い出し，できるだけ細分化して，階層化した構成図で表す手法です。
　　ウ　オブジェクト指向は，データとそのデータに対する処理を1つのまとまり（オブジェクト）として管理し，このまとまりを組み合わせてシステムを設計，開発する手法です。
　　エ　データ中心アプローチは，業務で使うデータやデータの流れに基づいて，システムを分析，設計する手法です。

問53　　　　　平成26年春期　ITパスポート試験　問37　《解答》イ

　サービスデスクは，情報システムの利用者からの問合せを受け付ける窓口のことです。製品の使用方法や，トラブル時の対処方法，クレームなど，様々な問合せに対応します。

　　ア　障害連絡に対しては，一時的な回復でもよいので，そのとき可能な対処方法を伝えます。
　　イ　正解です。利用者からの障害連絡に対しては，障害の原因究明よりも，障害による影響を最小限に抑えることを優先します。
　　ウ　問合せの受付けの手段は，電子メール，電話，FAXのいずれか1つに統一する必要はありません。
　　エ　利用者からの問合せは，すべて記録します。

問54　　　　　平成25年春期　ITパスポート試験　問51　《解答》ウ

　システム監査とは，監査対象から独立した立場の第三者が，情報システムの信頼性や安全性，有効性などを点検・評価することです。よって，正解はウです。

　　ア　品質マネジメントの実施内容です。
　　イ　システムテストの実施内容です。
　　エ　脆弱性検査の実施内容です。

問55　　　　　　　　　令和2年秋期　ITパスポート試験　問70　《解答》イ

　LPWA（Low Power Wide Area）は，少ない電力消費で，広域な通信が行える無線通信技術の総称です。携帯電話や無線LANと比べて通信速度は低速ですが，10Kmを超える長距離の通信も可能です。よって，正解は**イ**です。

　　ア　機械学習の特徴です。
　　ウ　ブロックチェーンの特徴です。
　　エ　WPAやWPA2などの特徴です。

問56　　　　　　　生成AIに関するサンプル問題　ITパスポート試験　問3　《解答》ウ

　AIにおける基盤モデルは，広範囲かつ大量のデータを事前学習しておき，その後の学習を通じて微調整を行うことによって，汎用的に様々な用途に活用できる機械学習モデル（学習済みモデル）です。よって，正解は**ウ**です。

　　ア　AIのルールベースに関する説明です。
　　イ　基盤モデルでは，学習データに"犬"などの情報（ラベル）が付いていないものを使います。
　　エ　基盤モデルで学習に使うのは広範囲のデータであり，例外データだけを学習させるものではありません。

問57　　　　　　　　　平成22年秋期　ITパスポート試験　問81　《解答》ア

　シンクライアントとは，クライアントサーバシステムにおいて，クライアント側には必要最低限の機能しかもたせず，サーバ側でアプリケーションソフトウェアやデータを集中管理するシステムです。クライアント側の端末ではデータを保持しないため，情報漏えい対策に有効といわれています。よって，正解は**ア**です。

　　イ　RAIDの特徴です。
　　ウ　シングルサインオンの特徴です。
　　エ　多要素認証の特徴です。知識による認証（パスワード）と，身体的特徴による認証（指紋や虹彩）を行うので，2要素認証になります。

問58　　　　　　　　　平成25年春期　ITパスポート試験　問62　《解答》イ

　ランサムウェアとは，感染したコンピュータのファイルやシステムを使用不能にし，もとに戻すための代金を要求するソフトウェアのことです。よって，正解は**イ**です。

　　ア　セキュリティソフトの説明です。ウイルスなどの脅威からコンピュータを守り，安全性を高めるソフトウェアの総称です。
　　ウ　OS（Operating System）の説明です。
　　エ　日本語入力ソフトの説明です。日本語の文章を入力するためのソフトウェアで，かな漢字変換ソフトともいいます。

問59 　　　　　　　　　平成24年春期　ITパスポート試験　問69　《解答》ウ

　論理式のANDは「かつ」，ORは「または」で条件をつなぎます。これより，「札幌にある」または「函館にある」は，「"札幌" OR "函館"」となります。これに，「かつ，日本料理の店」という条件を付けると，「("札幌" OR "函館") AND "日本料理"」という論理式になります。よって，正解は**ウ**です。

問60 　　　　　　　　　平成29年春期　ITパスポート試験　問64　《解答》イ

　プラグアンドプレイ機能とは，新規に周辺機器をパソコンに接続したとき，デバイスドライバの組込みや設定を自動的に行う機能です。デバイスドライバは，パソコンに接続した周辺装置を管理，制御するソフトウェアのことです。たとえば，プリンタの場合，プリンタをパソコンに接続すると，プリンタのデバイスドライバ（プリンタドライバ）が組み込まれます。よって，正解は**イ**です。
　　ア　自動実行させる設定ファイル（autorun.inf）によって行われます。
　　ウ　プラグアンドプレイ機能に，周辺機器の故障診断を行う働きはありません。
　　エ　ウイルス対策ソフトなどのセキュリティ機能によって行われます。

問61 　　　　　　　　　平成30年春期　ITパスポート試験　問62　《解答》ウ

　CPUやメモリ，ハードディスク，ネットワークなどの資源を，物理的な実在の構成にとらわれず，論理的に統合・分割して利用する技術を仮想化といいます。たとえば，1台のコンピュータを論理的に分割し，仮想的に複数のコンピュータを作り出して動作させることができます。よって，正解は**ウ**です。
　　ア　NAS（Network Attached Storage）は，LANに直接接続して使うファイルサーバ専用機です。
　　イ　拡張現実は，実際に存在するものに，コンピュータが作り出す情報を重ね合わせて表示する技術のことで，「AR」（Augmented Reality）とも呼ばれます。
　　エ　マルチブートは，1台のコンピュータに複数のOSを組み込んだ状態のことです。コンピュータを起動するときにOSを選択したり，あらかじめ特定のOSが起動するように設定しておくこともできます。

問62 　　　　　　　　　令和元年秋期　ITパスポート試験　問71　《解答》イ

　エッジコンピューティングは，IoTネットワークにおいて，IoTデバイス（ネットワークに接続するセンサーや機器など）の近くにサーバを分散配置し，データ処理を行う方式のことです。端末の近くでデータを処理することで，上位システムの負荷を低減し，リアルタイム性の高い処理を実現します。よって，正解は**イ**です。
　　ア　レプリケーションに関する記述です。
　　ウ　SDN（Software-Defined Networking）に関する記述です。
　　エ　LPWA（Low Power Wide Area）に関する記述です。

付録　模擬問題

問63　　平成28年春期　ITパスポート試験　問73　《解答》ウ

　情報セキュリティ方針（情報セキュリティポリシー）とは，組織としての情報セキュリティへの取組みを明文化したものです。組織のトップが中心となって策定し，社内外に宣言します。よって，正解は**ウ**です。

問64　　平成24年秋期　ITパスポート試験　問53　《解答》ウ

　E-R図とは，実体（エンティティ）と関連（リレーションシップ）によって，データの関係を図式化したものです。関係データベースを設計するとき，表と表の関係性を表すのに利用されます。よって，正解は**ウ**です。
　　ア　状態遷移図で表現します。
　　イ　フローチャートで表現します。
　　エ　DFD（データフローダイアグラム）で表現します。

問65　　令和2年秋期 ITパスポート試験　問99　《解答》エ

　アクチュエーターは，IoTを用いたシステム（IoTシステム）の主要な構成要素であり，制御信号に基づき，エネルギー（電気など）を回転，並進などの物理的な動きに変換するもののことです。IoTサーバからの指示でIoTデバイスに搭載されたモータが窓を開閉するシステムでは，物理的な動きの「窓を開閉する」ことがアクチュエーターの役割になります。よって，正解は**エ**です。

問66　　平成23年特別　ITパスポート試験　問83　《解答》エ

　最上位の階層に当たるディレクトリをルートディレクトリ，現時点で利用者が操作を行っているディレクトリをカレントディレクトリといいます。また，ルートディレクトリを起点に経路を表す表記を絶対パス，カレントディレクトリを起点に経路を表す表記を相対パスといいます。これより，aは「ルート」，bは「カレント」，cは「相対」が入ります。よって，正解は**エ**です。

問67　　平成27年春期　ITパスポート試験　問53　《解答》エ

　　ア　リスク低減に該当する事例です。
　　イ　リスク移転に該当する事例です。
　　ウ　リスク受容に該当する事例です。
　　エ　正解です。リスク回避に該当する事例です。

問68　　平成21年春期　ITパスポート試験　問84　《解答》イ

　ウイルス感染が疑われる場合，まず，ウイルス感染の拡大を食い止めることが重要です。ただちにPCに接続しているLANケーブルを抜くなどしてネットワークから切断し，システム管理者に連絡します。よって，正解は**イ**です。
　　ア　OSを再インストールすると，PC内のデータがすべて失われてしまいます。まずは，管理者に連絡し，指示を仰ぎます。
　　ウ，エ　ウイルスに感染していた場合，そのままPCを使い続けると，ネットワーク経由でウイルス感染が拡大するおそれがあります。

問69　　平成28年春期　ITパスポート試験　問72　《解答》エ

選択肢の装置のうち，エのSSD（Solid State Drive）はフラッシュメモリを用いた補助記憶装置です。機械的な可動部分が無く，ハードディスクよりも読み書きが高速で，消費電力も少ないという特徴があります。よって，正解は**エ**です。

ア，イ　CD-RWドライブやDVDドライブは，データを利用するときにCDやDVDなどのディスクを回転させます。

ウ　HDD（ハードディスク）は装置内にある磁気ディスクを駆動して，データの読み書きや削除を行います。

問70　　平成26年春期　ITパスポート試験　問78　《解答》エ

OS（Operating System）は，コンピュータの基本的な動作や，ハードウェアやアプリケーションソフトを管理するソフトウェアです。代表的なものとして，WindowsやmacOSがあります。通常はハードディスクにインストールして使用しますが，ハードディスク以外のCD-ROMやUSBメモリなどの外部記憶装置を利用して起動できるようにすることもできます。よって，正解は**エ**です。

ア　ハードディスクの領域を分けて，領域ごとにOSをインストールしておくと，起動時にどのOSを使うかを選択できます。

イ　64ビットCPUに対応したPC用OSも開発されています。

ウ　OSをバージョンアップしても，旧バージョンで動作していたアプリケーションソフトがすべて使用できなくなるわけではありません。互換性があれば，新しいOSでもアプリケーションソフトを使用できます。

問71　　平成24年秋期　ITパスポート試験　問84　《解答》イ

ルータは，LANやWANを相互接続する機器です。パケットを中継する際，データの送信先までの最適な通信経路を選択するルーティング機能をもちます。よって，正解は**イ**です。

ア　リピータの説明です。
ウ　ブリッジの説明です。
エ　メディアコンバータの説明です。

問72　　平成27年春期　ITパスポート試験　問61　《解答》エ

ワンタイムパスワードとは，一定時間内に1回だけ使用できるパスワードです。その都度，入力するパスワードが変わるので，漏えいしたパスワードで侵入することはできません。よって，正解は**エ**です。

ア　通信経路上の盗聴を防ぐには，通信経路の暗号化などを行います。
イ　不正侵入された場合の，ファイルの改ざんは防止できません。
ウ　ウイルス感染を防ぐには，ウイルス対策ソフトを利用するなどのウイルス対策を行います。

付録　模擬問題

問73 平成30年秋期 ITパスポート試験 問68 《**解答**》**イ**

リスクアセスメントは，リスク特定，リスク分析，リスク評価のプロセス全体のことです。情報資産に対するリスクを特定して分析・評価し，リスク対策実施の必要性を判断します。選択肢を確認すると，**イ**がリスクアセスメントの説明として適切です。よって，正解は**イ**です。

問74 平成27年春期 ITパスポート試験 問69 《**解答**》**ア**

ソーシャルエンジニアリングは，人間の習慣や心理などの隙を突いて，パスワードや機密情報を不正に入手することです。選択肢を確認すると，人の行動に関することは**ア**だけです。情報システムの運用担当者のセキュリティ意識が低いと，ソーシャルエンジニアリングが発生しやすくなります。よって，正解は**ア**です。

問75 平成21年春期 ITパスポート試験 問63 《**解答**》**ア**

バイオメトリクス認証は，個人の身体的な特徴や行動特性による認証方法です。たとえば，指紋や虹彩，静脈のパターン，署名(筆跡)などによって認証します。よって，正解は**ア**です。

問76 オリジナル問題 《**解答**》**ウ**

このプログラムは，購入金額が5,000円未満の場合，購入金額に送料800円を加えて合計金額として返すものです。5,000円以上のときは，送料は発生しないので，購入金額がそのまま合計金額となります。

プログラムを見ていくと，4行目にあるifは( )の条件を判定し，条件を満たす場合と，満たさない場合で異なる処理を行います。ここでは，「priceが5000未満」という条件が指定されているので，条件を満たす場合は購入金額に送料800円を加える処理が行われ，条件を満たさない場合は購入金額が出力されます。

これより，変数totalには，　a　は「購入金額」，　b　は「購入金額＋送料800円」が入ることになります。選択肢を確認すると，　a　は「price」，　b　は「total + 800」が適切です。よって，正解は**ウ**です。

問77 平成27年秋期 ITパスポート試験 問65 《**解答**》**エ**

OSS(Open Source Software)は，ソフトウェアのソースコードが無償で公開され，ソースコードの改変や再配布も認められているソフトウェアのことです。OSSを利用するには，そのOSSのライセンス，たとえば「再配布のときには著作権表示をする」といった事項に従う必要があります。また，著作権も放棄されていません。よって，正解は**エ**です。

　ア OSSのソースコードは一般に公開されています。
　イ OSSのソースコードの再配布は禁止されていません。
　ウ OSSは自由な改良が認められており，セキュリティが確保されているという保証はありません。

問78　　　　　　　　　　　平成30年春期　ITパスポート試験　問72　《解答》エ

　パケットは，通信するデータを一定の大きさに分割したもので，宛先や分割した順序などを記した情報も付加されています。受信したパケットにあるIPアドレスによって送信先を決定することは，OSI基本参照モデルの第3層であるネットワーク層で行われます。①〜④について，IPアドレスにより送信先を決定している機器かどうかを判定すると次のようになります。

- ✕ ①　L2スイッチはLANどうしを接続する装置で，OSI基本参照モデルの第2層で動作します。
- ○ ②　正しい。L3スイッチはスイッチングハブとルータの機能をもつ装置で，OSI基本参照モデルの第3層で動作します。
- ✕ ③　リピータはケーブルとケーブルを接続する装置で，OSI基本参照モデルの第2層で動作します。
- ○ ④　正しい。ルータはLANやWANを接続する装置で，OSI基本参照モデルの第3層で動作します。パケットに含まれるIPアドレスから宛先を判断し，最適な送信経路を選択します。

　よって，正解はエです。

問79　　　　　　　　　　　平成27年秋期　ITパスポート試験　問47　《解答》ウ

　手書き文字や印刷した文字を読み取り，文字コードに変換する装置をOCR（Optical Character Reader）といいます。手書きで書かれた郵便番号の読み取りなどに利用されています。よって，正解はウです。

- ア　BD-Rは追記型のブルーレイディスクです。
- イ　CD-Rは追記型のCDディスクです。
- エ　OMR（Optical Mark Reader）は，答案やアンケートなどのマークシートを読み取る装置です。

問80　　　　　　　　　　　平成26年春期　ITパスポート試験　問64　《解答》ウ

　関係データベースの主キーとは，行を一意に特定できる列のことです。そのため，主キーの列には重複した値やNULL（空白の値）をもつことができません。よって，正解はウです。

- ア　各表は，主キーとほかの表を参照する外部キーで関連付けます。
- イ　主キーは重複した値をもつことができません。
- エ　複数の列を組合せた複合キーを，主キーとして使うことができます。

問81　　　　　　　平成27年秋期　基本情報技術者試験　午前　問31　《解答》エ

　OSI基本参照モデルとは，ISO（International Organization for Standardization：国際標準化機構）が策定，標準化した規格で，データの流れや処理などによって，データ通信で使う機能や通信プロトコル（通信規約）を7つの階層に分けたものです。第3層に位置し，通信の経路選択機能や中継機能を果たすのはネットワーク層です。よって，正解はエです。なお，アのセション層は第5層，イのデータリンク層は第2層，ウのトランスポート層は第4層に位置します。

問82　　平成28年秋期　ITパスポート試験　問83　**《解答》ウ**

　所定の回数を超えてパスワードの入力を間違えたとき，このIDの使用を停止させることで，総当たり攻撃を防ぐことができます。総当たり攻撃とは，文字や数値の組み合わせを順に試して，パスワードを破ろうとする攻撃です。よって，正解は**ウ**です。

　　ア　DoS攻撃は，Webサイトなどのサービスを提供するサーバに大量のデータを送り付け，過剰の負荷をかけることで，サーバがサービスを提供できないようにする攻撃です。

　　イ　SQLインジェクションは，Webサイトの入力欄にSQLコマンドを意図的に入力することで，データベース内部にある情報を不正に操作する攻撃です。

　　エ　フィッシングは，金融機関や有名企業などを装って利用者を偽のサイトへ誘導し，個人情報やクレジットカード番号，暗証番号などを不正に取得する行為です。

問83　　平成28年春期　ITパスポート試験　問74　**《解答》エ**

　ESSIDとは，無線LANのアクセスポイントを識別するための番号です。アクセスポイントは一定間隔で自身のESSIDを発信し，周囲にあるスマートフォンなどの端末にはESSIDが表示されます。このESSIDの発信を停止して，外部からアクセスポイントのESSIDがわからないようにすることをステルス機能といいます。周囲の端末にESSIDが表示されなくなり，他人が勝手に無線LANに接続するのを防止できます。よって，正解は**エ**です。

　　ア　MACアドレスフィルタリングは，機器のMACアドレスによって，無線LANアクセスポイントへの接続を許可するか，許可しないかを判別する仕組みです。

　　イ，ウ　WEPとWPAは無線LANの暗号化方式です。

問84　　平成29年秋期　ITパスポート試験　問75　**《解答》ウ**

　CPUがコンピュータ内部で処理の同期をとるため，周期的に発生させている信号を「クロック」といい，クロック周波数はCPUが1秒間に発生させているクロックの回数のことです。クロック周波数が大きいほど，基本的に処理速度が速く，コンピュータの性能が高いといえます。よって，正解は**ウ**です。

　　ア　一度に処理できるデータ長が大きいのは，64ビットCPUの方です。

　　イ　キャッシュメモリの容量は，大きい方が処理速度の向上を図れます。

　　エ　クアッドコアCPUは4つのコア，デュアルCPUは2つのコアを装備しており，クアッドコアの方が，同時に実行する処理の数を多くできます。

問85　　平成25年春期　ITパスポート試験　問67　**《解答》ウ**

　関係データベースにおいて，1つの表から条件を満たす行を抽出する操作を「選択」といいます。よって，正解は**ウ**です。

　　ア　結合は，複数の表を共通する列で連結する操作です。

　　イ　射影は，1つの表から条件を満たす列を抽出する操作です。

　　エ　和は，複数の表から行をすべて抽出して，新しい表を作成する操作です。

問86　平成29年春期　ITパスポート試験　問72　《解答》エ

　選択肢を確認すると下4桁の数値が異なるので，下4桁だけを計算して解答を調べることができます。「1010」と「1011」を加算すると，「10101」になります。選択肢の中で下4桁が「0101」になるのは，**エ**だけです。よって，正解は**エ**です。

問87　平成26年秋期　ITパスポート試験　問52　《解答》イ

　従来のIPアドレスであるIPv4の場合，理論上は2^{32}（約43億）個のIPアドレスを供給できます。しかし，インターネットの普及によって，IPアドレスの不足が懸念されるようになり，その対策としてIPv6が開発されました。IPv6ではIPアドレスが2^{128}（約340澗）個に増加し，セキュリティ性も強化されています。よって，正解は**イ**です。
　　ア　IPv6でも，インターネット上でIPアドレスの重複が起きた場合は問題が生じます。
　　ウ　IPv4，IPv6のどちらでも光ファイバを利用できます。
　　エ　IPアドレスと通信速度とは関係ありません。

問88　平成28年春期　ITパスポート試験　問69　《解答》エ

　ソフトウェアの不具合や欠陥などを修正するために，ソフトウェアのメーカから提供されるファイルのことをパッチファイル（セキュリティパッチ）といいます。よって，正解は**エ**です。
　　ア　パターンファイル（ウイルス定義ファイル）は，ウイルス対策ソフトがコンピュータウイルスの検出に使用する，ウイルスの情報が記録されているファイルです。
　　イ　バックアップファイルはデータの破損や消失などのトラブルに備えて，オリジナルのファイルから複製したファイルです。
　　ウ　バッチファイルは，複数の処理をまとめて実行させるため，その一連の処理を記載したファイルです。

問89　平成26年秋期　ITパスポート試験　問67　《解答》ア

　情報セキュリティの完全性とは，内容が正しく，完全な状態で維持されていることです。**ア**の「入力されたデータの正しさをチェックする」は入力ミスを防止し，完全性を高めることができます。よって，正解は**ア**です。
　　イ　機密性を高めることです。
　　ウ　可用性を高めることです。
　　エ　機密性を高めることです。

問90　平成28年春期　ITパスポート試験　問97　《解答》ウ

　拡張子「avi」は，マイクロソフト社が開発した，Windowsで標準として使われている動画ファイルの形式です。よって，正解は**ウ**です。
　　ア　音声ファイルの拡張子には，.mp3や.wavなどがあります。
　　イ　静止画ファイルの拡張子には，.bmp，.jpeg，.pngなどがあります。
　　エ　文書ファイルの拡張子には，.pdf，.docxなどがあります。

問91 　　　　　　　平成29年春期　ITパスポート試験　問67　《解答》ア

　情報の漏えいなどのセキュリティ事故に関する報告を受け取り，その対応活動を行う組織のことをCSIRT（Computer Security Incident Response Team）といいます。セキュリティ上の問題が起きていないかどうかの監視も行い，企業・団体内への設置が増えています。よって，正解は**ア**です。

- **イ**　ISMS（Information Security Management System）は情報セキュリティマネジメントシステムの略称で，情報セキュリティを確保，維持するための組織的な取組みのことです。
- **ウ**　MVNO（Mobile Virtual Network Operator）は，大手通信事業者から携帯電話などの通信基盤を借りて，サービスを提供する事業者（仮想移動体通信事業者）のことです。
- **エ**　ディジタルフォレンジックスは，不正アクセスやデータ改ざんなどに対して，犯罪の法的な証拠を確保できるように，原因究明に必要なデータの保全，収集，分析をすることです。

問92 　　　　　　　平成25年秋期　ITパスポート試験　問69　《解答》イ

　RSSはWebサイトの見出しや要約などを簡単にまとめ，配信するための文書形式の総称です。ニュースやブログなどの更新情報を公開するのに利用されます。よって，正解は**イ**です。

- **ア**　CSS（Cascading Style Sheets）についての説明です。
- **ウ**　Cookie（クッキー）についての説明です。
- **エ**　Webアクセシビリティについての説明です。

問93 　　　　　　　平成29年春期　ITパスポート試験　問58　《解答》エ

　スパイウェアとは，利用者や管理者の意図に反してインストールされ，個人情報やアクセス履歴などの情報を収集して，外部に送信するプログラムです。よって，正解は**エ**です。

- **ア**　ワンクリック詐欺の説明です。
- **イ**　ルートキットの説明です。
- **ウ**　ボットの説明です。

問94 　　　　　　　平成22年春期　ITパスポート試験　問65　《解答》エ

　ディジタル署名とは，紙の文書に署名をするように，本人であることを示す情報のことです。文書データを送る際，ディジタル署名を付けることで，なりすましを防ぐことができます。また，送信前と送信後の文書から生成したハッシュ値を比べることにより，送信途中で文書が改ざんされていないことも確認できます。よって，正解は**エ**です。

- **ア**　ディジタル署名は，機密ファイルにアクセスを防止する機能とは関係ありません。
- **イ**　ウイルス感染に関する技術ではありません。
- **ウ**　送信中，データは暗号化されていないので，盗聴を防止することはできません。

問95　　　平成27年春期　ITパスポート試験　問77　**《解答》ウ**

　DBMSにおいて，複数の利用者がデータへ同時にアクセスすることを制限する機能を排他制御といいます。複数の利用者が同じデータに同時にアクセスし，データを更新した場合，データに矛盾が生じるおそれがあります。排他制御によって，ある利用者が使用しているデータを，ほかの利用者は使えないようにします。よって，正解は**ウ**です。

　　ア　正規化とは，関係データベースを構築する際，データの重複がなく，整理されたデータ構造の表を設計・作成することです。
　　イ　デッドロックとは，排他制御のロックによって，互いに相手の処理が終わるのを待っている状態のことです。
　　エ　リストアとは，バックアップしたデータを使って，データをもとの状態に戻すことです。

問96　　　平成28年春期　ITパスポート試験　問67　**《解答》エ**

　WAN（Wide Area Network）とは，本社－支社間など，地理的に離れたLANとLANを結んだネットワークのことです。選択肢の中で地理的に離れた場所で行う通信は**エ**だけです。よって，正解は**エ**です。

問97　　　平成23年秋期　ITパスポート試験　問77　**《解答》エ**

　　ア　Webデータを送受信するためのプロトコルはHTTPです。
　　イ　ネットワーク監視のためのプロトコルはSNMPです。
　　ウ　離れた場所にあるコンピュータを遠隔操作するためのプロトコルはtelnetです。
　　エ　正解です。SMTPは電子メールを送信，転送するためのプロトコルです。

問98　　　令和元年秋期　ITパスポート試験　問21　**《解答》エ**

　ディープラーニングはAIの機械学習の一種で，ニューラルネットワークの多層化によって，高精度の分析や認識を可能にした技術です。人から教えられることなく，コンピュータ自体がデータの特徴を検出し，学習していきます。よって，正解は**エ**です。

　　ア　CRM（Customer Relationship Management）に関する記述です。
　　イ　e-ラーニングに関する記述です。
　　ウ　ナレッジマネジメント（Knowledge Management）に関する記述です。

問99　　　平成31年春期　基本情報技術者試験　午前 問4　**《解答》ウ**

　機械学習は，AI（人工知能）がデータを解析することで，規則性や判断基準を自ら学習し，それに基づいて未知のものを予測，判断する技術です。機械学習の手法には，大きく分けて「教師あり学習」「教師なし学習」「強化学習」の3つがあります。

　　ア　強化学習の説明です。
　　イ　正解を示すデータを用いていないので，教師あり学習ではありません。
　　ウ　正解です。正解のデータを提示したり，データが誤りであることを指摘したりするのは，教師あり学習の手法です。
　　エ　教師なし学習の説明です。クラスタリングは，似た特徴をもつデータをグループ分けすることです。

付録 模擬問題

問100　　　　　　ITパスポート試験　擬似言語 サンプル問題 問1 《解答》ア

問題文より，出題のプログラムについて，以下のことがわかります。

・「calcMean」という関数を宣言し，平均を求める処理を行う

・平均をするのは，配列dataArrayの要素の値である

・配列は，要素番号が1から始まる

次に，［プログラム］を確認していきます。1行目から4行目では，関数の宣言や変数の定義などを行っています。

1行目	「calcMean」という関数を宣言している
2〜3行目	プログラムで使う変数として，「sum」，「mean」，「i」を定義している
4行目	変数sumに0を代入している

```
1   ○実数型: calcMean(実数型の配列: dataArray)  /*関数の宣言*/
2     実数型: sum, mean
3     整数型: i
4     sum ← 0
```

5行目から9行目は，配列dataArrayの要素について，値の平均を求める処理を記述しています。

5〜7行目	「for」から「endfor」は繰返し処理を示している。変数sumに　a　の結果を代入する処理を，変数iを1から順に1つずつ増やして，配列dataArrayの要素数になるまで繰返す
8行目	変数meanに，変数sumを割り算した結果を代入する
9行目	変数meanの値を，戻り値として返す

```
5    for (iを1からdataArrayの要素数まで1ずつ増やす)
6      sum ←  a
7    endfor
8    mean ← sum ÷  b   /*実数として計算する*/
9    return mean
```

平均を求めるには，数値を合計し，数値の個数で割り算します。これより，　a　は数値の合計を求める処理となるので，選択肢より「sum+dataArray [i]」になります。変数iを1から1ずつ増やして，配列dataArrayの値を順に取出し，変数sumに合計していきます（この合計を求める繰返し処理については，307ページで詳しく説明しています）。　b　には，合計値を割り算するデータの個数が入ります。つまり，配列「dataArray」の要素の数になるので，選択肢より「dataArrayの要素数」になります。よって，正解は**ア**です。

INDEX

索引

※AIやIoTなどの新しい技術を説明したページは、「●新しい出題範囲（シラバス）への対策方法」（17ページ）に掲載箇所をまとめて記載しています。

■著者

間久保 恭子（まくぼ きょうこ）

大手ソフトウェア会社でユーザーサポート，教育推進事業に携わる。2000
年に独立。その後，ITセミナー講師，IT関連の教材制作や書籍執筆など，IT
における教育事業に従事する。現在は，IT教育コンサルタント，中小企業の
ITアドバイザーとしても活躍している。

著書は，『かんたん合格 ITパスポート過去問題集』（インプレス刊），『仕事
にすぐ役立つ集計・分析・グラフワザ！』『ひと目でわかるExcelグラフ編』（日
経BP社刊）他多数。

STAFF

編集	阿部 香織（edit KaO）
	畑中 二四（株式会社インプレス）
校正協力	株式会社トップスタジオ
DTP制作	原 功，今田 博史
表紙デザイン	馬見塚意匠室
編集長	玉巻 秀雄

■商品に関する問い合わせ先

このたびは弊社商品をご購入いただきありがとうございます。本書の内容などに関するお問い合わせは、下記のURLまたは二次元バーコードにある問い合わせフォームからお送りください。

https://book.impress.co.jp/info/

上記フォームがご利用いただけない場合のメールでの問い合わせ先
info@impress.co.jp

※お問い合わせの際は、書名、ISBN、お名前、お電話番号、メールアドレス に加えて、「該当するページ」と「具体的なご質問内容」「お使いの動作環境」を必ずご明記ください。なお、本書の範囲を超えるご質問にはお答えできないのでご了承ください。

● 電話やFAX でのご質問には対応しておりません。また、封書でのお問い合わせは回答までに日数をいただく場合があります。あらかじめご了承ください。
● インプレスブックスの本書情報ページ https://book.impress.co.jp/books/1123101129 では、本書のサポート情報や正誤表・訂正情報などを提供しています。あわせてご確認ください。
● 本書の奥付に記載されている初版発行日から3 年が経過した場合、もしくは本書で紹介している製品やサービスについて提供会社によるサポートが終了した場合はご質問にお答えできない場合があります。

■落丁・乱丁本などの問い合わせ先

FAX：03-6837-5023
メール：service@impress.co.jp
※古書店で購入された商品はお取り替えできません。

徹底攻略 IT パスポート教科書＋模擬問題 令和6年度

2024 年 3 月 11 日　初版発行

著　者　間久保 恭子

発行人　高橋 隆志

発行所　株式会社インプレス
　　　　〒 101-0051 東京都千代田区神田神保町一丁目 105 番地
　　　　ホームページ　https://book.impress.co.jp/

印刷所　日経印刷株式会社

ISBN978-4-295-01869-8　C3055

Printed in Japan